线性代数与解析几何学习及上机指导

何章鸣　王炯琦　周海银　刘春林　编著

科学出版社
北　京

内 容 简 介

本书是与冯良贵编著的《线性代数与解析几何》(科学出版社，2008)相配套的辅导教材，讲述了各章节的学习目标与要求、内容梗概、疑难解析、 典型例题和上机解题. 学习目标与要求环节，划分了了解、理解和掌握三个层次的知识点. 内容梗概环节，整理了定义、性质、定理和推论. 疑难解析环节，分析了知识难点、混淆点和补充点. 典型例题环节，用精练的例题串联了不同章节间的内容和答题技巧. 上机解题环节，用简洁的数学语言解答了课后习题，并用 MATLAB 软件验证了答案的正确性. MATLAB 上机解题是本书的特色.

本书可作为理工科本科生的线性代数与解析几何的学习辅导书、考研辅导书、MATLAB 实践指导书和数学建模实用手册，也可作为教师的教学辅导书.

图书在版编目(CIP)数据

线性代数与解析几何学习及上机指导/何章鸣等编著. —北京：科学出版社，2017.11

ISBN 978-7-03-054532-9

Ⅰ. ①线… Ⅱ. ①何… Ⅲ. ①线性代数-高等学校-教学参考资料 ②解析几何-高等学校-教学参考资料 Ⅳ. ①O151.2 ②O182

中国版本图书馆 CIP 数据核字(2017) 第 228945 号

责任编辑：王　静／责任校对：张凤琴
责任印制：吴兆东／封面设计：陈　敬

科学出版社出版
北京东黄城根北街 16 号
邮政编码：100717
http://www.sciencep.com

北京中石油彩色印刷有限责任公司 印刷

科学出版社发行　各地新华书店经销

*

2017 年 11 月第 一 版　开本: 720 × 1000 1/16
2018 年 1 月第二次印刷　印张: 14 1/2
字数: 292 000

定价: 39.00 元

前　　言

初学、自学, 能否并驾齐驱?

线性代数、解析几何、MATLAB 数学实验, 能否一箭三雕?

本书或许不能完全解决上述两个问题, 但作者正为解决上述问题而努力. 本书中, 解析几何和 MATLAB 相关内容用 $*$ 标识. 作者编写本书的初衷是降低初学者学习中的困难感, 缓解自学者学习中的困惑感, 增强线性代数与解析几何自身的实用感, 提高读者解决问题的能力.

作者深信, 把计算机带入课堂是非常必要的. 让计算机完成繁杂的机械运算, 把学生从计算中解放出来, 从而让他们把更多的精力投放在计算机不擅长的归纳推理和算法设计上.

作者深信, 一本精心细致编写的、低错误率的、带有手算推理和机算验证双重答案的教材辅导书非常必要. 书中低级错误可能会给读者带来巨大的干扰, 为此作者多次校稿, 并且提供了本书的反馈邮箱: hzmnudt@sina.com, 任何疑问定会得到快速回复. 如果您经济困难, 请联系该邮箱, 作者将酌情赠书. 本书的所有 MATLAB(2015b) 代码可以在百度云盘免费下载: http://pan.baidu.com/s/1jIvFeMM.

本书由何章鸣执笔统稿.

感谢屈龙江教授对本书的批评指正. 感谢国防科技大学理学院教学科研办公室张凤扬主任、冯良贵教授、戴清平副教授、李超教授和谢端强教授对出版本书的首肯、鼓励和帮助. 感谢国防科技大学数学与系统科学系的各位老师, 本书某些章节可能借鉴了你们的教学方法和解题思路. 感谢周萱影、侯博文、孙博文、徐淑卿、张琨、魏居辉、李鑫、任韬的校稿工作. 特别感谢科学出版社王静老师在出版全程对作者的支持, 她工作细致认真, 为人友善体贴. 特别感谢吕同富教授, 他无私地共享了美观的 Latex 模板.

何章鸣

2017 年 3 月于国防科技大学

目　录

第1章　行　列　式

学习目标与要求

1. 了解二 (三) 阶行列式的定义、对角线法则及其在求解二 (三) 元一次方程中的应用.

2. 理解逆序和逆序数的定义. 掌握行列式的定义.

3. 掌握行列式的性质、推论、降阶公式. 熟练掌握其中的三个基本性质. 理解 Laplace 定理在求解分块行列式中的应用.

4. 掌握不定阶数行列式的求解方法, 包括拆分法、累加法、三角化法、加边法、递归法和归纳法. 理解 Vandermonde 行列式的表达式.

5. 理解 Cramer 法则和齐次线性方程组有非零解的充要条件.

1.1　内 容 梗 概

1.1.1　二 (三) 阶行列式

可以用**对角线法则**来定义**二 (三) 阶行列式**, 即主对角线上元素的乘积取正号, 副对角线上元素的乘积取负号, 如下

$$D=\begin{vmatrix} a_{11} & a_{12} \\ a_{21} & a_{22} \end{vmatrix}=a_{11}a_{22}-a_{12}a_{21}, \tag{1.1}$$

$$\begin{aligned} D=&\begin{vmatrix} a_{11} & a_{12} & a_{13} \\ a_{21} & a_{22} & a_{23} \\ a_{31} & a_{32} & a_{33} \end{vmatrix} \\ =&a_{11}a_{22}a_{33}+a_{12}a_{23}a_{31}+a_{13}a_{21}a_{32}-a_{13}a_{22}a_{31}-a_{12}a_{21}a_{33}-a_{11}a_{23}a_{32}. \end{aligned} \tag{1.2}$$

可以用二 (三) 阶行列式简洁地表示二 (三) 元一次方程的解, 即

$$x_i=\frac{D_i}{D},\quad i=1,2\quad (i=1,2,3), \tag{1.3}$$

其中 D_i 表示把 D 的第 i 列换成常数列得到的二 (三) 阶行列式.

备注　求解二 (三) 元一次方程可以分解成三个步骤.

步骤一: 计算 D, 若 $D\neq 0$, 则方程有唯一解, 否则对角线法则不能用于解方程.

步骤二: 计算 $D_i\left(i=1,2\text{ 或者 }i=1,2,3\right)$.

步骤三: 计算 $x_i=\dfrac{D_i}{D}\left(i=1,2\text{ 或者 }i=1,2,3\right)$.

1.1.2　n 阶行列式的定义

自然数 $1,2,\cdots,n$ 按一定次序排成一列, 称为一个 n 元**排列**, 记为 $i_1i_2\cdots i_n$. 称 $12\cdots n$ 为**自然排列**. 总共有 $n!$ 个 n 元排列. 在一个 n 元排列中, 若一个小的数排在一个大的数的后面, 则称这两个数构成了一个**逆序**. 一个排列的逆序个数的总和称为这个排列的**逆序数**, 记为 $\tau[i_1i_2\cdots i_n]$. 若排列的逆序数是奇 (偶) 数, 则称该排列为**奇 (偶) 排列**. 互换排列中某两个数的位置, 其余的数不动, 则得到一个新排列, 这个过程称为一个**对换**. 而相邻两个数的对换称为**邻换**. 显然, 邻换是对换的特例.

定理 1.1　一次对换改变排列的奇偶性.

推论 1.1　如果一个 n 元排列经过一定次数的对换变为自然排列, 那么所作对换的次数与该排列有相同的奇偶性.

推论 1.2　全体 $n(n\geqslant 2)$ 元排列的集合中, 奇排列和偶排列各占一半.

备注　定理 1.1 将用于证明行列式的转置公式和降阶公式, 即性质 1.1 和性质 1.6.

定义 1.1　n 阶行列式

把 n^2 个数 $a_{ij}(i=1,2,\cdots,n;j=1,2,\cdots,n)$ 排成 n 行 n 列, 按照下式

$$D=\begin{vmatrix} a_{11} & \cdots & a_{1n} \\ \vdots & & \vdots \\ a_{n1} & \cdots & a_{nn} \end{vmatrix}=\sum_{i_1i_2\cdots i_n}(-1)^{\tau[i_1i_2\cdots i_n]}a_{1i_1}a_{2i_2}\cdots a_{ni_n} \tag{1.4}$$

计算所得的结果, 称为 n **阶行列式**, 记为 $\det[a_{ij}]$, 其中 $\sum\limits_{i_1i_2\cdots i_n}$ 表示对所有 n 元排列求和.

行列式也可以等价定义为

$$D=\begin{vmatrix} a_{11} & \cdots & a_{1n} \\ \vdots & & \vdots \\ a_{n1} & \cdots & a_{nn} \end{vmatrix}=\sum_{j_1j_2\cdots j_n}(-1)^{\tau[j_1j_2\cdots j_n]}a_{j_11}a_{j_22}\cdots a_{j_nn}. \tag{1.5}$$

备注　(1) 行列式的定义有三个要素:

(i) n 阶行列式有 $n!$ 个单项.

(ii) 行列式每个单项的元素来自不同行不同列.

(iii) 行列式每个单项的符号由列标逆序数的奇偶性决定.

(2) 若某个行列式大部分元素为 0, 则只写出非零元素, 而零元素用空格代替, 如 $\begin{vmatrix} 1 & 0 \\ 0 & 2 \end{vmatrix}$ 可以用 $\begin{vmatrix} 1 & 0 \\ & 2 \end{vmatrix}$ 和 $\begin{vmatrix} 1 & \\ & 2 \end{vmatrix}$ 来表示.

1.1.3 行列式的性质

由行列式定义公式及其等价定义公式可知下列性质成立.

性质 1.1 行列式与其转置行列式相等, 即 $D^{\mathrm{T}} = D$.

性质 1.2 若行列式 D 互换两行 (列) 得到 D_1, 则 $D_1 = -D$.

推论 1.3 若行列式 D 某两行 (列) 相同, 则 $D = 0$.

性质 1.3 若用数 k 乘以 D 的某行 (列) 的每个元素得到 D_1, 则 $D_1 = kD$.

推论 1.4 若 D 某一行 (列) 的元素全部为 0, 则 $D = 0$.

推论 1.5 若 D 某两行 (列) 的元素对应成比例, 则 $D = 0$.

性质 1.4 若 D 某一行 (列) 的每个元素都可以表示为两个数的和, 则 D 可以表示为两个行列式的和.

性质 1.5 若 D 的某行 (列) 的倍数加到另一行得到 D_1, 则 $D_1 = D$.

备注 如表 1.1 所示, 性质 1.2、性质 1.3 和性质 1.5 是行列式计算最基本的性质. 这三个基本性质与第 2 章的三种初等矩阵、三种初等行变换、三种分块矩阵的初等行变换和三种方程组的初等变换一一对应. MATLAB 软件正是利用这三个基本性质实现行列式的计算.

表 1.1 行列式的三个基本性质

	性质 1.2	性质 1.3	性质 1.5
简称	对换	数乘	倍加
值	$D_1 = -D$	$D_1 = kD$	$D_1 = D$
行记号	$r_i \leftrightarrow r_j$	kr_i	$r_i + kr_j$
列记号	$c_i \leftrightarrow c_j$	kc_i	$c_i + kc_j$

定义 1.2 k 阶子式、余子式、代数余子式.

在 n 阶行列式 D 中任取 $k(i_1 < i_2 < \cdots < i_k)$ 行与 $k(j_1 < j_2 < \cdots < j_k)$ 列, 将这些行和列交叉处的元素按原来相对位置构成的 k 阶行列式

$$N = \begin{vmatrix} a_{i_1 j_1} & a_{i_1 j_2} & \cdots & a_{i_1 j_k} \\ a_{i_2 j_1} & a_{i_2 j_2} & \cdots & a_{i_2 j_k} \\ \vdots & \vdots & & \vdots \\ a_{i_k j_1} & a_{i_k j_2} & \cdots & a_{i_k j_k} \end{vmatrix},$$

称为 D 的一个 k **阶子式**. 划去这些行和列后所剩下的元素依原来次序构成的 $n-k$ 阶行列式, 称为 D 的**余子式**, 记为 M. 称 $A=(-1)^{i_1+i_2+\cdots+i_k+j_1+j_2+\cdots+j_k}M$ 为 N 的**代数余子式**.

特别地, 当 $k=1$ 时, 即 $N=a_{ij}$, 记 a_{ij} 的余子式为 M_{ij}, 记 a_{ij} 的代数余子式为 A_{ij}, 即 $A_{ij}=(-1)^{i+j}M_{ij}$.

性质 1.6 行列式 D 等于它的任一行 (列) 的元素与其代数余子式的乘积的和, 即

$$\det[a_{ij}]=\sum_{j=1}^{n}a_{kj}A_{kj}=a_{k1}A_{k1}+a_{k2}A_{k2}+\cdots+a_{kn}A_{kn}\quad(k=1,2,\cdots,n),\tag{1.6}$$

$$\det[a_{ij}]=\sum_{k=1}^{n}a_{kj}A_{kj}=a_{1j}A_{1j}+a_{2j}A_{2j}+\cdots+a_{nj}A_{nj}\quad(j=1,2,\cdots,n).\tag{1.7}$$

推论 1.6 行列式 D 的某一行 (列) 的元素与另一行 (列) 对应元素的代数余子式的乘积之和为 0, 即

$$\sum_{j=1}^{n}a_{ij}A_{kj}=a_{i1}A_{k1}+a_{i2}A_{k2}+\cdots+a_{in}A_{kn}=0\quad(i\neq k).\tag{1.8}$$

备注 上述几个公式也称为**降阶公式**, 利用这几个公式可以推导 Cramer 法则 (定理 1.3) 和伴随矩阵基本公式 (定理 2.2).

定理 1.2 (Laplace 定理) 在 n 阶行列式 D 中, 任取 k 行 (列), 由这 k 行 (列) 所组成的一切 k 阶子式与它们的代数余子式的乘积的和等于行列式 D.

备注 (1) 显然任意 k 行有 C_n^k 个代数余子式. 若 N_i 表示第 i 个 k 阶子式, A_i 表示 N_i 的代数余子式, 则 Laplace 定理可以简记为

$$D=N_1A_1+N_2A_2+\cdots+N_{\mathrm{C}_n^k}A_{\mathrm{C}_n^k}.\tag{1.9}$$

(2) 定理 1.2 将用于证明 n 阶行列式的乘积公式 (即公式 (1.11)).

1.1.4 行列式的计算

若行列式的阶 n 是确切的数字, 一般可用三种基本性质 (对换、数乘和倍加) 把行列式计算出来. 若行列式的阶 n 是抽象的符号, 则可能用到特殊的方法, 如拆分法、累加法、加边法、递归法和归纳法等. 计算中, 往往要结合行列式的三个基本性质、降阶公式、范德蒙德 (Vandermonde) 行列式和 Laplace 定理.

范德蒙德行列式为

$$V_n = \begin{vmatrix} 1 & 1 & \cdots & 1 \\ x_1 & x_2 & \cdots & x_n \\ x_1^2 & x_2^2 & \cdots & x_n^2 \\ \vdots & \vdots & & \vdots \\ x_1^{n-1} & x_2^{n-1} & \cdots & x_n^{n-1} \end{vmatrix} = \prod_{1\leqslant j<i\leqslant n} (x_i - x_j). \tag{1.10}$$

两个 n 阶行列式的乘积公式为

$$\begin{vmatrix} a_{11} & \cdots & a_{1n} \\ \vdots & & \vdots \\ a_{n1} & \cdots & a_{nn} \end{vmatrix} \begin{vmatrix} b_{11} & \cdots & b_{1n} \\ \vdots & & \vdots \\ b_{n1} & \cdots & b_{nn} \end{vmatrix} = \begin{vmatrix} c_{11} & \cdots & c_{1n} \\ \vdots & & \vdots \\ c_{n1} & \cdots & c_{nn} \end{vmatrix}, \tag{1.11}$$

其中 $c_{ij} = a_{i1}b_{1j} + a_{i2}b_{2j} + \cdots + a_{in}b_{nj} = \sum\limits_{k=1}^{n} a_{ik}b_{kj}$.

备注 (1) 范德蒙德行列式在证明中运用了大量技巧, 包括归纳法、倍加性质、降阶公式和数乘公式.

(2) n 阶行列式的乘积公式在证明中应用了行列式的倍加性质和 Laplace 定理.

1.1.5 Cramer 法则

设有 n 个未知量的**线性方程组**为

$$\begin{cases} a_{11}x_1 + a_{12}x_2 + \cdots + a_{1n}x_n = b_1, \\ a_{21}x_1 + a_{22}x_2 + \cdots + a_{2n}x_n = b_2, \\ \qquad\cdots\cdots \\ a_{n1}x_1 + a_{n2}x_2 + \cdots + a_{nn}x_n = b_n. \end{cases} \tag{1.12}$$

若 $b_1 = b_2 = \cdots = b_n = 0$, 则称它为**齐次线性方程组**, 否则称它为**非齐次线性方程组**. 系数行列式记为

$$D = \begin{vmatrix} a_{11} & \cdots & a_{1n} \\ \vdots & & \vdots \\ a_{n1} & \cdots & a_{nn} \end{vmatrix}. \tag{1.13}$$

定理 1.3 若线性方程组 (1.12) 的系数行列式 $D \neq 0$, 则它存在唯一解, 且

$$x_j = \frac{D_j}{D}, \quad j = 1, 2, \cdots, n, \tag{1.14}$$

其中 D_j 是把 D 的第 j 列换成常数列所得到的行列式, 即 $D_j = \sum\limits_{k=1}^{n} b_k A_{kj}$.

定理 1.4 若齐次线性方程组 (1.12) 有非零解, 则系数行列式 $D = 0$.

备注 定理 1.4 将用于证明向量组的相关性定理, 即定理 3.4.

1.2 疑难解析

*1.2.1 如何用 MATLAB 解题

MATLAB 是 Matrix 和 Laboratory 两个词的组合, 意为矩阵实验室, 是由美国 Mathworks 公司开发的用于科学计算、可视化以及交互式程序设计的高科技计算软件平台, 代表了当今国际科学计算软件的先进水平. 相对于另一数学软件 Mathematica 来说, MATLAB 的用户广泛得多. 实际上, 无论是谷歌搜索, 还是百度搜索, 与 MATLAB 和 Mathematica 相关的搜索结果比例约为 40:1. 此外, MATLAB 还具有如下特点:

(1) 语法要求较低,使用者容易入门. MATLAB 定义矩阵很灵活, 例如对于矩阵 $\boldsymbol{A}=\begin{bmatrix}1 & 2\\ 3 & 4\end{bmatrix}$, 可以用 A = [1,2;3,4] 表示, 其中分号或者回车表示换行, 逗号或者空格表示换列, 例如 A = [1 2;3 4]. 矩阵内部可以包含子矩阵, 例如 A = [[1,2]; [3,4]] 或者 A = [[1;3],[2;4]]. 实际上四种表示方法 A = [1,2;3,4], A = [1 2;3 4], A = [[1,2]; [3,4]] 和 A = [[1;3], [2;4]] 的结果完全相同.

(2) MATLAB 中一般用小写字母定义函数, 如计算矩阵 $\boldsymbol{A}$ 的行列式用命令 det(A).

(3) MATLAB 保留了一些简单实用的运算符, 例如对于方程组 $\boldsymbol{Ax}=\boldsymbol{b}$ 和 $\boldsymbol{XA}=\boldsymbol{B}$, 解方程的命令分别是: A\b 和 B/A.

(4)MATLAB还拥有非常强大的符号运算功能,带有大量工具箱和高效Simulink 仿真环境.

(5) 只要安装好 MATLAB, 就可以非常方便地在命令行窗口、编辑器窗口、专用工具箱窗口、Simulink 窗口或者 GUI 窗口进行编程解题, 而且不同窗口之间可以自由切换.

1.2.2 行列式和矩阵有何联系

初学者容易混淆行列式 $\begin{vmatrix}a & b\\ c & d\end{vmatrix}$ 和第 2 章的矩阵 $\begin{bmatrix}a & b\\ c & d\end{bmatrix}$, 主要原因是两者的符号表达式几乎一样. 但是, 在 MATLAB 中矩阵 “A” 和行列式 “det(A)” 的形式完全不同, 很容易区分. 实际工程应用中, 行列式的定义、定理和性质并不多见, 正因如此, 有大量教材把行列式安排在矩阵和方程之后.

矩阵就是一个数据表格, 在矩阵众多属性中, 行列式是其中的一个属性, 后续章节还会介绍矩阵的其他属性, 如迹、秩和特征值等. MATLAB 总是先定义矩阵, 然后计算行列式、迹、秩和特征值等. 例如, 先定义矩阵 A=[1,0;2,4], 然后分别用 det(A), trace(A), rankA, eig(A) 计算矩阵 $\boldsymbol{A}$ 的行列式、迹、秩和特征值.

1.2.3 对角线法则适用于四阶行列式吗

可以用对角线法则定义二 (三) 阶行列式, 按照归纳的思想, 读者容易陷入误区, 认为所有行列式都可以用对角线法则定义. 假如对角线法则对四阶行列式也成立, 那么四阶行列式应该有 8 个单项 (主对角线 4 个, 副对角线 4 个), 但是按照 n 阶行列式的定义, 四阶行列式的单项数为 $4! = 24 > 8$ 个, 故四阶行列式不可以用对角线法则定义.

其实, 对于如下四元线性方程组

$$\begin{cases} a_{11}x_1 + a_{12}x_2 + a_{13}x_3 + a_{14}x_4 = b_1, \\ a_{21}x_1 + a_{22}x_2 + a_{23}x_3 + a_{24}x_4 = b_2, \\ a_{31}x_1 + a_{32}x_2 + a_{33}x_3 + a_{34}x_4 = b_3, \\ a_{41}x_1 + a_{42}x_2 + a_{43}x_3 + a_{44}x_4 = b_4, \end{cases} \tag{1.15}$$

消去 x_2, x_3, x_4, 解得

$$ax_1 = b, \tag{1.16}$$

其中 a, b 都有 24 个单项, 如下

$$\begin{aligned} a =& a_{11}a_{22}a_{33}a_{44} - a_{11}a_{22}a_{34}a_{43} - a_{11}a_{23}a_{32}a_{44} + a_{11}a_{23}a_{34}a_{42} + a_{11}a_{24}a_{32}a_{43} \\ & - a_{11}a_{24}a_{33}a_{42} - a_{12}a_{21}a_{33}a_{44} + a_{12}a_{21}a_{34}a_{43} + a_{12}a_{23}a_{31}a_{44} - a_{12}a_{23}a_{34}a_{41} \\ & - a_{12}a_{24}a_{31}a_{43} + a_{12}a_{24}a_{33}a_{41} + a_{13}a_{21}a_{32}a_{44} - a_{13}a_{21}a_{34}a_{42} - a_{13}a_{22}a_{31}a_{44} \\ & + a_{13}a_{22}a_{34}a_{41} + a_{13}a_{24}a_{31}a_{42} - a_{13}a_{24}a_{32}a_{41} - a_{14}a_{21}a_{32}a_{43} + a_{14}a_{21}a_{33}a_{42} \\ & + a_{14}a_{22}a_{31}a_{43} - a_{14}a_{22}a_{33}a_{41} - a_{14}a_{23}a_{31}a_{42} + a_{14}a_{23}a_{32}a_{41}, \\ b =& a_{12}a_{24}a_{33}b_4 - a_{12}a_{23}a_{34}b_4 + a_{13}a_{22}a_{34}b_4 - a_{13}a_{24}a_{32}b_4 - a_{14}a_{22}a_{33}b_4 \\ & + a_{14}a_{23}a_{32}b_4 + a_{12}a_{23}a_{44}b_3 - a_{12}a_{24}a_{43}b_3 - a_{13}a_{22}a_{44}b_3 + a_{13}a_{24}a_{42}b_3 \\ & + a_{14}a_{22}a_{43}b_3 - a_{14}a_{23}a_{42}b_3 - a_{12}a_{33}a_{44}b_2 + a_{12}a_{34}a_{43}b_2 + a_{13}a_{32}a_{44}b_2 \\ & - a_{13}a_{34}a_{42}b_2 - a_{14}a_{32}a_{43}b_2 + a_{14}a_{33}a_{42}b_2 + a_{22}a_{33}a_{44}b_1 - a_{22}a_{34}a_{43}b_1 \\ & - a_{23}a_{32}a_{44}b_1 + a_{23}a_{34}a_{42}b_1 + a_{24}a_{32}a_{43}b_1 - a_{24}a_{33}a_{42}b_1. \end{aligned}$$

上述公式可以用如下 MATLAB 程序验证.

MATLAB 程序 1.1

```
syms b1 b2 b3 b4 a11 a12 a13 a14...
a21 a22 a23 a24 a31 a32 a33 a34 a41 a42 a43 a44,b=[b1;b2;b3;b4],
A=[a11,a12,a13,a14;a21,a22,a23,a24;a31,a32,a33,a34;a41,a42,a43,a44]
x=A\b,x(1)
```

1.2.4　连加和连乘的性质

第 1 章多处用到连加和连乘符号, 例如降阶公式用到了 1 级连加符号, 证明 Cramer 法则时用到了 2 级连加符号, 范德蒙德行列式用到了 2 级连乘符号, 行列式的定义用到了 n 级连加符号 (表 1.2).

表 1.2　连加符号和连乘符号

功能	符号	单项数	等价符号
1 级连加	$\sum\limits_{i=1}^{n} a_i$	n	
2 级连加	$\sum\limits_{i=1}^{m}\sum\limits_{j=1}^{n} a_{ij}$	mn	$\sum\limits_{j=1}^{n}\sum\limits_{i=1}^{m} a_{ij}$
2 级连乘	$\prod\limits_{1\leqslant j<i\leqslant n} x_{ij}$	$\dfrac{n(n-1)}{2}$	$\prod\limits_{j=1}^{n-1}\prod\limits_{i=j+1}^{n} x_{ij}$
n 级连加	$\sum\limits_{i_1 i_2\cdots i_n} a_{1i_1}a_{2i_2}\cdots a_{ni_n}$	$n!$	$\sum\limits_{i_1=1}^{n} a_{1i_1}\sum\limits_{i_2\neq i_1} a_{2i_2}\cdots\sum\limits_{i_n\neq i_1,\cdots,i_n\neq i_{n-1}} a_{ni_n}$

(1) 1 级连加: $\sum\limits_{i=1}^{n} a_i = a_1 + a_2 + \cdots + a_n$ 表示 n 个单项之和.

(2) 2 级连加: $\sum\limits_{i=1}^{m}\sum\limits_{j=1}^{n} a_{ij} = (a_{11}+a_{12}+\cdots+a_{1n})+(a_{21}+a_{22}+\cdots+a_{2n})+\cdots+(a_{m1}+a_{m2}+\cdots+a_{mn})$ 表示 mn 个单项之和, 显然

$$\sum_{i=1}^{m}\sum_{j=1}^{n} a_{ij} = \sum_{j=1}^{n}\sum_{i=1}^{m} a_{ij}, \tag{1.17}$$

即连加符号满足交换律, 等式左边表示先对每一行的 n 个元素求和, 然后求 m 行之和. 等式右边表示先对每一列的 m 个元素求和, 然后求 n 列之和. 总之, 两者都是 mn 个单项之和. 公式 (1.17) 用于证明 Cramer 法则, 在第 2 章中, 公式 (1.17) 还可用于证明矩阵乘法的结合律和矩阵迹的交换律.

(3) 2 级连乘: 在范德蒙德行列式中, 连乘符号 $\prod\limits_{1\leqslant j<i\leqslant n}$ 表示 $(n-1)+(n-2)+\cdots+(n-n)=\dfrac{n(n-1)}{2}$ 个单项之积, 且

$$\prod_{1\leqslant j<i\leqslant n} x_{ij} = \prod_{j=1}^{n-1}\prod_{i=j+1}^{n} x_{ij}. \tag{1.18}$$

(4) n 级连加: 在行列式定义中, n 级连加符号 $\sum\limits_{i_1 i_2\cdots i_n}$ 很难理解, 它表示 $n!$ 个单项之和, 其中每一个单项与列标的一个 n 元排列 $i_1 i_2\cdots i_n$ 对应, 且

$$\sum_{i_1 i_2\cdots i_n} a_{1i_1}a_{2i_2}\cdots a_{ni_n} = \sum_{i_1=1}^{n} a_{1i_1}\sum_{i_2\neq i_1} a_{2i_2}\cdots\sum_{i_n\neq i_1,\cdots,i_n\neq i_{n-1}} a_{ni_n}. \tag{1.19}$$

备注 在 MATLAB 中, 1 级连加对应函数 sum, 1 级连乘对应函数 pro.

1.2.5 行列式计算的解题信号有哪些

n 阶抽象行列式的计算方法包括: 降阶法、加边法、拆分法、累加法、范德蒙德公式法、递归法和归纳法. 这些特殊方法有两个特点:

第一, 所有方法往往都要结合行列式的三种基本性质 (交换、数乘和倍加)、拆分性质或者降阶公式.

第二, 行列式计算的第一步非常关键, 解题前要观察行列式的"解题信号", 然后选择合适的方法. 表 1.3 总结了不同方法的解题信号.

表 1.3 行列式求解的信号

方法	信号
降阶法	某行 (列) 绝大多数元素等于 0
加边法	每一行 (列) 可以拆分成两行 (列), 且加边后便于用倍加性质计算
拆分法	某一行 (列) 可以拆分成两行 (列)
累加法	全部行 (列) 加到第一行 (列) 后, 第一行 (列) 各元素相等
范德蒙德行列式	高阶幂 $x_i^k, i=1,\cdots,n; k=0,\cdots,n-1$
递归法	行列式具有三对角线形式
归纳法	答案已知或者可以猜想出来

1.2.6 何时需要行列式中的逆向思维

(1) 计算行列式常用到降阶公式: $|\boldsymbol{A}| = a_{k1}A_{k1} + a_{k2}A_{k2} + \cdots + a_{kn}A_{kn}$. 然而有些典型例题却需要逆向思维, 即 $a_{k1}A_{k1} + a_{k2}A_{k2} + \cdots + a_{kn}A_{kn} = |\boldsymbol{A}|$, 其中的 a_{kj} 往往是"隐藏"的,通常 a_{kj} 非 0 则 ± 1. 此时需要"升阶", 而不是降阶. 例如, 已知 $\boldsymbol{A} = \begin{bmatrix} 1 & 2 & 3 \\ 4 & 5 & 6 \\ 7 & 8 & 9 \end{bmatrix}$, 求 $M_{12} + M_{13}$, 则 $M_{12} + M_{13} = 0A_{11} - A_{12} + A_{13} = \begin{vmatrix} 0 & -1 & 1 \\ 4 & 5 & 6 \\ 7 & 8 & 9 \end{vmatrix} = -9$.

MATLAB 程序 1.2

```
A=[0,-1,1;4,5,6;7,8,9],det(A)
```

(2) 计算行列式常用降阶公式或者 Laplace 定理, 例如 $\begin{vmatrix} 1 & * \\ \boldsymbol{0} & \boldsymbol{A} \end{vmatrix} = |\boldsymbol{A}|$, 但是

“加边法”的思维是“升阶”, 加边后 $|\boldsymbol{A}| = \begin{vmatrix} 1 & * \\ \mathbf{0} & \boldsymbol{A} \end{vmatrix}$, 然后利用行列式的倍加性质求行列式.

(3)很多读者不理解下面这个公式:

$$\begin{aligned}&(-1)^{k-1}\sum_{[i_2i_3\cdots i_n]}(-1)^{\tau[i_2i_3\cdots i_n]}a_{2i_2}a_{3i_3}\cdots a_{ni_n}\\=&\sum_{[ki_2i_3\cdots i_n]}(-1)^{\tau[ki_2i_3\cdots i_n]}a_{2i_2}a_{3i_3}\cdots a_{ni_n}.\end{aligned}$$

其实, 只要想到逆序的各种计算方法, 再将上式左右交换, 则容易理解, 如下

$$\begin{aligned}&\sum_{[ki_2i_3\cdots i_n]}(-1)^{\tau[ki_2i_3\cdots i_n]}a_{2i_2}a_{3i_3}\cdots a_{ni_n}\\=&(-1)^{k-1}\sum_{[i_2i_3\cdots i_n]}(-1)^{\tau[i_2i_3\cdots i_n]}a_{2i_2}a_{3i_3}\cdots a_{ni_n}.\end{aligned}$$

1.3 典 型 例 题

1.3.1 降阶公式和余子式

1. 设 $\begin{vmatrix} -1 & 2 & -3 \\ 1 & 2 & 0 \\ -1 & 3 & 2 \end{vmatrix}$, 则 $M_{12} + A_{21} - M_{32} =$____________.

提示 代数余子式的定义.

解 答案: -14.

$M_{12} + A_{21} - M_{32} = M_{12} - M_{21} - M_{32} = 2 - 13 - 3 = -14.$

MATLAB 程序 1.3

```
A=[-1,2,-3;1,2,0;-1,3,2],M12=det(A([2,3],[1,3])),
A21=(-1)^(2+1)*det(A([1,3],[2,3])),M32=det(A([1,2],[1,3])),
M12+A21-M32
```

2. 设行列式 $D = \begin{vmatrix} 4 & 5 & 3 & 1 \\ 2 & 3 & 5 & 7 \\ 0 & -8 & 0 & 0 \\ -2 & -2 & 2 & 2 \end{vmatrix}$, 则 $M_{21}+M_{22}-M_{23}+M_{24} =$____________.

提示 代数余子式的定义、降阶公式、行列式的三个基本性质.

解 答案: 0.

$$M_{21}+M_{22}-M_{23}+M_{24}=-A_{21}+A_{22}+A_{23}+A_{24}=\begin{vmatrix}4&5&3&1\\-1&1&1&1\\0&-8&0&0\\-2&-2&2&2\end{vmatrix}=0.$$

MATLAB 程序 1.4

```
A=[4,5,3,1;-1,1,1,1;0,-8,0,0;-2,-2,2,2],det(A)
```

3. 设 $\boldsymbol{A}=[a_{ij}]$ 为三阶正交矩阵, $A_{ij}(i,j=1,2,3)$ 是 $\boldsymbol{A}$ 中元素 a_{ij} 的代数余子式, 则 $A_{11}^2+A_{12}^2+A_{13}^2=$__________.

提示 逆矩阵、伴随矩阵的性质, 正交矩阵的定义.

备注 本题的考点并不是降阶公式和余子式, 而是伴随矩阵的性质和正交矩阵的定义, 答案见本书配套教材第 4 章第 4.3.2 节.

4. 设三阶实矩阵 $\boldsymbol{A}=[a_{ij}]_{3\times3}$ 的特征值为 $1,-2,3$, $A_{ij}\,(i,j=1,2,3)$ 为 $\boldsymbol{A}$ 中元素 a_{ij} 的代数余子式, 则 $A_{11}+A_{22}+A_{33}=(\quad)$.

(A)-5. (B)5. (C)-6. (D)6.

提示 伴随矩阵的特征值, 特征值与迹的关系.

备注 本题的考点并不是降阶公式和余子式, 而是伴随矩阵的特征值, 特征值与迹的关系, 答案见本书配套教材 4.3.2 节.

1.3.2 逆序数和行列式的定义

1. 设行列式 $\begin{vmatrix}d_1&&\\&\ddots&\\&&d_n\end{vmatrix}=\begin{vmatrix}&&d_1\\&\cdot^{\cdot^{\cdot}}&\\d_n&&\end{vmatrix}$, 且 $d_1\cdots d_n\neq0$, 则 n 不可能的取值为 ( ).

(A)12. (B)11. (C)9. (D)8.

提示 行列式的定义、逆序数的定义.

解 选 (B).

因 $d_1\cdots d_n=\begin{vmatrix}d_1&&\\&\ddots&\\&&d_n\end{vmatrix}=\begin{vmatrix}&&d_1\\&\cdot^{\cdot^{\cdot}}&\\d_n&&\end{vmatrix}=(-1)^{\tau[n,n-1,\cdots,1]}d_1\cdots d_n$, 再由 $d_1\cdots d_n\neq0$ 可知逆序数 $\tau[n,n-1,\cdots,1]=\dfrac{(n-1)\,n}{2}$ 是偶数, 即存在 k 使得 $n=4k$ 或者 $4k+1$. 又因 $12=3\times4, 9=2\times4+1, 8=2\times4$, 故选 (B).

2. 不恒为零的函数 $f(x) = \begin{vmatrix} a_1+x & b_1+x & c_1+x \\ a_2+x & b_2+x & c_2+x \\ a_3+x & b_3+x & c_3+x \end{vmatrix}$ (　).

(A) 恰有 3 个零点.　　(B) 恰有 2 个零点.

(C) 至多有 1 个零点.　　(D) 没有零点.

提示　行列式的倍加性质.

解　选 (C).

因 $f(x) = \begin{vmatrix} a_1+x & b_1+x & c_1+x \\ a_2-a_1 & b_2-b_1 & c_2-c_1 \\ a_3-a_1 & b_3-b_1 & c_3-c_1 \end{vmatrix}$ 是一次多项式, 设 $f(x) = dx+e$, 该多项式不恒为零. 若 $d \neq 0$, 则函数有一个零点, 否则没有零点, 故选 (C).

MATLAB 程序 1.5

```
syms a1 a2 a3 b1 b2 b3 c1 c2 c3 x
A=[a1,b1,c1;a2,b2,c2;a3,b3,c3]+x*ones(3),solve(det(A))
```

1.3.3　n 阶行列式的计算

n 阶行列式的计算方法有: 降阶法、加边法、拆分法、累加法、范德蒙德行列式、递归法、归纳法, 不同方法的信号参考表 1.3. 需要注意的是: 加边法考察了“升阶”的逆向思维, 考题出现的频率最高.

1. 设 $a \neq 0$, 计算 n 阶行列式

$$D_n = \begin{vmatrix} 1+a & 1 & \cdots & 1 & 1 \\ 2 & 2+a & \cdots & 2 & 2 \\ \vdots & \vdots & & \vdots & \vdots \\ n-1 & n-1 & \cdots & n-1+a & n-1 \\ n & n & \cdots & n & n+a \end{vmatrix}.$$

提示　既可以用累加法, 也可以用加边法.

解　加边法.

$$D_n=\begin{vmatrix}1&1&1&\cdots&1\\ &1+a&1&\cdots&1\\ &2&2+a&\cdots&2\\ &\vdots&\vdots&&\vdots\\ &n&n&\cdots&n+a\end{vmatrix}\overset{r_{i+1}-ir_1}{=\!=\!=}\begin{vmatrix}1&1&1&\cdots&1\\ -1&a&&&\\ -2&&a&&\\ \vdots&&&\ddots&\\ -n&&&&a\end{vmatrix}$$

$$\overset{c_1+\frac{i-1}{a}c_i}{=\!=\!=}\begin{vmatrix}1+\sum\limits_{i=1}^{n}\dfrac{i}{a}&1&1&\cdots&1\\ &a&&&\\ &&a&&\\ &&&\ddots&\\ &&&&a\end{vmatrix}=a^n\left(1+\sum_{i=1}^{n}\frac{i}{a}\right)$$

$$=a^{n-1}\left(a+\frac{n(n+1)}{2}\right).$$

MATLAB 程序 1.6

```
syms a,for n=2:6,A1=[1:n]',A=a*eye(n)+A1*ones(1,n),det(A),end
```

2. 计算 n 阶行列式 $D_n=\begin{vmatrix}a&&&&a\\ -1&a&&&a\\ &-1&a&&a\\ &&\ddots&\ddots&\vdots\\ &&&-1&a\end{vmatrix}$.

提示 既可以用倍加性质 $r_i+\dfrac{1}{a}r_{i-1}$, 也可以用降阶公式.

解 $D_1=a$, 按第一行展开得

$$D_n=\begin{vmatrix}a&&&&a\\ -1&a&&&a\\ &-1&a&&a\\ &&\ddots&\ddots&\vdots\\ &&&-1&a\end{vmatrix}=aD_{n-1}+a(-1)^{n+1}\begin{vmatrix}-1&a&&\\ &-1&\ddots&\\ &&\ddots&a\\ &&&-1\end{vmatrix}$$

$$=aD_{n-1}+a=a(aD_{n-2}+a)+a=a^2(aD_{n-3}+a)+a^2+a=\cdots=\sum_{i=1}^{n}a^i.$$

MATLAB 程序 1.7

```
syms a,for n=2:6,A=a*eye(n)+a*[zeros(n,n-1),[ones(n-1,1);0]]+...
[zeros(1,n);-eye(n-1),zeros(n-1,1)],det(A),end
```

3. 计算 n 阶行列式 $D_n = \begin{vmatrix} x_0 & x_1 & x_2 & \cdots & x_{n-1} \\ x_1 & x_2 & x_3 & \cdots & x_0 \\ x_2 & x_3 & x_4 & \cdots & x_1 \\ \vdots & \vdots & \vdots & & \vdots \\ x_{n-1} & x_0 & x_1 & \cdots & x_{n-2} \end{vmatrix}$, $x_k = a + bk$.

提示　两次使用累加法、行列式的定义、逆序数的定义.

解　累加法, 设 $c = 1 - n$, 则

$$D_n = \begin{vmatrix} x_0 & x_1 & x_2 & \cdots & x_{n-1} \\ x_1 & x_2 & x_3 & \cdots & x_0 \\ x_2 & x_3 & x_4 & \cdots & x_1 \\ \vdots & \vdots & \vdots & & \vdots \\ x_{n-1} & x_0 & x_1 & \cdots & x_{n-2} \end{vmatrix} \xlongequal{c_1+c_2+\cdots+c_n} \sum_{k=0}^{n-1} x_i \begin{vmatrix} 1 & x_1 & x_2 & \cdots & x_{n-1} \\ 1 & x_2 & x_3 & \cdots & x_0 \\ 1 & x_3 & x_4 & \cdots & x_1 \\ \vdots & \vdots & \vdots & & \vdots \\ 1 & x_0 & x_1 & \cdots & x_{n-2} \end{vmatrix}$$

$$\xlongequal{c_i - ac_1} \sum_{k=0}^{n-1} x_i \begin{vmatrix} 1 & 1b & 2b & \cdots & (n-1)\,b \\ 1 & 2b & 3b & \cdots & 0b \\ 1 & 3b & 4b & \cdots & 1b \\ \vdots & \vdots & \vdots & & \vdots \\ 1 & 0b & 1b & \cdots & (n-2)\,b \end{vmatrix}$$

$$\xlongequal{\frac{1}{b}c_i} b^{n-1} \sum_{k=0}^{n-1} x_i \begin{vmatrix} 1 & 1 & 2 & \cdots & n-1 \\ 1 & 2 & 3 & \cdots & 0 \\ 1 & 3 & 4 & \cdots & 1 \\ \vdots & \vdots & \vdots & & \vdots \\ 1 & 0 & 1 & \cdots & n-2 \end{vmatrix}$$

$$\xlongequal{r_i - r_{i-1}} b^{n-1} \sum_{k=0}^{n-1} x_i \begin{vmatrix} 1 & 1 & 2 & \cdots & -c \\ 0 & 1 & 1 & \cdots & c \\ 0 & 1 & 1 & \cdots & 1 \\ \vdots & \vdots & \vdots & & \vdots \\ 0 & c & 1 & \cdots & 1 \end{vmatrix} = b^{n-1} \sum_{k=0}^{n-1} x_i \begin{vmatrix} 1 & 1 & \cdots & c \\ 1 & 1 & \cdots & 1 \\ \vdots & \vdots & & \vdots \\ c & 1 & \cdots & 1 \end{vmatrix}$$

$$\xlongequal{c_1+\cdots+c_{n-1}} b^{n-1}\sum_{k=0}^{n-1}x_i\begin{vmatrix}-1&1&\cdots&c\\-1&1&\cdots&1\\\vdots&\vdots&&\vdots\\-1&1&\cdots&1\end{vmatrix}\xlongequal{r_i-r_{n-1}}-b^{n-1}\sum_{k=0}^{n-1}x_i\begin{vmatrix}&&&-n\\&&\cdot^{\cdot^{\cdot}}&\\&-n&&\\1&1&\cdots&1\end{vmatrix}$$

$$=-(-1)^{\tau[n-1,n-2,\cdots,1]}b^{n-1}(-n)^{n-2}\sum_{k=0}^{n-1}x_i=(-1)^{\frac{n(n-1)}{2}}(nb)^{n-1}\left(a+\frac{1}{2}nb-\frac{1}{2}b\right).$$

MATLAB 程序 1.8

```
syms a b,for n=2:6,A1=a+b*[0:n-1]';A=A1;temp=A1;
for j=1:n-1,A1=[A1(2:end);A1(1)];A=[A,A1];end,A,det(A),end
```

4. 计算 n 阶行列式 $\Delta_n=\begin{vmatrix}a+b&b&&&\\a&a+b&b&&\\&\ddots&\ddots&\ddots&\\&&&a+b&b\\&&&a&a+b\end{vmatrix}$.

提示 降阶公式、递归法.

解 按第一行展开得

$$\Delta_n=(a+b)\Delta_{n-1}-b\begin{vmatrix}a&b&&&\\0&a+b&b&&\\&\ddots&\ddots&\ddots&\\&&&a+b&b\\&&&a&a+b\end{vmatrix}=(a+b)\Delta_{n-1}-ab\Delta_{n-2},$$

而 $\Delta_1=a+b,\Delta_2=\begin{vmatrix}a+b&b\\a&a+b\end{vmatrix}=a^2+b^2+ab$, 又因

$$\begin{aligned}\Delta_n-a\Delta_{n-1}&=b\left(\Delta_{n-1}-a\Delta_{n-2}\right)=\cdots\\&=b^{n-2}\left(\Delta_2-a\Delta_1\right)=b^{n-2}\left(\Delta_2-a\Delta_1\right)=b^n,\end{aligned}$$

故

$$\begin{aligned}\Delta_n&=b^n+a\Delta_{n-1}=b^n+a\left(b^{n-1}+a\Delta_{n-2}\right)=\cdots\\&=b^n+ab^{n-1}+\cdots+a^{n-1}\Delta_1=\frac{b^{n+1}-a^{n+1}}{a-b}.\end{aligned}$$

MATLAB 程序 1.9

```
syms a b,c=a+b,for n=2:6,A2=[zeros(1,n);a*eye(n-1),zeros(n-1,1)];
A3=[zeros(n,1),[b*eye(n-1);zeros(1,n-1)]];
A=c*eye(n)+A2+A3,det(A),end
```

5. 计算 n 阶行列式 $D_n=\begin{vmatrix} 1+x_1 & 1+x_1^2 & \cdots & 1+x_1^n \\ 1+x_2 & 1+x_2^2 & \cdots & 1+x_2^n \\ \vdots & \vdots & & \vdots \\ 1+x_n & 1+x_n^2 & \cdots & 1+x_n^n \end{vmatrix}$.

提示　加边法, $0^i=0(i>0)$, $1^i=1$, 拆分法、范德蒙德行列式.

解
$$D_n=\begin{vmatrix} 1 & 0 & 0 & \cdots & 0 \\ 1 & 1+x_1 & 1+x_1^2 & \cdots & 1+x_1^n \\ 1 & 1+x_2 & 1+x_2^2 & \cdots & 1+x_2^n \\ \vdots & \vdots & \vdots & & \vdots \\ 1 & 1+x_n & 1+x_n^2 & \cdots & 1+x_n^2 \end{vmatrix} \overset{c_i-c_1}{=\!=\!=} \begin{vmatrix} 1 & -1 & -1 & \cdots & -1 \\ 1 & x_1 & x_1^2 & \cdots & x_1^n \\ 1 & x_2 & x_2^2 & \cdots & x_2^n \\ \vdots & \vdots & \vdots & & \vdots \\ 1 & x_n & x_n^2 & \cdots & x_n^2 \end{vmatrix}$$

$$=\begin{vmatrix} 2 & 0 & 0 & \cdots & 0 \\ 1 & x_1 & x_1^2 & \cdots & x_1^n \\ 1 & x_2 & x_2^2 & \cdots & x_2^n \\ \vdots & \vdots & \vdots & & \vdots \\ 1 & x_n & x_n^2 & \cdots & x_n^2 \end{vmatrix} - \begin{vmatrix} 1 & 1 & 1 & \cdots & 1 \\ 1 & x_1 & x_1^2 & \cdots & x_1^n \\ 1 & x_2 & x_2^2 & \cdots & x_2^n \\ \vdots & \vdots & \vdots & & \vdots \\ 1 & x_n & x_n^2 & \cdots & x_n^2 \end{vmatrix}$$

$$=2\prod_{i=1}^{n}x_i\prod_{1\leqslant i<j\leqslant n}(x_j-x_i)-\prod_{i=1}^{n}(x_i-1)\prod_{1\leqslant i<j\leqslant n}(x_j-x_i)$$
$$=\left[2\prod_{i=1}^{n}x_i-\prod_{i=1}^{n}(x_i-1)\right]\prod_{1\leqslant i<j\leqslant n}(x_j-x_i).$$

MATLAB 程序 1.10

```
syms x1 x2 x3 x4,A1=[x1;x2;x3;x4],A=[],n=4,
for i=1:n,A=[A,A1.^i];end, A=A+ones(n),det(A)
```

6. 计算 n 阶行列式 $D_n=\begin{vmatrix} 1+a_1+b_1 & a_1+b_2 & \cdots & a_1+b_n \\ a_2+b_1 & 1+a_2+b_2 & \cdots & a_2+b_n \\ \vdots & \vdots & & \vdots \\ a_n+b_1 & a_n+b_2 & \cdots & 1+a_n+b_n \end{vmatrix}$.

提示 两次用加边法、Laplace 定理.

解

$$D_n=\begin{vmatrix} 1 & -b_1 & -b_2 & \cdots & -b_n \\ & 1+a_1+b_1 & a_1+b_2 & \cdots & a_1+b_n \\ & a_2+b_1 & 1+a_2+b_2 & \cdots & a_2+b_n \\ & \vdots & \vdots & & \vdots \\ & a_n+b_1 & a_n+b_2 & \cdots & 1+a_n+b_n \end{vmatrix}$$

$$=\begin{vmatrix} 1 & -b_1 & -b_2 & \cdots & -b_n \\ 1 & 1+a_1 & a_1 & \cdots & a_1 \\ 1 & a_2 & 1+a_2 & \cdots & a_2 \\ \vdots & \vdots & \vdots & & \vdots \\ 1 & a_n & a_n & \cdots & 1+a_n \end{vmatrix}$$

$$=\begin{vmatrix} 1 & 0 & 0 & \cdots & 0 \\ 0 & 1 & -b_1 & \cdots & -b_n \\ -a_1 & 1 & 1+a_1 & \cdots & a_1 \\ \vdots & \vdots & \vdots & & \vdots \\ -a_n & 1 & a_n & \cdots & 1+a_n \end{vmatrix}$$

$$=\begin{vmatrix} 1 & 0 & 1 & 1 & \cdots & 1 \\ 0 & 1 & -b_1 & -b_2 & \cdots & -b_n \\ -a_1 & 1 & 1 & & & \\ -a_2 & 1 & & 1 & & \\ \vdots & \vdots & & & \ddots & \\ -a_n & 1 & & & & 1 \end{vmatrix}$$

$$=\begin{vmatrix} 1+\sum\limits_{k=1}^{n} a_k & -n & 1 & \cdots & 1 \\ -\sum\limits_{k=1}^{n} a_k b_k & 1+\sum\limits_{k=1}^{n} b_k & -b_1 & \cdots & -b_n \\ & & 1 & & \\ & & & \ddots & \\ & & & & 1 \end{vmatrix}$$

$$= \left(1 + \sum_{k=1}^{n} a_k\right)\left(1 + \sum_{k=1}^{n} b_k\right) - n \sum_{k=1}^{n} a_k b_k.$$

7. 设 $D_n = \begin{vmatrix} 1 & 1 & & \\ -1 & 1 & \ddots & \\ & \ddots & \ddots & 1 \\ & & -1 & 1 \end{vmatrix}$, 求证

$$D_n = \frac{1}{\sqrt{5}}\left[\left(\frac{1+\sqrt{5}}{2}\right)^{n+1} - \left(\frac{1-\sqrt{5}}{2}\right)^{n+1}\right].$$

提示 归纳法 (或者递归法)、降阶公式.

证 当阶等于 1 时, $D_1 = 1 = \frac{1}{\sqrt{5}}\left[\left(\frac{1+\sqrt{5}}{2}\right)^2 - \left(\frac{1-\sqrt{5}}{2}\right)^2\right]$, 命题成立. 假设阶小于 n 时成立, 于是

$$D_{n-1} = \frac{1}{\sqrt{5}}\left[\left(\frac{1+\sqrt{5}}{2}\right)^{n} - \left(\frac{1-\sqrt{5}}{2}\right)^{n}\right],$$

$$D_{n-2} = \frac{1}{\sqrt{5}}\left[\left(\frac{1+\sqrt{5}}{2}\right)^{n-1} - \left(\frac{1-\sqrt{5}}{2}\right)^{n-1}\right].$$

把 D_n 按照第一行展开

$$\begin{aligned} D_n =& D_{n-1} + D_{n-2} \\ =& \frac{1}{\sqrt{5}}\left[\left(\frac{1+\sqrt{5}}{2}\right)^{n} - \left(\frac{1-\sqrt{5}}{2}\right)^{n}\right] + \frac{1}{\sqrt{5}}\left[\left(\frac{1+\sqrt{5}}{2}\right)^{n-1} - \left(\frac{1-\sqrt{5}}{2}\right)^{n-1}\right] \\ =& \frac{1}{\sqrt{5}}\left[\left(\frac{1+\sqrt{5}}{2}\right)^{n+1} - \left(\frac{1-\sqrt{5}}{2}\right)^{n+1}\right]. \end{aligned}$$

综上, 命题得证.

MATLAB 程序 1.11

```
a=sym(-1),b=1,c=1,for n=2:6,
A2=[zeros(1,n);a*eye(n-1),zeros(n-1,1)];
A3=[zeros(n,1),[b*eye(n-1);zeros(1,n-1)]];
```

```
A=c*eye(n)+A2+A3,det(A),end
```

1.3.4 Cramer 法则的应用

1. 设 $\boldsymbol{A}=\begin{bmatrix}1&1&1\\-1&2&a\\1&4&a^2\end{bmatrix}$, 若方程组 $\boldsymbol{Ax}=\boldsymbol{0}$ 存在非零解, 则 $a=$________.

提示 齐次线性方程组有非零解的判别.

解 答案: 2 或者 -1.

因方程组 $\boldsymbol{Ax}=\boldsymbol{0}$ 有非零解, 故 $|\boldsymbol{A}|=\begin{vmatrix}1&1&1\\-1&2&a\\1&4&a^2\end{vmatrix}=3(a-2)(a+1)=0$,

故 $a=2$ 或者 -1.

MATLAB 程序 1.12

```
syms a,A=[1,1,1;-1,2,a;1,4,a^2],det(A),solve(ans)
```

2. $\boldsymbol{Ax}=\boldsymbol{b}$, $\boldsymbol{A}=\begin{bmatrix}2a&1&&\\a^2&2a&\ddots&\\&\ddots&\ddots&1\\&&a^2&2a\end{bmatrix}$, $\boldsymbol{x}=\begin{bmatrix}x_1\\x_2\\\vdots\\x_n\end{bmatrix}$, $\boldsymbol{b}=\begin{bmatrix}1\\0\\\vdots\\0\end{bmatrix}$.

(1) 证明: $|\boldsymbol{A}|=(n+1)a^n$.

(2) a 为何值时, $\boldsymbol{Ax}=\boldsymbol{b}$ 有唯一解, 此时求 x_2.

(3) 若 $\boldsymbol{Ax}=\boldsymbol{b}$ 有无穷多解, 求 a 和通解.

提示 归纳法求行列式、降阶公式、Cramer 法则、线性方程组解的结构 (第 3 章).

解 (1) 用归纳法证明, 当阶等于 1 时, $\boldsymbol{A}_1=2a=(1+1)a^1$, 命题成立.

假设阶小于 n 时成立, 于是 $|\boldsymbol{A}_{n-2}|=(n-1)a^{n-2}, |\boldsymbol{A}_{n-1}|=na^{n-1}$, 则阶等于 n 时, 按第一行展开得

$$|\boldsymbol{A}_n|=2a|\boldsymbol{A}_{n-1}|-a^2|\boldsymbol{A}_{n-2}|=(n+1)a^n.$$

综上, 命题得证.

(2) 若 $\boldsymbol{Ax}=\boldsymbol{b}$ 有唯一解, 则 $|\boldsymbol{A}|=(n+1)a^n\neq 0$, 于是 $a\neq 0$. 由 Cramer 法则和降阶公式得

$$x_2=\frac{D_2}{D}=\frac{-a^2|\boldsymbol{A}_{n-2}|}{|\boldsymbol{A}_n|}=\frac{-a^2(n-1)a^{n-2}}{(n+1)a^n}=-\frac{n-1}{n+1}.$$

(3) 若 $\boldsymbol{Ax}=\boldsymbol{b}$ 有无穷多解, 则 $a=0$, 于是

$$\mathrm{rank}\boldsymbol{A}=n-1,\quad \boldsymbol{x}=k\boldsymbol{\xi}+\boldsymbol{\eta},\quad k\in\mathbb{R},\quad \boldsymbol{\xi}=(1,0,\cdots,0)^{\mathrm{T}},\quad \boldsymbol{\eta}=(0,1,0,\cdots,0)^{\mathrm{T}}.$$

MATLAB 程序 1.13

```
syms a,
(1)for n=1:10,B=2*a*eye(n),C=[zeros(1,n);a^2*eye(n-1),zeros(n-1,1)],
 D=[zeros(n-1,1),eye(n-1);zeros(1,n)],A=B+C+D,det(A),end
(2)b=[1;zeros(n-1,1)],x2=det([A(:,1),b,A(:,3:end)])/det(A)
(3)null(subs(A,a,0))
```

1.3.5　行列式、矩阵、分块矩阵、特征值和多解方程

1. 设 $\boldsymbol{A},\boldsymbol{B}$ 为三阶矩阵, $\boldsymbol{A}$ 相似于 $\boldsymbol{B}$, $\lambda_1=-1,\lambda_2=1$ 为 $\boldsymbol{A}$ 的两个特征值, $|\boldsymbol{B}^{-1}|=\dfrac{1}{3}$, 求

$$\begin{vmatrix} -(\boldsymbol{A}-3\boldsymbol{E})^{-1} & \boldsymbol{O} \\ \boldsymbol{O} & \boldsymbol{B}^*+\left(-\dfrac{1}{4}\boldsymbol{B}\right)^{-1} \end{vmatrix}.$$

提示　Laplace 定理 (第 1 章)、伴随矩阵的性质 (第 2 章)、行列式与特征值的关系 (第 4 章).

解　因 $|\boldsymbol{B}^{-1}|=\dfrac{1}{3}$, 故 $|\boldsymbol{B}|=3$, 且$\boldsymbol{A}$ 相似于 $\boldsymbol{B}$, 则两个矩阵的特征值相同, 且第 3 个特征值为 -3, $\boldsymbol{A}-3\boldsymbol{E}$ 的特征值为 $-4,-2,-6$, 故

$$\begin{aligned}
&\begin{vmatrix} -(\boldsymbol{A}-3\boldsymbol{E})^{-1} & \boldsymbol{O} \\ \boldsymbol{O} & \boldsymbol{B}^*+\left(-\dfrac{1}{4}\boldsymbol{B}\right)^{-1} \end{vmatrix} \\
=&\left|-(\boldsymbol{A}-3\boldsymbol{E})^{-1}\right|\left|\boldsymbol{B}^*+\left(-\frac{1}{4}\boldsymbol{B}\right)^{-1}\right| \\
=&(-1)^3|\boldsymbol{A}-3\boldsymbol{E}|^{-1}\left|\boldsymbol{B}^*-4\boldsymbol{B}^{-1}\right|=-|\boldsymbol{A}-3\boldsymbol{E}|^{-1}\left|\boldsymbol{B}^{-1}\right|(|\boldsymbol{B}|-4)^3 \\
=&-\frac{1}{(-2)\times(-4)\times(-6)}\times\frac{1}{3}(-1)^3=-\frac{1}{144}.
\end{aligned}$$

1.4　上 机 解 题

1.4.1　习题 1.1

1. 利用对角线法则计算下列三阶行列式.

(1) $\begin{vmatrix} 2 & 0 & 1 \\ 1 & -4 & -1 \\ -1 & 8 & 3 \end{vmatrix}$; (2) $\begin{vmatrix} a & b & c \\ b & c & a \\ c & a & b \end{vmatrix}$; (3) $\begin{vmatrix} 1 & -3 & x \\ x & -2 & x \\ -4 & x & x \end{vmatrix}$.

解 (1) $\begin{vmatrix} 2 & 0 & 1 \\ 1 & -4 & -1 \\ -1 & 8 & 3 \end{vmatrix}$

$$\begin{aligned}&=2\times(-4)\times3+0\times(-1)\times(-1)+1\times1\times8\\&\quad-1\times(-4)\times(-1)-0\times1\times3-2\times(-1)\times8\\&=-24+0+8-4-0-(-16)=-4.\end{aligned}$$

(2) $\begin{vmatrix} a & b & c \\ b & c & a \\ c & a & b \end{vmatrix}=acb+bac+cba-ccc-bbb-aaa=3abc-a^3-b^3-c^3.$

(3) $\begin{vmatrix} 1 & -3 & x \\ x & -2 & x \\ -4 & x & x \end{vmatrix}$

$$\begin{aligned}&=1\times(-2)\times x+(-3)\times x\times(-4)+x\times x\times x\\&\quad-x\times(-2)\times(-4)-(-3)\times x\times x-1\times x\times x\\&=-2x+12x+x^3-8x+3x^2-x^2=x^3+2x^2+2x.\end{aligned}$$

MATLAB 程序 1.14

```
(1)A1=[2,0,1; 1,-4,-1; -1,8,3],det(A1)
(2)syms a b c,A2=[a,b,c; b,c,a; c,a,b],det(A2)
(3)syms x,A3=[1,-3,x;x,-2,x;-4,x,x],det(A3)
```

2. 用行列式解下列线性方程组.

(1) $\begin{cases} x_1\cos\theta-x_2\sin\theta=a, \\ x_1\sin\theta+x_2\cos\theta=b. \end{cases}$ (2) $\begin{cases} x+y+z=10, \\ 3x+2y+z=14, \\ 2x+3y-z=1. \end{cases}$

解 (1) 因

$$D=\begin{vmatrix} \cos\theta & -\sin\theta \\ \sin\theta & \cos\theta \end{vmatrix}=\cos^2\theta-\left(-\sin^2\theta\right)=1,$$

$$D_1=\begin{vmatrix} a & -\sin\theta \\ b & \cos\theta \end{vmatrix}=a\cos\theta+b\sin\theta,\quad D_2=\begin{vmatrix} \cos\theta & a \\ \sin\theta & b \end{vmatrix}=b\cos\theta-a\sin\theta,$$

故 $x_1 = \dfrac{D_1}{D} = a\cos\theta + b\sin\theta, x_2 = \dfrac{D_2}{D} = b\cos\theta - a\sin\theta$.

(2) 因

$$D = \begin{vmatrix} 1 & 1 & 1 \\ 3 & 2 & 1 \\ 2 & 3 & -1 \end{vmatrix} = 5,$$

$$D_1 = \begin{vmatrix} 10 & 1 & 1 \\ 14 & 2 & 1 \\ 1 & 3 & -1 \end{vmatrix} = 5, \quad D_2 = \begin{vmatrix} 1 & 10 & 1 \\ 3 & 14 & 1 \\ 2 & 1 & -1 \end{vmatrix} = 10,$$

$$D_3 = \begin{vmatrix} 1 & 1 & 10 \\ 3 & 2 & 14 \\ 2 & 3 & 1 \end{vmatrix} = 35,$$

故 $x = \dfrac{D_1}{D} = 1, y = \dfrac{D_2}{D} = 2, z = \dfrac{D_3}{D} = 7$.

MATLAB 程序 1.15

```
(1)syms t a b,A1=[cos(t),-sin(t); sin(t),cos(t)],
b1 = [a;b];x = A1\b1,x = simplify(x)
(2)A2= [1,1,1; 3,2,1;2,3,-1],b2 = [10;14;1],x = A2\b2
```

1.4.2　习题 1.2

1. 计算

$$(1)D = \begin{vmatrix} 0 & 0 & \cdots & 0 & 0 & a_{1n} \\ 0 & 0 & \cdots & 0 & a_{2,n-1} & a_{2n} \\ 0 & 0 & \cdots & a_{3,n-2} & a_{3,n-1} & a_{3n} \\ \vdots & \vdots & & \vdots & \vdots & \vdots \\ 0 & a_{n-1,2} & \cdots & a_{n-1,n-2} & a_{n-1,n-1} & a_{n-1,n} \\ a_{n1} & a_{n2} & \cdots & a_{n,n-2} & a_{n,n-1} & a_{nn} \end{vmatrix}.$$

$$(2)D = \begin{vmatrix} 0 & 1 & 0 & \cdots & 0 \\ 0 & 0 & 2 & \cdots & 0 \\ \vdots & \vdots & \vdots & & \vdots \\ 0 & 0 & 0 & \cdots & n-1 \\ n & 0 & 0 & \cdots & 0 \end{vmatrix}.$$

解 (1)$D=(-1)^{\tau[n,n-1,n-2,\cdots,2,1]}a_{1n}a_{2,n-1}\cdots a_{n-1,2}a_{n1}$

$$=(-1)^{\frac{n(n-1)}{2}}a_{1n}a_{2,n-1}\cdots a_{n-1,2}a_{n1}.$$

(2)$D=(-1)^{\tau[2,3\cdots,n-1,n,1]}a_{12}a_{23}\cdots a_{n-1,n}a_{n1}=(-1)^{n-1}n!.$

2. 给出按照定义计算行列式所需要的乘法总次数的计算公式.

解 根据行列式定义公式, n 阶行列式是 $n!$ 个形如 $(-1)^{\tau[i_1i_2\cdots i_n]}a_{1i_1}a_{2i_2}\cdots a_{ni_n}$ 的单项之和, 各单项是 n 个数的积, 需 $n-1$ 次乘法, 故共需 $(n-1)n!$ 次乘法.

1.4.3 习题 1.3

1. 计算阶行列式 $D=\begin{vmatrix} a_{11} & a_{12} & \cdots & a_{1,n-2} & a_{1,n-1} & a_{1n} \\ a_{21} & a_{22} & \cdots & a_{2,n-2} & a_{2,n-1} & 0 \\ a_{31} & a_{32} & \cdots & a_{3,n-2} & 0 & 0 \\ \vdots & \vdots & & \vdots & \vdots & \vdots \\ a_{n-1,1} & a_{n-1,2} & \cdots & 0 & 0 & 0 \\ a_{n1} & 0 & \cdots & 0 & 0 & 0 \end{vmatrix}$.

解 $D=(-1)^{\tau[n,n-1,n-2,\cdots,2,1]}a_{1n}a_{2,n-1}\cdots a_{n1}=(-1)^{\frac{n(n-1)}{2}}a_{1n}a_{2,n-1}\cdots a_{n1}.$

2. 在例 1.10 中求 $M_{11}+2M_{12}-3M_{31}+4M_{41}$.

解

$$\begin{aligned}&M_{11}+2M_{21}-3M_{31}+4M_{41}\\&=A_{11}-2A_{21}-3A_{31}-4A_{41}\\&=\begin{vmatrix} 1 & -5 & 2 & 1 \\ -2 & 1 & 0 & -5 \\ -3 & 3 & 1 & 3 \\ -4 & -4 & -1 & -3 \end{vmatrix} \xlongequal[r_4+4r_1]{\substack{r_2+2r_1\\r_3+3r_1}} \begin{vmatrix} 1 & -5 & 2 & 1 \\ 0 & -9 & 4 & -3 \\ 0 & -12 & 7 & 6 \\ 0 & -24 & 7 & 1 \end{vmatrix}\\&\xlongequal[r_3-6r_4]{r_2+3r_4} \begin{vmatrix} 1 & -5 & 2 & 1 \\ 0 & -81 & 25 & 0 \\ 0 & 132 & -35 & 0 \\ 0 & -24 & 7 & 1 \end{vmatrix} = \begin{vmatrix} -81 & 25 \\ 132 & -35 \end{vmatrix} = -465.\end{aligned}$$

MATLAB 程序 1.16

```
A = [1,-5,2,1;-2,1,0,-5;-3,3,1,3;-4,-4,-1,-3],det(A)
```

3. 证明: $\begin{vmatrix} a+b & c+d \\ e+f & h+k \end{vmatrix} = \begin{vmatrix} a & c \\ e & h \end{vmatrix} + \begin{vmatrix} a & d \\ e & k \end{vmatrix} + \begin{vmatrix} b & c \\ f & h \end{vmatrix} + \begin{vmatrix} b & d \\ f & k \end{vmatrix}$.

证 由行列式的拆分性质得

$$\begin{vmatrix} a+b & c+d \\ e+f & h+k \end{vmatrix} = \begin{vmatrix} a & c+d \\ e & h+k \end{vmatrix} + \begin{vmatrix} b & c+d \\ f & h+k \end{vmatrix}$$
$$= \begin{vmatrix} a & c \\ e & h \end{vmatrix} + \begin{vmatrix} a & d \\ e & k \end{vmatrix} + \begin{vmatrix} b & c \\ f & h \end{vmatrix} + \begin{vmatrix} b & d \\ f & k \end{vmatrix}.$$

4. 下列命题是否正确.

(1) 若 n 阶行列式 $D=0$, 则 D 中有两行元素成比例.

(2) 若二阶行列式 $D=0$, 则 D 的两行元素成比例.

(3) 若 n 阶行列式 $D=0$, 则 D 中有一行元素全为零.

(4) 若 n 阶行列式 $D=0$ 的元素至少有 n^2-n+1 个为零, 则 $D=0$.

解 (1) 错误. 反例 $\begin{vmatrix} 1 & 0 & 0 \\ 0 & 0 & 1 \\ 1 & 0 & 1 \end{vmatrix} = 0.$

(2) 正确. 设 $\begin{vmatrix} a & b \\ c & d \end{vmatrix} = ad-bc=0$, 故 $ad=bc$.

若 $a=b=0$, 则第一行是第二行的零倍.

若 a,b 中至少有一个不为零, 不妨 $a\neq 0$, 则 $b=\dfrac{b}{a}a$, 即 b 是 a 的 $\dfrac{b}{a}$ 倍, 而由 $ad=bc$ 得 $d=\dfrac{b}{a}c$. 故第二行是第一行的 $\dfrac{b}{a}$ 倍.

(3) 错误. 反例 $\begin{vmatrix} 1 & 1 \\ 1 & 1 \end{vmatrix} = 0.$

(4) 正确. 若 n 阶行列式 D 的元素至少有 n^2-n+1 个为零, 则非零元素至多有 $n^2-\left(n^2-n+1\right)=n-1$ 个. 但是 n 阶行列式的一般项 $(-1)^{\tau[i_1i_2\cdots i_n]}a_{1i_1}a_{2i_2}\cdots a_{ni_n}$ 都包含了 n 个元素, 故

$$(-1)^{\tau[i_1i_2\cdots i_n]}a_{1i_1}a_{2i_2}\cdots a_{ni_n}=0,$$

故 $D=0$.

1.4.4 习题 1.4

1. 计算下列行列式.

(1)$D_n = \begin{vmatrix} x & a & \cdots & a \\ a & x & \cdots & a \\ \vdots & \vdots & & \vdots \\ a & a & \cdots & x \end{vmatrix}$. (2)$D_n = \begin{vmatrix} a_0 & 1 & 1 & \cdots & 1 \\ 1 & a_1 & 0 & \cdots & 0 \\ 1 & 0 & a_2 & \cdots & 0 \\ \vdots & \vdots & \vdots & & \vdots \\ 1 & 0 & 0 & \cdots & a_{n-1} \end{vmatrix}$.

$$(3)D_{2n}=\begin{vmatrix} a_n & & & & & b_n \\ & \ddots & & & ⋰ & \\ & & a_1 & b_1 & & \\ & & c_1 & d_1 & & \\ & ⋰ & & & \ddots & \\ c_n & & & & & d_n \end{vmatrix}.$$

$$(4)D_n=\begin{vmatrix} 1+a_1 & 1 & \cdots & 1 \\ 1 & 1+a_2 & \cdots & 1 \\ \vdots & \vdots & & \vdots \\ 1 & 1 & \cdots & 1+a_n \end{vmatrix},\text{ 其中 } a_1a_2\cdots a_n\neq 0.$$

$$(5)D_n=\begin{vmatrix} 1 & 1 & \cdots & 1 & 1 \\ x_1 & x_2 & \cdots & x_{n-1} & x_n \\ \vdots & \vdots & & \vdots & \vdots \\ x_1^{n-2} & x_2^{n-2} & \cdots & x_{n-1}^{n-2} & x_n^{n-2} \\ x_1^{n-1} & x_2^{n-1} & \cdots & x_{n-1}^{n-1} & x_n^{n-1} \\ x_1^{n} & x_2^{n} & \cdots & x_{n-1}^{n} & x_n^{n} \end{vmatrix}.$$

$$(6)D_{n+1}=\begin{vmatrix} a^n & (a-1)^n & \cdots & (a-n+1)^n & (a-n)^n \\ a^{n-1} & (a-1)^{n-1} & \cdots & (a-n+1)^{n-1} & (a-n)^{n-1} \\ \vdots & \vdots & & \vdots & \vdots \\ a & a-1 & \cdots & a-n+1 & a-n \\ 1 & 1 & \cdots & 1 & 1 \end{vmatrix}.$$

(7)$D_n=\det[a_{ij}]$, 其中 $a_{ij}=|i-j|$.

解 (1) 累加法. 记 $c=x+(n-1)a$, 则

$$D_n=\begin{vmatrix} x & a & \cdots & a \\ a & x & \cdots & a \\ \vdots & \vdots & & \vdots \\ a & a & \cdots & x \end{vmatrix} \overset{r_1+(r_2+\cdots+r_n)}{=\!=\!=\!=} \begin{vmatrix} c & c & \cdots & c \\ a & x & \cdots & a \\ \vdots & \vdots & & \vdots \\ a & a & \cdots & x \end{vmatrix}$$

$$=c\begin{vmatrix} 1 & 1 & \cdots & 1 \\ a & x & \cdots & a \\ \vdots & \vdots & & \vdots \\ a & a & \cdots & x \end{vmatrix} \overset{r_i-ar_1}{=\!=\!=} c\begin{vmatrix} 1 & 1 & \cdots & 1 \\ 0 & x-a & \cdots & 0 \\ \vdots & \vdots & & \vdots \\ 0 & 0 & \cdots & x-a \end{vmatrix}$$

$$=c(x-a)^{n-1}=(x+(n-1)a)(x-a)^{n-1}.$$

(2) 行列式的倍加性质.

$$D_n=\begin{vmatrix} a_0 & 1 & 1 & \cdots & 1 \\ 1 & a_1 & 0 & \cdots & 0 \\ 1 & 0 & a_2 & \cdots & 0 \\ \vdots & \vdots & \vdots & & \vdots \\ 1 & 0 & 0 & \cdots & a_{n-1} \end{vmatrix} \xlongequal{r_1-\frac{1}{a_{i-1}}r_i} \begin{vmatrix} a_0-\sum\limits_{i=2}^{n}\dfrac{1}{a_{i-1}} & 0 & 0 & \cdots & 0 \\ 1 & a_1 & 0 & \cdots & 0 \\ 1 & 0 & a_2 & \cdots & 0 \\ \vdots & \vdots & \vdots & & \vdots \\ 1 & 0 & 0 & \cdots & a_{n-1} \end{vmatrix}$$

$$=a_1a_2\cdots a_{n-1}\left(a_0-\sum_{i=2}^{n}\frac{1}{a_{i-1}}\right)$$

$$=a_0a_1a_2\cdots a_{n-1}-\sum_{k=1}^{n-1}a_1a_2\cdots a_{k-1}a_{k+1}\cdots a_{n-1}.$$

备注 若 $a_1a_2\cdots a_{n-1}=0$, 答案仍然正确, 但是需要分类讨论解答.

(3) Laplace 定理和递归法.

$$D_{2n}=\begin{vmatrix} a_n & b_n \\ c_n & d_n \end{vmatrix}(-1)^{1+2n+1+2n}\begin{vmatrix} a_{n-1} & & & & & b_{n-1} \\ & \ddots & & & \iddots & \\ & & a_1 & b_1 & & \\ & & c_1 & d_1 & & \\ & \iddots & & & \ddots & \\ c_{n-1} & & & & & d_{n-1} \end{vmatrix}$$

$$=(a_nd_n-b_nc_n)\,D_{2n-2}=\cdots=\prod_{i=1}^{n}(a_id_i-b_ic_i).$$

(4) 行列式的倍加性质.

$$D_n=\begin{vmatrix} 1+a_1 & 1 & \cdots & 1 \\ 1 & 1+a_2 & \cdots & 1 \\ \vdots & \vdots & & \vdots \\ 1 & 1 & \cdots & 1+a_n \end{vmatrix} \xlongequal{r_i-r_1} \begin{vmatrix} 1+a_1 & 1 & \cdots & 1 \\ -a_1 & a_2 & \cdots & 0 \\ \vdots & \vdots & & \vdots \\ -a_1 & 0 & \cdots & a_n \end{vmatrix}$$

$$\xlongequal{c_1+\frac{a_1}{a_i}c_i}\begin{vmatrix} 1+a_1+\sum\limits_{i=2}^{n}\dfrac{a_1}{a_i} & 1 & \cdots & 1 \\ 0 & a_2 & \cdots & 0 \\ \vdots & \vdots & & \vdots \\ 0 & 0 & \cdots & a_n \end{vmatrix}=\prod_{i=1}^{n}a_i\left(1+\sum_{i=1}^{n}\frac{1}{a_i}\right).$$

(5) 加边法、降阶公式、范德蒙德行列式、多项式相等的定义.

加边后,

$$D_{n+1}=\begin{vmatrix} 1 & 1 & 1 & \cdots & 1 & 1 \\ y & x_1 & x_2 & \cdots & x_{n-1} & x_n \\ \vdots & \vdots & \vdots & & \vdots & \vdots \\ y^{n-2} & x_1^{n-2} & x_2^{n-2} & \cdots & x_{n-1}^{n-2} & x_n^{n-2} \\ y^{n-1} & x_1^{n-1} & x_2^{n-1} & \cdots & x_{n-1}^{n-1} & x_n^{n-1} \\ y^n & x_1^n & x_2^n & \cdots & x_{n-1}^n & x_n^n \end{vmatrix}.$$

一方面, 待求行列式 D 为 D_{n+1} 中第 n 行第 1 列元素 y^{n-1} 的余子式 M_{n1}, 故将 D_{n+1} 按第一列展开得

$$D_{n+1}=\sum_{i=1}^{n+1} y^{i-1}A_{i1}=\sum_{i=1}^{n+1} y^{i-1}(-1)^{i+1}M_{i1}. \tag{1.20}$$

另一方面, 由范德蒙德行列式得

$$D_{n+1}=\prod_{k=1}^{n}(x_k-y)\prod_{1\leqslant i<j\leqslant n}(x_j-x_i). \tag{1.21}$$

两个相同多项式中 y^{n-1} 的系数相等, 由式 (1.20), (1.21) 得

$$(-1)^{n+1}D=(-1)^{n+1}M_{n1}=(-1)^{n-1}(x_1+x_2+\cdots+x_n)\prod_{1\leqslant i<j\leqslant n}(x_j-x_i),$$

即

$$D=M_{n1}=(x_1+x_2+\cdots+x_n)\prod_{1\leqslant i<j\leqslant n}(x_j-x_i).$$

(6) 行列式的倍加性质、范德蒙德行列式.

将第 1 行依次与第 $2,3,\cdots,n+1$ 行交换得

$$D_n=(-1)^n\begin{vmatrix} a^{n-1} & (a-1)^{n-1} & \cdots & (a-n+1)^{n-1} & (a-n)^{n-1} \\ a^{n-2} & (a-1)^{n-2} & \cdots & (a-n+1)^{n-2} & (a-n)^{n-2} \\ \vdots & \vdots & & \vdots & \vdots \\ 1 & 1 & \cdots & 1 & 1 \\ a^n & (a-1)^n & \cdots & (a-n+1)^n & (a-n)^n \end{vmatrix}.$$

依此类推得

$$D_n=(-1)^{n+(n-1)+\cdots+1}\begin{vmatrix}1 & 1 & \cdots & 1 & 1\\ a & a-1 & \cdots & a-n+1 & a-n\\ \vdots & \vdots & & \vdots & \vdots\\ a^{n-1} & (a-1)^{n-1} & \cdots & (a-n+1)^{n-1} & (a-n)^{n-1}\\ a^n & (a-1)^n & \cdots & (a-n+1)^n & (a-n)^n\end{vmatrix}.$$

然后作与上述行变换类似的列变换, 得

$$D_n=\begin{vmatrix}1 & 1 & \cdots & 1 & 1\\ a-n & a-n+1 & \cdots & a-1 & a\\ \vdots & \vdots & & \vdots & \vdots\\ (a-n)^{n-1} & (a-n+1)^{n-1} & \cdots & (a-1)^{n-1} & a^{n-1}\\ (a-n)^n & (a-n+1)^n & \cdots & (a-1)^n & a^n\end{vmatrix}$$

$$=\prod_{0\leqslant i<j\leqslant n}[(a-i)-(a-j)]=\prod_{0\leqslant i<j\leqslant n}[j-i]=\prod_{k=1}^{n}k!.$$

(7) 行列式的倍加性质.

$$D_n=\begin{vmatrix}0 & 1 & 2 & \cdots & n-1\\ 1 & 0 & 1 & \cdots & n-2\\ 2 & 1 & 0 & \cdots & n-3\\ \vdots & \vdots & \vdots & & \vdots\\ n-1 & n-2 & n-3 & \cdots & 0\end{vmatrix}$$

$$\xlongequal{r_i-r_{i+1}}\begin{vmatrix}-1 & 1 & 1 & \cdots & 1 & 1\\ -1 & -1 & 1 & \cdots & 1 & 1\\ -1 & -1 & -1 & \cdots & 1 & 1\\ \vdots & \vdots & \vdots & & \vdots & \vdots\\ -1 & -1 & -1 & \cdots & -1 & 1\\ n-1 & n-2 & n-3 & \cdots & 1 & 0\end{vmatrix}$$

$$
\xlongequal{r_i-r_{i+1}}\begin{vmatrix} 0 & 2 & 0 & 0 & \cdots & 0 & 0 \\ 0 & 0 & 2 & 0 & \cdots & 0 & 0 \\ 0 & 0 & 0 & 2 & \cdots & 0 & 0 \\ \vdots & \vdots & \vdots & \vdots & & \vdots & \vdots \\ 0 & 0 & 0 & 0 & \cdots & 2 & 0 \\ -1 & -1 & -1 & -1 & \cdots & -1 & 1 \\ n-1 & n-2 & n-3 & n-4 & \cdots & 1 & 0 \end{vmatrix}
$$

$$
= (-1)^{\tau[234\cdots n1]}a_{12}a_{23}\cdots a_{n-1,n}a_{n1}
$$

$$
= (-1)^{n-1}(n-1)2^{n-2}.
$$

MATLAB 程序 1.17

```
syms a, a0, a1, a2, a3, a4, a5, x,aa=[a0, a1, a2, a3, a4, a5],
(1)for n=2:6,A=eye(n)*(x-a)+a*ones(n),factor(det(A)),end
(2)A=diag(aa)+[0,ones(1,5);ones(5,1),zeros(5)],det(A)
(4)A=diag(aa)+ones(6),det(A)
(6)A1=[a:-1:a-n],A=[],for i=0:n,A=[A1.^i;A];end,A,det(A)
(7)for k=2:6,A=zeros(k);for i=1:k,for j=1:k,A(i,j)=abs(i-j);...
end,end,A,det(A),end
```

2. 证明: $D_n = \begin{vmatrix} x & -1 & 0 & \cdots & 0 & 0 \\ 0 & x & -1 & \cdots & 0 & 0 \\ 0 & 0 & x & \cdots & 0 & 0 \\ \vdots & \vdots & \vdots & & \vdots & \vdots \\ 0 & 0 & 0 & \cdots & x & -1 \\ a_n & a_{n-1} & a_{n-2} & \cdots & a_2 & x+a_1 \end{vmatrix} = x^n + a_1x^{n-1} + \cdots + a_{n-1}x + a_n$.

证 行列式的倍加性质.

$$
D_n \xlongequal{c_2+\frac{1}{x}c_1} \begin{vmatrix} x & 0 & 0 & \cdots & 0 & 0 \\ 0 & x & -1 & \cdots & 0 & 0 \\ 0 & 0 & x & \cdots & 0 & 0 \\ \vdots & \vdots & \vdots & & \vdots & \vdots \\ 0 & 0 & 0 & \cdots & x & -1 \\ a_n & \frac{1}{x}(a_{n-1}x+a_n) & a_{n-2} & \cdots & a_2 & x+a_1 \end{vmatrix}
$$

$$\xlongequal{c_i+\frac{1}{x}c_{i-1}}\begin{vmatrix} x & 0 & 0 & \cdots & 0 \\ 0 & x & 0 & \cdots & 0 \\ 0 & 0 & x & \cdots & 0 \\ \vdots & \vdots & \vdots & & \vdots \\ 0 & 0 & 0 & \cdots & 0 \\ a_n & \frac{1}{x}(a_{n-1}x+a_n) & \frac{1}{x^2}(a_{n-2}x^2+a_{n-1}x+a_n) & \cdots & \frac{1}{x^{n-1}}(f(x)) \end{vmatrix}$$

$$= x^{n-1}\frac{1}{x^{n-1}}(f(x)) = f(x).$$

MATLAB 程序 1.18

```
syms  a1, a2, a3, a4, a5, a6, x,aa=[a1, a2, a3, a4, a5, a6],
A=x*eye(6)+[zeros(5,1),-eye(5);fliplr(aa)],det(A)
```

3. 已知序列 F_n 的通项递推公式为 $F_{n+2}=F_{n+1}+F_n\ (n\geqslant 1), F_1=F_2=1$, 求通项表达式.

解　构造等比数列 $F_{n+2}-aF_{n+1}=b(F_{n+1}-aF_n)$, 则 $F_{n+2}=(b+a)F_{n+1}-baF_n$, 对比通项递推公式得 $b+a=1, -ab=1$, 解得 $a=\dfrac{1\pm\sqrt{5}}{2}, b=\dfrac{1\mp\sqrt{5}}{2}$.

因 $F_1=F_2=1$, 递归得

$$F_{n+2}-aF_{n+1}=b^n(F_2-aF_1)=b^n(1-a)=b^{n+1},$$

故

$$\begin{aligned} F_{n+2} &= b^{n+1}+aF_{n+1} \\ &= b^{n+1}+a(b^n+aF_n)=b^{n+1}+ab^n+a^2F_n \\ &= b^{n+1}+ab^n+a^2\left(b^{n-1}+aF_{n-1}\right)=b^{n+1}+ab^n+a^2b^{n-1}+a^3F_{n-1} \\ &= \cdots \\ &= b^{n+1}+ab^n+a^2b^{n-1}+\cdots+a^{n-1}b^2+a^nF_2 \\ &= \frac{b^{n+1}\left(1-\dfrac{a^n}{b^n}\right)}{1-\dfrac{a}{b}}+a^n=\frac{b^2(b^n-a^n)}{b-a}+a^n. \end{aligned}$$

1.4.5 习题 1.5

1. 用 Cramer 法则求解下列方程组.

(1) $\begin{cases} x_1+x_2+x_3+x_4=5, \\ x_1+2x_2-x_3+4x_4=-2, \\ 2x_1-3x_2-x_3-5x_4=-2, \\ 3x_1+x_2+2x_3+11x_4=0. \end{cases}$

(2) $\begin{cases} 5x_1+6x_2=1, \\ x_1+5x_2+6x_3=0, \\ x_2+5x_3+6x_4=0, \\ x_3+5x_4+6x_5=0, \\ x_4+5x_5=1. \end{cases}$

(3) $\begin{cases} x+y+z=a+b+c, \\ ax+by+cz=a^2+b^2+c^2, \quad (\text{其中 } a,b,c \text{ 互不相同}). \\ bcx+cay+abz=3abc \end{cases}$

解 (1)

$$D=\begin{vmatrix} 1 & 1 & 1 & 1 \\ 1 & 2 & -1 & 4 \\ 2 & -3 & -1 & -5 \\ 3 & 1 & 2 & 11 \end{vmatrix} \xlongequal[r_4-3r_1]{\substack{r_2-r_1\\ r_3-2r_1}} \begin{vmatrix} 1 & 1 & 1 & 1 \\ 0 & 1 & -2 & 3 \\ 0 & -5 & -3 & -7 \\ 0 & -2 & -1 & 8 \end{vmatrix} = \begin{vmatrix} 1 & 1 & 1 & 1 \\ 0 & 1 & -2 & 3 \\ 0 & 0 & -13 & 8 \\ 0 & 0 & -5 & 14 \end{vmatrix} = -142.$$

类似地,

$$D_1=\begin{vmatrix} 5 & 1 & 1 & 1 \\ -2 & 2 & -1 & 4 \\ -2 & -3 & -1 & -5 \\ 0 & 1 & 2 & 11 \end{vmatrix}=-142, \quad D_2=\begin{vmatrix} 1 & 5 & 1 & 1 \\ 1 & -2 & -1 & 4 \\ 2 & -2 & -1 & -5 \\ 3 & 0 & 2 & 11 \end{vmatrix}=-284,$$

$$D_3=\begin{vmatrix} 1 & 1 & 5 & 1 \\ 1 & 2 & -2 & 4 \\ 2 & -3 & -2 & -5 \\ 3 & 1 & 0 & 11 \end{vmatrix}=-426, \quad D_4=\begin{vmatrix} 1 & 1 & 1 & 5 \\ 1 & 2 & -1 & -2 \\ 2 & -3 & -1 & -2 \\ 3 & 1 & 2 & 0 \end{vmatrix}=142,$$

由 Cramer 法则得 $x_1=\dfrac{D_1}{D}=1, x_2=\dfrac{D_2}{D}=2, x_3=\dfrac{D_3}{D}=3, x_4=\dfrac{D_4}{D}=-1.$

(2) 因

$$D=\begin{vmatrix}5&6&0&0&0\\1&5&6&0&0\\0&1&5&6&0\\0&0&1&5&6\\0&0&0&1&5\end{vmatrix}=665,\quad D_1=\begin{vmatrix}1&6&0&0&0\\0&5&6&0&0\\0&1&5&6&0\\0&0&1&5&6\\1&0&0&1&5\end{vmatrix}=1507,$$

$$D_2=\begin{vmatrix}5&1&0&0&0\\1&0&6&0&0\\0&0&5&6&0\\0&0&1&5&6\\0&1&0&1&5\end{vmatrix}=-1145,\quad D_3=\begin{vmatrix}5&6&1&0&0\\1&5&0&0&0\\0&1&0&6&0\\0&0&0&5&6\\0&0&1&1&5\end{vmatrix}=703,$$

$$D_4=\begin{vmatrix}5&6&0&1&0\\1&5&6&0&0\\0&1&5&0&0\\0&0&1&0&6\\0&0&0&1&5\end{vmatrix}=-395,\quad D_5=\begin{vmatrix}5&6&0&0&1\\1&5&6&0&0\\0&1&5&6&0\\0&0&1&5&0\\0&0&0&1&1\end{vmatrix}=212,$$

故由 Cramer 法则得 $x_1=\dfrac{1507}{665},x_2=\dfrac{-1145}{665},x_3=\dfrac{703}{665},x_4=\dfrac{-395}{665},x_5=\dfrac{212}{665}$.

(3) 显然 $x=a,y=b,z=c$ 是该方程组的解. 又由 a,b,c 互不相同可知

$$D=\begin{vmatrix}1&1&1\\a&b&c\\bc&ca&ab\end{vmatrix}=\begin{vmatrix}1&1&1\\0&b-a&c-a\\0&ca-bc&ab-bc\end{vmatrix}=(b-a)(c-a)(c-b)\neq 0,$$

故该方程组有唯一解, 解为 $x=a,y=b,z=c$.

MATLAB 程序 1.19

```
(1)A1 = [1,1,1,1;1,2,-1,4;2,-3,-1,-5;3,1,2,11],
b1= [5;-2;-2;0];x1 = A1\b1
(2)A2 =[5,6,0,0,0;1,5,6,0,0;0,1,5,6,0;0,0,1,5,6;0,0,0,1,5],
b2 = sym([1;0;0;0;1]),x2 = A2\b2
(3)syms a b c,A3 = [1,1,1;a,b,c;,b*c,c*a,a*b],
 b3 = [a+b+c;a^2+b^2+c^2;3*a*b*c];x3 = A3\b3
```

2. 已知齐次线性方程组 $\begin{cases}\lambda x_1+x_2+x_3=0,\\ x_1+\mu x_2+x_3=0,\\ x_1+2\mu x_2+x_3=0\end{cases}$ 有非零解, 求 λ,μ 满足的关系.

解 根据 Cramer 法则, 齐次线性方程组有非零解的充要条件是系数行列式 $D=0$, 即

$$0=\begin{vmatrix}\lambda & 1 & 1\\ 1 & \mu & 1\\ 1 & 2\mu & 1\end{vmatrix}=\begin{vmatrix}\lambda & 1 & 1\\ 1 & \mu & 1\\ 0 & \mu & 0\end{vmatrix}=(-1)^{3+2}\mu\begin{vmatrix}\lambda & 1\\ 1 & 1\end{vmatrix}=(-1)^{3+2}\mu(\lambda-1),$$

故 $\mu=0,\lambda=1$ 至少有一个成立.

MATLAB 程序 1.20

```
syms lam mu,A=[lam,1,1;1,mu,1;1,2*mu,1],det(A)
```

*3. 设平面上曲线 $y(x)=a_1x^3+a_2x^2+a_3x+a_4$ 通过点 $(1,0),(2,-2),(3,2),(4,18)$, 求系数 a_1,a_2,a_3,a_4.

MATLAB 程序 1.21

```
A = vander([1 2 3 4]),b =sym([0;-2;2;18]),a = A\b,
syms x,ezplot([x^3 x^2 x^1 x^0]*a),hold on,
plot([1 2 3 4],[0 -2 2 18],'rd'),axis([0,5,-3,19]),grid on
```

解 根据条件有 $\begin{cases}a_1+a_2+a_3+a_4=0,\\ 8a_1+4a_2+2a_3+a_4=-2,\\ 27a_1+9a_2+3a_3+a_4=2,\\ 64a_1+16a_2+4a_3+a_4=18,\end{cases}$ 则 $D=12,D_1=12,D_2=-36,D_3=0,D_4=24$, 利用 Cramer 法则得 $a_1=1,a_2=-3,a_3=0,a_4=2$. 曲线和对应的四个点如图 1.1 所示.

4. 计算线性方程组的系数行列式, 并验证所给的一组数 (c 为任意常数) 是它的解.

(1) $\begin{cases}2x_1-3x_2+4x_3-3x_4=0,\\ 3x_1-x_2+11x_3-13x_4=0,\\ 4x_1+5x_2-7x_3-2x_4=0,\\ 13x_1-25x_2+x_3+11x_4=0,\end{cases}$ 所给一组数为 $x_1=x_2=x_3=x_4=c$.

(2) $\begin{cases} x_1+2x_2+3x_3-x_4=3, \\ 3x_1+2x_2+x_3+x_4=5, \\ 5x_1+5x_2+2x_3=10, \\ 2x_1+3x_2+x_3-x_4=5, \end{cases}$ 所给一组数为 $x_1=1-c, x_2=1+c, x_3=0, x_4=c$.

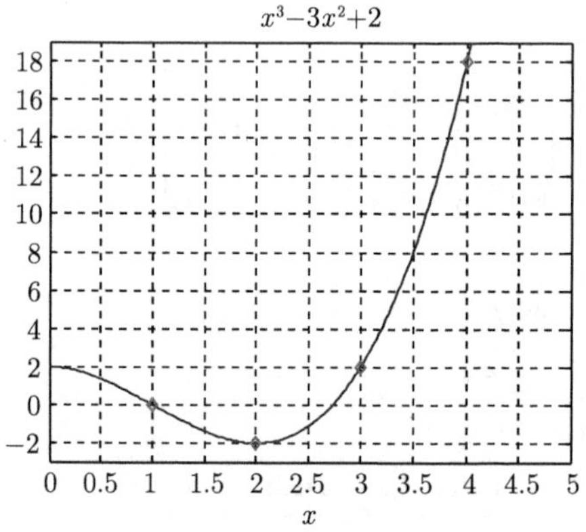

图 1.1

解　(1) 因

$$D=\begin{vmatrix} 2 & -3 & 4 & -3 \\ 3 & -1 & 11 & -13 \\ 4 & 5 & -7 & -2 \\ 13 & -25 & 1 & 11 \end{vmatrix} \xlongequal{c_4+c_1+c_2+c_3} \begin{vmatrix} 2 & -3 & 4 & 0 \\ 3 & -1 & 11 & 0 \\ 4 & 5 & -7 & 0 \\ 13 & -25 & 1 & 0 \end{vmatrix}=0,$$

故方程有非零解, 将 $x_1=x_2=x_3=x_4=c$ 代入方程得

$$\begin{cases} 2c-3c+4c-3c=0, \\ 3c-c+11c-13c=0, \\ 4c+5c-7c-2c=0, \\ 13c-25c+c+11c=0. \end{cases}$$

(2) 因

$$D=\begin{vmatrix} 1 & 2 & 3 & -1 \\ 3 & 2 & 1 & 1 \\ 5 & 5 & 2 & 0 \\ 2 & 3 & 1 & -1 \end{vmatrix} \xlongequal[r_4-r_1]{r_2+r_1} \begin{vmatrix} 1 & 2 & 3 & -1 \\ 4 & 4 & 4 & 0 \\ 5 & 5 & 2 & 0 \\ 1 & 1 & -2 & 0 \end{vmatrix} = \begin{vmatrix} 1 & 2 & 3 & -1 \\ 4 & 4 & 4 & 0 \\ 0 & 0 & 0 & 0 \\ 1 & 1 & -2 & 0 \end{vmatrix}=0,$$

故方程可能有多个解, 将 $x_1 = 1 - c, x_2 = 1 + c, x_3 = 0, x_4 = c$ 代入方程得

$$\begin{cases} (1-c) + 2(1+c) + 0 - c = 3, \\ 3(1-c) + 2(1+c) + 0 + c = 5, \\ 5(1-c) + 5(1+c) + 0 = 10, \\ 2(1-c) + 3(1+c) + 0 - c = 5. \end{cases}$$

MATLAB 程序 1.22

```
(1)syms c,A1 = [2 -3 4 -3;3 -1 11 -13;4 5 -7 -2;13 -25 1 11],
 det(A1),A1*[c;c;c;c]
(2)syms c,A2 = [1 2 3 -1;3 2 1 1;5 5 2 0;2 3 1 -1],
det(A2),A2*[1-c;1+c;0;c]
```

第2章 矩　　阵

学习目标与要求

1. 理解矩阵的定义和各种特殊的矩阵.

2. 掌握矩阵的加减法、乘法、转置和对称矩阵的定义与运算性质. 理解方幂的运算规律. 掌握行列式的乘法运算规律.

3. 掌握逆矩阵的定义和伴随矩阵的性质. 了解伴随矩阵法求逆矩阵.

4. 理解分块矩阵的定义. 掌握分块矩阵的各种运算.

5. 理解三种初等矩阵和三种初等变换的对应关系. 掌握等价、行阶梯形、最简行阶梯形和标准形的定义. 掌握用初等行变换求逆矩阵的方法. 理解分块初等矩阵及其在求分块逆矩阵中的应用.

6. 理解矩阵子式、秩的定义和秩的等价不变性. 掌握用初等行变换求秩的方法. 掌握秩的常用不等式.

7. 理解线性方程组的三种初等变换. 掌握 Gauss 消元法求解线性方程组的三个步骤.

2.1 内容梗概

2.1.1 矩阵的定义

矩阵的三大要素是: 行数、列数和元素.

定义 2.1 矩阵

数域 $\mathbb{F}$ 上 $m\times n$ 个数 $a_{ij}(i=1,2,\cdots,m;j=1,2,\cdots,n)$ 排成的一个 m 行 n 列的数表, 称为 $m\times n$ **矩阵**. 记为 $\boldsymbol{A}=[a_{ij}]_{m\times n}$, a_{ij} 称为矩阵 $\boldsymbol{A}$ 的第 i 行第 j 列的**元素**.

元素属于实数域的矩阵称为**实矩阵**, 全体 $m\times n$ 实矩阵的集合记为 $\mathbb{R}^{m\times n}$. 元素属于复数域的矩阵称为**复矩阵**, 全体 $m\times n$ 复矩阵的集合记为 $\mathbb{F}^{m\times n}$. 若无特殊说明, 本书默认矩阵为实矩阵.

若两个矩阵 $\boldsymbol{A}$ 和 $\boldsymbol{B}$ 的行数和列数都相等, 则称它们是**同型**的. 若同型矩阵的每个元素都相等, 则称 $\boldsymbol{A}$ 与 $\boldsymbol{B}$ **相等**, 记作 $\boldsymbol{A}=\boldsymbol{B}$. 若同型矩阵的每个元素都互为相反数, 则称 $\boldsymbol{B}$ 是 $\boldsymbol{A}$ 的**负矩阵**, 记作 $\boldsymbol{B}=-\boldsymbol{A}$.

行数等于 1 的矩阵称为**行矩阵 (行向量)**. 类似地, 列数等于 1 的矩阵称为**列矩阵 (列向量)**. 行数与列数等于 n 的矩阵称为 n **阶方阵**. 称方阵中从左上角到右下角的对角线为**主对角线**. 主对角线以外的元素都为 0 的方阵称为**对角矩阵**. 进一步, 主对角线上元素都等于 1 的对角矩阵, 称为**单位矩阵**, 记为 $\boldsymbol{E}$, n 阶单位矩阵记为 $\boldsymbol{E}_n$, 主对角线上元素都等于 k 的对角矩阵称为**数量矩阵**, 记为 $k\boldsymbol{E}$. 主对角线下 (上) 方的元素都为 0 的方阵称为**上 (下) 三角矩阵**.

备注 (1) 所有元素都等于 0 的矩阵称为**零矩阵**, 记为 $\boldsymbol{O}$. 类似地, 所有元素都等于 1 的矩阵称为**壹矩阵**, 记为 $\mathbf{1}$. 它们的行数和列数可以通过上下文确定. 若某个矩阵大部分元素等于 0, 则只写出其中的非零元素, 而零元素用空格代替.

(2) **行阶梯形矩阵**和**最简行阶梯形矩阵**是解方程的最重要的两个工具, 见 2.1.5 节.

(3) 矩阵一般用方括号来表示, 但是向量有时也用圆括号来表示.

2.1.2 矩阵的运算

矩阵运算主要包括: 加减法、数乘、乘法、转置和行列式.

定义 2.2 加减法

若 $\boldsymbol{A}=[a_{ij}]_{m\times n}, \boldsymbol{B}=[b_{ij}]_{m\times n}, \boldsymbol{C}=[c_{ij}]_{m\times n}$, 其中 $c_{ij}=a_{ij}+b_{ij}$, 则称矩阵 $\boldsymbol{C}$ 为 $\boldsymbol{A}$ 与 $\boldsymbol{B}$ 的**和**, 记为 $\boldsymbol{C}=\boldsymbol{A}+\boldsymbol{B}$.

$\boldsymbol{A}$ 与 $\boldsymbol{B}$ 的**差**定义为 $\boldsymbol{A}-\boldsymbol{B}=[a_{ij}-b_{ij}]_{m\times n}$.

矩阵的加法满足如下四个性质:

(1) 交换律: $\boldsymbol{A}+\boldsymbol{B}=\boldsymbol{B}+\boldsymbol{A}$.

(2) 结合律: $\boldsymbol{A}+(\boldsymbol{B}+\boldsymbol{C})=(\boldsymbol{A}+\boldsymbol{B})+\boldsymbol{C}$.

(3) 零矩阵: $\boldsymbol{A}+\boldsymbol{O}=\boldsymbol{O}+\boldsymbol{A}=\boldsymbol{A}$.

(4) 负矩阵: $\boldsymbol{A}+(-\boldsymbol{A})=(-\boldsymbol{A})+\boldsymbol{A}=\boldsymbol{O}$.

定义 2.3 数乘

若 $\boldsymbol{A}=[a_{ij}]_{m\times n}, \boldsymbol{B}=[b_{ij}]_{m\times n}$, 且 $b_{ij}=ka_{ij}$, 则称 $\boldsymbol{B}$ 为数 k 与矩阵 $\boldsymbol{A}$ 的**数量积**, 记为 $\boldsymbol{B}=k\boldsymbol{A}$, 简称**数乘**.

备注 这里的**数量积**容易与**标量积/内积**概念相混淆, 故后文只用**数乘**, 而不用**数量积**.

数乘满足如下四个性质:

(5) 数 1: $1\boldsymbol{A}=\boldsymbol{A}$.

(6) 结合律: $k(l\boldsymbol{A})=(kl)\boldsymbol{A}$.

(7) 第一分配律: $(k+l)\boldsymbol{A}=k\boldsymbol{A}+l\boldsymbol{A}$.

(8) 第二分配律: $k(\boldsymbol{A}+\boldsymbol{B})=k\boldsymbol{A}+k\boldsymbol{B}$.

定义 2.4 乘法和方幂

若 $\boldsymbol{A}=[a_{ij}]_{m\times p}, \boldsymbol{B}=[b_{ij}]_{p\times n}, \boldsymbol{C}=[c_{ij}]_{m\times n}$, 且 $c_{ij}=\sum\limits_{k=1}^{p}a_{ik}b_{kj}, i=1,2,\cdots,m, j=1,2,\cdots,n$, 则称矩阵 $\boldsymbol{C}$ 为 $\boldsymbol{A}$ 与 $\boldsymbol{B}$ 的**积**, 记为 $\boldsymbol{C}=\boldsymbol{AB}$.

若 $\boldsymbol{A}$ 为方阵, 且 $\boldsymbol{A}^0=\boldsymbol{E}_n, \boldsymbol{A}^1=\boldsymbol{A}, \boldsymbol{A}^{k+1}=\boldsymbol{A}^k\boldsymbol{A}, k=1,2,3,\cdots$, 则称 $\boldsymbol{A}^k$ 为 $\boldsymbol{A}$ 的 k 次**方幂**.

乘法满足如下三个性质:

(9) 结合律: $(\boldsymbol{AB})\boldsymbol{C}=\boldsymbol{A}(\boldsymbol{BC})$.

(10) 分配律: $\boldsymbol{A}(\boldsymbol{B}+\boldsymbol{C})=\boldsymbol{AB}+\boldsymbol{AC}, (\boldsymbol{B}+\boldsymbol{C})\boldsymbol{D}=\boldsymbol{BD}+\boldsymbol{CD}$.

(11) 数量矩阵可交换: 对矩阵 $\boldsymbol{E}_m, \boldsymbol{E}_n$, 有 $\boldsymbol{A}=\boldsymbol{E}_m\boldsymbol{A}=\boldsymbol{A}\boldsymbol{E}_n, k\boldsymbol{A}=(k\boldsymbol{E}_m)\boldsymbol{A}=\boldsymbol{A}(k\boldsymbol{E}_n)$.

备注　乘法不满足交换律, 但是 $(\boldsymbol{A}+\boldsymbol{E})(\boldsymbol{A}-\boldsymbol{E})=(\boldsymbol{A}-\boldsymbol{E})(\boldsymbol{A}+\boldsymbol{E})=\boldsymbol{A}^2-\boldsymbol{E}$.

方幂满足如下三个性质:

(12) $\boldsymbol{A}^k\boldsymbol{A}^l=\boldsymbol{A}^{k+l}$.　　(13) $\left(\boldsymbol{A}^k\right)^l=\boldsymbol{A}^{kl}$.

(14) 若 $f(x), g(x)$ 和 $h(x)$ 都是一元多项式, 且 $f(x)=g(x)h(x)$, 则 $f(\boldsymbol{A})=g(\boldsymbol{A})h(\boldsymbol{A})$.

定义 2.5　转置、对称矩阵和反对称矩阵

若 $\boldsymbol{A}=[a_{ij}]_{m\times n}, \boldsymbol{B}=[b_{ij}]_{n\times m}$, 且 $b_{ij}=a_{ji}$, 则称 $\boldsymbol{B}$ 为 $\boldsymbol{A}$ 的**转置矩阵**, 简称 $\boldsymbol{B}$ 为 $\boldsymbol{A}$ 的**转置**, 记为 $\boldsymbol{A}^{\mathrm{T}}$. 若 $\boldsymbol{A}^{\mathrm{T}}=\boldsymbol{A}$, 则称 $\boldsymbol{A}$ 为**对称矩阵**. 类似地, 若 $\boldsymbol{A}^{\mathrm{T}}=-\boldsymbol{A}$, 则称 $\boldsymbol{A}$ 为**反对称矩阵**.

转置满足如下四个性质:

(15) $\left(\boldsymbol{A}^{\mathrm{T}}\right)^{\mathrm{T}}=\boldsymbol{A}$.　　(16) $(\boldsymbol{A}+\boldsymbol{B})^{\mathrm{T}}=\boldsymbol{A}^{\mathrm{T}}+\boldsymbol{B}^{\mathrm{T}}$.

(17) $(k\boldsymbol{A})^{\mathrm{T}}=k\boldsymbol{A}^{\mathrm{T}}$.　　(18) $(\boldsymbol{AB})^{\mathrm{T}}=\boldsymbol{B}^{\mathrm{T}}\boldsymbol{A}^{\mathrm{T}}$.

定义 2.6　行列式

由方阵 $\boldsymbol{A}=[a_{ij}]_{n\times n}$ 的元素所构成的行列式称为方阵 $\boldsymbol{A}$ 的行列式, 记为 $\det\boldsymbol{A}, |\boldsymbol{A}|$ 或 $\det[a_{ij}]$.

行列式满足如下三个性质:

(19) $\left|\boldsymbol{A}^{\mathrm{T}}\right|=|\boldsymbol{A}|$.　　(20) $|\lambda\boldsymbol{A}|=\lambda^n|\boldsymbol{A}|$.　　(21) $|\boldsymbol{AB}|=|\boldsymbol{A}||\boldsymbol{B}|$.

2.1.3　可逆矩阵

在“加减乘除”四则运算中, 并没有“矩阵除法”的定义.

定义 2.7　逆矩阵

设 $\boldsymbol{A}$ 是 n 阶方阵, 若存在 n 阶方阵 $\boldsymbol{M}$, 使得 $\boldsymbol{MA}=\boldsymbol{AM}=\boldsymbol{E}$, 则称 $\boldsymbol{A}$ 是**可逆的**, 且称 $\boldsymbol{M}$ 为 $\boldsymbol{A}$ 的**逆矩阵**或矩阵 $\boldsymbol{A}$ 的**逆**, 记为 $\boldsymbol{A}^{-1}$.

可逆矩阵满足如下四个性质:

(22) 若 $\boldsymbol{A}$ 可逆, 则 $\boldsymbol{A}$ 的逆矩阵唯一. (23) 若 $\boldsymbol{A}$ 可逆, 则 $(\boldsymbol{A}^{-1})^{-1}=\boldsymbol{A}$.

(24) 若 $\boldsymbol{A}$ 可逆, 则 $(\boldsymbol{A}^{\mathrm{T}})^{-1}=(\boldsymbol{A}^{-1})^{\mathrm{T}}$.

(25) 若 $\boldsymbol{A}$ 与 $\boldsymbol{B}$ 是同阶的可逆矩阵, 则 $(\boldsymbol{AB})^{-1}=\boldsymbol{B}^{-1}\boldsymbol{A}^{-1}$.

定义 2.8 伴随矩阵

若 A_{ij} 为 $\boldsymbol{A}=[a_{ij}]_{n\times n}$ 的行列式中元素 a_{ij} 的代数余子式, 则称矩阵 $[A_{ij}]_{n\times n}$ 的转置矩阵为 $\boldsymbol{A}$ 的**伴随矩阵**, 记为 $\boldsymbol{A}^*$.

备注 求方阵的伴随矩阵包括如下两个步骤:

(1) 求所有元素的代数余子式 A_{ij}.

(2) 求 $[A_{ij}]_{n\times n}$ 的转置矩阵.

定理 2.1 设 $\boldsymbol{A}$ 为 n 阶方阵, 则有

$$\boldsymbol{A}^*\boldsymbol{A}=\boldsymbol{A}\boldsymbol{A}^*=|\boldsymbol{A}|\,\boldsymbol{E}. \tag{2.1}$$

进一步, $\boldsymbol{A}$ 为可逆矩阵当且仅当 $\boldsymbol{A}$ 是非奇异的, 即 $|\boldsymbol{A}|\neq 0$.

定理 2.1 描述了逆矩阵和伴随矩阵的关系, 其中公式 (2.1) 是本课程最重要的公式之一.

2.1.4 分块矩阵及其运算

分块矩阵是矩阵定义的推广.

定义 2.9 分块矩阵

对于一个 $m\times n$ 矩阵 $\boldsymbol{A}$, 在 $\boldsymbol{A}$ 的行之间加入 $s-1$ 条横线 $(1\leqslant s\leqslant m)$, 在 $\boldsymbol{A}$ 的列之间加入 $t-1$ 条竖线 $(1\leqslant t\leqslant n)$, 则 $\boldsymbol{A}$ 被分成 $s\times t$ 个小矩阵, 依次记为:$\boldsymbol{A}_{ij}(i=1,2,\cdots,s;j=1,2,\cdots,t)$. 把 $\boldsymbol{A}$ 视作以 $\boldsymbol{A}_{ij}$ 为元素的形式上的 $s\times t$ 矩阵, 称之为**分块矩阵**, 每个小块 $\boldsymbol{A}_{ij}$ 称为 $\boldsymbol{A}$ 的**子块**.

备注 注意区分矩阵子块 $\boldsymbol{A}_{ij}$ 和代数余子式 A_{ij}, 两个记号相似, 前者是矩阵, 用粗体表示, 后者为数值, 用非粗体表示.

分块矩阵的运算包括: 加法、数量乘法、乘法和转置.

(1) 分块矩阵的**加法**. 设分块矩阵 $\boldsymbol{A}=[\boldsymbol{A}_{ij}]_{s\times t},\boldsymbol{B}=[\boldsymbol{B}_{ij}]_{s\times t}$, 若 $\boldsymbol{A}$ 与 $\boldsymbol{B}$ 对应的子块 $\boldsymbol{A}_{ij}$ 和 $\boldsymbol{B}_{ij}$ 都是同型矩阵, 则有 $\boldsymbol{A}+\boldsymbol{B}=[\boldsymbol{A}_{ij}+\boldsymbol{B}_{ij}]_{s\times t}$.

(2) 分块矩阵的**数量乘法**. 设分块矩阵 $\boldsymbol{A}=[\boldsymbol{A}_{ij}]_{s\times t}$, k 是常数, 则 $k\boldsymbol{A}=[k\boldsymbol{A}_{ij}]_{s\times t}$, 这里 $k\boldsymbol{A}_{ij}$ 是数 k 与 $\boldsymbol{A}_{ij}$ 的数量乘法.

(3) 分块矩阵的**乘法**. 设 $\boldsymbol{A}$ 是 $m\times n$ 矩阵, $\boldsymbol{B}$ 是 $n\times p$ 矩阵. 若 $\boldsymbol{A}$ 分块为 $r\times s$ 分块矩阵, $\boldsymbol{B}$ 分块为 $s\times t$ 分块矩阵, 且 $\boldsymbol{A}$ 的列的分块法和 $\boldsymbol{B}$ 的行的分块法完全

相同, 则 $\boldsymbol{C}=\boldsymbol{AB}=[\boldsymbol{C}_{ij}]_{r\times t}$ 中的每个分块为

$$\boldsymbol{C}_{ij}=\boldsymbol{A}_{i1}\boldsymbol{B}_{1j}+\boldsymbol{A}_{i2}\boldsymbol{B}_{2j}+\cdots+\boldsymbol{A}_{is}\boldsymbol{B}_{sj}. \tag{2.2}$$

(4) 分块矩阵的**转置**. 将 $\boldsymbol{A}$ 分块为 $\boldsymbol{A}=\begin{bmatrix}\boldsymbol{A}_{11} & \cdots & \boldsymbol{A}_{1t}\\ \vdots & & \vdots\\ \boldsymbol{A}_{s1} & \cdots & \boldsymbol{A}_{st}\end{bmatrix}$, $\boldsymbol{A}_{ij}^{\mathrm{T}}$ 是子块 $\boldsymbol{A}_{ij}$ 的转置, 则

$$\boldsymbol{A}^{\mathrm{T}}=\begin{bmatrix}\boldsymbol{A}_{11}^{\mathrm{T}} & \cdots & \boldsymbol{A}_{s1}^{\mathrm{T}}\\ \vdots & & \vdots\\ \boldsymbol{A}_{1t}^{\mathrm{T}} & \cdots & \boldsymbol{A}_{st}^{\mathrm{T}}\end{bmatrix}. \tag{2.3}$$

备注 分块矩阵的转置计算极易出错, 记住口诀: 先外转置, 后内转置.

2.1.5 初等矩阵与矩阵的初等变换

行列式、矩阵和方程都有三种最基本的变换, 即**交换**、**数乘**和**倍加**.

定义 2.10 初等变换

对一个矩阵施行的下列三种变换称为**初等行变换**.

(1) 交换某两行, 简称为**交换**.

(2) 用非零数字 k 乘某一行, 简称为**数乘**.

(3) 把某行 k 倍加到另一行, 简称为**倍加**.

单位矩阵经过一次初等变换, 变成初等矩阵.

定义 2.11 初等矩阵

(1) **交换**单位矩阵的第 i 行和第 j 行, 得到的矩阵记为 $\boldsymbol{P}(i,j)$.

(2) 用非零**数**字 k **乘**以单位矩阵的第 j 行, 得到的矩阵记为 $\boldsymbol{P}(j\,(k))$.

(3) 把单位矩阵第 j 行的 k **倍加**到第 i 列, 得到的矩阵记为 $\boldsymbol{P}(i,j(k))$.

相应地, 可以定义**初等列变换**. 初等行变换和初等列变换统称为**初等变换**. 对应地, 经过初等列变换, 单位矩阵也可以变为初等矩阵.

定义 2.12 等价

若 $\boldsymbol{A}$ 可经有限次初等变换化为 $\boldsymbol{B}$, 则称 $\boldsymbol{A}$ **等价**于 $\boldsymbol{B}$, 记为 $\boldsymbol{A}\cong\boldsymbol{B}$.

等价满足以下三个性质.

(1) 自反性: $\boldsymbol{A}\cong\boldsymbol{A}$.

(2) 对称性: 若 $\boldsymbol{A}\cong\boldsymbol{B}$, 则 $\boldsymbol{B}\cong\boldsymbol{A}$.

(3) 传递性: 若 $\boldsymbol{A} \cong \boldsymbol{B}$, $\boldsymbol{B} \cong \boldsymbol{C}$, 则 $\boldsymbol{A} \cong \boldsymbol{C}$.

定义 2.13 标准形

称形如 $\begin{bmatrix} \boldsymbol{E}_r & \boldsymbol{O} \\ \boldsymbol{O} & \boldsymbol{O} \end{bmatrix}$ 的矩阵为**标准形**.

行阶梯形、最简行阶梯形和标准形是解方程最重要的工具.

(1) 矩阵每行首个非零元称为**阶梯元**.

(2) 若矩阵的全零行在矩阵的最下方, 且阶梯元前方的零元个数逐行增加, 则称该矩阵为**行阶梯形**矩阵.

(3) 进一步, 若行阶梯形矩阵的阶梯元全为 1, 且阶梯元所在列没有其他非零元, 则称该矩阵为**最简行阶梯形**矩阵.

定理 2.2 任何可逆矩阵可以只经过有限次初等行 (列) 变换化为单位矩阵.

推论 2.1 任一可逆矩阵必是有限个初等矩阵的乘积.

推论 2.2 矩阵 $\boldsymbol{A}$ 与矩阵 $\boldsymbol{B}$ 等价的充要条件是存在可逆矩阵 $\boldsymbol{P}$ 和 $\boldsymbol{Q}$, 使得

$$\boldsymbol{PAQ} = \boldsymbol{B}. \tag{2.4}$$

定义 2.14 分块初等行 (列) 变换

设分块矩阵 $\boldsymbol{A} = \begin{bmatrix} \boldsymbol{A}_1 & \boldsymbol{A}_2 \\ \boldsymbol{A}_3 & \boldsymbol{A}_4 \end{bmatrix}$, 下述三种变换称为**分块初等行 (列) 变换**.

(1) 交换 $\boldsymbol{A}$ 的两行 (列).

(2) 用可逆矩阵 $\boldsymbol{P}$ 左 (右) 乘 $\boldsymbol{A}$ 的某一行 (列) 全部子块.

(3) $\boldsymbol{A}$ 的某一行 (列) 全部子块左 (右) 乘矩阵 $\boldsymbol{P}$ 加到另一行 (列).

分块初等行变换与分块初等列变换统称为**分块初等变换**.

定义 2.15 分块初等矩阵

若 $\begin{bmatrix} \boldsymbol{E}_s & \boldsymbol{O} \\ \boldsymbol{O} & \boldsymbol{E}_t \end{bmatrix}$ 为分块单位矩阵, 则**分块初等矩阵**有如下三种.

(1) $\begin{bmatrix} \boldsymbol{O} & \boldsymbol{E}_t \\ \boldsymbol{E}_s & \boldsymbol{O} \end{bmatrix}$.

(2) $\begin{bmatrix} \boldsymbol{P}_1 & \boldsymbol{O} \\ \boldsymbol{O} & \boldsymbol{E}_t \end{bmatrix}$ 或 $\begin{bmatrix} \boldsymbol{E}_s & \boldsymbol{O} \\ \boldsymbol{O} & \boldsymbol{P}_2 \end{bmatrix}$(其中 $\boldsymbol{P}_1, \boldsymbol{P}_2$ 皆可逆).

(3) $\begin{bmatrix} \boldsymbol{E}_s & \boldsymbol{O} \\ \boldsymbol{P}_3 & \boldsymbol{E}_t \end{bmatrix}$ 或 $\begin{bmatrix} \boldsymbol{E}_s & \boldsymbol{P}_4 \\ \boldsymbol{O} & \boldsymbol{E}_t \end{bmatrix}$.

2.1.6 矩阵的秩

矩阵的秩有多种定义方法, 这里采用子式定义的方法.

定义 2.16 子式、主子式和顺序主子式

在一个 $m\times n$ 矩阵 $\boldsymbol{A}$ 中任意选定 k 行和 k 列, 位于这些选定的行和列交叉处的 k^2 个元素按原来的次序所组成的 k 阶行列式, 称为 $\boldsymbol{A}$ 的一个 k 阶**子式**. 若选定的 k 行依次为 $i_1<i_2<\cdots<i_k$, 选定的 k 列依次为 $j_1<j_2<\cdots<j_k$, 则这个子式记为 $\boldsymbol{A}\begin{pmatrix} i_1i_2\cdots i_k \\ j_1j_2\cdots j_k \end{pmatrix}$. 特别地, 若 $i_1=j_1,i_2=j_2,\cdots,i_k=j_k$, 则称它为 $\boldsymbol{A}$ 的一个**主子式**. 进一步, 称 $\boldsymbol{A}\begin{pmatrix} 12\cdots k \\ 12\cdots k \end{pmatrix}$ 为 $\boldsymbol{A}$ 的 k 阶**顺序主子式**.

定义 2.17 秩

矩阵 $\boldsymbol{A}$ 的非零子式的最高阶数称为矩阵 $\boldsymbol{A}$ 的**秩**, 记为 $\mathrm{rank}\boldsymbol{A}$.

设 $\boldsymbol{A}$ 为 $m\times n$ 矩阵. 若 $\mathrm{rank}\boldsymbol{A}=m$, 则称 $\boldsymbol{A}$ 为**行满秩阵**. 若 $\mathrm{rank}\boldsymbol{A}=n$, 则称 $\boldsymbol{A}$ 为**列满秩阵**. 行满秩的方阵称为**满秩矩阵**.

定理 2.3 初等变换不改变矩阵的秩.

推论 2.3 (1) 矩阵的等价标准形是**唯一**的. 等价标准形中 1 的个数等于矩阵的秩.

(2) 同型矩阵等价的充要条件是秩相同, 即有相同的等价标准形.

(3) n 阶方阵 $\boldsymbol{A}$ 可逆的充要条件是 $\mathrm{rank}\boldsymbol{A}=n$.

(4) 若 $\boldsymbol{B}$ 是 m 阶可逆矩阵, $\boldsymbol{C}$ 是 n 阶可逆矩阵, $\boldsymbol{A}$ 是 $m\times n$ 矩阵, 则

$$\mathrm{rank}(\boldsymbol{BA})=\mathrm{rank}(\boldsymbol{AC})=\mathrm{rank}(\boldsymbol{BAC})=\mathrm{rank}\boldsymbol{A}. \tag{2.5}$$

(5) 行阶梯形矩阵的秩为非零行的行数.

定理 2.4 (1) 设 $\boldsymbol{A}$ 为 $m\times n$ 矩阵, $\boldsymbol{B}$ 为 $n\times k$ 矩阵, 则

$$\mathrm{rank}(\boldsymbol{AB})\leqslant\min\{\mathrm{rank}\boldsymbol{A},\mathrm{rank}\boldsymbol{B}\}. \tag{2.6}$$

(2) 设 $\boldsymbol{A}$ 与 $\boldsymbol{B}$ 为同型矩阵, 则

$$\mathrm{rank}(\boldsymbol{A}+\boldsymbol{B})\leqslant\mathrm{rank}\boldsymbol{A}+\mathrm{rank}\boldsymbol{B}. \tag{2.7}$$

(3) 若 $\boldsymbol{A}$ 为 $m\times n$ 矩阵, $\boldsymbol{B}$ 为 $n\times k$ 矩阵, 则有

$$\mathrm{rank}(\boldsymbol{AB})\geqslant\mathrm{rank}\boldsymbol{A}+\mathrm{rank}\boldsymbol{B}-n. \tag{2.8}$$

特别地, 当 $\boldsymbol{AB}=\boldsymbol{O}$ 时, 有 $\mathrm{rank}\boldsymbol{A}+\mathrm{rank}\boldsymbol{B}\leqslant n$.

2.1.7 线性方程组的 Gauss 消元法

对于 m 个方程 n 个未知数的线性方程组 $\boldsymbol{Ax}=\boldsymbol{b}$, 其中**系数矩阵**为 $\boldsymbol{A}$, **常数向量**为 $\boldsymbol{b}$, **未知向量**为 $\boldsymbol{x}$, **增广矩阵**为 $\tilde{\boldsymbol{A}}=[\boldsymbol{A},\boldsymbol{b}]$.

若 $\boldsymbol{b}$ 的元素不全为零, 则称 $\boldsymbol{Ax}=\boldsymbol{b}$ 为**非齐次**线性方程组, 否则称为**齐次**线性方程组.

若 $\boldsymbol{x}$ 用向量 $\boldsymbol{c}$ 代入后满足 $\boldsymbol{Ac}=\boldsymbol{b}$, 则称 $\boldsymbol{c}$ 是方程组 $\boldsymbol{Ax}=\boldsymbol{b}$ 的一个解, 解的全体称为它的**解集合**.

若两个方程组有相同的**解集合**, 用 W 表示, 则称它们为**同解**方程组. W 中的任何一个元素, 称为方程组的一个**特解**. W 中全部元素的一个通项表达式称为方程组的**通解**或**一般解**.

用 W 表示方程组 $\boldsymbol{Ax}=\boldsymbol{b}$ 的全部解的集合.

(1) 若 $W=\varnothing$, 则称方程组**无解**.

(2) 若 $W\neq\varnothing$, 则称方程组**有解**.

(3) 若 W 只含一个元素, 则称方程组有**唯一解**.

定义 2.18 方程组的初等变换

对线性方程组, 称下列三种变换为**线性方程组的初等变换**.

(1) **交换**两个方程的位置.

(2) 用一非零的**数乘**某一方程.

(3) 把一个方程的**倍数加**到另一个方程.

定理 2.5 非齐次线性方程组有解的充要条件是系数矩阵的秩等于增广矩阵的秩.

定理 2.6 在齐次线性方程组 $\boldsymbol{Ax}=\boldsymbol{0}$ 中, 若系数矩阵 $\boldsymbol{A}$ 的秩小于未知数的个数 n, 则它必有非零解.

Gauss 消元法通过对增广矩阵实施初等行变换求解方程组的解, 分三个步骤:

(1) **消元**. 把增广矩阵化为行阶梯形, 若最后一个阶梯的非零元素出现在常数列, 则方程组无解, 否则有解.

(2) **回代**. 在有解的情况下把行阶梯形化为最简行阶梯形.

(3) **写解**. 把最简行阶梯形还原为同解方程组, 也就是用自由变量表示非自由变量, 求出所有解.

备注 (1) 简洁起见, 消元和回代两个步骤可以合并.

(2) 写解过程用自由变量表示非自由变量时容易出现漏项和符号错误.

2.2 疑 难 解 析

*2.2.1 如何使用 MATLAB 矩阵命令

MATLAB 对矩阵定义很灵活. A= [1,2;3,4], A= [1 2;3 4], A= [[1,2]; [3,4]] 和 A= [[1;3],[2;4]] 定义的矩阵完全相同. 如表 2.1 所示, MATLAB 自带的函数几乎可以解决线性代数中的所有计算问题.

表 2.1 MATLAB中常用的矩阵函数

矩阵及其运算	MATLAB命令	矩阵及其运算	MATLAB命令
m 行 n 列的零矩阵	zeros(m,n)	m 行 n 列的壹矩阵	ones(m,n)
n 阶单位矩阵	eye(n)	对角矩阵	diag ([$a_{11}, a_{22}, \cdots, a_{nn}$])
矩阵 $\boldsymbol{A}$ 加矩阵 $\boldsymbol{B}$	A+B	数乘以矩阵	k*A
矩阵 $\boldsymbol{A}$ 乘以矩阵 $\boldsymbol{B}$	A*B	方阵的 k 次方	A^k
矩阵 $\boldsymbol{A}$ 的共轭转置	A'	矩阵 $\boldsymbol{A}$ 的行列式	det(A)
矩阵 $\boldsymbol{A}$ 的逆	inv(A)	$\boldsymbol{A}$ 的最简行阶梯形	rref(A)
方程 $\boldsymbol{Ax}=\boldsymbol{0}$ 的基础解系	null(A)	方程 $\boldsymbol{Ax}=\boldsymbol{b}$ 的特解	A\b
方程 $\boldsymbol{XA}=\boldsymbol{B}$ 的特解	B /A	矩阵 $\boldsymbol{A}$ 的行阶梯形	RowEchelon(A)
方程 $\boldsymbol{Ax}=\boldsymbol{b}$ 的通解	Gauss2(A,b)	方程 $f(x)=0$ 的解	solve(f(x)) 或 solve(f(x)==0)

备注 (1)A' 表示矩阵 $\boldsymbol{A}$ 的共轭转置, 即 $\bar{\boldsymbol{A}}^{\mathrm{T}}$, 若 $\boldsymbol{A}$ 中有符号, 则需要谨慎使用转置. 比如, A=[2;1] 和 B =[2,1]' 意义完全相同. 但是, 若 a 是符号或者是复数, 那么 A=[a;1] 和 B =[a,1]' 意义完全不同.

(2) 方程“A \b”和“b/A”容易混淆, 可以发现系数矩阵始终在斜杠或者反斜杠下方.

2.2.2 为什么矩阵乘法不满足交换律

矩阵的乘法不满足交换律, 有三个原因:

(1) $\boldsymbol{AB}$ 有意义, $\boldsymbol{BA}$ 未必有意义, 如 $\boldsymbol{A}=\begin{bmatrix}1&0\\1&1\end{bmatrix}, \boldsymbol{B}=\begin{bmatrix}1\\0\end{bmatrix}$, 则 $\boldsymbol{AB}=\begin{bmatrix}1\\1\end{bmatrix}$, $\boldsymbol{BA}$ 无意义.

(2) $\boldsymbol{AB}$ 和 $\boldsymbol{BA}$ 都有意义, 但它们未必同型, 如 $\boldsymbol{A}=[\ 0,1\ ], \boldsymbol{B}=\begin{bmatrix}1\\0\end{bmatrix}$, 则 $\boldsymbol{AB}=0, \boldsymbol{BA}=\begin{bmatrix}0&1\\0&0\end{bmatrix}$.

(3) $\boldsymbol{AB}$ 和 $\boldsymbol{BA}$ 都有意义且同型, 它们未必相等, 如 $\boldsymbol{A}=\begin{bmatrix}1&0\\1&1\end{bmatrix}, \boldsymbol{B}=$

$\begin{bmatrix} 0 & 1 \\ 0 & 0 \end{bmatrix}$, 则 $\boldsymbol{AB} = \begin{bmatrix} 0 & 1 \\ 0 & 1 \end{bmatrix}, \boldsymbol{BA} = \begin{bmatrix} 1 & 1 \\ 0 & 0 \end{bmatrix}$.

MATLAB 程序 2.1

```
(1)A=[1,0;1,1],B=[1;0],A*B,B*A
(2)A=[0,1],B=[1;0],A*B,B*A
(3)A=[1,0;1,1],B=[0,1;0,0],A*B,B*A
```

备注 乘法不满足交换律, 但是

$$(\boldsymbol{A}+\boldsymbol{E})(\boldsymbol{A}-\boldsymbol{E}) = (\boldsymbol{A}-\boldsymbol{E})(\boldsymbol{A}+\boldsymbol{E}) = \boldsymbol{A}^2 - \boldsymbol{E}.$$

2.2.3 同型、相等、等价、相似和合同的定义与记号

(1) 若矩阵 $\boldsymbol{A}$ 和 $\boldsymbol{B}$ 的行数与列数都相同, 则称阵 $\boldsymbol{A}$ 和 $\boldsymbol{B}$ 是同型的.

(2) 若矩阵 $\boldsymbol{A}$ 和 $\boldsymbol{B}$ 是同型的, 且对应的元素相等, 则称 $\boldsymbol{A}$ 和 $\boldsymbol{B}$ 是相等的, 记为 $\boldsymbol{A} = \boldsymbol{B}$.

(3) 若存在可逆矩阵 $\boldsymbol{P}$ 和 $\boldsymbol{Q}$ 使得 $\boldsymbol{B} = \boldsymbol{PAQ}$, 则称 $\boldsymbol{A}$ 和 $\boldsymbol{B}$ 是等价的, 记为 $\boldsymbol{A} \cong \boldsymbol{B}$.

备注 注意区分"$=, \cong, \sim, \simeq$"这四个符号, 见表 2.2. 第 4 章将介绍相似的概念, 记为 $\boldsymbol{A} \sim \boldsymbol{B}$. 第 5 章将介绍合同的概念, 记为 $\boldsymbol{A} \simeq \boldsymbol{B}$.

表 2.2 不同意义的符号

概念	相等	等价	相似	合同
记号	$=$	$\cong$	$\sim$	$\simeq$

2.2.4 行列式的数乘性质和数乘矩阵的行列式

(1) 第 1 章已经介绍, 数乘性质是行列式三个基本性质之一. 行列式某行乘以一个数, 则新行列式为原行列式的 k 倍, 即 $\begin{vmatrix} \vdots & & \vdots \\ ka_{i1} & \cdots & ka_{in} \\ \vdots & & \vdots \end{vmatrix} = k\,|\boldsymbol{A}|$.

(2) 第 2 章介绍了数乘矩阵行列式的公式, 即 $|k\boldsymbol{A}| = k^n\,|\boldsymbol{A}|$.

可以发现命题 (2) 其实是命题 (1) 的推论: 数乘矩阵的行列式相当于行列式所有行都乘以数字 k, 故 $|k\boldsymbol{A}| = k^n\,|\boldsymbol{A}|$.

2.2.5 如何证明行列式和迹的交换律

行列式和迹都满足交换律, 即

$$\begin{cases} |\boldsymbol{BA}| = |\boldsymbol{AB}|, \\ \operatorname{tr}(\boldsymbol{AB}) = \operatorname{tr}(\boldsymbol{BA}). \end{cases} \tag{2.9}$$

(1) 由 Laplace 定理可知 $\begin{vmatrix} \boldsymbol{A} & \boldsymbol{O} \\ -\boldsymbol{E} & \boldsymbol{B} \end{vmatrix} = |\boldsymbol{A}|\,|\boldsymbol{B}|$, 由倍加性可证 $\begin{vmatrix} \boldsymbol{A} & \boldsymbol{O} \\ -\boldsymbol{E} & \boldsymbol{B} \end{vmatrix} = |\boldsymbol{AB}|$, 故 $|\boldsymbol{AB}| = |\boldsymbol{A}|\,|\boldsymbol{B}|$. 同理 $\begin{vmatrix} \boldsymbol{B} & \boldsymbol{O} \\ -\boldsymbol{E} & \boldsymbol{A} \end{vmatrix} = |\boldsymbol{BA}| = |\boldsymbol{B}|\,|\boldsymbol{A}|$. 综上, $|\boldsymbol{BA}| = |\boldsymbol{A}|\,|\boldsymbol{B}| = |\boldsymbol{B}|\,|\boldsymbol{A}| = |\boldsymbol{AB}|$.

(2) 连加符号具有交换性, 即 $\sum\limits_{i=1}^{m}\sum\limits_{j=1}^{n} a_{ij} = \sum\limits_{j=1}^{n}\sum\limits_{i=1}^{m} a_{ij}$. 若记 $\boldsymbol{B} = [b_{ij}]_{m\times n}, \boldsymbol{C} = [c_{ij}]_{n\times m}, \boldsymbol{D} = \boldsymbol{BC} = [d_{ij}]_{m\times m}, \boldsymbol{F} = \boldsymbol{CB} = [f_{ij}]_{n\times n}$, 则

$$\operatorname{tr}(\boldsymbol{BC}) = \sum_{i=1}^{m} d_{ii} = \sum_{i=1}^{m}\sum_{j=1}^{n} b_{ij}c_{ji} = \sum_{j=1}^{n}\sum_{i=1}^{m} c_{ji}b_{ij} = \sum_{j=1}^{n} f_{jj} = \operatorname{tr}(\boldsymbol{CB}).$$

2.2.6 准对角矩阵的运算性质

记准对角矩阵 $\boldsymbol{A} = \begin{bmatrix} \boldsymbol{A}_1 & & \\ & \ddots & \\ & & \boldsymbol{A}_m \end{bmatrix}$ 为 $\boldsymbol{A} = \operatorname{diag}(\boldsymbol{A}_1, \cdots, \boldsymbol{A}_m)$, 其中对角分块矩阵 $\boldsymbol{A}_i (i = 1, \cdots, m)$ 都是方阵. 对于 $k \in \mathbb{R}, l \in \mathbb{Z}$, $\boldsymbol{A} = \operatorname{diag}(\boldsymbol{A}_1, \cdots, \boldsymbol{A}_m)$ 和 $\boldsymbol{B} = \operatorname{diag}(\boldsymbol{B}_1, \cdots, \boldsymbol{B}_m)$, 准对角矩阵的数乘、乘法、转置、方幂、逆和行列式等运算性质见表 2.3.

表 2.3 准对角矩阵的运算性质

运算	性质	运算	性质
(1) 数乘	$k\boldsymbol{A} = \operatorname{diag}(k\boldsymbol{A}_1, \cdots, k\boldsymbol{A}_m)$	(4) 方幂	$\boldsymbol{A}^l = \operatorname{diag}\left(\boldsymbol{A}_1^l, \cdots, \boldsymbol{A}_m^l\right)$
(2) 乘法	$\boldsymbol{AB} = \operatorname{diag}(\boldsymbol{A}_1\boldsymbol{B}_1, \cdots, \boldsymbol{A}_m\boldsymbol{B}_m)$	(5) 逆	$\boldsymbol{A}^{-1} = \operatorname{diag}\left(\boldsymbol{A}_1^{-1}, \cdots, \boldsymbol{A}_m^{-1}\right)$
(3) 转置	$\boldsymbol{A}^{\mathrm{T}} = \operatorname{diag}\left(\boldsymbol{A}_1^{\mathrm{T}}, \cdots, \boldsymbol{A}_m^{\mathrm{T}}\right)$	(6) 行列式	$\lvert\boldsymbol{A}\rvert = \lvert\boldsymbol{A}_1\rvert \cdots \lvert\boldsymbol{A}_m\rvert$

2.2.7 初等矩阵与初等变换的性质

(1) 左乘初等矩阵相当于初等行变换.

(2) 右乘初等矩阵相当于初等列变换.

(3) 初等矩阵的转置、行列式和逆矩阵的性质见表 2.4 顶部.

(4) 分块初等矩阵的转置、行列式和逆矩阵的性质见表 2.4 底部.

表 2.4 初等矩阵的性质

<table>
<tr><th></th><th>矩阵</th><th>转置</th><th>行列式</th><th>逆矩阵</th></tr>
<tr><td rowspan="3">初等矩阵</td><td>$\boldsymbol{P}(i,j)$</td><td>$\boldsymbol{P}(i,j)$</td><td>-1</td><td>$\boldsymbol{P}(i,j)$</td></tr>
<tr><td>$\boldsymbol{P}(j(k))$</td><td>$\boldsymbol{P}(j(k))$</td><td>k</td><td>$\boldsymbol{P}(j(k^{-1}))$</td></tr>
<tr><td>$\boldsymbol{P}(i,j(k))$</td><td>$\boldsymbol{P}(j,i(k))$</td><td>1</td><td>$\boldsymbol{P}(i,j(-k))$</td></tr>
<tr><td rowspan="3">分块初等矩阵</td><td>$\begin{bmatrix} \boldsymbol{O} & \boldsymbol{E}_t \\ \boldsymbol{E}_s & \boldsymbol{O} \end{bmatrix}$</td><td>$\begin{bmatrix} \boldsymbol{O} & \boldsymbol{E}_s \\ \boldsymbol{E}_t & \boldsymbol{O} \end{bmatrix}$</td><td>$(-1)^{st}$</td><td>$\begin{bmatrix} \boldsymbol{O} & \boldsymbol{E}_s \\ \boldsymbol{E}_t & \boldsymbol{O} \end{bmatrix}$</td></tr>
<tr><td>$\begin{bmatrix} \boldsymbol{P}_1 & \boldsymbol{O} \\ \boldsymbol{O} & \boldsymbol{E}_t \end{bmatrix}$</td><td>$\begin{bmatrix} \boldsymbol{P}_1^{\mathrm{T}} & \boldsymbol{O} \\ \boldsymbol{O} & \boldsymbol{E}_t \end{bmatrix}$</td><td>$|\boldsymbol{P}_1|$</td><td>$\begin{bmatrix} \boldsymbol{P}_1^{-1} & \boldsymbol{O} \\ \boldsymbol{O} & \boldsymbol{E}_t \end{bmatrix}$</td></tr>
<tr><td>$\begin{bmatrix} \boldsymbol{E}_s & \boldsymbol{O} \\ \boldsymbol{P}_3 & \boldsymbol{E}_t \end{bmatrix}$</td><td>$\begin{bmatrix} \boldsymbol{E}_s & \boldsymbol{P}_3^{\mathrm{T}} \\ \boldsymbol{O} & \boldsymbol{E}_t \end{bmatrix}$</td><td>1</td><td>$\begin{bmatrix} \boldsymbol{E}_s & \boldsymbol{O} \\ -\boldsymbol{P}_3 & \boldsymbol{E}_t \end{bmatrix}$</td></tr>
</table>

2.2.8 行阶梯形、最简行阶梯形和标准形

(1) 矩阵的行阶梯形**不是唯一**的, 但是阶梯形的非零行数是唯一的, 且等于矩阵的秩, 正因如此, 矩阵的行阶梯形可以用于: 计算行列式、计算秩、判断方程是否有解、判断向量组是否线性相关 (第 3 章) 和计算极大线性无关组 (第 3 章).

(2) 矩阵的最简行阶梯形是**唯一**的, 可用于解方程.

(3) 矩阵的标准形是**唯一**的, 可以用于矩阵的满秩分解.

2.2.9 行列式性质、初等矩阵和方程组的初等变换有何联系

在四个概念中, 初等变换是关键概念, 它们的联系可用表 2.5 来描述.

表 2.5 对应关系表

初等变换	行列式基本性质	初等矩阵	方程组的初等变换
交换	$r_i \leftrightarrow r_j$	$\boldsymbol{P}(i,j)$	交换两个方程
数乘 $k \neq 0$	kr_i	$\boldsymbol{P}(j(k)), k \neq 0$	某个方程乘以非零数字 k
倍加	$r_i + kr_j$	$\boldsymbol{P}(i,j(k))$	某个方程 k 倍加到另一个方程

备注 对于行列式的数乘性质, k 可以等于 0. 对于初等矩阵、初等变换和方程组的初等变换, 则 $k \neq 0$.

2.2.10 可逆矩阵、非奇异矩阵和满秩矩阵有何差别

对于 n 阶方阵, 三者的区别在于:

(1) 若存在 $\boldsymbol{M}$, 使得 $\boldsymbol{AM} = \boldsymbol{MA} = \boldsymbol{E}$, 则称 $\boldsymbol{A}$ 是可逆矩阵.

(2) 若 $|\boldsymbol{A}| \neq 0$, 则称 $\boldsymbol{A}$ 是非奇异矩阵.

(3) 若 rank$\boldsymbol{A}=n$, 则称 $\boldsymbol{A}$ 是满秩矩阵.

这三个概念分别从可逆性、行列式和秩三个角度刻画可逆方阵, 它们的联系可以用下列命题描述.

(4) 可逆矩阵必然是非奇异矩阵, 非奇异矩阵必然是满秩矩阵, 反之亦然.

2.2.11 伴随矩阵的性质

对于 n 阶方阵 $\boldsymbol{A}$ 及其伴随矩阵 $\boldsymbol{A}^*$, 下面三个命题成立.

(1) $\boldsymbol{A}^*\boldsymbol{A}=|\boldsymbol{A}|\,\boldsymbol{E}, |\boldsymbol{A}^*|=|\boldsymbol{A}|^{n-1}, |\boldsymbol{A}|=|\boldsymbol{A}^*|^{\frac{1}{n-1}}$.

(2) 若 $\boldsymbol{A}$ 可逆, 则 $\boldsymbol{A}^{-1}=|\boldsymbol{A}|^{-1}\boldsymbol{A}^*=\boldsymbol{A}^*|\boldsymbol{A}^*|^{-\frac{1}{n-1}}, \boldsymbol{A}^{*-1}=|\boldsymbol{A}|^{-1}\boldsymbol{A}$.

(3) 若 rank$\boldsymbol{A}=n$, 则 rank$\boldsymbol{A}^*=n$.

若 rank$\boldsymbol{A}=n-1$, 则 rank$\boldsymbol{A}^*=1$.

若 rank$\boldsymbol{A}\leqslant n-2$, 则 rank$\boldsymbol{A}^*=0$.

2.3 典型例题

2.3.1 矩阵乘法与乘方

1. $\boldsymbol{A}=\begin{bmatrix} & & 1\\ & 2 & \\ 3 & & \end{bmatrix}, \boldsymbol{B}=\begin{bmatrix} 1 & 1 & 0\\ 1 & 2 & 2\\ 0 & 1 & 3\end{bmatrix}, \boldsymbol{C}=\boldsymbol{AB}^{-1}$, 则 $\boldsymbol{C}^{-1}$ 的第 3 行第 2 列的元素为__________.

提示 矩阵乘法的定义、逆矩阵的定义.

解 答案: $\dfrac{1}{2}$.

设 $\boldsymbol{A}^{-1}=\begin{bmatrix} & & \frac{1}{3}\\ & \frac{1}{2} & \\ 1 & & \end{bmatrix}$, 则 $\boldsymbol{C}^{-1}=\begin{bmatrix} 1 & 1 & 0\\ 1 & 2 & 2\\ 0 & 1 & 3\end{bmatrix}\begin{bmatrix} & & \frac{1}{3}\\ & \frac{1}{2} & \\ 1 & & \end{bmatrix}$, 故其第 3 行第 2 列的元素为 $0\times 0+1\times\dfrac{1}{2}+3\times 0=\dfrac{1}{2}$.

MATLAB 程序 2.2

```
A=[0,0,1;0,2,0;3,0,0],B=[1,1,0;1,2,2;0,1,3],
C=A*inv(sym(B)),D=inv(sym(C)),D(3,2)
```

2. $\boldsymbol{A},\boldsymbol{B}$ 都是方阵, 且 $\boldsymbol{AB}=\boldsymbol{A}+\boldsymbol{B}$, 则 $\boldsymbol{AB}-\boldsymbol{BA}=$__________.

解 答案: $\boldsymbol{O}$.

提示 互逆的两个矩阵可交换.

解 因 $\boldsymbol{AB}=\boldsymbol{A}+\boldsymbol{B}$, 故 $\boldsymbol{E}=\boldsymbol{AB}-\boldsymbol{A}-\boldsymbol{B}+\boldsymbol{E}=(\boldsymbol{A}-\boldsymbol{E})(\boldsymbol{B}-\boldsymbol{E})$, 故 $\boldsymbol{A}-\boldsymbol{E}$, $\boldsymbol{B}-\boldsymbol{E}$ 互为逆矩阵, 又因互逆的两个矩阵可交换, 故 $\boldsymbol{E}=(\boldsymbol{B}-\boldsymbol{E})\cdot(\boldsymbol{A}-\boldsymbol{E})=\boldsymbol{BA}-\boldsymbol{A}-\boldsymbol{B}+\boldsymbol{E}=\boldsymbol{BA}-\boldsymbol{AB}+\boldsymbol{E}$, 故 $\boldsymbol{AB}-\boldsymbol{BA}=\boldsymbol{O}$.

3. 设 $\boldsymbol{A}=\begin{bmatrix} a & 1 & 0 \\ 1 & a & -1 \\ 0 & 1 & a \end{bmatrix}$, 且 $\boldsymbol{A}^3=\boldsymbol{O}$.

(1) 求 a 的值.

(2) 求 $\left(\boldsymbol{E}-\boldsymbol{A}^2\right)^{-1}$.

(3) 求矩阵 $\boldsymbol{X}$ 使得 $\boldsymbol{X}+\boldsymbol{XA}-\boldsymbol{AX}-\boldsymbol{AXA}=2\boldsymbol{E}$.

提示 秩与行列式的关系、方幂、初等行变换法求逆矩阵、矩阵方程的求解.

解 (1) 因 $\boldsymbol{A}^3=\boldsymbol{O}$, 故 $|\boldsymbol{A}|=a^3=0$, 于是 $a=0$.

(2) 因 $\boldsymbol{E}-\boldsymbol{A}^2=\boldsymbol{E}-\begin{bmatrix} 1 & 0 & -1 \\ 0 & 0 & 0 \\ 1 & 0 & -1 \end{bmatrix}=\begin{bmatrix} 0 & 0 & 1 \\ 0 & 1 & 0 \\ -1 & 0 & 2 \end{bmatrix}$, 且

$$\left[\boldsymbol{E}-\boldsymbol{A}^2,\boldsymbol{E}\right]\to\begin{bmatrix} 1 & & & 2 & 0 & -1 \\ & 1 & & 0 & 1 & 0 \\ & & 1 & 1 & 0 & 0 \end{bmatrix},$$

故 $\left(\boldsymbol{E}-\boldsymbol{A}^2\right)^{-1}=\begin{bmatrix} 2 & 0 & -1 \\ 0 & 1 & 0 \\ 1 & 0 & 0 \end{bmatrix}$.

(3) 因 $\boldsymbol{X}+\boldsymbol{XA}-\boldsymbol{AX}-\boldsymbol{AXA}=2\boldsymbol{E}$, 故 $(\boldsymbol{E}-\boldsymbol{A})\boldsymbol{X}(\boldsymbol{E}+\boldsymbol{A})=2\boldsymbol{E}$, 从而

$$\boldsymbol{X}=2(\boldsymbol{E}-\boldsymbol{A})^{-1}(\boldsymbol{E}+\boldsymbol{A})^{-1}=2\left(\boldsymbol{E}-\boldsymbol{A}^2\right)^{-1}=\begin{bmatrix} 4 & 0 & -2 \\ 0 & 2 & 0 \\ 2 & 0 & 0 \end{bmatrix}.$$

MATLAB 程序 2.3

```
(1)syms a,A=[a,1,0;1,a,-1;0,1,a],det(A)
(2)A=subs(A,a,0),inv(eye(3)-A^2)
(3)2*inv(eye(3)-A^2)
```

4. 三阶矩阵 $\boldsymbol{A},\boldsymbol{B}$ 满足 $\boldsymbol{A}^2-3\boldsymbol{AB}=\boldsymbol{E}$, 证明:

(1) $\boldsymbol{AB}=\boldsymbol{BA}$.

(2) 若 $\boldsymbol{B}=\begin{bmatrix}1&2&0\\0&3&a\\0&0&5\end{bmatrix}$, a 是任意实数, 求 $\operatorname{rank}(\boldsymbol{AB}-2\boldsymbol{BA}+5\boldsymbol{A})$.

提示　互逆的两个矩阵可交换、左乘逆矩阵不改变矩阵的秩.

证　(1) 因 $\boldsymbol{A}^2-3\boldsymbol{AB}=\boldsymbol{E}$, 故 $\boldsymbol{A}$ 和 $\boldsymbol{A}-3\boldsymbol{B}$ 互为逆矩阵, 所以 $\boldsymbol{A}(\boldsymbol{A}-3\boldsymbol{B})=\boldsymbol{E}$, 故 $\boldsymbol{A}(\boldsymbol{A}-3\boldsymbol{B})=(\boldsymbol{A}-3\boldsymbol{B})\boldsymbol{A}$, 得 $\boldsymbol{AB}=\boldsymbol{BA}$.

(2) 因 $\boldsymbol{A}^2-3\boldsymbol{AB}=\boldsymbol{E}$, 故 $\boldsymbol{A}$ 可逆. 由 (1) 得

$$\begin{aligned}\operatorname{rank}(\boldsymbol{AB}-2\boldsymbol{BA}+5\boldsymbol{A})&=\operatorname{rank}(-\boldsymbol{BA}+5\boldsymbol{A})=\operatorname{rank}(-\boldsymbol{B}+5\boldsymbol{E})\boldsymbol{A}\\&=\operatorname{rank}(-\boldsymbol{B}+5\boldsymbol{E}).\end{aligned}$$

又因 $-\boldsymbol{B}+5\boldsymbol{E}=\begin{bmatrix}4&-2&0\\0&2&-a\\0&0&0\end{bmatrix}$, 故 $\operatorname{rank}(\boldsymbol{AB}-2\boldsymbol{BA}+5\boldsymbol{A})=2$.

MATLAB 程序 2.4

```
syms a,A=eye(3),B=[1,2,0;0,3,a;0,0,5],rank(A*B-2*B*A+5*A)
```

5. 已知 $\boldsymbol{A}=\boldsymbol{PQ},\boldsymbol{P}=(1,2,1)^{\mathrm{T}},\boldsymbol{Q}=(2,-1,2)$, 则矩阵 $\boldsymbol{A}^2$ 的秩是__________.

提示　方幂、乘法结合律、数乘矩阵、秩的定义、秩的不等式.

解　答案: 1.

因 $\boldsymbol{A}^2=\boldsymbol{P}(\boldsymbol{QP})\boldsymbol{Q}=2\boldsymbol{PQ}$, 故 $\operatorname{rank}\boldsymbol{A}^2\leqslant\operatorname{rank}\boldsymbol{P}=1$. 又因 $\boldsymbol{A}^2\neq\boldsymbol{O}$, 故 $\operatorname{rank}\boldsymbol{A}^2\geqslant 1$.

综上, $\operatorname{rank}\boldsymbol{A}^2=1$.

MATLAB 程序 2.5

```
P=[1;2;1],Q=[2,-1,2],A=P*Q,rank(A^2)
```

2.3.2　行列式、分块矩阵、逆矩阵和伴随矩阵

1. 设 $\boldsymbol{A}=[a_{ij}]$ 为三阶正交矩阵, $A_{ij}(i,j=1,2,3)$ 是 $\boldsymbol{A}$ 中元素 a_{ij} 的代数余子式, 则 $A_{11}^2+A_{12}^2+A_{13}^2=(\quad)$.

提示　伴随矩阵的性质、正交矩阵的定义 (第 3 章).

备注　本题的考点并不是降阶公式和余子式.

解　答案: 1.

因 $\boldsymbol{A}=[a_{ij}]$ 为三阶正交矩阵, 故 $|\boldsymbol{A}|=\pm1,\boldsymbol{A}^*=\pm\boldsymbol{A}^{-1}=\pm\boldsymbol{A}^{\mathrm{T}}$, 且 $\pm\boldsymbol{A}^{\mathrm{T}}$ 也是正交的, 故 $A_{11}^2+A_{12}^2+A_{13}^2=a_{11}^2+a_{12}^2+a_{13}^2=1$.

2. 设 $\boldsymbol{A}$ 为三阶矩阵, $|\boldsymbol{A}|^{-1}=\dfrac{1}{3}$, $\boldsymbol{A}^*$ 为 $\boldsymbol{A}$ 的伴随矩阵, 则 $|2\boldsymbol{A}^*|=$__________.

提示 数乘矩阵的行列式、逆矩阵的行列式、伴随矩阵的行列式.

解 答案: 72.

因 $|k\boldsymbol{A}|=k^n|\boldsymbol{A}|, |\boldsymbol{A}^*|=|\boldsymbol{A}|^{n-1}, |\boldsymbol{A}^{-1}|=|\boldsymbol{A}|^{-1}$, 故 $|2\boldsymbol{A}^*|=2^3|\boldsymbol{A}^*|=2^3|\boldsymbol{A}|^{3-1}=72$.

3. $\boldsymbol{A},\boldsymbol{B},\boldsymbol{C}$ 都是二阶矩阵, 其中 $\boldsymbol{A},\boldsymbol{B}$ 可逆, 求 $\boldsymbol{M}=\begin{bmatrix}\boldsymbol{O} & \boldsymbol{A}\\ \boldsymbol{B} & \boldsymbol{C}\end{bmatrix}$ 的伴随矩阵.

提示 伴随矩阵的性质、分块矩阵的逆、Laplace 定理.

解 依据 Laplace 定理,

$$|\boldsymbol{M}|=\begin{vmatrix}\boldsymbol{O} & \boldsymbol{A}\\ \boldsymbol{B} & \boldsymbol{C}\end{vmatrix}=|\boldsymbol{A}|(-1)^{4+3+2+1}|\boldsymbol{B}|=|\boldsymbol{A}||\boldsymbol{B}|,$$

又因

$$\begin{bmatrix}\boldsymbol{O} & \boldsymbol{A} & \boldsymbol{E} & \boldsymbol{O}\\ \boldsymbol{B} & \boldsymbol{C} & \boldsymbol{O} & \boldsymbol{E}\end{bmatrix}\to\begin{bmatrix}\boldsymbol{B} & \boldsymbol{C} & \boldsymbol{O} & \boldsymbol{E}\\ \boldsymbol{O} & \boldsymbol{A} & \boldsymbol{E} & \boldsymbol{O}\end{bmatrix}\to\begin{bmatrix}\boldsymbol{E} & \boldsymbol{O} & -\boldsymbol{B}^{-1}\boldsymbol{C}\boldsymbol{A}^{-1} & \boldsymbol{B}^{-1}\\ \boldsymbol{O} & \boldsymbol{E} & \boldsymbol{A}^{-1} & \boldsymbol{O}\end{bmatrix},$$

故 $\boldsymbol{M}^{-1}=\begin{bmatrix}-\boldsymbol{B}^{-1}\boldsymbol{C}\boldsymbol{A}^{-1} & \boldsymbol{B}^{-1}\\ \boldsymbol{A}^{-1} & \boldsymbol{O}\end{bmatrix}$, 最后得

$$\boldsymbol{M}^*=|\boldsymbol{M}|\boldsymbol{M}^{-1}=|\boldsymbol{A}||\boldsymbol{B}|\begin{bmatrix}-\boldsymbol{B}^{-1}\boldsymbol{C}\boldsymbol{A}^{-1} & \boldsymbol{B}^{-1}\\ \boldsymbol{A}^{-1} & \boldsymbol{O}\end{bmatrix}.$$

4. 设矩阵 $\boldsymbol{A}=[\boldsymbol{\alpha}_1,\boldsymbol{\alpha}_2,\boldsymbol{\alpha}_3,\boldsymbol{\alpha}], \boldsymbol{B}=[\boldsymbol{\alpha}_1,\boldsymbol{\alpha}_2,\boldsymbol{\alpha}_3,\boldsymbol{\beta}]$, 其中 $\boldsymbol{\alpha}_1,\boldsymbol{\alpha}_2,\boldsymbol{\alpha}_3,\boldsymbol{\alpha},\boldsymbol{\beta}$ 均为四维列向量, 且 $|\boldsymbol{A}|=|\boldsymbol{B}|=1$, 则 $|(\boldsymbol{A}+\boldsymbol{B})^*|=$__________.

提示 分块矩阵加法、行列式性质、伴随矩阵的性质.

解 答案: 2^{12}.

$$\begin{aligned}|(\boldsymbol{A}+\boldsymbol{B})^*|&=|\boldsymbol{A}+\boldsymbol{B}|^3=|2\boldsymbol{\alpha}_1,2\boldsymbol{\alpha}_2,2\boldsymbol{\alpha}_3,\boldsymbol{\alpha}+\boldsymbol{\beta}|^3\\&=\left(2^3|\boldsymbol{\alpha}_1,\boldsymbol{\alpha}_2,\boldsymbol{\alpha}_3,\boldsymbol{\alpha}+\boldsymbol{\beta}|\right)^3=\left[2^3(|\boldsymbol{A}|+|\boldsymbol{B}|)\right]^3\\&=2^{12}.\end{aligned}$$

5. 已知 $\boldsymbol{A}_1=\dfrac{1}{2}\begin{bmatrix}1 & -2\\ -3 & 2\end{bmatrix}, \boldsymbol{A}_2=\begin{bmatrix}1 & 1\\ -1 & 1\end{bmatrix}, \boldsymbol{B}=\begin{bmatrix}\boldsymbol{A}_1 & \boldsymbol{O}\\ \boldsymbol{O} & \boldsymbol{A}_2^{-1}\end{bmatrix}$, $\boldsymbol{B}^*$ 为 $\boldsymbol{B}$ 的伴随矩阵, 则 $|\boldsymbol{B}^*|=$__________.

提示 分块矩阵求逆、行列式性质、伴随矩阵的性质.

解 答案: $-\dfrac{1}{8}$.

$$|\boldsymbol{A}_1| = \frac{1}{4}\begin{vmatrix} 1 & -2 \\ -3 & 2 \end{vmatrix} = -1, \quad |\boldsymbol{A}_2| = 2,$$

$$|\boldsymbol{B}^*| = |\boldsymbol{B}|^3 = \left(|\boldsymbol{A}_1|\,|\boldsymbol{A}_2^{-1}|\right)^3 = \left(|\boldsymbol{A}_1|\,|\boldsymbol{A}_2|^{-1}\right)^3 = \left(-1 \times \frac{1}{2}\right)^3 = -\frac{1}{8}.$$

MATLAB 程序 2.6

```
A1=sym([1,-2;-3,2]/2),A2=[1,1;-1,1],B=blkdiag(A1,inv(A2)),det(B)^3
```

6. 设 $\boldsymbol{A}$ 为三阶可逆矩阵, $\boldsymbol{B}$ 为由 $\boldsymbol{A}$ 交换第 1 行和第 2 行所得, 则 $\left|-2\boldsymbol{A}\boldsymbol{B}^{-1}\right| =$ (　).

(A)8.　　(B)-8.　　(C)2.　　(D)-2.

提示　初等变换、逆矩阵的性质、行列式的性质.

解　选 (A).

因 $\boldsymbol{B} = \boldsymbol{P}(1,2)\boldsymbol{A}$, 故 $\boldsymbol{B}^{-1} = \boldsymbol{A}^{-1}\boldsymbol{P}(1,2)$, 故

$$\left|-2\boldsymbol{A}\boldsymbol{B}^{-1}\right| = \left|-2\boldsymbol{A}\boldsymbol{A}^{-1}\boldsymbol{P}(1,2)\right| = \left|-2\boldsymbol{P}(1,2)\right| = -1 \times (-2)^3 = 8.$$

7. 设矩阵 $\boldsymbol{A}$ 的伴随矩阵 $\boldsymbol{A}^* = \begin{bmatrix} 1 & 0 & 0 & 0 \\ 0 & 1 & 0 & 0 \\ 1 & 0 & 1 & 0 \\ 0 & -3 & 0 & 8 \end{bmatrix}$, 并且 $\boldsymbol{A}\boldsymbol{B}\boldsymbol{A}^{-1} = \boldsymbol{B}\boldsymbol{A}^{-1} + 3\boldsymbol{E}$, 求 $\boldsymbol{B}$.

提示　矩阵的加法、逆矩阵的性质、伴随矩阵的性质和推论.

解　因 $\boldsymbol{A}^*\boldsymbol{A} = |\boldsymbol{A}|\,\boldsymbol{E}, |\boldsymbol{A}^*| = 8$, 故 $|\boldsymbol{A}| = |\boldsymbol{A}^*|^{\frac{1}{n-1}} = 2, \boldsymbol{A}^{-1} = |\boldsymbol{A}|^{-1}\boldsymbol{A}^*$, 又因 $\boldsymbol{A}\boldsymbol{B}\boldsymbol{A}^{-1} = \boldsymbol{B}\boldsymbol{A}^{-1} + 3\boldsymbol{E}$, 故

$$\begin{aligned}\boldsymbol{B} &= 3(\boldsymbol{A} - \boldsymbol{E})^{-1}\boldsymbol{A} = 3\left(\boldsymbol{E} - \boldsymbol{A}^{-1}\right)^{-1} = 3\left(\boldsymbol{E} - |\boldsymbol{A}|^{-1}\boldsymbol{A}^*\right)^{-1} = 6(2\boldsymbol{E} - \boldsymbol{A}^*)^{-1} \\ &= \begin{bmatrix} 6 & 0 & 0 & 0 \\ 0 & 6 & 0 & 0 \\ 6 & 0 & 6 & 0 \\ 0 & 3 & 0 & -1 \end{bmatrix}.\end{aligned}$$

MATLAB 程序 2.7

```
Astar=[1,0,0,0;0,1,0,0;1,0,1,0;0,-3,0,8];
```

```
A=inv(Astar)*det(Astar)^(1/3),B=3*inv(A-eye(4))*A
```

8. 设方阵 $\boldsymbol{A}$ 满足 $\boldsymbol{A}^2-\boldsymbol{A}-2\boldsymbol{E}=\boldsymbol{O}$, 则 $(\boldsymbol{A}+2\boldsymbol{E})^{-1}=$__________.

提示 待定系数法求逆矩阵.

解 设 $(\boldsymbol{A}+2\boldsymbol{E})(\boldsymbol{A}+c\boldsymbol{E})+d\boldsymbol{E}=\boldsymbol{A}^2-\boldsymbol{A}-2\boldsymbol{E}=\boldsymbol{O}$, 得 $c=-3,d=4$,故 $(\boldsymbol{A}+2\boldsymbol{E})^{-1}=-\dfrac{1}{4}(\boldsymbol{A}-3\boldsymbol{E})$.

9. 设 $\boldsymbol{A},\boldsymbol{B},\boldsymbol{C}$ 均为 n 阶方阵,

(1) 求分块矩阵 $\boldsymbol{M}=\begin{bmatrix}\boldsymbol{A}&\boldsymbol{B}\\\boldsymbol{C}&\boldsymbol{O}\end{bmatrix}$ 的逆矩阵, 其中 $\boldsymbol{B},\boldsymbol{C}$ 为可逆矩阵.

(2) 设 $\boldsymbol{A}=\begin{bmatrix}-1&5\\0&1\end{bmatrix},\boldsymbol{B}=\begin{bmatrix}-1&-1\\-3&-4\end{bmatrix},\boldsymbol{C}=\begin{bmatrix}2&-1\\2&0\end{bmatrix}$, 求 $\boldsymbol{M}^{-1}$.

提示 初等行变换法求分块矩阵的逆矩阵, 两换一除法求逆矩阵.

解 (1) 因

$$[\boldsymbol{M},\boldsymbol{E}]=\begin{bmatrix}\boldsymbol{A}&\boldsymbol{B}&\boldsymbol{E}&\boldsymbol{O}\\\boldsymbol{C}&\boldsymbol{O}&\boldsymbol{O}&\boldsymbol{E}\end{bmatrix}\to\begin{bmatrix}\boldsymbol{C}&\boldsymbol{O}&\boldsymbol{O}&\boldsymbol{E}\\\boldsymbol{A}&\boldsymbol{B}&\boldsymbol{E}&\boldsymbol{O}\end{bmatrix}$$
$$\to\begin{bmatrix}\boldsymbol{E}&\boldsymbol{O}&\boldsymbol{O}&\boldsymbol{C}^{-1}\\\boldsymbol{A}&\boldsymbol{B}&\boldsymbol{E}&\boldsymbol{O}\end{bmatrix}$$
$$\to\begin{bmatrix}\boldsymbol{E}&\boldsymbol{O}&\boldsymbol{O}&\boldsymbol{C}^{-1}\\\boldsymbol{O}&\boldsymbol{B}&\boldsymbol{E}&-\boldsymbol{A}\boldsymbol{C}^{-1}\end{bmatrix}\to\begin{bmatrix}\boldsymbol{E}&\boldsymbol{O}&\boldsymbol{O}&\boldsymbol{C}^{-1}\\\boldsymbol{O}&\boldsymbol{E}&\boldsymbol{B}^{-1}&-\boldsymbol{B}^{-1}\boldsymbol{A}\boldsymbol{C}^{-1}\end{bmatrix},$$

故

$$\boldsymbol{M}^{-1}=\begin{bmatrix}\boldsymbol{O}&\boldsymbol{C}^{-1}\\\boldsymbol{B}^{-1}&-\boldsymbol{B}^{-1}\boldsymbol{A}\boldsymbol{C}^{-1}\end{bmatrix}.$$

(2) 因 $\boldsymbol{B}^{-1}=\begin{bmatrix}-4&1\\3&-1\end{bmatrix},\boldsymbol{C}^{-1}=\begin{bmatrix}0&\frac{1}{2}\\-1&1\end{bmatrix}$, 代入得

$$-\boldsymbol{B}^{-1}\boldsymbol{A}\boldsymbol{C}^{-1}=\begin{bmatrix}-19&17\\14&\dfrac{-25}{2}\end{bmatrix},$$

故

$$\boldsymbol{M}^{-1}=\begin{bmatrix}0&0&0&\dfrac{1}{2}\\0&0&-1&1\\-4&1&-19&17\\3&-1&14&\dfrac{-25}{2}\end{bmatrix}.$$

MATLAB 程序 2.8

```
A=[-1,5;0,1],B=[-1,-1;-3,-4],C=[2,-1;2,0],
M=sym([A,B;C,zeros(2)]),inv(M)
```

2.3.3　秩的不等式

1. 设 $\boldsymbol{A}$ 是 $m\times n$ 矩阵, $\boldsymbol{B}$ 是 $n\times m$ 矩阵, $\boldsymbol{E}$ 是 m 阶单位矩阵, 若 $\boldsymbol{AB}=\boldsymbol{E}$, 则 $\mathrm{rank}\boldsymbol{A}+\mathrm{rank}\boldsymbol{B}=$__________.

提示　秩的不等式.

解　答案: $2m$.

因 $m=\mathrm{rank}\boldsymbol{AB}\leqslant\min\{\mathrm{rank}\boldsymbol{B},\mathrm{rank}\boldsymbol{A}\}\leqslant m$, 故 $\mathrm{rank}\boldsymbol{A}+\mathrm{rank}\boldsymbol{B}=m+m=2m$.

2. 设 n 阶方阵 $\boldsymbol{A}$ 满足 $\boldsymbol{A}^2-4\boldsymbol{A}+3\boldsymbol{E}=\boldsymbol{O}$, 证明 $\mathrm{rank}(\boldsymbol{A}-3\boldsymbol{E})+\mathrm{rank}(\boldsymbol{A}-\boldsymbol{E})=n$.

提示　秩的不等式.

证　(1) 因 $\mathrm{rank}(\boldsymbol{A}-3\boldsymbol{E})+\mathrm{rank}(\boldsymbol{A}-\boldsymbol{E})-n\leqslant\mathrm{rank}(\boldsymbol{A}-3\boldsymbol{E})(\boldsymbol{A}-\boldsymbol{E})=0$, 故 $\mathrm{rank}(\boldsymbol{A}-3\boldsymbol{E})+\mathrm{rank}(\boldsymbol{A}-\boldsymbol{E})\leqslant n$.

(2) $\mathrm{rank}(\boldsymbol{A}-3\boldsymbol{E})+\mathrm{rank}(\boldsymbol{A}-\boldsymbol{E})=\mathrm{rank}(-\boldsymbol{A}+3\boldsymbol{E})+\mathrm{rank}(\boldsymbol{A}-\boldsymbol{E})\geqslant\mathrm{rank}((3\boldsymbol{E}-\boldsymbol{A})+(\boldsymbol{A}-\boldsymbol{E}))=\mathrm{rank}2\boldsymbol{E}=n$.

综合 (1) 和 (2) 知命题成立.

3. 设 $\boldsymbol{A}$ 是 n 阶方阵, 证明: 若 $\boldsymbol{A}^2=\boldsymbol{E}$, 则 $\mathrm{rank}(\boldsymbol{E}-\boldsymbol{A})+\mathrm{rank}(\boldsymbol{E}+\boldsymbol{A})=n$.

提示　秩的不等式、相似对角化的条件.

解　因 $\boldsymbol{A}^2=\boldsymbol{E}$, 故 $(\boldsymbol{E}-\boldsymbol{A})(\boldsymbol{E}+\boldsymbol{A})=\boldsymbol{O}$.

(1) $\mathrm{rank}(\boldsymbol{E}-\boldsymbol{A})+\mathrm{rank}(\boldsymbol{E}+\boldsymbol{A})-n\leqslant\mathrm{rank}((\boldsymbol{E}-\boldsymbol{A})(\boldsymbol{E}+\boldsymbol{A}))=0$.

(2) $n=\mathrm{rank}(2\boldsymbol{E})=\mathrm{rank}(\boldsymbol{E}-\boldsymbol{A}+\boldsymbol{E}+\boldsymbol{A})\leqslant\mathrm{rank}(\boldsymbol{E}-\boldsymbol{A})+\mathrm{rank}(\boldsymbol{E}+\boldsymbol{A})$.

综上, $\mathrm{rank}(\boldsymbol{E}-\boldsymbol{A})+\mathrm{rank}(\boldsymbol{E}+\boldsymbol{A})=n$.

备注　其实上述命题的逆命题也成立. 参考 4.3.4 节: 代数重数、几何重数和相似对角化.

2.3.4　迹的交换性

1. 设行矩阵 $\boldsymbol{A}=(a_1,a_2,a_3),\boldsymbol{B}=(b_1,b_2,b_3)$, 且 $\boldsymbol{A}^{\mathrm{T}}\boldsymbol{B}=\begin{bmatrix}2&1&1\\-2&-1&-1\\2&1&1\end{bmatrix}$, 则 $\boldsymbol{AB}^{\mathrm{T}}=$__________.

提示　秩具有交换性, 内积是数量.

解 答案: 2.

$$AB^{\mathrm{T}} = \mathrm{tr}\left(AB^{\mathrm{T}}\right) = \mathrm{tr}\left(A^{\mathrm{T}}B\right) = 2.$$

MATLAB 程序 2.9

```
BA=[2,1,1;-2,-1,-1;2,1,1],trace(BA)
```

2.3.5 Gauss 消元法

1. 解方程 $\begin{cases} 2x+3y+z=4, \\ x-2y+4z=-5, \\ 3x+8y-2z=13, \\ 4x-y+9z=-6. \end{cases}$

提示 Gauss 消元法.

解 用初等行变换化增广矩阵为最简行阶梯形,

$$[A,b] = \begin{bmatrix} 2 & 3 & 1 & 4 \\ 1 & -2 & 4 & -5 \\ 3 & 8 & -2 & 13 \\ 4 & -1 & 9 & -6 \end{bmatrix} \to \begin{bmatrix} 1 & 0 & 2 & -1 \\ 0 & 1 & -1 & 2 \\ 0 & 0 & 0 & 0 \\ 0 & 0 & 0 & 0 \end{bmatrix},$$

因 $\mathrm{rank}[A,b] = \mathrm{rank}A = 2 < 4$, 故方程有无穷多组解. 若 z 为自由变量, 则通解表达式为

$$\begin{bmatrix} x \\ y \\ z \end{bmatrix} = k\begin{bmatrix} -2 \\ 1 \\ 1 \end{bmatrix} + \begin{bmatrix} -1 \\ 2 \\ 0 \end{bmatrix}.$$

.

MATLAB 程序 2.10

```
A=sym([2,3,1; 1,-2,4; 3,8,-2; 4,-1,9]),b=[4;-5;13;-6],null(A),A\b
```

2. 设三阶方阵 $A = \begin{bmatrix} 1 & 0 & 0 \\ 0 & 2 & 0 \\ 1 & 6 & 1 \end{bmatrix}$, 求解矩阵方程 $AX + E = A^2 + X$.

提示 Gauss 消元法.

备注 注意 $A - E$ 不可逆.

解　因 $\boldsymbol{AX}+\boldsymbol{E}=\boldsymbol{A}^2+\boldsymbol{X}$, 故 $(\boldsymbol{A}-\boldsymbol{E})\boldsymbol{X}=\boldsymbol{A}^2-\boldsymbol{E}$. 由

$$(\boldsymbol{A}-\boldsymbol{E},\boldsymbol{A}^2-\boldsymbol{E})=\begin{bmatrix}0&0&0&0&0&0\\0&1&0&0&3&0\\1&6&0&2&18&0\end{bmatrix}\to\begin{bmatrix}1&0&0&2&0&0\\0&1&0&0&3&0\\0&0&0&0&0&0\end{bmatrix},$$

知 $\mathrm{rank}(\boldsymbol{A}-\boldsymbol{E})=\mathrm{rank}(\boldsymbol{A}^2-\boldsymbol{E})=2$, 故矩阵方程有无穷多解, 又 $(\boldsymbol{A}-\boldsymbol{E})\boldsymbol{x}=\boldsymbol{0}$ 的通解为 $\boldsymbol{x}=k\begin{bmatrix}0\\0\\1\end{bmatrix},k\in\mathbb{R}$, 故 $\boldsymbol{X}=\begin{bmatrix}0&0&0\\0&0&0\\k_1&k_2&k_3\end{bmatrix}+\begin{bmatrix}2&0&0\\0&3&0\\0&0&0\end{bmatrix},k_1,k_2,k_3\in\mathbb{R}$.

MATLAB 程序 2.11

```
A0=sym([1,0,0;0,2,0;1,6,1]),A=A0-eye(3),B=A0^2-eye(3),null(A),
rref([A,B]),A\B,
```

2.4　上 机 解 题

2.4.1　习题 2.1

1. 矩阵 $\boldsymbol{A}=[a_{ij}]$, 其中 $a_{ij}=i+j+1,i=1,2,3,4,5;j=1,2,3,4,5,6$. 写出矩阵 $\boldsymbol{A}$.

解　由定义得 $\boldsymbol{A}=\begin{bmatrix}3&4&5&6&7&8\\4&5&6&7&8&9\\5&6&7&8&9&10\\6&7&8&9&10&11\\7&8&9&10&11&12\end{bmatrix}$.

MATLAB 程序 2.12

```
m=5;n=6;A=zeros(m,n);for i=1:m for j=1:n A(i,j)=i+j+1;end,end,A
```

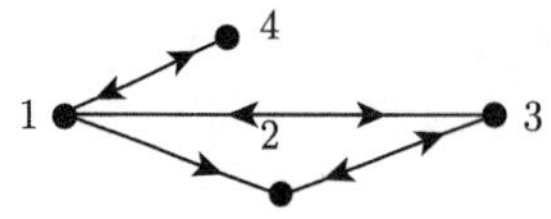

2. 编号为 1,2,3,4 的四个城市之间火车情况如左图所示 (单箭头表示只有单向车, 双箭头表示有双向车). 从第 i 个城市到第 j 个城市有火车直通就用 1 表示, 否则用 0 表示. 试用矩阵表示出四个城市之间的交通情况 (约定: 每个城市到本城市无火车交通).

解 由题意得 $\boldsymbol{A}=\begin{bmatrix}0&1&1&1\\0&0&1&0\\1&1&0&0\\1&0&0&0\end{bmatrix}$.

MATLAB 程序 2.13

```
A=[0,1,1,1;0,0,1,0;1,1,0,0;1,0,0,0]
```

2.4.2 习题 2.2

1. 设 $\boldsymbol{AB}=\boldsymbol{BA},\boldsymbol{AC}=\boldsymbol{CA}$. 证明 $\boldsymbol{A}(\boldsymbol{B}+\boldsymbol{C})=(\boldsymbol{B}+\boldsymbol{C})\boldsymbol{A}$.

证 $\boldsymbol{A}(\boldsymbol{B}+\boldsymbol{C})=\boldsymbol{AB}+\boldsymbol{AC}=\boldsymbol{BA}+\boldsymbol{CA}=(\boldsymbol{B}+\boldsymbol{C})\boldsymbol{A}$.

2. 已知 $\boldsymbol{A}-3\boldsymbol{B}=4\boldsymbol{A}+\boldsymbol{C}$, 其中 $\boldsymbol{A}=\begin{bmatrix}1&3\\1&2\\-1&3\end{bmatrix}$, $\boldsymbol{C}=\begin{bmatrix}0&1\\-1&-2\\\pi&0\end{bmatrix}$, 求 $\boldsymbol{B}$.

解 因 $\boldsymbol{A}-3\boldsymbol{B}=4\boldsymbol{A}+\boldsymbol{C}$, 故 $\boldsymbol{B}=-(3\boldsymbol{A}+\boldsymbol{C})/3$, 代入 $\boldsymbol{A},\boldsymbol{C}$ 得

$$\boldsymbol{B}=\begin{bmatrix}-1&-\dfrac{10}{3}\\-\dfrac{2}{3}&-\dfrac{4}{3}\\1-\dfrac{\pi}{3}&-3\end{bmatrix}.$$

MATLAB 程序 2.14

```
A=[1,3;1,2;-1,3];syms pi;C=[0,1;-1,-2;pi,0];B=-(3*A+C)/3
```

3. 已知 $\begin{bmatrix}x+2y&0\\-4&x-y\end{bmatrix}=\begin{bmatrix}9&0\\-4&-2\end{bmatrix}$, 求 x,y.

解 由题意得 $\begin{cases}x+2y=9,\\x-y=-2,\end{cases}$ 因 $D=\begin{vmatrix}1&2\\1&-1\end{vmatrix}=-3, D_1=\begin{vmatrix}9&2\\-2&-1\end{vmatrix}=-5, D_2=\begin{vmatrix}1&9\\1&-2\end{vmatrix}=-11$, 故 $x=\dfrac{D_1}{D}=\dfrac{5}{3}, y=\dfrac{D_2}{D}=\dfrac{11}{3}$.

MATLAB 程序 2.15

```
syms x y,A=[x+2*y,0;-4,x-y],B=[9,0;-4,-2],
[x,y]=solve(A-B==0,[x,y])
```

4. 计算

(1)$(x_1, x_2, x_3)\begin{bmatrix} a_{11} & a_{12} & a_{13} \\ a_{21} & a_{22} & a_{23} \\ a_{31} & a_{32} & a_{33} \end{bmatrix}\begin{bmatrix} x_1 \\ x_2 \\ x_3 \end{bmatrix}$.　　(2)$\begin{bmatrix} \cos\alpha & -\sin\alpha \\ \sin\alpha & \cos\alpha \end{bmatrix}^n$.

(3)$\begin{bmatrix} 0 & 1 & 0 \\ 0 & 0 & 1 \\ 0 & 0 & 0 \end{bmatrix}^n$.　　(4)$\begin{bmatrix} 0 & 0 & \lambda_1 \\ 0 & \lambda_2 & 0 \\ \lambda_3 & 0 & 0 \end{bmatrix}^n$.

(5)$(2,0,3)\begin{bmatrix} 2 \\ 4 \\ 6 \end{bmatrix}$.　　(6)$\begin{bmatrix} 2 \\ 4 \\ 6 \end{bmatrix}(2,0,3)$.

解　由题意得

(1)

$$\begin{aligned}&(x_1, x_2, x_3)\begin{bmatrix} a_{11} & a_{12} & a_{13} \\ a_{21} & a_{22} & a_{23} \\ a_{31} & a_{32} & a_{33} \end{bmatrix}\begin{bmatrix} x_1 \\ x_2 \\ x_3 \end{bmatrix}\\ =&a_{11}{x_1}^2 + a_{22}{x_2}^2 + a_{33}{x_3}^2 + (a_{12} + a_{21})x_1x_2\\ &+(a_{13} + a_{31})x_1x_3 + (a_{23} + a_{32})x_2x_3.\end{aligned}$$

(2) 若 $n = 2$, 则 $\begin{bmatrix} \cos\alpha & -\sin\alpha \\ \sin\alpha & \cos\alpha \end{bmatrix}\begin{bmatrix} \cos\alpha & -\sin\alpha \\ \sin\alpha & \cos\alpha \end{bmatrix} = \begin{bmatrix} \cos 2\alpha & -\sin 2\alpha \\ \sin 2\alpha & \cos 2\alpha \end{bmatrix}$.

假设 $\begin{bmatrix} \cos\alpha & -\sin\alpha \\ \sin\alpha & \cos\alpha \end{bmatrix}^n = \begin{bmatrix} \cos n\alpha & -\sin n\alpha \\ \sin n\alpha & \cos n\alpha \end{bmatrix}$, 则

$$\begin{aligned}\begin{bmatrix} \cos\alpha & -\sin\alpha \\ \sin\alpha & \cos\alpha \end{bmatrix}^{n+1} &= \begin{bmatrix} \cos n\alpha & -\sin n\alpha \\ \sin n\alpha & \cos n\alpha \end{bmatrix}\begin{bmatrix} \cos\alpha & -\sin\alpha \\ \sin\alpha & \cos\alpha \end{bmatrix}\\ &= \begin{bmatrix} \cos(n+1)\alpha & -\sin(n+1)\alpha \\ \sin(n+1)\alpha & \cos(n+1)\alpha \end{bmatrix},\end{aligned}$$

故结论成立.

(3) 若 $n = 1$, 则 $\begin{bmatrix} 0 & 1 & 0 \\ 0 & 0 & 1 \\ 0 & 0 & 0 \end{bmatrix} = \begin{bmatrix} 0 & 1 & 0 \\ 0 & 0 & 1 \\ 0 & 0 & 0 \end{bmatrix}$.

若 $n = 2$, 则 $\begin{bmatrix} 0 & 1 & 0 \\ 0 & 0 & 1 \\ 0 & 0 & 0 \end{bmatrix}^2 = \begin{bmatrix} 0 & 0 & 1 \\ 0 & 0 & 0 \\ 0 & 0 & 0 \end{bmatrix}$.

$$若\ n \geqslant 3,\ 则 \begin{bmatrix} 0 & 1 & 0 \\ 0 & 0 & 1 \\ 0 & 0 & 0 \end{bmatrix}^n = \begin{bmatrix} 0 & 1 & 0 \\ 0 & 0 & 1 \\ 0 & 0 & 0 \end{bmatrix}^3 \begin{bmatrix} 0 & 1 & 0 \\ 0 & 0 & 1 \\ 0 & 0 & 0 \end{bmatrix}^{n-3} = \boldsymbol{O}.$$

$$(4) \begin{bmatrix} 0 & 0 & \lambda_1 \\ 0 & \lambda_2 & 0 \\ \lambda_3 & 0 & 0 \end{bmatrix}^2 = \begin{bmatrix} 0 & 0 & \lambda_1 \\ 0 & \lambda_2 & 0 \\ \lambda_3 & 0 & 0 \end{bmatrix} \begin{bmatrix} 0 & 0 & \lambda_1 \\ 0 & \lambda_2 & 0 \\ \lambda_3 & 0 & 0 \end{bmatrix}$$

$$= \begin{bmatrix} \lambda_1\lambda_3 & 0 & 0 \\ 0 & {\lambda_2}^2 & 0 \\ 0 & 0 & \lambda_1\lambda_3 \end{bmatrix}.$$

若 n 为偶数, 则

$$\begin{bmatrix} 0 & 0 & \lambda_1 \\ 0 & \lambda_2 & 0 \\ \lambda_3 & 0 & 0 \end{bmatrix}^n = \begin{bmatrix} \lambda_1\lambda_3 & 0 & 0 \\ 0 & \lambda_2^2 & 0 \\ 0 & 0 & \lambda_1\lambda_3 \end{bmatrix}^{\frac{n}{2}} = \begin{bmatrix} \lambda_1^{\frac{n}{2}}\lambda_3^{\frac{n}{2}} & 0 & 0 \\ 0 & \lambda_2^n & 0 \\ 0 & 0 & \lambda_1^{\frac{n}{2}}\lambda_3^{\frac{n}{2}} \end{bmatrix}.$$

若 n 为奇数, 则

$$\begin{bmatrix} 0 & 0 & \lambda_1 \\ 0 & \lambda_2 & 0 \\ \lambda_3 & 0 & 0 \end{bmatrix}^n = \begin{bmatrix} 0 & 0 & {\lambda_1}^{\frac{n+1}{2}}{\lambda_3}^{\frac{n-1}{2}} \\ 0 & {\lambda_2}^n & 0 \\ {\lambda_1}^{\frac{n-1}{2}}{\lambda_3}^{\frac{n+1}{2}} & 0 & 0 \end{bmatrix}.$$

$$(5)[2,0,3] \begin{bmatrix} 2 \\ 4 \\ 6 \end{bmatrix} = 2 \times 2 + 0 \times 4 + 3 \times 6 = 22.$$

$$(6) \begin{bmatrix} 2 \\ 4 \\ 6 \end{bmatrix} [2,0,3] = \begin{bmatrix} 4 & 0 & 6 \\ 8 & 0 & 12 \\ 12 & 0 & 18 \end{bmatrix}.$$

MATLAB 程序 2.16

```
(1)syms x1 x2 x3 a11 a12 a13 a21 a22 a23 a31 a32 a33
 [x1,x2,x3]*[a11,a12,a13;a21,a22,a23;a31,a32,a33]*[x1; x2; x3]
(2)syms a,n,A=[cos(a),-sin(a);sin(a),cos(a)],
implify(A^n-[cos(n*a),-sin(n*a);sin(n*a),cos(n*a)])
```

```
(3)A=[0,1,0;0,0,1;0,0,0],for i=1:3 A^i,end
(4)syms x1 x2 x3,A=[0,0,x1;0,x2,0; x3 0,0];for i=2:5 A^i,end
(5)x=[2;0;3];y=[2;4;6];x'*y
(6)x=[2;0;3];y=[2;4;6];y*x'
```

5. 设 $f(\lambda)=\lambda^2-\lambda-1, \boldsymbol{A}=\begin{bmatrix}1&2&1\\2&1&1\\3&3&1\end{bmatrix}$, 求 $f(\boldsymbol{A})$.

解 因 $\boldsymbol{A}^2=\begin{bmatrix}1&2&1\\2&1&1\\3&3&1\end{bmatrix}\begin{bmatrix}1&2&1\\2&1&1\\3&3&1\end{bmatrix}=\begin{bmatrix}8&7&4\\7&8&4\\12&12&7\end{bmatrix}$, 故

$$f(\boldsymbol{A})=\boldsymbol{A}^2-\boldsymbol{A}-\boldsymbol{E}=\begin{bmatrix}8&7&4\\7&8&4\\12&12&7\end{bmatrix}-\begin{bmatrix}1&2&1\\2&1&1\\3&3&1\end{bmatrix}-\begin{bmatrix}1&0&0\\0&1&0\\0&0&1\end{bmatrix}=\begin{bmatrix}6&5&3\\5&6&3\\9&9&5\end{bmatrix}.$$

MATLAB 程序 2.17

```
A=[1,2,1;2,1,1;3,3,1],A^2-A-eye(3)
```

6. 已知 $\boldsymbol{A}=\begin{bmatrix}1&0&-2\\0&4&-1\\3&2&0\end{bmatrix}, \boldsymbol{B}=\begin{bmatrix}0&1&5\\7&2&-1\\6&-1&3\end{bmatrix}$, 求满足 $-3\boldsymbol{A}+\boldsymbol{B}+2\boldsymbol{X}=\boldsymbol{O}$ 的矩阵 $\boldsymbol{X}$.

解 $$\boldsymbol{X}=\frac{1}{2}(3\boldsymbol{A}-\boldsymbol{B})=\frac{1}{2}\left(3\begin{bmatrix}1&0&-2\\0&4&-1\\3&2&0\end{bmatrix}-\begin{bmatrix}0&1&5\\7&2&-1\\6&-1&3\end{bmatrix}\right)$$

$$=\frac{1}{2}\begin{bmatrix}3&-1&-11\\-7&10&-2\\3&7&-3\end{bmatrix}.$$

MATLAB 程序 2.18

```
A=sym([1,0,-2;0,4,-1;3,2,0]),B=[0,1,5;7,2,-1;6,-1,3],(3*A-B)/2
```

7. 设 $\boldsymbol{AX}=\boldsymbol{B},\boldsymbol{CA}=\boldsymbol{E}$, 其中 $\boldsymbol{C}=\begin{bmatrix}1&-1&0\\0&1&-1\\0&0&1\end{bmatrix}$, $\boldsymbol{B}=\begin{bmatrix}1&1\\1&1\\1&1\end{bmatrix}$, 求 $\boldsymbol{X}$.

解 由题意得

$$\boldsymbol{X}=\boldsymbol{CAX}=\boldsymbol{C}(\boldsymbol{AX})=\boldsymbol{CB}=\begin{bmatrix}1&-1&0\\0&1&-1\\0&0&1\end{bmatrix}\begin{bmatrix}1&1\\1&1\\1&1\end{bmatrix}=\begin{bmatrix}0&0\\0&0\\1&1\end{bmatrix}.$$

MATLAB 程序 2.19

```
C=[1,-1,0;0,1,-1;0,0,1],B=[1,1;1,1;1,1],C*B
```

8. 证明矩阵乘法的分配律.

证 设 $\boldsymbol{A}=[a_{ij}]_{m\times p},\boldsymbol{B}=[b_{ij}]_{p\times n},\boldsymbol{C}=[c_{ij}]_{p\times n}$. 令 $\boldsymbol{D}=\boldsymbol{A}(\boldsymbol{B}+\boldsymbol{C})=[d_{ij}]_{m\times n}$, $\boldsymbol{H}=\boldsymbol{AB}+\boldsymbol{AC}=[h_{ij}]_{m\times n}$, 则

$$d_{ij}=\sum_{k=1}^{p}a_{ik}(b_{kj}+c_{kj})=\sum_{k=1}^{p}a_{ik}b_{kj}+\sum_{k=1}^{p}a_{ik}c_{kj}=h_{ij},$$

故 $\boldsymbol{D}=\boldsymbol{H}$, 即 $\boldsymbol{A}(\boldsymbol{B}+\boldsymbol{C})=\boldsymbol{AB}+\boldsymbol{AC}$.

9. 设 $\boldsymbol{A},\boldsymbol{B}$ 是同阶方阵, 证明 $(\boldsymbol{A}+\boldsymbol{B})^2=\boldsymbol{A}^2+2\boldsymbol{AB}+\boldsymbol{B}^2$ 的充要条件是 $\boldsymbol{AB}=\boldsymbol{BA}$.

证 因 $(\boldsymbol{A}+\boldsymbol{B})^2=\boldsymbol{A}^2+\boldsymbol{AB}+\boldsymbol{BA}+\boldsymbol{B}^2$, 故

$$(\boldsymbol{A}+\boldsymbol{B})^2=\boldsymbol{A}^2+2\boldsymbol{AB}+\boldsymbol{B}^2\Leftrightarrow\boldsymbol{AB}+\boldsymbol{BA}=2\boldsymbol{AB}\Leftrightarrow\boldsymbol{AB}=\boldsymbol{BA}.$$

10. 设 $\boldsymbol{A}$ 是一个 $m\times n$ 矩阵, 证明 $\boldsymbol{A}^{\mathrm{T}}\boldsymbol{A}$ 与 $\boldsymbol{AA}^{\mathrm{T}}$ 都是对称矩阵.

证 因 $\left(\boldsymbol{A}^{\mathrm{T}}\boldsymbol{A}\right)^{\mathrm{T}}=\boldsymbol{A}^{\mathrm{T}}\left(\boldsymbol{A}^{\mathrm{T}}\right)^{\mathrm{T}}=\boldsymbol{A}^{\mathrm{T}}\boldsymbol{A}$, 故 $\boldsymbol{A}^{\mathrm{T}}\boldsymbol{A}$ 是对称矩阵. 同理可证 $\boldsymbol{AA}^{\mathrm{T}}$ 也是对称矩阵.

11. 设 $\boldsymbol{A},\boldsymbol{B}$ 都是 n 阶对称矩阵, 证明 $\boldsymbol{AB}$ 是对称矩阵的充要条件是 $\boldsymbol{AB}=\boldsymbol{BA}$.

证 必要性: 若 $\boldsymbol{AB}$ 是对称矩阵, 则 $(\boldsymbol{AB})^{\mathrm{T}}=\boldsymbol{AB}$, 于是 $\boldsymbol{AB}=(\boldsymbol{AB})^{\mathrm{T}}=\boldsymbol{B}^{\mathrm{T}}\boldsymbol{A}^{\mathrm{T}}=\boldsymbol{BA}$.

充分性: 若 $\boldsymbol{AB}=\boldsymbol{BA}$, 则 $(\boldsymbol{AB})^{\mathrm{T}}=\boldsymbol{B}^{\mathrm{T}}\boldsymbol{A}^{\mathrm{T}}=\boldsymbol{BA}=\boldsymbol{AB}$, 故 $\boldsymbol{AB}=\boldsymbol{BA}$ 是对称矩阵.

12. 设 $\boldsymbol{A}=[a_{ij}]_{n\times n}$, 定义 $\boldsymbol{A}$ 的迹 $\mathrm{tr}\boldsymbol{A}$ 为: $\mathrm{tr}\boldsymbol{A}=a_{11}+a_{22}+\cdots+a_{nn}$. 证明: 任意 $m\times n$ 矩阵 $\boldsymbol{B}$ 和任意 $n\times m$ 矩阵 $\boldsymbol{C}$, 均有 $\mathrm{tr}(\boldsymbol{BC})=\mathrm{tr}(\boldsymbol{CB})$. (提示: 按照定义.)

证 设 $\boldsymbol{B}=[b_{ij}]_{m\times n},\boldsymbol{C}=[c_{ij}]_{n\times m},\boldsymbol{D}=\boldsymbol{BC}=[d_{ij}]_{m\times m},\boldsymbol{F}=\boldsymbol{CB}=[f_{ij}]_{n\times n}$, 因 2 级连加符号可以换序, 故

$$\mathrm{tr}(\boldsymbol{BC})=\sum_{i=1}^{m}d_{ii}=\sum_{i=1}^{m}\sum_{j=1}^{n}b_{ij}c_{ji}=\sum_{j=1}^{n}\sum_{i=1}^{m}c_{ji}b_{ij}=\sum_{j=1}^{n}f_{jj}=\mathrm{tr}(\boldsymbol{CB}).$$

13. 设 $\boldsymbol{A},\boldsymbol{B}$ 为任意两个 n 阶方阵, 证明 $\boldsymbol{AB}-\boldsymbol{BA}\neq\boldsymbol{E}_n$. (提示: 利用第 12 题.)

证 反证法, 设 $\boldsymbol{AB}-\boldsymbol{BA}=\boldsymbol{E}_n$, 由 12 题知 $\mathrm{tr}(\boldsymbol{AB})=\mathrm{tr}(\boldsymbol{BA})$, 故 $\mathrm{tr}(\boldsymbol{AB}-\boldsymbol{BA})=\mathrm{tr}(\boldsymbol{AB})-\mathrm{tr}(\boldsymbol{BA})=0$, 但是 $\mathrm{tr}\boldsymbol{E}_n=n$, 矛盾. 故 $\boldsymbol{AB}-\boldsymbol{BA}\neq\boldsymbol{E}_n$.

14. 已知 $\boldsymbol{A}=\begin{bmatrix}17&-6\\35&-12\end{bmatrix}=\begin{bmatrix}2&3\\5&7\end{bmatrix}\begin{bmatrix}2&0\\0&3\end{bmatrix}\begin{bmatrix}-7&3\\5&-2\end{bmatrix}$, 求 $\boldsymbol{A}^{10}$.

解 因 $\begin{bmatrix}-7&3\\5&-2\end{bmatrix}\begin{bmatrix}2&3\\5&7\end{bmatrix}=\boldsymbol{E}$, 故

$$\begin{aligned}\boldsymbol{A}^{10}&=\begin{bmatrix}2&3\\5&7\end{bmatrix}\begin{bmatrix}2&0\\0&3\end{bmatrix}^{10}\begin{bmatrix}-7&3\\5&-2\end{bmatrix}\\&=\begin{bmatrix}-7\times2^{11}+5\times3^{11}&3\times2^{11}-2\times3^{11}\\-35\times2^{10}+35\times3^{10}&15\times2^{10}-14\times3^{10}\end{bmatrix}.\end{aligned}$$

MATLAB 程序 2.20

```
syms a b n, A=[2,3;5,7]*diag([a,b])^n*[-7,3;5,-2]
```

15. 已知 $\boldsymbol{\alpha}=(1,2,3)^{\mathrm{T}},\boldsymbol{\beta}=\left(1,\frac{1}{2},\frac{1}{3}\right)^{\mathrm{T}}$,设 $\boldsymbol{A}=\boldsymbol{\alpha\beta}^{\mathrm{T}}$, 求 $\boldsymbol{A}^m$. (提示: $(\boldsymbol{\alpha\beta})^m=\overbrace{(\boldsymbol{\alpha\beta})\cdots(\boldsymbol{\alpha\beta})}^{m}=\boldsymbol{\alpha}\overbrace{(\boldsymbol{\beta\alpha})\cdots(\boldsymbol{\beta\alpha})}^{m-1}\boldsymbol{\beta}=\boldsymbol{\alpha}(\boldsymbol{\beta\alpha})^{m-1}\boldsymbol{\beta}$, 而 $\boldsymbol{\beta\alpha}=3$.)

解 $(\boldsymbol{\alpha\beta})^n=\overbrace{(\boldsymbol{\alpha\beta})\cdots(\boldsymbol{\alpha\beta})}^{m}=\boldsymbol{\alpha}\overbrace{(\boldsymbol{\beta\alpha})\cdots(\boldsymbol{\beta\alpha})}^{m-1}\boldsymbol{\beta}=\boldsymbol{\alpha}3^{m-1}\boldsymbol{\beta}=3^{m-1}\begin{bmatrix}1&\frac{1}{2}&\frac{1}{3}\\2&1&\frac{2}{3}\\3&\frac{3}{2}&1\end{bmatrix}$.

MATLAB 程序 2.21

```
syms m,alpha=[1;2;3],beta=[1;1/2;1/3],A=alpha*beta',3^(m-1)*A
```

16. 证明任意一个 n 阶方阵都可以表示为一个对称矩阵与一个反对称矩阵之和. $\left(提示: \boldsymbol{A}=\dfrac{\boldsymbol{A}+\boldsymbol{A}^{\mathrm{T}}}{2}+\dfrac{\boldsymbol{A}-\boldsymbol{A}^{\mathrm{T}}}{2}.\right)$

证 因 $\left(\dfrac{\boldsymbol{A}+\boldsymbol{A}^{\mathrm{T}}}{2}\right)^{\mathrm{T}}=\dfrac{\boldsymbol{A}+\boldsymbol{A}^{\mathrm{T}}}{2}$, 故 $\dfrac{\boldsymbol{A}+\boldsymbol{A}^{\mathrm{T}}}{2}$ 是对称矩阵. 又因 $\left(\dfrac{\boldsymbol{A}-\boldsymbol{A}^{\mathrm{T}}}{2}\right)^{\mathrm{T}}=-\dfrac{\boldsymbol{A}-\boldsymbol{A}^{\mathrm{T}}}{2}$, 故 $\dfrac{\boldsymbol{A}-\boldsymbol{A}^{\mathrm{T}}}{2}$ 是反对称矩阵, 最后由 $\boldsymbol{A}=\dfrac{\boldsymbol{A}+\boldsymbol{A}^{\mathrm{T}}}{2}+\dfrac{\boldsymbol{A}-\boldsymbol{A}^{\mathrm{T}}}{2}$知任意一个 n 阶方阵都可以表示为对称矩阵与反对称矩阵之和.

2.4.3 习题 2.3

1. 用伴随矩阵法求下列矩阵的逆矩阵.

(1) $\begin{bmatrix} 2 & 2 & 3 \\ 1 & -1 & 0 \\ -1 & 2 & 1 \end{bmatrix}$. (2) $\begin{bmatrix} 1 & 2 & 3 & 4 \\ 2 & 3 & 1 & 2 \\ 1 & 1 & 1 & -1 \\ 1 & 0 & -2 & -6 \end{bmatrix}$.

解 (1) 记原矩阵为 $\boldsymbol{A}$, 则 $|\boldsymbol{A}|=-1\neq 0$, 故 $\boldsymbol{A}$ 可逆. 又因 $A_{11}=-1, A_{12}=-1, A_{13}=1, A_{21}=4, A_{22}=5, A_{23}=-6, A_{31}=3, A_{32}=3, A_{33}=-4$, 故 $\boldsymbol{A}^{-1}=|\boldsymbol{A}|^{-1}\boldsymbol{A}^*=\begin{bmatrix} 1 & -4 & -3 \\ 1 & -5 & -3 \\ -1 & 6 & 4 \end{bmatrix}$.

(2) 记原矩阵为 $\boldsymbol{A}$, 则 $|\boldsymbol{A}|=-1\neq 0$, 故 $\boldsymbol{A}$ 可逆. 又因 $A_{11}=-22, A_{12}=17, A_{13}=1, A_{14}=-4, A_{21}=6, A_{22}=-5, A_{23}=0, A_{24}=1, A_{31}=26, A_{32}=-20, A_{33}=-2, A_{34}=5, A_{41}=-17, A_{42}=13, A_{43}=1, A_{44}=-3$, 故 $\boldsymbol{A}^{-1}=|\boldsymbol{A}|^{-1}\boldsymbol{A}^*=\begin{bmatrix} 22 & -6 & -26 & 17 \\ -17 & 5 & 20 & -13 \\ -1 & 0 & 2 & -1 \\ 4 & -1 & -5 & 3 \end{bmatrix}$.

MATLAB 程序 2.22

```
(1)A1=sym([2,2,3;1,-1,0;-1,2,1]),inv(A1)
(2)A2=sym([1,2,3,4;2,3,1,2;1,1,1,-1;1,0,-2,-6]),inv(A2)
```

2. (1) 设方阵 $\boldsymbol{A}$ 满足 $\boldsymbol{A}^2+\boldsymbol{A}-8\boldsymbol{E}=\boldsymbol{O}$, 证明 $\boldsymbol{A}-2\boldsymbol{E}$ 可逆.

(2) 对满足 (1) 中条件的 $\boldsymbol{A}$, 设矩阵 $\boldsymbol{X}$ 与之具有关系 $\boldsymbol{AX}+2(\boldsymbol{A}+3\boldsymbol{E})^{-1}\boldsymbol{A}=$

$2\boldsymbol{X}+2\boldsymbol{E}$, 求 $\boldsymbol{X}$.

证　(1) 设 $(\boldsymbol{A}-2\boldsymbol{E})(\boldsymbol{A}+c\boldsymbol{E})+d\boldsymbol{E}=\boldsymbol{A}^2+\boldsymbol{A}-8\boldsymbol{E}=\boldsymbol{O}$, 得 $c=3, d=-2$, 于是 $(\boldsymbol{A}-2\boldsymbol{E})(\boldsymbol{A}+3\boldsymbol{E})=2\boldsymbol{E}$. 故 $\boldsymbol{A}-2\boldsymbol{E}$ 可逆且 $(\boldsymbol{A}-2\boldsymbol{E})^{-1}=\dfrac{1}{2}(\boldsymbol{A}+3\boldsymbol{E})$.

(2) 因 $\boldsymbol{AX}+2(\boldsymbol{A}+3\boldsymbol{E})^{-1}\boldsymbol{A}=2\boldsymbol{X}+2\boldsymbol{E}$, 再利用 $2(\boldsymbol{A}-2\boldsymbol{E})^{-1}=\boldsymbol{A}+3\boldsymbol{E}$, 得 $\boldsymbol{X}=2(\boldsymbol{A}-2\boldsymbol{E})^{-1}-\boldsymbol{A}=\boldsymbol{A}+3\boldsymbol{E}-\boldsymbol{A}=3\boldsymbol{E}$.

3. 解下列矩阵方程.

$$\boldsymbol{X}\begin{bmatrix}1 & 2 & -3\\ 3 & 2 & -4\\ 2 & -1 & 0\end{bmatrix}=\begin{bmatrix}1 & -3 & 0\\ 10 & 2 & 7\\ 10 & 7 & 8\end{bmatrix}.$$

解　设 $\boldsymbol{A}=\begin{bmatrix}1 & 2 & -3\\ 3 & 2 & -4\\ 2 & -1 & 0\end{bmatrix}, \boldsymbol{B}=\begin{bmatrix}1 & -3 & 0\\ 10 & 2 & 7\\ 10 & 7 & 8\end{bmatrix}$, 则

$$|\boldsymbol{A}|=1,\quad \boldsymbol{A}^*=\begin{bmatrix}-4 & 3 & -2\\ -8 & 6 & -5\\ -7 & 5 & -4\end{bmatrix},$$

故

$$\begin{aligned}\boldsymbol{X}=&\boldsymbol{BA}^{-1}=\boldsymbol{B}\left(|\boldsymbol{A}|^{-1}\boldsymbol{A}^*\right)=\begin{bmatrix}1 & -3 & 0\\ 10 & 2 & 7\\ 10 & 7 & 8\end{bmatrix}\begin{bmatrix}-4 & 3 & -2\\ -8 & 6 & -5\\ -7 & 5 & -4\end{bmatrix}\\ =&\begin{bmatrix}20 & -15 & 13\\ -105 & 77 & -58\\ -152 & 112 & -87\end{bmatrix}.\end{aligned}$$

MATLAB 程序 2.23

```
A=sym([1,2,-3;3,2,-4; 2,-1,0]),B=[1,-3,0;10,2,7;10,7,8],B*inv(A)
```

4. 试证明对于一个上三角矩阵 $\boldsymbol{A}$, $\boldsymbol{A}$ 可逆当且仅当 $\boldsymbol{A}$ 的对角线上的元素皆不为 0, 且可逆上三角矩阵的逆矩阵还是上三角矩阵.

证　(1) 设 $a_{ii}, i=1,\cdots,n$ 为对角矩阵 $\boldsymbol{A}$ 的对角元, 则 $|\boldsymbol{A}|=a_{11}a_{22}\cdots a_{nn}$, 故 $\boldsymbol{A}$ 可逆当且仅当 $|\boldsymbol{A}|=a_{11}a_{22}\cdots a_{nn}\neq 0$, 即当且仅当 $\boldsymbol{A}$ 的对角线上的元素皆不为 0.

(2) 因上三角矩阵的代数余子式满足: 若 $i<j$, 则 $A_{ij}=0$. 故伴随矩阵 $\boldsymbol{A}^*$ 是上三角的, 又因 $\boldsymbol{A}^{-1}=|\boldsymbol{A}|^{-1}\boldsymbol{A}^*$, 故 $\boldsymbol{A}^{-1}$ 是上三角的.

5. 设 $\boldsymbol{A}$ 是 n 阶可逆矩阵 $(n>2)$, 证明: $|\boldsymbol{A}^*|=|\boldsymbol{A}|^{n-1}$.

证 因 $\boldsymbol{A}$ 是 n 阶可逆矩阵, 故 $\boldsymbol{A}^*=|\boldsymbol{A}|\boldsymbol{A}^{-1}$, 从而 $|\boldsymbol{A}^*|=|\boldsymbol{A}|^n|\boldsymbol{A}^{-1}|=|\boldsymbol{A}|^n|\boldsymbol{A}|^{-1}=|\boldsymbol{A}|^{n-1}$.

6. 设 n 阶方阵 $\boldsymbol{A},\boldsymbol{B}$ 可逆, 证明:

(1) $(\boldsymbol{A}^{\mathrm{T}})^{-1}=(\boldsymbol{A}^{-1})^{\mathrm{T}}$. (2) $((\boldsymbol{A}^*)^{\mathrm{T}})^{-1}=((\boldsymbol{A}^*)^{-1})^{\mathrm{T}}$.

(3) $(\boldsymbol{AB})^*=\boldsymbol{B}^*\boldsymbol{A}^*$.

证 (1) 因 $\boldsymbol{A}^{\mathrm{T}}(\boldsymbol{A}^{-1})^{\mathrm{T}}=(\boldsymbol{A}^{-1}\boldsymbol{A})^{\mathrm{T}}=\boldsymbol{E}$, 故 $(\boldsymbol{A}^{\mathrm{T}})^{-1}=(\boldsymbol{A}^{-1})^{\mathrm{T}}$.

(2) 由 (1) 得 $((\boldsymbol{A}^*)^{\mathrm{T}})^{-1}=((\boldsymbol{A}^*)^{-1})^{\mathrm{T}}$.

(3) $(\boldsymbol{AB})^*=|\boldsymbol{AB}|(\boldsymbol{AB})^{-1}=|\boldsymbol{A}||\boldsymbol{B}|\boldsymbol{B}^{-1}\boldsymbol{A}^{-1}=(|\boldsymbol{B}|\boldsymbol{B}^{-1})(|\boldsymbol{A}|\boldsymbol{A}^{-1})=\boldsymbol{B}^*\boldsymbol{A}^*$.

7. 证明: 如果可逆矩阵 $\boldsymbol{A}$ 的元素均为整数, 则 $\boldsymbol{A}^{-1}$ 的元素均为整数当且仅当 $|\boldsymbol{A}|=\pm1$. (提示: $\boldsymbol{A}$ 的元素均为整数, 则 $|\boldsymbol{A}|$ 为整数.)

证 必要性: 若 $\boldsymbol{A}^{-1}$ 的元素均为整数, 则 $|\boldsymbol{A}^{-1}|$ 为一个整数, 再由 $|\boldsymbol{A}^{-1}|=\dfrac{1}{|\boldsymbol{A}|}$, 得 $|\boldsymbol{A}|=\pm1$.

充分性: 若 $|\boldsymbol{A}|=\pm1$, 则 $\boldsymbol{A}^{-1}=|\boldsymbol{A}|^{-1}\boldsymbol{A}^*=\pm\boldsymbol{A}^*$, 因 $\boldsymbol{A}$ 的元素均为整数知 $\boldsymbol{A}^*$ 的元素均为整数, 故 $\boldsymbol{A}^{-1}$ 的元素均为整数.

8. 设 $\boldsymbol{A}$ 与 $\boldsymbol{B}$ 是同阶方阵, 且 $\boldsymbol{A},\boldsymbol{B},\boldsymbol{A}+\boldsymbol{B}$ 均可逆. 证明 $\boldsymbol{A}^{-1}+\boldsymbol{B}^{-1}$ 可逆. (提示:$\boldsymbol{A}^{-1}(\boldsymbol{A}+\boldsymbol{B})\boldsymbol{B}^{-1}=\boldsymbol{A}^{-1}+\boldsymbol{B}^{-1}$.)

证 因 $\boldsymbol{A}^{-1}+\boldsymbol{B}^{-1}=\boldsymbol{A}^{-1}(\boldsymbol{E}+\boldsymbol{A}\boldsymbol{B}^{-1})=\boldsymbol{A}^{-1}(\boldsymbol{B}+\boldsymbol{A})\boldsymbol{B}^{-1}$, 故 $\boldsymbol{A}^{-1}+\boldsymbol{B}^{-1}$ 可逆且

$$(\boldsymbol{A}^{-1}+\boldsymbol{B}^{-1})^{-1}=(\boldsymbol{A}^{-1}(\boldsymbol{B}+\boldsymbol{A})\boldsymbol{B}^{-1})^{-1}=\boldsymbol{B}(\boldsymbol{A}+\boldsymbol{B})^{-1}\boldsymbol{A}.$$

2.4.4 习题 2.4

1. 用分块矩阵的乘法, 计算下列矩阵的乘积.

$$(1)\boldsymbol{A}=\begin{bmatrix}1&3&0&0&0\\2&6&0&0&0\\0&0&1&0&1\\0&0&2&1&0\\0&0&3&1&2\end{bmatrix},\boldsymbol{B}=\begin{bmatrix}1&3&0&0&0\\2&8&0&0&0\\1&0&1&0&1\\0&1&2&3&2\\2&1&3&2&1\end{bmatrix}.$$

$$(2)\boldsymbol{A}=\begin{bmatrix}1&0&1&0&0\\0&2&-1&0&0\\1&3&0&0&0\\0&0&0&-2&0\\0&0&0&0&-2\end{bmatrix},\boldsymbol{B}=\begin{bmatrix}1&0&1&0&0\\0&2&0&0&0\\0&0&3&0&0\\0&0&0&1&3\\0&0&0&2&4\end{bmatrix}.$$

解　(1) 设 $\boldsymbol{A}_1=\begin{bmatrix}1&3\\2&6\end{bmatrix}$, $\boldsymbol{A}_2=\begin{bmatrix}1&0&1\\2&1&0\\3&1&2\end{bmatrix}$,

$$\boldsymbol{B}_1=\begin{bmatrix}1&3\\2&8\end{bmatrix},\quad \boldsymbol{B}_2=\begin{bmatrix}1&0&1\\2&3&2\\3&2&1\end{bmatrix},\quad \boldsymbol{B}_3=\begin{bmatrix}1&0\\0&1\\2&1\end{bmatrix},$$

则

$$\boldsymbol{AB}=\begin{bmatrix}\boldsymbol{A}_1&\boldsymbol{O}\\\boldsymbol{O}&\boldsymbol{A}_2\end{bmatrix}\begin{bmatrix}\boldsymbol{B}_1&\boldsymbol{O}\\\boldsymbol{B}_3&\boldsymbol{B}_2\end{bmatrix}=\begin{bmatrix}\boldsymbol{A}_1\boldsymbol{B}_1&\boldsymbol{O}\\\boldsymbol{A}_2\boldsymbol{B}_3&\boldsymbol{A}_2\boldsymbol{B}_2\end{bmatrix}=\begin{bmatrix}7&27&0&0&0\\14&54&0&0&0\\3&1&4&2&2\\2&1&4&3&4\\7&3&11&7&7\end{bmatrix}.$$

(2) 设 $\boldsymbol{A}_1=\begin{bmatrix}1&0&1\\0&2&-1\\1&3&0\end{bmatrix}$, $\boldsymbol{A}_2=\begin{bmatrix}-2&0\\0&-2\end{bmatrix}$, $\boldsymbol{B}_1=\begin{bmatrix}1&0&1\\0&2&0\\0&0&3\end{bmatrix}$, $\boldsymbol{B}_2=\begin{bmatrix}1&3\\2&4\end{bmatrix}$, 则

$$\boldsymbol{AB}=\begin{bmatrix}\boldsymbol{A}_1&\boldsymbol{O}\\\boldsymbol{O}&\boldsymbol{A}_2\end{bmatrix}\begin{bmatrix}\boldsymbol{B}_1&\boldsymbol{O}\\\boldsymbol{O}&\boldsymbol{B}_2\end{bmatrix}=\begin{bmatrix}\boldsymbol{A}_1\boldsymbol{B}_1&\boldsymbol{O}\\\boldsymbol{O}&\boldsymbol{A}_2\boldsymbol{B}_2\end{bmatrix}=\begin{bmatrix}1&0&4&0&0\\0&4&-3&0&0\\1&6&1&0&0\\0&0&0&-2&-6\\0&0&0&-4&-8\end{bmatrix}.$$

MATLAB 程序 2.24

```
(1)A1=[1,3,0,0,0;2,6,0,0,0;0,0,1,0,1;0,0,2,1,0;0,0,3,1,2],
B1=[1,3,0,0,0;2,8,0,0,0;1,0,1,0,1;0,1,2,3,2;2,1,3,2,1],A1*B1
(2)A2=[1,0,1,0,0;0,2,-1,0,0;1,3,0,0,0;0,0,0,-2,0;0,0,0,0,-2],
B2=[1,0,1,0,0;0,2,0,0,0;0,0,3,0,0;0,0,0,1,3;0,0,0,2,4],A2*B2
```

2. 用矩阵分块的方法, 证明下列矩阵可逆, 并求其逆矩阵.

$$(1)\begin{bmatrix}1&2&0&0&0\\3&1&0&0&0\\0&0&2&0&0\\0&0&0&1&0\\0&0&0&0&1\end{bmatrix}.\qquad (2)\begin{bmatrix}2&0&0&0&0\\0&2&0&0&0\\1&0&1&0&0\\0&1&0&1&0\\2&3&0&0&1\end{bmatrix}.$$

$$(3)\begin{bmatrix}0&a_1&0&\cdots&0\\0&0&a_2&\cdots&0\\\vdots&\vdots&\vdots&&\vdots\\0&0&0&\cdots&a_{n-1}\\a_n&0&0&\cdots&0\end{bmatrix}(a_1a_2\cdots a_n\neq 0).$$

证 (1) 设 $\boldsymbol{A}_1=\begin{bmatrix}1&2\\3&1\end{bmatrix}$, $\boldsymbol{A}_2=\begin{bmatrix}2&0&0\\0&1&0\\0&0&1\end{bmatrix}$, $\boldsymbol{A}_1^{-1}=\begin{bmatrix}-\frac{1}{5}&\frac{2}{5}\\\frac{1}{5}&-\frac{1}{5}\end{bmatrix}$, $\boldsymbol{A}_2^{-1}=\begin{bmatrix}\frac{1}{2}&0&0\\0&1&0\\0&0&1\end{bmatrix}$, 故原矩阵可逆且

$$\boldsymbol{A}^{-1}=\begin{bmatrix}\boldsymbol{A}_1^{-1}&\\&\boldsymbol{A}_2^{-1}\end{bmatrix}=\begin{bmatrix}-\frac{1}{5}&\frac{2}{5}&0&0&0\\\frac{3}{5}&-\frac{1}{5}&0&0&0\\0&0&\frac{1}{2}&0&0\\0&0&0&1&0\\0&0&0&0&1\end{bmatrix}.$$

(2) 设 $\boldsymbol{A}_1=\begin{bmatrix}2&0\\0&2\end{bmatrix}$, $\boldsymbol{A}_2=\begin{bmatrix}1&0&0\\0&1&0\\0&0&1\end{bmatrix}$, $\boldsymbol{A}_3=\begin{bmatrix}1&0\\0&1\\2&3\end{bmatrix}$, $\boldsymbol{A}^{-1}=\begin{bmatrix}\boldsymbol{X}&\boldsymbol{Y}\\\boldsymbol{Z}&\boldsymbol{W}\end{bmatrix}$,

则 $\boldsymbol{A}\boldsymbol{A}^{-1}=\begin{bmatrix}\boldsymbol{A}_1&\boldsymbol{O}\\\boldsymbol{A}_3&\boldsymbol{A}_2\end{bmatrix}\begin{bmatrix}\boldsymbol{X}&\boldsymbol{Y}\\\boldsymbol{Z}&\boldsymbol{W}\end{bmatrix}=\begin{bmatrix}\boldsymbol{A}_1\boldsymbol{X}&\boldsymbol{A}_1\boldsymbol{Y}\\\boldsymbol{A}_3\boldsymbol{X}+\boldsymbol{A}_2\boldsymbol{Z}&\boldsymbol{A}_3\boldsymbol{Y}+\boldsymbol{A}_2\boldsymbol{W}\end{bmatrix}=\boldsymbol{E}$, 得

$\boldsymbol{X}=\boldsymbol{A}_1^{-1}=\begin{bmatrix}\frac{1}{2}&0\\0&\frac{1}{2}\end{bmatrix}$, $\boldsymbol{Y}=\boldsymbol{O}$, $\boldsymbol{Z}=-\boldsymbol{A}_3\boldsymbol{X}=\frac{1}{2}\begin{bmatrix}-1&0\\0&-1\\-2&-3\end{bmatrix}$, $\boldsymbol{W}=\boldsymbol{A}_2^{-1}=$

$$\begin{bmatrix} 1 & 0 & 0 \\ 0 & 1 & 0 \\ 0 & 0 & 1 \end{bmatrix}, \text{故 } \boldsymbol{A}^{-1} = \frac{1}{2}\begin{bmatrix} 1 & 0 & 0 & 0 & 0 \\ 0 & 1 & 0 & 0 & 0 \\ -1 & 0 & 2 & 0 & 0 \\ 0 & -1 & 0 & 2 & 0 \\ -2 & -3 & 0 & 0 & 2 \end{bmatrix}.$$

(3) 设 $\boldsymbol{A}_1 = \begin{bmatrix} a_1 & & \\ & \ddots & \\ & & a_{n-1} \end{bmatrix}, \boldsymbol{A}^{-1} = \begin{bmatrix} \boldsymbol{X} & \boldsymbol{Y} \\ \boldsymbol{Z} & \boldsymbol{W} \end{bmatrix}$, 则

$$\boldsymbol{A}\boldsymbol{A}^{-1} = \begin{bmatrix} \boldsymbol{O} & \boldsymbol{A}_1 \\ a_n & \boldsymbol{O} \end{bmatrix}\begin{bmatrix} \boldsymbol{X} & \boldsymbol{Y} \\ \boldsymbol{Z} & \boldsymbol{W} \end{bmatrix} = \begin{bmatrix} \boldsymbol{A}_1\boldsymbol{Z} & \boldsymbol{A}_1\boldsymbol{W} \\ a_n\boldsymbol{X} & a_n\boldsymbol{Y} \end{bmatrix} = \begin{bmatrix} \boldsymbol{E} & \boldsymbol{O} \\ \boldsymbol{O} & \boldsymbol{E} \end{bmatrix},$$

得 $\boldsymbol{Z} = \boldsymbol{A}_1^{-1} = \begin{bmatrix} a_1^{-1} & & \\ & \ddots & \\ & & a_{n-1}^{-1} \end{bmatrix}, \boldsymbol{W} = \boldsymbol{O}, \boldsymbol{X} = \boldsymbol{O}, \boldsymbol{Y} = a_n^{-1}$, 故 $\boldsymbol{A}$ 可逆且

$$\boldsymbol{A}^{-1} = \begin{bmatrix} & & & a_n^{-1} \\ a_1^{-1} & & & \\ & \ddots & & \\ & & a_{n-1}^{-1} & \end{bmatrix}.$$

MATLAB 程序 2.25

```
(1)A1=sym([1,2,0,0,0;3,1,0,0,0;0,0,2,0,0;0,0,0,1,0;0,0,0,0,1]),
 inv(A1)
(2)A2=sym([2,0,0,0,0;0,2,0,0,0;1,0,1,0,0;0,1,0,1,0;2,3,0,0,1]),
 inv(A2)
(3)syms a1 a2 a3 a4,A3=[zeros(3,1),diag([a1,a2,a3]);a4,zeros(1,3)],
 inv(A3)
```

3. 如果四阶方阵 $\boldsymbol{A}, \boldsymbol{B}$ 按列分块表示为 $\boldsymbol{A} = [\boldsymbol{\alpha}, \boldsymbol{\gamma}_2, \boldsymbol{\gamma}_3, \boldsymbol{\gamma}_4], \boldsymbol{B} = [\boldsymbol{\beta}, \boldsymbol{\gamma}_2, \boldsymbol{\gamma}_3, \boldsymbol{\gamma}_4]$, 且 $|\boldsymbol{A}| = |\boldsymbol{B}| = 1$, 计算行列式 $|\boldsymbol{A} + \boldsymbol{B}|$.

解　由题意得 $|\boldsymbol{A} + \boldsymbol{B}| = |(\boldsymbol{\alpha} + \boldsymbol{\beta}, 2\boldsymbol{\gamma}_2, 2\boldsymbol{\gamma}_3, 2\boldsymbol{\gamma}_4)| = |(\boldsymbol{\alpha}, 2\boldsymbol{\gamma}_2, 2\boldsymbol{\gamma}_3, 2\boldsymbol{\gamma}_4)| + |(\boldsymbol{\beta}, 2\boldsymbol{\gamma}_2, 2\boldsymbol{\gamma}_3, 2\boldsymbol{\gamma}_4)| = 8(|\boldsymbol{A}| + |\boldsymbol{B}|) = 16$.

4. 设 $\boldsymbol{C}$ 是 n 阶可逆矩阵, $\boldsymbol{D}$ 是 $3 \times n$ 矩阵, 且 $\boldsymbol{D} = \begin{bmatrix} 1 & 2 & \cdots & n \\ 0 & 0 & \cdots & 0 \\ 0 & 0 & \cdots & 0 \end{bmatrix}$, 试用

分块矩阵的乘法, 求一个 $n\times(n+3)$ 矩阵 $\boldsymbol{A}$, 使得 $\boldsymbol{A}\begin{bmatrix}\boldsymbol{C}\\ \boldsymbol{D}\end{bmatrix}=\boldsymbol{E}_n$.

解 设 $\boldsymbol{A}=[\boldsymbol{X},\boldsymbol{O}]$, 则 $\boldsymbol{A}\begin{bmatrix}\boldsymbol{C}\\ \boldsymbol{D}\end{bmatrix}=\boldsymbol{XC}+\boldsymbol{DO}=\boldsymbol{E}_n$, 则 $\boldsymbol{X}=\boldsymbol{C}^{-1}$, 故 $\boldsymbol{A}=[\boldsymbol{C}^{-1},\boldsymbol{O}]$.

5. 设有分块矩阵 $\boldsymbol{P}=\begin{bmatrix}\boldsymbol{O}&\boldsymbol{A}\\ \boldsymbol{B}&\boldsymbol{C}\end{bmatrix}$, 其中 $\boldsymbol{A},\boldsymbol{B}$ 皆为可逆矩阵, 且已知 $\boldsymbol{A}^{-1},\boldsymbol{B}^{-1}$, 求 $\boldsymbol{P}^{-1}$.

解 设 $\boldsymbol{P}^{-1}=\begin{bmatrix}\boldsymbol{X}&\boldsymbol{Y}\\ \boldsymbol{Z}&\boldsymbol{W}\end{bmatrix}$, 则

$$\boldsymbol{PP}^{-1}=\begin{bmatrix}\boldsymbol{O}&\boldsymbol{A}\\ \boldsymbol{B}&\boldsymbol{C}\end{bmatrix}\begin{bmatrix}\boldsymbol{X}&\boldsymbol{Y}\\ \boldsymbol{Z}&\boldsymbol{W}\end{bmatrix}=\begin{bmatrix}\boldsymbol{AZ}&\boldsymbol{AW}\\ \boldsymbol{BX}+\boldsymbol{CZ}&\boldsymbol{BY}+\boldsymbol{CW}\end{bmatrix}=\begin{bmatrix}\boldsymbol{E}&\boldsymbol{O}\\ \boldsymbol{O}&\boldsymbol{E}\end{bmatrix},$$

得 $\boldsymbol{Z}=\boldsymbol{A}^{-1},\boldsymbol{W}=\boldsymbol{O},\boldsymbol{Y}=\boldsymbol{B}^{-1},\boldsymbol{X}=-\boldsymbol{B}^{-1}\boldsymbol{CA}^{-1}$, 故 $\boldsymbol{P}^{-1}=\begin{bmatrix}-\boldsymbol{B}^{-1}\boldsymbol{CA}^{-1}&\boldsymbol{B}^{-1}\\ \boldsymbol{A}^{-1}&\boldsymbol{O}\end{bmatrix}$.

2.4.5 习题 2.5

1. 设 $\boldsymbol{A}=\begin{bmatrix}a_{11}&a_{12}&a_{13}\\ a_{21}&a_{22}&a_{23}\\ a_{31}&a_{32}&a_{33}\end{bmatrix}$, $\boldsymbol{B}=\begin{bmatrix}a_{21}&a_{22}&a_{23}\\ a_{11}&a_{12}&a_{13}\\ a_{31}+a_{11}&a_{32}+a_{12}&a_{33}+a_{13}\end{bmatrix}$, $\boldsymbol{P}_1=\begin{bmatrix}0&1&0\\ 1&0&0\\ 0&0&1\end{bmatrix}$, $\boldsymbol{P}_2=\begin{bmatrix}1&0&0\\ 0&1&0\\ 1&0&1\end{bmatrix}$, 则下列结论正确的是 ( ).

(A)$\boldsymbol{AP}_1\boldsymbol{P}_2=\boldsymbol{B}$. (B) $\boldsymbol{AP}_2\boldsymbol{P}_1=\boldsymbol{B}$. (C)$\boldsymbol{P}_1\boldsymbol{P}_2\boldsymbol{A}=\boldsymbol{B}$. (D)$\boldsymbol{AP}_1\boldsymbol{P}_2=\boldsymbol{B}$.

解 答案: (C).

先将 $\boldsymbol{A}$ 的第一行加到第三行, 再交换第一行与第二行后得到 $\boldsymbol{B}$, 得 $\boldsymbol{P}_1\boldsymbol{P}_2\boldsymbol{A}=\boldsymbol{B}$, 故选 (C).

MATLAB 程序 2.26

```
syms a11 a12 a13 a21 a22 a23 a31 a32 a33
A=[a11,a12,a13;a21,a22,a23;a31,a32,a33],
P1=[0,1,0;1,0,0;0,0,1],P2=[1,0,0;0,1,0;1,0,1],P1*P2*A
```

2. 写出三类初等矩阵的转置矩阵和伴随矩阵.

解 因 $\boldsymbol{A}^*\boldsymbol{A}=|\boldsymbol{A}|\,\boldsymbol{E}$, 得 $\boldsymbol{A}^*=|\boldsymbol{A}|\,\boldsymbol{A}^{-1}$, 得表 2.6.

表 2.6 三类初等矩阵的转置矩阵和伴随矩阵

初等矩阵	转置	行列式	逆矩阵	伴随矩阵
$\boldsymbol{P}(i,j)$	$\boldsymbol{P}(i,j)$	-1	$\boldsymbol{P}(i,j)$	$-\boldsymbol{P}(i,j)$
$\boldsymbol{P}(j(k))$	$\boldsymbol{P}(j(k))$	k	$\boldsymbol{P}(j(k^{-1}))$	$k\boldsymbol{P}(j(k^{-1}))$
$\boldsymbol{P}(i,j(k))$	$\boldsymbol{P}(j,i(k))$	1	$\boldsymbol{P}(i,j(-k))$	$\boldsymbol{P}(i,j(-k))$

3. 设 $\boldsymbol{A}$ 为 $n(n \geqslant 2)$ 阶可逆矩阵, 交换 $\boldsymbol{A}$ 的第一行与第二行得到矩阵 $\boldsymbol{B}$, $\boldsymbol{A}^*, \boldsymbol{B}^*$ 分别是 $\boldsymbol{A}, \boldsymbol{B}$ 的伴随矩阵, 则下列结论正确的是 ( ).

(A) 交换 $\boldsymbol{A}^*$ 的第一列与第二列得 $\boldsymbol{B}^*$.

(B) 交换 $\boldsymbol{A}^*$ 的第一行与第二行得 $\boldsymbol{B}^*$.

(C) 交换 $\boldsymbol{A}^*$ 的第一列与第二列得 $-\boldsymbol{B}^*$.

(D) 交换 $\boldsymbol{A}^*$ 的第一行与第二行得 $-\boldsymbol{B}^*$.

解 答案: (C).

因 $\boldsymbol{P}(1,2)\boldsymbol{A} = \boldsymbol{B}, \boldsymbol{B}^*\boldsymbol{B} = |\boldsymbol{B}|\,\boldsymbol{E}$, 故

$$\boldsymbol{B}^* = |\boldsymbol{B}|\boldsymbol{B}^{-1} = (|\boldsymbol{P}(1,2)\boldsymbol{A}|)\boldsymbol{B}^{-1} = -|\boldsymbol{A}|\boldsymbol{A}^{-1}\boldsymbol{P}(1,2)^{-1} = -\boldsymbol{A}^*\boldsymbol{P}(1,2),$$

所以交换 $\boldsymbol{A}^*$ 的第一列与第二列得 $-\boldsymbol{B}^*$, 故选 (C).

4. 求下面矩阵的行阶梯形、最简行阶梯形和标准形.

(1) $\begin{bmatrix} 1 & 2 & 3 \\ 3 & -1 & 2 \\ 1 & 0 & 1 \\ 4 & 3 & 2 \end{bmatrix}$. (2) $\begin{bmatrix} 1 & 3 & 1 & 5 \\ 2 & 0 & 3 & 2 \\ 0 & 1 & 3 & 2 \\ 4 & 3 & 1 & 6 \end{bmatrix}$.

解 (1) 原矩阵、行阶梯形、最简行阶梯形和标准形分别为

$$\begin{bmatrix} 1 & 2 & 3 \\ 3 & -1 & 2 \\ 1 & 0 & 1 \\ 4 & 3 & 2 \end{bmatrix} \to \begin{bmatrix} 1 & 0 & 1 \\ 0 & -7 & -7 \\ 0 & 0 & -5 \\ 0 & 0 & 0 \end{bmatrix} \to \begin{bmatrix} 1 & 0 & 0 \\ 0 & 1 & 0 \\ 0 & 0 & 1 \\ 0 & 0 & 0 \end{bmatrix} \to \begin{bmatrix} 1 & 0 & 0 \\ 0 & 1 & 0 \\ 0 & 0 & 1 \\ 0 & 0 & 0 \end{bmatrix}.$$

(2) 原矩阵、行阶梯形、最简行阶梯形和标准形分别为

$$\begin{bmatrix} 1 & 3 & 1 & 5 \\ 2 & 0 & 3 & 2 \\ 0 & 1 & 3 & 2 \\ 4 & 3 & 1 & 6 \end{bmatrix} \to \begin{bmatrix} 1 & 3 & 1 & 5 \\ 0 & -6 & 1 & -8 \\ 0 & 0 & \dfrac{19}{6} & \dfrac{2}{3} \\ 0 & 0 & 0 & \dfrac{-20}{19} \end{bmatrix} \to \begin{bmatrix} 1 & 0 & 0 & 0 \\ 0 & 1 & 0 & 0 \\ 0 & 0 & 1 & 0 \\ 0 & 0 & 0 & 1 \end{bmatrix} \to \begin{bmatrix} 1 & 0 & 0 & 0 \\ 0 & 1 & 0 & 0 \\ 0 & 0 & 1 & 0 \\ 0 & 0 & 0 & 1 \end{bmatrix}.$$

备注 行阶梯形不是唯一的. 最简行阶梯形和标准形是唯一的.

MATLAB 程序 2.27

```
(1)A1=[1,2,3;3,-1,2;1,0,1;4,3,2],RowEchelon(A1),rref(A1),
rref(rref(A1)')'
(2)A2=[1,3,1,5;2,0,3,2;0,1,3,2;4,3,1,6],RowEchelon(A2),rref(A2),
rref(rref(A2)')'
```

5. 设 $\boldsymbol{A}$ 是 n 阶可逆矩阵, 将 $\boldsymbol{A}$ 的第 i 行和第 j 行对换后得到矩阵 $\boldsymbol{B}$.

(1) 证明 $|\boldsymbol{B}| \neq 0$.

(2) 计算 $\boldsymbol{A}\boldsymbol{B}^{-1}$.

证 (1) 因 $\boldsymbol{A}$ 可逆, 故 $|\boldsymbol{A}| \neq 0$, 又因 $\boldsymbol{B} = \boldsymbol{P}(i,j)\boldsymbol{A}$, 故 $|\boldsymbol{B}| = |\boldsymbol{P}(i,j)||\boldsymbol{A}| = -|\boldsymbol{A}| \neq 0$.

(2)$\boldsymbol{A}\boldsymbol{B}^{-1} = \boldsymbol{A}(\boldsymbol{P}(i,j)\boldsymbol{A})^{-1} = \boldsymbol{A}\boldsymbol{A}^{-1}\boldsymbol{P}(i,j)^{-1} = \boldsymbol{P}(i,j)$.

6. 用初等变换方法求下列矩阵的逆矩阵.

(1) $\begin{bmatrix} 1 & 2 & 3 \\ 2 & 1 & 2 \\ 1 & 3 & 3 \end{bmatrix}$.　　(2) $\begin{bmatrix} a & b \\ c & d \end{bmatrix}(ad-bc=2)$.

(3) $\begin{bmatrix} 0 & 0 & 1 & -2 \\ 0 & 3 & 1 & 4 \\ 2 & 7 & 6 & -1 \\ 1 & 2 & 3 & -1 \end{bmatrix}$.　　(4) $\begin{bmatrix} 2 & 1 & 0 & 0 & 0 \\ 0 & 2 & 1 & 0 & 0 \\ 0 & 0 & 2 & 1 & 0 \\ 0 & 0 & 0 & 2 & 1 \\ 0 & 0 & 0 & 0 & 2 \end{bmatrix}$.

解 (1) 因 $[\boldsymbol{A},\boldsymbol{E}] \to \begin{bmatrix} 1 & 0 & 0 & -\frac{3}{4} & \frac{3}{4} & \frac{1}{4} \\ 0 & 1 & 0 & -1 & 0 & 1 \\ 0 & 0 & 1 & \frac{5}{4} & -\frac{1}{4} & -\frac{3}{4} \end{bmatrix}$, 故

$$\boldsymbol{A}^{-1} = \begin{bmatrix} -\frac{3}{4} & \frac{3}{4} & \frac{1}{4} \\ -1 & 0 & 1 \\ \frac{5}{4} & -\frac{1}{4} & -\frac{3}{4} \end{bmatrix}.$$

(2) 若 $a=0$, 则 $[\boldsymbol{A},\boldsymbol{E}] \to \begin{bmatrix} 1 & 0 & \frac{d}{2} & -\frac{b}{2} \\ 0 & 1 & -\frac{c}{2} & 0 \end{bmatrix}$. 若 $a \neq 0$, 则 $\boldsymbol{A}^{-1} = \frac{1}{2}\begin{bmatrix} d & -b \\ -c & a \end{bmatrix}$.

综上, $\boldsymbol{A}^{-1} = \frac{1}{2}\begin{bmatrix} d & -b \\ -c & a \end{bmatrix}$.

(3) 因 $[\boldsymbol{A},\boldsymbol{E}]\to\begin{bmatrix}1&&&&-\frac{32}{15}&-\frac{13}{15}&\frac{1}{5}&\frac{3}{5}\\&1&&&\frac{1}{15}&-\frac{1}{15}&\frac{2}{5}&-\frac{4}{5}\\&&1&&\frac{3}{5}&\frac{2}{5}&-\frac{2}{5}&\frac{4}{5}\\&&&1&-\frac{1}{5}&\frac{1}{5}&-\frac{1}{5}&\frac{2}{5}\end{bmatrix}$, 故

$$\boldsymbol{A}^{-1}=\begin{bmatrix}-\frac{32}{15}&-\frac{13}{15}&\frac{1}{5}&\frac{3}{5}\\\frac{1}{15}&-\frac{1}{15}&\frac{2}{5}&-\frac{4}{5}\\\frac{3}{5}&\frac{2}{5}&-\frac{2}{5}&\frac{4}{5}\\-\frac{1}{5}&\frac{1}{5}&-\frac{1}{5}&\frac{2}{5}\end{bmatrix}.$$

(4) 因 $[\boldsymbol{A},\boldsymbol{E}]\to\begin{bmatrix}1&&&&&\frac{1}{2}&-\frac{1}{4}&\frac{1}{8}&-\frac{1}{16}&\frac{1}{32}\\&1&&&&0&\frac{1}{2}&-\frac{1}{4}&\frac{1}{8}&-\frac{1}{16}\\&&1&&&0&0&\frac{1}{2}&-\frac{1}{4}&\frac{1}{8}\\&&&1&&0&0&0&\frac{1}{2}&-\frac{1}{4}\\&&&&1&0&0&0&0&\frac{1}{2}\end{bmatrix}$, 故

$$\boldsymbol{A}^{-1}=\begin{bmatrix}\frac{1}{2}&-\frac{1}{4}&\frac{1}{8}&-\frac{1}{16}&\frac{1}{32}\\0&\frac{1}{2}&-\frac{1}{4}&\frac{1}{8}&-\frac{1}{16}\\0&0&\frac{1}{2}&-\frac{1}{4}&\frac{1}{8}\\0&0&0&\frac{1}{2}&-\frac{1}{4}\\0&0&0&0&\frac{1}{2}\end{bmatrix}.$$

MATLAB 程序 2.28

```
(1)A1=sym([1,2,3;2,1,2;1,3,3]),inv(A1)
```

```
(2)syms a b c d,A2=[a,b;c,d],inv(A2)
(3)A3=sym([0,0,1,-2;0,3,1,4;2,7,6,-1;1,2,3,-1]),inv(A3)
(4)A4=sym([2,1,0,0,0;0,2,1,0,0;0,0,2,1,0;0,0,0,2,1;0,0,0,0,2]),inv(A4)
```

7. 解下列矩阵方程的矩阵 $\boldsymbol{X}$.

(1) $\begin{bmatrix} 2 & 5 \\ 1 & 3 \end{bmatrix}\boldsymbol{X} = \begin{bmatrix} 2 & -4 \\ 3 & 1 \end{bmatrix}$.　(2) $\boldsymbol{X}\begin{bmatrix} 1 & 1 & -1 \\ 0 & 2 & 3 \\ 1 & -1 & 0 \end{bmatrix} = \begin{bmatrix} 1 & -1 & 1 \\ 1 & 2 & 0 \\ 2 & 0 & 1 \end{bmatrix}$.

解　(1) 令 $\boldsymbol{A}=\begin{bmatrix} 2 & 5 \\ 1 & 3 \end{bmatrix}$, $\boldsymbol{B}=\begin{bmatrix} 2 & -4 \\ 3 & 1 \end{bmatrix}$, 因 $[\boldsymbol{A},\boldsymbol{B}] \rightarrow \begin{bmatrix} 1 & 0 & -9 & -17 \\ 0 & 1 & 4 & 6 \end{bmatrix}$, 故 $\boldsymbol{X} = \begin{bmatrix} -9 & -17 \\ 4 & 6 \end{bmatrix}$.

(2) 令 $\boldsymbol{A}=\begin{bmatrix} 1 & 1 & -1 \\ 0 & 2 & 3 \\ 1 & -1 & 0 \end{bmatrix}$, $\boldsymbol{B}=\begin{bmatrix} 1 & -1 & 1 \\ 1 & 2 & 0 \\ 2 & 0 & 1 \end{bmatrix}$, 因 $\begin{bmatrix} \boldsymbol{A} \\ \boldsymbol{B} \end{bmatrix} \rightarrow \begin{bmatrix} 1 & 0 & 0 \\ 0 & 1 & 0 \\ 0 & 0 & 1 \\ -\frac{1}{4} & \frac{1}{4} & \frac{5}{4} \\ \frac{9}{8} & \frac{3}{8} & -\frac{1}{8} \\ \frac{1}{2} & \frac{1}{2} & \frac{3}{2} \end{bmatrix}$,

故 $\boldsymbol{X} = \begin{bmatrix} -\frac{1}{4} & \frac{1}{4} & \frac{5}{4} \\ \frac{9}{8} & \frac{3}{8} & -\frac{1}{8} \\ \frac{1}{2} & \frac{1}{2} & \frac{3}{2} \end{bmatrix}$.

MATLAB 程序 2.29

```
(1)A1=[2,5; 1,3],b1=[2,-4;3,1],A1\b1
(2)A2=sym([1,1,-1;0,2,3;1,-1,0]),b2=[1,-1,1; 1,2,0; 2,0,1],b2/A2
```

8. 设 $\boldsymbol{A} = \begin{bmatrix} 1 & 1 & -1 \\ -1 & 1 & 1 \\ 1 & -1 & 1 \end{bmatrix}$, 矩阵 $\boldsymbol{X}$ 满足 $\boldsymbol{A}^*\boldsymbol{X} = \boldsymbol{A}^{-1} + 2\boldsymbol{X}$, 求 $\boldsymbol{X}$.

解　因 $\boldsymbol{A}\boldsymbol{A}^*=|\boldsymbol{A}|\boldsymbol{E}, |\boldsymbol{A}|=4$, 又因 $\boldsymbol{A}^*\boldsymbol{X}=\boldsymbol{A}^{-1}+2\boldsymbol{X}$, 故 $\boldsymbol{X}=(\boldsymbol{A}^*-2\boldsymbol{E})^{-1}\boldsymbol{A}^{-1}$

$$= (\boldsymbol{A}\boldsymbol{A}^* - 2\boldsymbol{A}\boldsymbol{E})^{-1} = (|\boldsymbol{A}|\,\boldsymbol{E} - 2\boldsymbol{A})^{-1} = \begin{bmatrix} 2 & -2 & 2 \\ 2 & 2 & -2 \\ -2 & 2 & 2 \end{bmatrix}^{-1}$$. 经过初等行变换解得 $\boldsymbol{X} = \begin{bmatrix} \frac{1}{4} & \frac{1}{4} & 0 \\ 0 & \frac{1}{4} & \frac{1}{4} \\ \frac{1}{4} & 0 & \frac{1}{4} \end{bmatrix}$.

MATLAB 程序 2.30

```
A=sym([1,1,-1;-1,1,1;1,-1,1]),inv(det(A)*eye(3)-2*A)
```

9. 设矩阵 $\boldsymbol{A}$ 的伴随矩阵 $\boldsymbol{A}^* = \begin{bmatrix} 1 & 0 & 0 & 0 \\ 0 & 1 & 0 & 0 \\ 1 & 0 & 1 & 0 \\ 0 & -3 & 0 & 8 \end{bmatrix}$, 并且 $\boldsymbol{A}\boldsymbol{B}\boldsymbol{A}^{-1} = \boldsymbol{B}\boldsymbol{A}^{-1} + 3\boldsymbol{E}$, 求 $\boldsymbol{B}$.

解　因 $\boldsymbol{A}^*\boldsymbol{A} = |\boldsymbol{A}|\,\boldsymbol{E}, |\boldsymbol{A}^*| = 8$, 故 $|\boldsymbol{A}| = |\boldsymbol{A}^*|^{\frac{1}{4-1}} = 2, \boldsymbol{A}^{-1} = |\boldsymbol{A}^*|^{-\frac{1}{4-1}}\boldsymbol{A}^*$. 又因 $\boldsymbol{A}\boldsymbol{B}\boldsymbol{A}^{-1} = \boldsymbol{B}\boldsymbol{A}^{-1} + 3\boldsymbol{E}$, 故

$$\boldsymbol{B} = 3(\boldsymbol{A} - \boldsymbol{E})^{-1}\boldsymbol{A} = 3(\boldsymbol{E} - \boldsymbol{A}^{-1})^{-1} = 3\left(\boldsymbol{E} - |\boldsymbol{A}^*|^{-\frac{1}{4-1}}\boldsymbol{A}^*\right)^{-1} = 6(2\boldsymbol{E} - \boldsymbol{A}^*)^{-1}.$$

经过初等行变换 $[2\boldsymbol{E} - \boldsymbol{A}^*, \boldsymbol{E}] \to \begin{bmatrix} 1 & 0 & 0 & 0 & 1 & 0 & 0 & 0 \\ 0 & 1 & 0 & 0 & 0 & 1 & 0 & 0 \\ 0 & 0 & 1 & 0 & 1 & 0 & 1 & 0 \\ 0 & 0 & 0 & 1 & 0 & \frac{1}{2} & 0 & -\frac{1}{6} \end{bmatrix}$, 故

$$\boldsymbol{B} = \begin{bmatrix} 6 & 0 & 0 & 0 \\ 0 & 6 & 0 & 0 \\ 6 & 0 & 6 & 0 \\ 0 & 3 & 0 & -1 \end{bmatrix}.$$

MATLAB 程序 2.31

```
Astar=[1,0,0,0;0,1,0,0;1,0,1,0;0,-3,0,8],6*inv(2*eye(4)-Astar)
```

10. 设 $\boldsymbol{A},\boldsymbol{B},\boldsymbol{C},\boldsymbol{D}$ 都是 n 阶方阵, $\boldsymbol{A}$ 可逆, $\boldsymbol{AC}=\boldsymbol{CA}$. 证明 $\begin{vmatrix} \boldsymbol{A} & \boldsymbol{B} \\ \boldsymbol{C} & \boldsymbol{D} \end{vmatrix} = |\boldsymbol{AD}-\boldsymbol{CB}|$.

证 利用分块初等矩阵得

$$\begin{aligned}\begin{vmatrix} \boldsymbol{A} & \boldsymbol{B} \\ \boldsymbol{C} & \boldsymbol{D} \end{vmatrix} &= \left|\begin{bmatrix} \boldsymbol{E} & \boldsymbol{O} \\ -\boldsymbol{CA}^{-1} & \boldsymbol{E} \end{bmatrix}\begin{bmatrix} \boldsymbol{A} & \boldsymbol{B} \\ \boldsymbol{C} & \boldsymbol{D} \end{bmatrix}\right| = \begin{vmatrix} \boldsymbol{A} & \boldsymbol{B} \\ \boldsymbol{O} & -\boldsymbol{CA}^{-1}\boldsymbol{B}+\boldsymbol{D} \end{vmatrix} \\ &= |\boldsymbol{A}||-\boldsymbol{CA}^{-1}\boldsymbol{B}+\boldsymbol{D}| = |\boldsymbol{A}\left(-\boldsymbol{CA}^{-1}\boldsymbol{B}+\boldsymbol{D}\right)| \\ &= |-\boldsymbol{ACA}^{-1}\boldsymbol{B}+\boldsymbol{AD}| = |\boldsymbol{AD}-\boldsymbol{CB}|.\end{aligned}$$

11. 设 $\boldsymbol{A},\boldsymbol{B}$ 皆为 n 阶方阵. 证明 $\begin{vmatrix} \boldsymbol{A} & \boldsymbol{B} \\ \boldsymbol{B} & \boldsymbol{A} \end{vmatrix} = |\boldsymbol{A}+\boldsymbol{B}||\boldsymbol{A}-\boldsymbol{B}|$.

证 利用分块初等矩阵和 Laplace 定理可得

$$\begin{aligned}\begin{vmatrix} \boldsymbol{A} & \boldsymbol{B} \\ \boldsymbol{B} & \boldsymbol{A} \end{vmatrix} &= \left|\begin{bmatrix} \boldsymbol{E} & \boldsymbol{O} \\ \boldsymbol{E} & \boldsymbol{E} \end{bmatrix}\begin{bmatrix} \boldsymbol{A} & \boldsymbol{B} \\ \boldsymbol{B} & \boldsymbol{A} \end{bmatrix}\begin{bmatrix} \boldsymbol{E} & \boldsymbol{O} \\ -\boldsymbol{E} & \boldsymbol{E} \end{bmatrix}\right| \\ &= \begin{vmatrix} \boldsymbol{A}-\boldsymbol{B} & \boldsymbol{B} \\ \boldsymbol{O} & \boldsymbol{A}+\boldsymbol{B} \end{vmatrix} \\ &= |\boldsymbol{A}+\boldsymbol{B}||\boldsymbol{A}-\boldsymbol{B}|.\end{aligned}$$

12. 设 $\boldsymbol{A},\boldsymbol{B}$ 分别是 $n\times m$ 和 $m\times n$ 矩阵, 证明 $\begin{vmatrix} \boldsymbol{E}_m & \boldsymbol{B} \\ \boldsymbol{A} & \boldsymbol{E}_n \end{vmatrix} = |\boldsymbol{E}_n-\boldsymbol{AB}| = |\boldsymbol{E}_m-\boldsymbol{BA}|$.

证 $\begin{vmatrix} \boldsymbol{E}_m & \boldsymbol{B} \\ \boldsymbol{A} & \boldsymbol{E}_n \end{vmatrix} = \left|\begin{bmatrix} \boldsymbol{E}_m & \boldsymbol{O} \\ -\boldsymbol{A} & \boldsymbol{E}_n \end{bmatrix}\begin{bmatrix} \boldsymbol{E}_m & \boldsymbol{B} \\ \boldsymbol{A} & \boldsymbol{E}_n \end{bmatrix}\right| = \begin{vmatrix} \boldsymbol{E}_m & \boldsymbol{B} \\ \boldsymbol{O} & \boldsymbol{E}_n-\boldsymbol{AB} \end{vmatrix} = |\boldsymbol{E}_n-\boldsymbol{AB}|$.

同理可证 $\begin{vmatrix} \boldsymbol{E}_m & \boldsymbol{B} \\ \boldsymbol{A} & \boldsymbol{E}_n \end{vmatrix} = |\boldsymbol{E}_m-\boldsymbol{BA}|$, 故 $\begin{vmatrix} \boldsymbol{E}_m & \boldsymbol{B} \\ \boldsymbol{A} & \boldsymbol{E}_n \end{vmatrix} = |\boldsymbol{E}_n-\boldsymbol{AB}| = |\boldsymbol{E}_m-\boldsymbol{BA}|$.

2.4.6 习题 2.6

1. 用初等行变换求下列矩阵的秩.

(1) $\begin{bmatrix} 1 & 2 & 3 \\ 2 & 3 & 1 \\ 3 & 1 & 2 \end{bmatrix}$. (2) $\begin{bmatrix} 3 & -1 & 0 \\ -2 & 1 & 1 \\ 2 & -1 & 4 \end{bmatrix}$.

(3) $\begin{bmatrix} 4 & -2 & 1 \\ 1 & 2 & -2 \\ -1 & 8 & -7 \\ 2 & 14 & -13 \end{bmatrix}$.　　(4) $\begin{bmatrix} 1 & 2 & 3 & 4 \\ 2 & 4 & 6 & 8 \\ 3 & 1 & 5 & 6 \end{bmatrix}$.

解 (1) 因 $\boldsymbol{A} = \begin{bmatrix} 1 & 2 & 3 \\ 2 & 3 & 1 \\ 3 & 1 & 2 \end{bmatrix} \to \begin{bmatrix} 1 & 2 & 3 \\ 0 & -1 & -5 \\ 0 & 0 & 12 \end{bmatrix}$, 故 $\text{rank}\boldsymbol{A} = 3$.

(2) 因 $\boldsymbol{A} = \begin{bmatrix} 3 & -1 & 0 \\ -2 & 1 & 1 \\ 2 & -1 & 4 \end{bmatrix} \to \begin{bmatrix} 3 & -1 & 0 \\ 0 & \frac{1}{3} & 1 \\ 0 & 0 & 5 \end{bmatrix}$, 故 $\text{rank}\boldsymbol{A} = 3$.

(3) 因 $\boldsymbol{A} = \begin{bmatrix} 4 & -2 & 1 \\ 1 & 2 & -2 \\ -1 & 8 & -7 \\ 2 & 14 & -13 \end{bmatrix} \to \begin{bmatrix} 4 & -2 & 1 \\ 0 & \frac{5}{2} & -\frac{9}{4} \\ 0 & 0 & 0 \\ 0 & 0 & 0 \end{bmatrix}$, 故 $\text{rank}\boldsymbol{A} = 2$.

(4) 因 $\boldsymbol{A} = \begin{bmatrix} 1 & 2 & 3 & 4 \\ 2 & 4 & 6 & 8 \\ 3 & 1 & 5 & 6 \end{bmatrix} \to \begin{bmatrix} 1 & 2 & 3 & 4 \\ 0 & -5 & -4 & -6 \\ 0 & 0 & 0 & 0 \end{bmatrix}$, 故 $\text{rank}\boldsymbol{A} = 2$.

MATLAB 程序 2.32

```
(1)A1=[1,2,3;2,3,1;3,1,2],RowEchelon(A1),rank(A1)
(2)A2=[3,-1,0;-2,1,1;2,-1,4],RowEchelon(A2),rank(A2)
(3)A3=[4,-2,1;1,2,-2;-1,8,-7;2,14,-13],RowEchelon(A3),rank(A3)
(4)A4=[1,2,3,4;2,4,6,8;3,1,5,6],RowEchelon(A4),rank(A4)
```

2. 试确定参数 τ, λ 使矩阵 $\begin{bmatrix} 1 & \tau & -1 & 2 \\ 2 & -1 & \lambda & 5 \\ 1 & 10 & -6 & 1 \end{bmatrix}$ 的秩达到最小?

解 因经过初等行变换

$$\boldsymbol{A} = \begin{bmatrix} 1 & \tau & -1 & 2 \\ 2 & -1 & \lambda & 5 \\ 1 & 10 & -6 & 1 \end{bmatrix} \to \begin{bmatrix} 1 & \tau & -1 & 2 \\ 0 & -1-2\tau & \lambda+2 & 1 \\ 0 & 10-\tau & -5 & -1 \end{bmatrix},$$

故当最后两行对应成比例时, 秩达到最小, 即 $10-\tau = (-1)(-1-2\tau), -5 = (-1)(\lambda+2)$. 最后得 $\lambda = \tau = 3$.

MATLAB 程序 2.33

```
syms t l,A=[1,t,-1,2;2,-1,1,5;1,10,-6,1],A=RowEchelon(A)
[t,l]=solve(det(A(1:3,1:3))==0,det(A(1:3,[1,2,4]))==0,[t,l])
```

3. 设 $\boldsymbol{A}$ 是 4×3 矩阵, $\mathrm{rank}\boldsymbol{A}=2$, $\boldsymbol{B}=\begin{bmatrix}1&0&2\\0&2&0\\-1&0&3\end{bmatrix}$, 求 $\mathrm{rank}\boldsymbol{AB}$.

解 因 $\boldsymbol{B}\to\begin{bmatrix}1&0&2\\0&2&0\\0&0&5\end{bmatrix}$, 故 $\mathrm{rank}\boldsymbol{B}=3$, 于是 $\boldsymbol{B}$ 可逆, 故 $\mathrm{rank}\boldsymbol{AB}=\mathrm{rank}\boldsymbol{A}=2$.

MATLAB 程序 2.34

```
B=[1,0,2;0,2,0;-1,0,3],rank(B)
```

4. 设 $n(n\geqslant 3)$ 阶方阵 $\boldsymbol{A}=\begin{bmatrix}1&a&\cdots&a\\a&1&\cdots&a\\\vdots&\vdots&&\vdots\\a&a&\cdots&1\end{bmatrix}$ 的秩为 $n-1$, 求 a.

解 $\boldsymbol{A}$ 不可逆, 故 $|\boldsymbol{A}|=0$, 故

$$0=|\boldsymbol{A}|\xlongequal{r_i-r_1}\begin{vmatrix}1&a&\cdots&a\\a-1&1-a&\cdots&0\\\vdots&\vdots&&\vdots\\a-1&0&\cdots&1-a\end{vmatrix}\xlongequal{c_1+c_i}\begin{vmatrix}(n-1)a+1&a&\cdots&a\\0&1-a&\cdots&0\\\vdots&\vdots&&\vdots\\0&0&\cdots&1-a\end{vmatrix}$$
$$=(1-a)^{n-1}\left((n-1)a+1\right).$$

故 $a=1$ 或者 $a=-(n-1)^{-1}$.

若 $a=1$, 则 $\mathrm{rank}\boldsymbol{A}=1$, 矛盾. 若 $a=-(n-1)^{-1}$, 则 $\mathrm{rank}\boldsymbol{A}=n-1$.

综上, $a=-(n-1)^{-1}$.

MATLAB 程序 2.35

```
syms a,for n=2:6,A=(1-a)*eye(n)+a*ones(n),solve(det(A)),end
```

5. 已知 $\boldsymbol{Q}=\begin{bmatrix}1&2&3\\2&4&t\\3&6&9\end{bmatrix}$, $\boldsymbol{P}$ 为三阶非零矩阵, $\boldsymbol{PQ}=\boldsymbol{O}$, 则下列结论一定成

立的是 (　).

(A) $t=6$ 时, $\text{rank}\boldsymbol{P}=1$.　　(B) $t=6$ 时, $\text{rank}\boldsymbol{P}=2$.

(C) $t\neq 6$ 时, $\text{rank}\boldsymbol{P}=1$.　　(D) $t\neq 6$ 时, $\text{rank}\boldsymbol{P}=2$.

解　答案: (C).

若 $t=6$, 则 $\text{rank}\boldsymbol{Q}=1$, $\text{rank}\boldsymbol{P}$ 可能为 1 或者 2.

若 $t\neq 6$, 则 $\text{rank}\boldsymbol{Q}=2, \text{rank}\boldsymbol{P}+\text{rank}\boldsymbol{Q}-3\leqslant \text{rank}(\boldsymbol{PQ})=0$, 故 $\text{rank}\boldsymbol{P}\leqslant 1$, 选 (C).

MATLAB 程序 2.36

```
syms t,A=[1,2,3;2,4,t;3,6,9],t=solve(det(A(1:2,2:3)))
```

6. 设 $\boldsymbol{A}$ 为 $n(n>1)$ 阶方阵, 证明: $\text{rank}\boldsymbol{A}^*=\begin{cases} n, & \text{rank}\boldsymbol{A}=n, \\ 1, & \text{rank}\boldsymbol{A}=n-1, \\ 0, & \text{rank}\boldsymbol{A}<n-1. \end{cases}$

证　(1) 若 $\text{rank}\boldsymbol{A}=n$, 则 $|\boldsymbol{A}|\neq 0$, 故 $|\boldsymbol{A}^*|=|\boldsymbol{A}|^{n-1}\neq 0$, 故 $\text{rank}\boldsymbol{A}^*=n$.

(2) 若 $\text{rank}\boldsymbol{A}=n-1$, 则 $\boldsymbol{A}$ 有非零 $n-1$ 阶子式, 即 $\boldsymbol{A}^*$ 为非零矩阵, 故 $\text{rank}\boldsymbol{A}^*\geqslant 1$. 因 $\boldsymbol{AA}^*=|\boldsymbol{A}|\boldsymbol{E}=\boldsymbol{O}$, 故 $\text{rank}\boldsymbol{A}+\text{rank}\boldsymbol{A}^*-n\leqslant 0$, 故 $\text{rank}\boldsymbol{A}^*\leqslant 1$. 综上, $\text{rank}\boldsymbol{A}^*=1$.

(3) 若 $\text{rank}\boldsymbol{A}<n-1$, 则 $\boldsymbol{A}$ 的所有 $n-1$ 阶子式均等于 0, 故由伴随矩阵的定义可知 $\boldsymbol{A}^*=\boldsymbol{O}$, 故 $\text{rank}\boldsymbol{A}^*=0$.

7. 证明分块矩阵的秩有下列性质.

(1) $\text{rank}\begin{bmatrix} \boldsymbol{A} & \boldsymbol{B} \\ \boldsymbol{C} & \boldsymbol{D} \end{bmatrix}\geqslant \text{rank}\boldsymbol{A}$, $\text{rank}\begin{bmatrix} \boldsymbol{A} & \boldsymbol{B} \\ \boldsymbol{C} & \boldsymbol{O} \end{bmatrix}\geqslant \text{rank}\begin{bmatrix} \boldsymbol{O} & \boldsymbol{B} \\ \boldsymbol{C} & \boldsymbol{O} \end{bmatrix}$.

(2) $\text{rank}\begin{bmatrix} \boldsymbol{A} & \boldsymbol{O} \\ \boldsymbol{O} & \boldsymbol{B} \end{bmatrix}=\text{rank}\boldsymbol{A}+\text{rank}\boldsymbol{B}$, $\text{rank}\begin{bmatrix} \boldsymbol{O} & \boldsymbol{A} \\ \boldsymbol{B} & \boldsymbol{O} \end{bmatrix}=\text{rank}\boldsymbol{A}+\text{rank}\boldsymbol{B}$.

证　(1) 因 $\boldsymbol{A}$ 的最高阶非零子式一定是 $\begin{bmatrix} \boldsymbol{A} & \boldsymbol{B} \\ \boldsymbol{C} & \boldsymbol{D} \end{bmatrix}$ 的子式, 故 $\text{rank}\begin{bmatrix} \boldsymbol{A} & \boldsymbol{B} \\ \boldsymbol{C} & \boldsymbol{D} \end{bmatrix}\geqslant \text{rank}\boldsymbol{A}$. 取 $\begin{bmatrix} \boldsymbol{O} & \boldsymbol{B} \\ \boldsymbol{C} & \boldsymbol{O} \end{bmatrix}$ 的最高阶非零子式 $\begin{vmatrix} \boldsymbol{O} & \boldsymbol{B}_1 \\ \boldsymbol{C}_1 & \boldsymbol{O} \end{vmatrix}$, 则 $|\boldsymbol{B}_1|$ 是 $\boldsymbol{B}$ 的非零子式, $|\boldsymbol{C}_1|$ 是 $\boldsymbol{C}$ 的非零子式, 故 $\begin{bmatrix} \boldsymbol{A} & \boldsymbol{B} \\ \boldsymbol{C} & \boldsymbol{O} \end{bmatrix}$ 中一定存在非零子式 $\begin{vmatrix} * & \boldsymbol{B}_1 \\ \boldsymbol{C}_1 & \boldsymbol{O} \end{vmatrix}$, 故 $\text{rank}\begin{bmatrix} \boldsymbol{A} & \boldsymbol{B} \\ \boldsymbol{C} & \boldsymbol{O} \end{bmatrix}\geqslant \text{rank}\begin{bmatrix} \boldsymbol{O} & \boldsymbol{B} \\ \boldsymbol{C} & \boldsymbol{O} \end{bmatrix}$.

(2) 取 $\boldsymbol{A}$ 的最高阶非零子式 $|\boldsymbol{A}_1|$, $\boldsymbol{B}$ 的最高阶非零子式 $|\boldsymbol{B}_1|$, 则易知 $\begin{vmatrix} \boldsymbol{A}_1 & \boldsymbol{O} \\ \boldsymbol{O} & \boldsymbol{B}_1 \end{vmatrix}$

是 $\begin{bmatrix} \boldsymbol{A} & \boldsymbol{O} \\ \boldsymbol{O} & \boldsymbol{B} \end{bmatrix}$ 的非零子式, 故

$$\text{rank}\begin{bmatrix} \boldsymbol{A} & \boldsymbol{O} \\ \boldsymbol{O} & \boldsymbol{B} \end{bmatrix} \geqslant \text{rank}\boldsymbol{A} + \text{rank}\boldsymbol{B}. \tag{2.10}$$

取 $\begin{bmatrix} \boldsymbol{A} & \boldsymbol{O} \\ \boldsymbol{O} & \boldsymbol{B} \end{bmatrix}$ 的最高阶非零子式 $\begin{vmatrix} \boldsymbol{A}_1 & \boldsymbol{O} \\ \boldsymbol{O} & \boldsymbol{B}_1 \end{vmatrix}$, 则 $|\boldsymbol{A}_1|$ 是 $\boldsymbol{A}$ 的非零子式, $|\boldsymbol{B}_1|$ 是 $\boldsymbol{B}$ 的非零子式, 故

$$\text{rank}\begin{bmatrix} \boldsymbol{A} & \boldsymbol{O} \\ \boldsymbol{O} & \boldsymbol{B} \end{bmatrix} = \text{rank}\begin{bmatrix} \boldsymbol{A}_1 & \boldsymbol{O} \\ \boldsymbol{O} & \boldsymbol{B}_2 \end{bmatrix} \leqslant \text{rank}\boldsymbol{A} + \text{rank}\boldsymbol{B}. \tag{2.11}$$

由式 (2.10) 和 (2.11) 可知 $\text{rank}\begin{bmatrix} \boldsymbol{A} & \boldsymbol{O} \\ \boldsymbol{O} & \boldsymbol{B} \end{bmatrix} = \text{rank}\boldsymbol{A} + \text{rank}\boldsymbol{B}$. 同理 $\text{rank}\begin{bmatrix} \boldsymbol{O} & \boldsymbol{A} \\ \boldsymbol{B} & \boldsymbol{O} \end{bmatrix} = \text{rank}\boldsymbol{A} + \text{rank}\boldsymbol{B}$.

8. 设 n 阶方阵 $\boldsymbol{A}$ 满足 $\boldsymbol{A}^2 - 3\boldsymbol{A} + 2\boldsymbol{E} = \boldsymbol{O}$, 证明 $\text{rank}(\boldsymbol{A} - 2\boldsymbol{E}) + \text{rank}(\boldsymbol{A} - \boldsymbol{E}) = n$.

证 (1) 因 $\text{rank}(\boldsymbol{A} - 2\boldsymbol{E}) + \text{rank}(\boldsymbol{A} - \boldsymbol{E}) - n \leqslant \text{rank}(\boldsymbol{A} - 2\boldsymbol{E})(\boldsymbol{A} - \boldsymbol{E}) = 0$, 故 $\text{rank}(\boldsymbol{A} - 2\boldsymbol{E}) + \text{rank}(\boldsymbol{A} - \boldsymbol{E}) \leqslant n$.

(2) $\text{rank}(\boldsymbol{A} - 2\boldsymbol{E}) + \text{rank}(\boldsymbol{A} - \boldsymbol{E}) = \text{rank}(-\boldsymbol{A} + 2\boldsymbol{E}) + \text{rank}(\boldsymbol{A} - \boldsymbol{E}) \geqslant \text{rank}((2\boldsymbol{E} - \boldsymbol{A}) + (\boldsymbol{A} - \boldsymbol{E})) = \text{rank}\boldsymbol{E} = n$,

综合 (1) 和 (2) 知命题成立.

备注 上述命题的逆命题也成立: 若 $\text{rank}(\boldsymbol{A} - 2\boldsymbol{E}) + \text{rank}(\boldsymbol{A} - \boldsymbol{E}) = n$, 则 $\boldsymbol{A}^2 - 3\boldsymbol{A} + 2\boldsymbol{E} = \boldsymbol{O}$, 见 4.3.4 节.

9. 设矩阵 $\boldsymbol{A}, \boldsymbol{B}, \boldsymbol{C}$ 满足关系 $\boldsymbol{A} = \boldsymbol{BC}$ 且 $\boldsymbol{B}$ 是列满秩的. 证明 $\boldsymbol{A}$ 列满秩当且仅当 $\boldsymbol{C}$ 列满秩 (提示: 利用定理 2.6).

证 设 $\boldsymbol{A}_{m\times n}, \boldsymbol{B}_{m\times p}, \boldsymbol{C}_{p\times n}$. 若 $\boldsymbol{B}$ 是列满秩的, 即 $\text{rank}\boldsymbol{B} = p$, 则由 $\text{rank}\boldsymbol{B} + \text{rank}\boldsymbol{C} - p \leqslant \text{rank}\boldsymbol{BC}$ 得 $\text{rank}\boldsymbol{C} \leqslant \text{rank}\boldsymbol{BC}$, 又由 $\text{rank}\boldsymbol{BC} \leqslant \text{rank}\boldsymbol{C}$, 得 $\text{rank}\boldsymbol{A} = \text{rank}\boldsymbol{BC} = \text{rank}\boldsymbol{C}$. 注意到 $\boldsymbol{A}, \boldsymbol{C}$ 列数相同, 故 $\boldsymbol{A}$ 列满秩当且仅当 $\boldsymbol{C}$ 列满秩.

备注 本题实质上就是习题 3.5 的第 13 题.

2.4.7 习题 2.7

1. 求下列线性方程组的一般解.

(1) $\begin{cases} x_1 - x_2 + 5x_3 - x_4 = 0, \\ x_1 + x_2 - 2x_3 + 3x_4 = 0, \\ 3x_1 - x_2 + 8x_3 + x_4 = 0, \\ x_1 + 3x_2 - 9x_3 + 7x_4 = 0. \end{cases}$ (2) $\begin{cases} x_1 - x_3 + x_5 = 0, \\ x_2 - x_4 + x_6 = 0, \\ x_1 - x_2 + x_5 - x_6 = 0, \\ x_2 - x_3 + x_5 = 0, \\ x_1 - x_4 + x_5 = 0. \end{cases}$

(3) $x_1+2x_2+3x_3+\cdots+nx_n=0.$

(4) $\begin{cases} x_1+3x_2+5x_3-4x_4=1, \\ x_1+3x_2+2x_3-2x_4+x_5=-1, \\ x_1-2x_2+x_3-x_4-x_5=3, \\ x_1-4x_2+x_3+x_4-x_5=3, \\ x_1+2x_2+x_3-x_4+x_5=-1. \end{cases}$　(5) $\begin{cases} x_1+2x_2+3x_3-x_4=1, \\ 3x_1+2x_2+x_3-x_4=1, \\ 2x_1+3x_2+x_3+x_4=1, \\ 2x_1+2x_2+2x_3-x_4=1, \\ 5x_1+5x_2+2x_3=2. \end{cases}$

解　(1) 因 $\boldsymbol{A}=\begin{bmatrix} 1 & -1 & 5 & -1 \\ 1 & 1 & -2 & 3 \\ 3 & -1 & 8 & 1 \\ 1 & 3 & -9 & 7 \end{bmatrix} \to \begin{bmatrix} 1 & 0 & \frac{3}{2} & 1 \\ 0 & 1 & \frac{-7}{2} & 2 \\ 0 & 0 & 0 & 0 \\ 0 & 0 & 0 & 0 \end{bmatrix}$, 故原方程组等价于

$$\begin{cases} x_1=\frac{-3}{2}x_3-1x_4, \\ x_2=\frac{7}{2}x_3-2x_4, \\ x_3=1x_3+0x_4, \\ x_4=0x_3+1x_4, \end{cases}$$

方程组解为 $\boldsymbol{x}=k\begin{bmatrix} \frac{-3}{2} \\ \frac{7}{2} \\ 1 \\ 0 \end{bmatrix}+l\begin{bmatrix} -1 \\ -2 \\ 0 \\ 1 \end{bmatrix}, k,l\in\mathbb{R}.$

(2) 因 $\boldsymbol{A}=\begin{bmatrix} 1 & 0 & -1 & 0 & 1 & 0 \\ 0 & 1 & 0 & -1 & 0 & 1 \\ 1 & -1 & 0 & 0 & 1 & -1 \\ 0 & 1 & -1 & 0 & 1 & 0 \\ 1 & 0 & 0 & -1 & 1 & 0 \end{bmatrix} \to \begin{bmatrix} 1 & 0 & 0 & -1 & 0 & 1 \\ 0 & 1 & 0 & -1 & 0 & 1 \\ 0 & 0 & 1 & -1 & 0 & 0 \\ 0 & 0 & 0 & 0 & 1 & -1 \\ 0 & 0 & 0 & 0 & 0 & 0 \end{bmatrix}$, 故原方程组等价于

$$\begin{cases} x_1 = 1x_4 - 1x_6, \\ x_2 = 1x_4 - 1x_6, \\ x_3 = 1x_4 - 0x_6, \\ x_4 = 1x_4 - 0x_6, \\ x_5 = 0x_4 + 1x_6, \\ x_6 = 0x_4 + 1x_6, \end{cases}$$

方程组解为 $\boldsymbol{x} = k\begin{bmatrix} 1 \\ 1 \\ 1 \\ 1 \\ 0 \\ 0 \end{bmatrix} + l\begin{bmatrix} -1 \\ -1 \\ 0 \\ 0 \\ 1 \\ 1 \end{bmatrix}, k, l \in \mathbb{R}.$

(3) 因 $\boldsymbol{A} = [\ 1, 2, \cdots, n\ ] \to [\ 1 \quad 2 \quad \cdots \quad n\ ]$, 故原方程组等价于

$$\begin{cases} x_1 = -2x_2 - 3x_3 - \cdots - nx_n, \\ x_2 = 1x_2 + 0x_3 + \cdots + 0x_n, \\ x_3 = 0x_2 + 1x_3 + \cdots + 0x_n, \\ \qquad \cdots\cdots \\ x_n = 0x_2 + 0x_3 + \cdots + 1x_n, \end{cases}$$

方程组解为 $\boldsymbol{x} = l_2\begin{bmatrix} -2 \\ 1 \\ 0 \\ \vdots \\ 0 \end{bmatrix} + \cdots + l_n\begin{bmatrix} -n \\ 0 \\ 0 \\ \vdots \\ 1 \end{bmatrix}, \ l_i \in \mathbb{R}, i = 2, 3, \cdots, n.$

(4) 因 $[\boldsymbol{A}, \boldsymbol{b}] = \begin{bmatrix} 1 & 3 & 5 & -4 & 0 & 1 \\ 1 & 3 & 2 & -2 & 1 & -1 \\ 1 & -2 & 1 & -1 & -1 & 3 \\ 1 & -4 & 1 & 1 & -1 & 3 \\ 1 & 2 & 1 & -1 & 1 & -1 \end{bmatrix} \to \begin{bmatrix} 1 & 0 & 0 & 0 & \dfrac{1}{2} & 0 \\ 0 & 1 & 0 & 0 & \dfrac{1}{2} & -1 \\ 0 & 0 & 1 & 0 & 0 & 0 \\ 0 & 0 & 0 & 1 & \dfrac{1}{2} & -1 \\ 0 & 0 & 0 & 0 & 0 & 0 \end{bmatrix}$, 故

方程有解, 原方程组等价于

$$\begin{cases} x_1 = 0 - \dfrac{1}{2}x_5, \\ x_2 = -1 - \dfrac{1}{2}x_5, \\ x_3 = 0+0x_5, \\ x_4 = -1 - \dfrac{1}{2}x_5, \\ x_5 = 0+1x_5, \end{cases}$$

方程组的解为 $\boldsymbol{x} = \begin{bmatrix} 0 \\ -1 \\ 0 \\ -1 \\ 0 \end{bmatrix} + k \begin{bmatrix} \dfrac{-1}{2} \\ \dfrac{-1}{2} \\ 0 \\ \dfrac{-1}{2} \\ 1 \end{bmatrix}, k \in \mathbb{R}.$

(5) 因 $[\boldsymbol{A}, \boldsymbol{b}] = \begin{bmatrix} 1 & 2 & 3 & -1 & 1 \\ 3 & 2 & 1 & -1 & 1 \\ 2 & 3 & 1 & 1 & 1 \\ 2 & 2 & 2 & -1 & 1 \\ 5 & 5 & 2 & 0 & 2 \end{bmatrix} \to \begin{bmatrix} 1 & 0 & 0 & \dfrac{-5}{6} & \dfrac{1}{6} \\ 0 & 1 & 0 & \dfrac{7}{6} & \dfrac{1}{6} \\ 0 & 0 & 1 & \dfrac{-5}{6} & \dfrac{1}{6} \\ 0 & 0 & 0 & 0 & 0 \\ 0 & 0 & 0 & 0 & 0 \end{bmatrix}$, 故方程组有解, 原方程组等价于

$$\begin{cases} x_1 = \dfrac{1}{6}+\dfrac{5}{6}x_4, \\ x_2 = \dfrac{1}{6}-\dfrac{7}{6}x_4, \\ x_3 = \dfrac{1}{6}+\dfrac{5}{6}x_4, \\ x_4 = 0+1x_4, \end{cases}$$

方程组的解为 $\boldsymbol{x} = \begin{bmatrix} \dfrac{1}{6} \\ \dfrac{1}{6} \\ \dfrac{1}{6} \\ 0 \end{bmatrix} + k \begin{bmatrix} \dfrac{5}{6} \\ -\dfrac{7}{6} \\ \dfrac{5}{6} \\ 1 \end{bmatrix}, k \in \mathbb{R}.$

MATLAB 程序 2.37

```
(1)A1=sym([1,-1,5,-1;1,1,-2,3;3,-1,8,1;1,3,-9,7]),rref(A1),null(A1)
(2)A2=sym([1,0,-1,0,1,0;0,1,0,-1,0,1;1,-1,0,0,1,-1;
 0,1,-1,0,1,0;1,0,0,-1,1,0]),rref(A2),null(A2)
(3)for i=1:5,A3=sym([1:i]),null(A3),end
(4)A4=sym([1,3,5,-4,0;1,3,2,-2,1;1,-2,1,-1,-1;1,-4,1,1,-1;...
1,2,1,-1,1]),b4=[1;-1;3;3;-1],rref([A4,b4]),null(A4),A4\b4
(5)A5=sym([1,2,3,-1;3,2,1,-1;2,3,1,1;2,2,2,-1;5,5,2,0])
b5=[1;1;1;1;2],rref([A5,b5]),null(A5),A5\b5
```

2. 证明: 方程组 $\begin{cases} a_{11}x_1+a_{12}x_2+\cdots+a_{1n}x_n=b_1, \\ a_{21}x_1+a_{22}x_2+\cdots+a_{2n}x_n=b_2, \\ \cdots\cdots \\ a_{n1}x_1+a_{n2}x_2+\cdots+a_{nn}x_n=b_n \end{cases}$ 对任何 $b_1,b_2,\cdots,b_n$ 都有解的充要条件是方程组的系数行列式不为零.

证 必要性: 反证法, 若系数行列式等于零, 则系数矩阵不可逆, 于是 $\boldsymbol{A}$ 的最简行阶梯形中的非零行的个数小于 n, 不妨等于 $n-1$, 且变换 $\boldsymbol{P}=\boldsymbol{P}_1\boldsymbol{P}_2\cdots\boldsymbol{P}_k$ 使得 $\boldsymbol{PA}=\begin{pmatrix} \boldsymbol{E}_{n-1} & * \\ \boldsymbol{0} & 0 \end{pmatrix}$. 此时, 只要 $\boldsymbol{Pb}=\begin{pmatrix} \boldsymbol{0}_{(n-1)\times 1} \\ 1 \end{pmatrix}$, 即取 $\boldsymbol{b}=\boldsymbol{P}^{-1}\begin{pmatrix} \boldsymbol{0}_{(n-1)\times 1} \\ 1 \end{pmatrix}$, 则 $\boldsymbol{P}[\boldsymbol{A},\boldsymbol{b}]=\begin{pmatrix} \boldsymbol{E}_{n-1} & * & \boldsymbol{0} \\ \boldsymbol{0} & 0 & 1 \end{pmatrix}$, 这意味着 $\text{rank}[\boldsymbol{A},\boldsymbol{b}]>\text{rank}\boldsymbol{A}$, 方程没有解, 矛盾, 故系数行列式不等于零.

充分性: 若方程组的系数行列式不等于零, 则对应的系数矩阵可逆, 于是 $\boldsymbol{A}^{-1}\boldsymbol{b}$ 就是方程组的解.

3. 求解矩阵方程.

(1) $\begin{bmatrix} 2 & 3 \\ 0 & -2 \\ -1 & 1 \\ 3 & -1 \end{bmatrix}\boldsymbol{X}=\begin{bmatrix} -5 & 4 \\ 6 & -4 \\ -5 & 3 \\ 9 & -5 \end{bmatrix}$. (2) $\begin{bmatrix} -5 & 4 \\ 6 & -4 \\ -5 & 3 \\ 9 & -5 \end{bmatrix}\boldsymbol{X}=\begin{bmatrix} 2 & 3 \\ 0 & -2 \\ -1 & 1 \\ 3 & -1 \end{bmatrix}$.

解 (1) 经初等行变换

$$[\boldsymbol{A},\boldsymbol{B}]=\begin{bmatrix} 2 & 3 & -5 & 4 \\ 0 & -2 & 6 & -4 \\ -1 & 1 & -5 & 3 \\ 3 & -1 & 9 & -5 \end{bmatrix}\to\begin{bmatrix} 1 & 0 & 2 & -1 \\ 0 & 1 & -3 & 2 \\ 0 & 0 & 0 & 0 \\ 0 & 0 & 0 & 0 \end{bmatrix},$$

因 $\mathrm{rank}[\boldsymbol{A},\boldsymbol{B}]=\mathrm{rank}\boldsymbol{A}=2$, 故方程有唯一解 $\boldsymbol{X}=\begin{bmatrix}2&-1\\-3&2\end{bmatrix}$.

(2) 经初等行变换 $[\boldsymbol{A},\boldsymbol{B}]=\begin{bmatrix}-5&4&2&3\\6&-4&0&-2\\-5&3&-1&1\\9&-5&3&-1\end{bmatrix}\to\begin{bmatrix}1&0&2&1\\0&1&3&2\\0&0&0&0\\0&0&0&0\end{bmatrix}$, 因 $\mathrm{rank}[\boldsymbol{A},\boldsymbol{B}]=\mathrm{rank}\boldsymbol{A}=2$, 故方程有唯一解 $\boldsymbol{X}=\begin{bmatrix}2&1\\3&2\end{bmatrix}$.

MATLAB 程序 2.38

```
(1)A1=[2,3;0,-2;-1,1;3,-1],b1=[-5,4;6,-4;-5,3;9,-5],
rref([A1,b1]),null(A1),A1\b1
(2)A2=[-5,4;6,-4;-5,3;9,-5],b2=[2,3;0,-2;-1,1;3,-1],
rref([A2,b2]),null(A2),A2\b2
```

第3章 向量与线性空间

学习目标与要求

*1. 了解空间直角坐标系的相关概念.

*2. 理解向量的加法运算、数乘运算的定义和性质.

*3. 掌握向量的标量积、向量积和混合积的定义、性质与几何意义.

*4. 掌握平面的点法式方程、三点式方程、截距式方程和一般式方程. 掌握直线的参数式方程、点向式方程和一般方程. 掌握平面与平面的夹角公式、直线与平面的夹角公式、直线与直线的夹角公式和点到平面的距离公式.

5. 掌握 n 维向量的加法、数乘运算. 掌握线性组合、线性相 (无) 关、极大线性无关组和向量组的秩. 理解线性相关的性质、定理和推论. 理解线性相关性和线性方程组的关系. 理解初等行变换不改变矩阵列向量组的相关性和线性组合关系. 理解矩阵的秩等于行 (列) 向量组的秩. 掌握初等行变换法, 用于: 判断线性表示、判断线性相关性、求解向量组的极大线性无关组和求解矩阵的秩.

6. 掌握向量空间、基、维数、坐标、过渡矩阵的定义. 理解坐标变换公式.

7. 掌握线性方程组的有解判别定理. 掌握非齐次线性方程组和导出方程组解的结构. 掌握初等行变换法求解线性方程组的步骤.

8. 掌握内积的定义. 理解相关的性质. 掌握正交矩阵的定义. 理解 Gram-Schmidt 正交化的过程.

9. 理解线性空间和线性子空间的定义. 了解线性空间的基、维数和坐标的定义. 掌握过渡矩阵的定义和基变换后的坐标公式. 理解线性变换的矩阵表示. 掌握基变换后的矩阵表示公式.

3.1 内容梗概

*3.1.1 空间直角坐标系

从空间中某一定点 O 引三条互相垂直的数轴, 它们都以定点 O 为原点. 这三条轴分别称为 Ox 轴 (x 轴, **横轴**)、Oy 轴 (y 轴, **纵轴**) 和 Oz 轴 (z 轴, **竖轴**), 统称为**坐标轴**. 若三条坐标轴建立的空间直角坐标系满足右手规则, 则称之为**右手系**. 三条坐标轴两两决定一个平面, 这样定出的三个平面 xOy, yOz 及 zOx 称为**坐标平面**. 这三个平面把空间分成八个部分, 每一部分称为一个**卦限**. 这八个卦限记

为 Ⅰ $(+,+,+)$, Ⅱ $(-,+,+)$, Ⅲ $(-,-,+)$, Ⅳ $(+,-,+)$, Ⅴ $(+,+,-)$, Ⅵ $(-,+,-)$, Ⅶ $(-,-,-)$, Ⅷ $(+,-,-)$.

*3.1.2　向量与向量的线性运算

既有大小又有方向的量称为**向量**(**矢量**). 称下式为向量 $\boldsymbol{a}(x,y,z)$ 的**大小**(**长度/模/范数**):

$$\|\boldsymbol{a}\| = \sqrt{x^2+y^2+z^2}. \tag{3.1}$$

$\boldsymbol{e} = (x/\|\boldsymbol{a}\|, y/\|\boldsymbol{a}\|, z/\|\boldsymbol{a}\|)$ 为向量 $\boldsymbol{a}(x,y,z)$ 的**方向**. 大小等于零的矢量称为**零矢量**, 记为 $\mathbf{0}$. 称下式为 $\boldsymbol{a}=(x_1,y_1,z_1)$ 和 $\boldsymbol{b}=(x_2,y_2,z_2)$ 的**和**(**加法**):

$$\boldsymbol{c} = (x_1+x_2, y_1+y_2, z_1+z_2). \tag{3.2}$$

大小等于 1 的向量称为**单位向量**, 记为 $\boldsymbol{e}$. 最常见的单位向量有 $\boldsymbol{e}_1=(1,0,0)$, $\boldsymbol{e}_2=(0,1,0), \boldsymbol{e}_3=(0,0,1)$, 分别记作 $\boldsymbol{i},\boldsymbol{j},\boldsymbol{k}$. 显然任意向量可以表示为 $\boldsymbol{a}=x\boldsymbol{i}+y\boldsymbol{j}+z\boldsymbol{k}$, 对应的**坐标**为 (x,y,z).

向量加法满足:

(1) 交换律: 对于任意向量 $\boldsymbol{a},\boldsymbol{b}$, 有 $\boldsymbol{a}+\boldsymbol{b}=\boldsymbol{b}+\boldsymbol{a}$.

(2) 结合律: 对于任意向量 $\boldsymbol{a},\boldsymbol{b},\boldsymbol{c}$, 有 $(\boldsymbol{a}+\boldsymbol{b})+\boldsymbol{c}=\boldsymbol{a}+(\boldsymbol{b}+\boldsymbol{c})$.

(3) 存在零向量: 对于任意向量 $\boldsymbol{a}$, 有 $\boldsymbol{a}+\mathbf{0}=\mathbf{0}+\boldsymbol{a}=\boldsymbol{a}$.

(4) 存在负向量: 对于任意向量 $\boldsymbol{a}$, 存在负向量 $-\boldsymbol{a}$ 使得 $\boldsymbol{a}+(-\boldsymbol{a})=\mathbf{0}$.

称 $\lambda\boldsymbol{a}$ 为数字 λ 和向量 $\boldsymbol{a}$ 的**数量积/数量乘法**. 对于任意向量 $\boldsymbol{a},\boldsymbol{b}$ 和数字 λ,μ 满足:

(5) 存在数字 1: $1\boldsymbol{a}=\boldsymbol{a}$;

(6) 结合律: $\lambda(\mu\boldsymbol{a})=(\lambda\mu)\boldsymbol{a}$.

(7) 第一分配律: $(\lambda+\mu)\boldsymbol{a}=\lambda\boldsymbol{a}+\mu\boldsymbol{a}$.

(8) 第二分配律: $\lambda(\boldsymbol{a}+\boldsymbol{b})=\lambda\boldsymbol{a}+\lambda\boldsymbol{b}$.

*3.1.3　向量的标量积、向量积及混合积

称 $x_1x_2+y_1y_2+z_1z_2$ 为向量 $\boldsymbol{a}=(x_1,y_1,z_1)$ 和 $\boldsymbol{b}=(x_2,y_2,z_2)$ 的**内积**, 记作 $\boldsymbol{a}\cdot\boldsymbol{b}$, 即

$$\boldsymbol{a}\cdot\boldsymbol{b} = x_1x_2+y_1y_2+z_1z_2. \tag{3.3}$$

若向量 $\boldsymbol{a}$ 和 $\boldsymbol{b}$ 都是非零向量, 则称下式为 $\boldsymbol{a}$ 和 $\boldsymbol{b}$ 的**夹角余弦**, 记为 $\cos(\boldsymbol{a},\boldsymbol{b})$, 即

$$\cos(\boldsymbol{a},\boldsymbol{b}) = \frac{\boldsymbol{a}\cdot\boldsymbol{b}}{\|\boldsymbol{a}\|\,\|\boldsymbol{b}\|}. \tag{3.4}$$

称 $\arccos(\boldsymbol{a},\boldsymbol{b})$ 称为 $\boldsymbol{a}$ 和 $\boldsymbol{b}$ 的**夹角**, 记为 θ. 向量 $\boldsymbol{a}$ 与单位向量 $\boldsymbol{i},\boldsymbol{j},\boldsymbol{k}$ 的夹角 α,β,γ 称为 $\boldsymbol{a}$ 的**方向角**, $\cos\alpha,\cos\beta,\cos\gamma$ 称为 $\boldsymbol{a}$ 的**方向余弦**, 满足

$$\cos\alpha=\frac{x}{\sqrt{x^2+y^2+z^2}},\quad \cos\beta=\frac{y}{\sqrt{x^2+y^2+z^2}},\quad \cos\gamma=\frac{z}{\sqrt{x^2+y^2+z^2}}. \tag{3.5}$$

若 $\boldsymbol{a}$ 是非零向量, 称 $\dfrac{\boldsymbol{a}\cdot\boldsymbol{b}}{\|\boldsymbol{a}\|^2}\boldsymbol{a}$ 为向量 $\boldsymbol{b}$ 在 $\boldsymbol{a}$ 上的**投影向量**. 称 $\|\boldsymbol{b}\|\cos(\boldsymbol{a},\boldsymbol{b})$ 为向量 $\boldsymbol{b}$ 在 $\boldsymbol{a}$ 上的**投影**, 记为 $\mathrm{proj}_{\boldsymbol{a}}\boldsymbol{b}$.

备注 如果把空间中每个向量看成行矩阵, 那么 $\boldsymbol{a}\cdot\boldsymbol{b}=\boldsymbol{a}\boldsymbol{b}^{\mathrm{T}}$, 而且 $\boldsymbol{a}\cdot\boldsymbol{b}=\|\boldsymbol{a}\|\,\|\boldsymbol{b}\|\cos(\boldsymbol{a},\boldsymbol{b})=\|\boldsymbol{a}\|\mathrm{proj}_{\boldsymbol{a}}\boldsymbol{b}$. 正因如此, 可以得到如下等价定义.

定义 3.1 标量积

对于两个向量 $\boldsymbol{a}$ 与 $\boldsymbol{b}$, 称数量 $\|\boldsymbol{a}\|\,\|\boldsymbol{b}\|\cos(\boldsymbol{a},\boldsymbol{b})$ 为 $\boldsymbol{a}$ 与 $\boldsymbol{b}$ 的**标量积**, 记作 $\boldsymbol{a}\cdot\boldsymbol{b}$, 即

$$\boldsymbol{a}\cdot\boldsymbol{b}=\|\boldsymbol{a}\|\,\|\boldsymbol{b}\|\cos(\boldsymbol{a},\boldsymbol{b}). \tag{3.6}$$

定理 3.1 对于任意向量 $\boldsymbol{a},\boldsymbol{b},\boldsymbol{c}$ 与任何实数 λ, 有

(1) 交换律: $\boldsymbol{a}\cdot\boldsymbol{b}=\boldsymbol{b}\cdot\boldsymbol{a}$.

(2) 分配律: $\boldsymbol{a}\cdot(\boldsymbol{b}+\boldsymbol{c})=\boldsymbol{a}\cdot\boldsymbol{b}+\boldsymbol{a}\cdot\boldsymbol{c}$.

(3) 齐次性: $\lambda(\boldsymbol{a}\cdot\boldsymbol{b})=(\lambda\boldsymbol{a})\cdot\boldsymbol{b}=\boldsymbol{a}\cdot(\lambda\boldsymbol{b})$.

(4) 非负性: 当 $\boldsymbol{a}\neq\boldsymbol{0}$ 时, $\boldsymbol{a}\cdot\boldsymbol{a}>0$, 且 $\boldsymbol{a}\cdot\boldsymbol{a}=0$ 的充要条件是 $\boldsymbol{a}=\boldsymbol{0}$.

(5) Cauchy-Schwarz 不等式: $|\boldsymbol{a}\cdot\boldsymbol{b}|\leqslant\|\boldsymbol{a}\|\,\|\boldsymbol{b}\|$, 等式成立当且仅当 $\boldsymbol{a}$ 与 $\boldsymbol{b}$ 共线.

下面是一些常用的结果:

(1) $\boldsymbol{a}$ 与 $\boldsymbol{b}$ 垂直的充要条件是 $\boldsymbol{a}\cdot\boldsymbol{b}=0$.

(2) 若 $\boldsymbol{a}=(x,y,z)$, 则 $\boldsymbol{a}$ 的长度为 $\|\boldsymbol{a}\|=\sqrt{\boldsymbol{a}\cdot\boldsymbol{a}}$.

(3) $\boldsymbol{a}=(x,y,z)$ 在 $\boldsymbol{i},\boldsymbol{j},\boldsymbol{k}$ 上的投影分别是 $\boldsymbol{a}\cdot\boldsymbol{i},\boldsymbol{a}\cdot\boldsymbol{j},\boldsymbol{a}\cdot\boldsymbol{k}$, 分别等于三个坐标 x,y,z.

定义 3.2 向量积

对于两个向量 $\boldsymbol{a}$ 与 $\boldsymbol{b}$ 的**向量积**是一个向量 $\boldsymbol{c}$, 记为 $\boldsymbol{a}\times\boldsymbol{b}$:

(1) $\boldsymbol{c}$ 的模为 $\|\boldsymbol{c}\|=\|\boldsymbol{a}\|\,\|\boldsymbol{b}\|\sin\theta$, 其中 θ 为 $\boldsymbol{a}$ 与 $\boldsymbol{b}$ 的夹角.

(2) $\boldsymbol{c}$ 的方向垂直于 $\boldsymbol{a}$ 和 $\boldsymbol{b}$ 决定的平面, 且 $\boldsymbol{a},\boldsymbol{b},\boldsymbol{a}\times\boldsymbol{b}$ 组成右手系.

定理 3.2 对于任意向量 $\boldsymbol{a},\boldsymbol{b},\boldsymbol{c}$ 与任何实数 λ, 有

(1) $\boldsymbol{a}$ 与 $\boldsymbol{b}$ 共线 (平行) 的充要条件是 $\boldsymbol{a}\times\boldsymbol{b}=\boldsymbol{0}$.

(2) 反交换律: $\boldsymbol{a}\times\boldsymbol{b}=-\boldsymbol{b}\times\boldsymbol{a}$.

(3) 结合律: $(\lambda\boldsymbol{a})\times\boldsymbol{b}=\lambda(\boldsymbol{a}\times\boldsymbol{b})$.

(4) 分配律: $\boldsymbol{a}\times(\boldsymbol{b}+\boldsymbol{c})=\boldsymbol{a}\times\boldsymbol{b}+\boldsymbol{a}\times\boldsymbol{c}$.

(5) 循环律: $\boldsymbol{i}\times\boldsymbol{j}=\boldsymbol{k},\boldsymbol{j}\times\boldsymbol{k}=\boldsymbol{i},\boldsymbol{k}\times\boldsymbol{i}=\boldsymbol{j},\boldsymbol{i}\times\boldsymbol{i}=\boldsymbol{j}\times\boldsymbol{j}=\boldsymbol{k}\times\boldsymbol{k}=\boldsymbol{0}$.

若 $\boldsymbol{a}=(x_1,y_1,z_1),\boldsymbol{b}=(x_2,y_2,z_2)$, 则向量积可以形式地用行列式表示

$$\boldsymbol{a}\times\boldsymbol{b}=\begin{vmatrix}\boldsymbol{i} & \boldsymbol{j} & \boldsymbol{k}\\ x_1 & y_1 & z_1\\ x_2 & y_2 & z_2\end{vmatrix}. \tag{3.7}$$

备注 有了上式, 定理 3.2 可以如下理解.

命题 (1) 等价于行列式某两行元素**对应成比例**.

命题 (2) 等价于行列式的**交换**性质.

命题 (3) 等价于行列式**数乘**性质.

命题 (4) 等价于行列式**拆分**性质.

定义 3.3 混合积

设 $\boldsymbol{a},\boldsymbol{b},\boldsymbol{c}$ 为向量, 称 $(\boldsymbol{a}\times\boldsymbol{b})\cdot\boldsymbol{c}$ 为 $\boldsymbol{a},\boldsymbol{b},\boldsymbol{c}$ 的**混合积**, 简记为 $[\boldsymbol{abc}]$.

混合积满足下列 5 个性质:

(1) $[\boldsymbol{abc}]=(\boldsymbol{a}\times\boldsymbol{b})\cdot\boldsymbol{c}=\begin{vmatrix}x_1 & y_1 & z_1\\ x_2 & y_2 & z_2\\ x_3 & y_3 & z_3\end{vmatrix}$.

(2) $[\boldsymbol{abc}]=[\boldsymbol{bca}]=[\boldsymbol{cab}]=-[\boldsymbol{bac}]=-[\boldsymbol{cba}]=-[\boldsymbol{acb}]$.

(3) $[\boldsymbol{aba}]=[\boldsymbol{baa}]=[\boldsymbol{aab}]=0$.

(4) 三个向量 $\boldsymbol{a},\boldsymbol{b},\boldsymbol{c}$ 共面的充要条件是 $[\boldsymbol{abc}]=0$.

(5) 不共面的四点 $A(x_1,y_1,z_1),B(x_2,y_2,z_2),C(x_3,y_3,z_3),D(x_4,y_4,z_4)$ 所形成的四面体的体积为下式的绝对值

$$\frac{1}{6}\begin{vmatrix}x_2-x_1 & y_2-y_1 & z_2-z_1\\ x_3-x_1 & y_3-y_1 & z_3-z_1\\ x_4-x_1 & y_4-y_1 & z_4-z_1\end{vmatrix}. \tag{3.8}$$

*3.1.4 平面与空间直线的方程

平面和空间直线有多种表示方法.

定义 3.4 方程和图形

如果空间图形 S 上任一点的坐标 (x,y,z) 都满足方程 $F(x,y,z)=0$, 且坐标 (x,y,z) 满足方程 $F(x,y,z)=0$ 的点都在图形 S 上, 则该方程称为图形 S 的**方程**, 而 S 称为该方程的**图形**.

1. 平面的方程

过点 $M_0(x_0,y_0,z_0)$, 法向量为 $\boldsymbol{n}=(A,B,C)$ 的平面**点法式方程**为

$$A(x-x_0)+B(y-y_0)+C(z-z_0)=0. \tag{3.9}$$

若三点 $(x_1,y_1,z_1),(x_2,y_2,z_2),(x_3,y_3,z_3)$ 不共线, 则称下式为过这三个点的平面的**三点式方程**:

$$\begin{vmatrix} x-x_1 & y-y_1 & z-z_1 \\ x_2-x_1 & y_2-y_1 & z_2-z_1 \\ x_3-x_1 & y_3-y_1 & z_3-z_1 \end{vmatrix}=0. \tag{3.10}$$

若 a,b,c 均不为零, 则称下式为平面的**截距式方程**(数 a,b,c 分别称为平面在 x 轴、y 轴、z 轴上的**截距**):

$$\frac{x}{a}+\frac{y}{b}+\frac{z}{c}=1. \tag{3.11}$$

若 A,B,C 不全为 0, 则称下式为平面的**一般方程**:

$$Ax+By+Cz+D=0. \tag{3.12}$$

备注 式 (3.12) 给读者的感觉是: 确定直线方程需要四个未知参数, 即 A,B,C,D, 这会给后续解平面方程带来干扰. 其实, 只需要三个参数, 若已知常数项 D 不等于 0, 则常用下式表示一般方程:

$$Ax+By+Cz+1=0. \tag{3.13}$$

两个平面 $\pi_1: A_1x+B_1y+C_1z+D_1=0, \pi_2: A_2x+B_2y+C_2z+D_2=0$ 的夹角 θ 的余弦公式为

$$\cos\theta=\frac{|A_1A_2+B_1B_2+C_1C_2|}{\sqrt{A_1^2+B_1^2+C_1^2}\sqrt{A_2^2+B_2^2+C_2^2}}. \tag{3.14}$$

M_1 是平面 $Ax+By+Cz+D=0$ 上一点, 平面外一点 $P_0(x_0,y_0,z_0)$ 到平面的距离公式为

$$d=\frac{\left|\overrightarrow{M_1P_0}\cdot\boldsymbol{n}\right|}{\|\boldsymbol{n}\|}=\frac{|Ax_0+By_0+Cz_0+D|}{\sqrt{A^2+B^2+C^2}}. \tag{3.15}$$

2. 直线的方程

过点 $M_0(x_0,y_0,z_0)$, **方向向量**为 $\boldsymbol{s}=(m,n,p)$ 的直线**参数式方程**为

$$\begin{cases} x=x_0+mt, \\ y=y_0+nt, \\ z=z_0+pt. \end{cases} \tag{3.16}$$

称下式为直线的**一般方程**

$$\begin{cases} A_1x + B_1y + C_1z + D_1 = 0, \\ A_2x + B_2y + C_2z + D_2 = 0. \end{cases} \tag{3.17}$$

两条直线 $L_1 : \dfrac{x - x_1}{m_1} = \dfrac{y - y_1}{n_1} = \dfrac{z - z_1}{p_1}$ 和 $L_2 : \dfrac{x - x_1}{m_2} = \dfrac{y - y_1}{n_2} = \dfrac{z - z_1}{p_2}$ 的夹角余弦公式为

$$\cos\theta = \frac{m_1m_2 + n_1n_2 + p_1p_2}{\sqrt{m_1^2 + n_1^2 + p_1^2}\sqrt{m_2^2 + n_2^2 + p_2^2}}. \tag{3.18}$$

平面 $\pi : Ax + By + Cz + D = 0$ 和直线 $L : \dfrac{x - x_0}{m} = \dfrac{y - y_0}{n} = \dfrac{z - z_0}{p}$ 夹角的正弦公式为

$$\sin\theta = \frac{|Am + Bn + Cp|}{\sqrt{A^2 + B^2 + C^2}\sqrt{m^2 + n^2 + p^2}}. \tag{3.19}$$

空间中两条不在同一个平面的直线称为**异面直线**, 它们之间的距离不等于 0, 夹角也不等于 0.

3.1.5　向量组的线性相关性

向量是矩阵的特例.

定义 3.5　n 维向量

n 个有序数 $a_1, a_2, \cdots, a_n$ 所组成的数组称为 n **维向量**, 记为 $\boldsymbol{\alpha} = (a_1, a_2, \cdots, a_n)$, 其中 a_i 称为 $\boldsymbol{\alpha}$ 的第 i 个分量 (或坐标).

全体 n 维实向量的集合记为 $\mathbb{R}^n$. 分量都为零的向量称为**零向量**, 记为 $\mathbf{0}$. 定义 3.5 中的向量称为**行向量**, $\boldsymbol{\beta} = (a_1, a_2, \cdots, a_n)^{\mathrm{T}}$ 称为**列向量**. 若无说明, 一般都当作列向量. n 维向量组 $\boldsymbol{e}_1 = (1, 0, \cdots, 0)^{\mathrm{T}}, \boldsymbol{e}_2 = (0, 1, \cdots, 0)^{\mathrm{T}}, \cdots, \boldsymbol{e}_n = (0, 0, \cdots, 1)^{\mathrm{T}}$ 称为**基本(标准)向量组**.

设两个 n 维向量为 $\boldsymbol{\alpha} = (a_1, a_2, \cdots, a_n)^{\mathrm{T}}, \boldsymbol{\beta} = (b_1, b_2, \cdots, b_n)^{\mathrm{T}}$, 则两个向量的**加法**为

$$\boldsymbol{\alpha} + \boldsymbol{\beta} = (a_1 + b_1, a_2 + b_2, \cdots, a_n + b_n)^{\mathrm{T}}. \tag{3.20}$$

数 k 与向量 $\boldsymbol{\alpha}$ 相乘为

$$k\boldsymbol{\alpha} = (ka_1, ka_2, \cdots, ka_n)^{\mathrm{T}}. \tag{3.21}$$

对任意向量 $\boldsymbol{\alpha}, \boldsymbol{\beta}$ 和实数 l, k, 加法和数乘满足如下八个性质:

(1) 交换律: $\boldsymbol{\alpha} + \boldsymbol{\beta} = \boldsymbol{\beta} + \boldsymbol{\alpha}$.

(2) 加法结合律: $(\boldsymbol{\alpha}+\boldsymbol{\beta})+\boldsymbol{\gamma}=\boldsymbol{\alpha}+(\boldsymbol{\beta}+\boldsymbol{\gamma})$.

(3) 存在零向量: $\boldsymbol{\alpha}+\mathbf{0}=\mathbf{0}+\boldsymbol{\alpha}=\boldsymbol{\alpha}$.

(4) 存在负向量: 对任意 $\boldsymbol{\alpha}$, 存在 $\boldsymbol{\beta}$, 使得 $\boldsymbol{\alpha}+\boldsymbol{\beta}=\mathbf{0}$. 此时记 $\boldsymbol{\beta}=-\boldsymbol{\alpha}$, 称 $\boldsymbol{\beta}$ 为 $\boldsymbol{\alpha}$ 的**负向量**.

(5) 存在数字 1: $1\boldsymbol{\alpha}=\boldsymbol{\alpha}$.

(6) 数乘结合律: $(kl)\boldsymbol{\alpha}=k(l\boldsymbol{\alpha})$.

(7) 第一分配律: $(k+l)\boldsymbol{\alpha}=k\boldsymbol{\alpha}+l\boldsymbol{\alpha}$.

(8) 第二分配律: $k(\boldsymbol{\alpha}+\boldsymbol{\beta})=k\boldsymbol{\alpha}+k\boldsymbol{\beta}$.

定义 3.6 线性组合、线性表示

设 $\boldsymbol{\beta}$ 和 (I): $\boldsymbol{\alpha}_1,\boldsymbol{\alpha}_2,\cdots,\boldsymbol{\alpha}_m$ 都是 n 维向量, 而 $\lambda_1,\lambda_2,\cdots,\lambda_m$ 是一组数, 若

$$\boldsymbol{\beta}=\sum_{k=1}^{m}\lambda_k\boldsymbol{\alpha}_k, \tag{3.22}$$

则称 $\boldsymbol{\beta}$ 为 (I) 的**线性组合**, 或称 $\boldsymbol{\beta}$ 可由 (I)**线性表示**.

定义 3.7 线性相关, 线性无关

设 n 维向量组 $\boldsymbol{\alpha}_1,\boldsymbol{\alpha}_2,\cdots,\boldsymbol{\alpha}_m$, 若存在不全为零的数 $k_1,k_2,\cdots,k_m$, 使

$$k_1\boldsymbol{\alpha}_1+k_2\boldsymbol{\alpha}_2+\cdots+k_m\boldsymbol{\alpha}_m=\mathbf{0}, \tag{3.23}$$

则称向量组 $\boldsymbol{\alpha}_1,\boldsymbol{\alpha}_2,\cdots,\boldsymbol{\alpha}_m$ 是**线性相关**的. 否则称该向量组是**线性无关**的, 也就是说, 若 $\boldsymbol{\alpha}_1,\boldsymbol{\alpha}_2,\cdots,\boldsymbol{\alpha}_m$ 线性无关, 则上式成立当且仅当 $k_1=k_2=\cdots=k_m=0$.

由线性相关的定义可知:

(1) 含零向量的向量组必定线性相关.

(2) 一个向量 $\boldsymbol{\alpha}$ 线性相关当且仅当 $\boldsymbol{\alpha}=\mathbf{0}$, 一个向量线性无关当且仅当 $\boldsymbol{\alpha}\neq\mathbf{0}$.

(3) 两个非零向量 $\boldsymbol{\alpha}_1,\boldsymbol{\alpha}_2$ 线性相关当且仅当 $\boldsymbol{\alpha}_1=k\boldsymbol{\alpha}_2$(即对应分量成比例).

(4) 如果 $\boldsymbol{\alpha}_1,\boldsymbol{\alpha}_2,\cdots,\boldsymbol{\alpha}_m$ 线性无关, 但 $\boldsymbol{\alpha}_1,\boldsymbol{\alpha}_2,\cdots,\boldsymbol{\alpha}_m,\boldsymbol{\beta}$ 线性相关, 那么 $\boldsymbol{\beta}$ 可由 $\boldsymbol{\alpha}_1,\boldsymbol{\alpha}_2,\cdots,\boldsymbol{\alpha}_m$ 唯一线性表示.

(5) 如果 $\boldsymbol{\alpha}_1,\boldsymbol{\alpha}_2,\cdots,\boldsymbol{\alpha}_m$ 线性相关, 则 $\boldsymbol{\alpha}_1,\boldsymbol{\alpha}_2,\cdots,\boldsymbol{\alpha}_m,\boldsymbol{\alpha}_{m+1},\cdots,\boldsymbol{\alpha}_{m+s}$ 线性相关.

如果 $\boldsymbol{\alpha}_1,\boldsymbol{\alpha}_2,\cdots,\boldsymbol{\alpha}_m$ 线性无关, 则它的任意部分组线性无关.

(6) 对于 n 维向量组 $\boldsymbol{\alpha}_1,\boldsymbol{\alpha}_2,\cdots,\boldsymbol{\alpha}_m$, 如果 $m>n$, 则该向量组必定线性相关.

定理 3.3 n 维向量组 $\boldsymbol{\alpha}_1,\boldsymbol{\alpha}_2,\cdots,\boldsymbol{\alpha}_m(m\geqslant 2)$ 线性相关的充要条件是其中至少有一个向量是其余向量的线性组合.

定义 3.8 向量组等价

两个 n 维向量组为 (I)$\boldsymbol{\alpha}_1,\boldsymbol{\alpha}_2,\cdots,\boldsymbol{\alpha}_r$, (II)$\boldsymbol{\beta}_1,\boldsymbol{\beta}_2,\cdots,\boldsymbol{\beta}_s$. 若向量组 (I) 中的每个向量都可由向量组 (II)线性表示, 则称向量组 (I) 可由向量组 (II)**线性表示**. 如果向量组 (II) 也可由向量组 (I) 线性表示, 则称两个向量组**等价**.

向量组的等价满足:

(1) 自反性: 向量组与自身等价.

(2) 对称性: 向量组 (I) 与向量组 (II) 等价, 则向量组 (II) 与向量组 (I) 等价.

(3) 传递性: 向量组 (I) 与向量组 (II) 等价、向量组 (II) 与向量组 (III) 等价. 则向量组 (I) 与向量组 (III) 等价.

定义 3.9 极大线性无关组

设向量组的一个部分组 $\boldsymbol{\alpha}_1,\boldsymbol{\alpha}_2,\cdots,\boldsymbol{\alpha}_r$ 满足:

(1) $\boldsymbol{\alpha}_1,\boldsymbol{\alpha}_2,\cdots,\boldsymbol{\alpha}_r$ 线性无关.

(2) 向量组中每一个向量均可由 $\boldsymbol{\alpha}_1,\boldsymbol{\alpha}_2,\cdots,\boldsymbol{\alpha}_r$ 线性表示.

则称 $\boldsymbol{\alpha}_1,\boldsymbol{\alpha}_2,\cdots,\boldsymbol{\alpha}_r$ 是该向量组的一个**极大线性无关组**.

定理 3.4 设向量组 (I)$\boldsymbol{\alpha}_1,\boldsymbol{\alpha}_2,\cdots,\boldsymbol{\alpha}_r$ 可由向量组 (II)$\boldsymbol{\beta}_1,\boldsymbol{\beta}_2,\cdots,\boldsymbol{\beta}_s$ 线性表示. 若 $r>s$, 则向量组 (I) 线性相关.

推论 3.1 若向量组 $\boldsymbol{\alpha}_1,\boldsymbol{\alpha}_2,\cdots,\boldsymbol{\alpha}_r$ 可由向量组 $\boldsymbol{\beta}_1,\boldsymbol{\beta}_2,\cdots,\boldsymbol{\beta}_s$ 线性表示, 且向量组 $\boldsymbol{\alpha}_1,\boldsymbol{\alpha}_2,\cdots,\boldsymbol{\alpha}_r$ 线性无关, 则 $r\leqslant s$.

推论 3.2 若线性无关向量组 $\boldsymbol{\alpha}_1,\boldsymbol{\alpha}_2,\cdots,\boldsymbol{\alpha}_r$ 与线性无关向量组 $\boldsymbol{\beta}_1,\boldsymbol{\beta}_2,\cdots,\boldsymbol{\beta}_s$ 等价, 则 $r=s$.

推论 3.3 一个向量组的两个极大线性无关组所含向量的个数是一样的.

定义 3.10 向量组的秩

向量组的极大线性无关组所含向量的个数, 称为**向量组的秩**.

推论 3.4 若向量组 $\boldsymbol{\alpha}_1,\boldsymbol{\alpha}_2,\cdots,\boldsymbol{\alpha}_r$ 可由向量组 $\boldsymbol{\beta}_1,\boldsymbol{\beta}_2,\cdots,\boldsymbol{\beta}_s$ 线性表示, 则 $\boldsymbol{\alpha}_1, \boldsymbol{\alpha}_2,\cdots,\boldsymbol{\alpha}_r$ 的秩不大于 $\boldsymbol{\beta}_1,\boldsymbol{\beta}_2,\cdots,\boldsymbol{\beta}_s$ 的秩.

推论 3.5 等价向量组的秩相同.

设 $m\times n$ 矩阵 $\boldsymbol{A}$ 的列分块形式为 $\boldsymbol{A}=[\boldsymbol{\alpha}_1,\boldsymbol{\alpha}_2,\cdots,\boldsymbol{\alpha}_n]$, 称 $\boldsymbol{A}$ 的列向量组的秩为**列秩**. 类似地, 行向量组的秩为**行秩**.

定理 3.5 矩阵初等**行**(列) 变换不改变**列**(行) 向量组的线性相关性和线性组合关系.

备注 该定理是求解极大线性无关组和 Gauss 消元法的依据.

定理 3.6 矩阵的秩等于矩阵的列 (行) 秩.

推论 3.6 设 $\operatorname{rank}\boldsymbol{A}_{m\times n}=r$, 则

(1) $\boldsymbol{A}$ 有 r 个线性无关的列. 若 $n=r$, 则 $\boldsymbol{A}$ 的列向量组线性无关. 若 $n>r$, 则列向量组线性相关.

(2) $\boldsymbol{A}$ 有 r 个线性无关的行. 若 $m=r$, 则 $\boldsymbol{A}$ 的行向量组线性无关. 若 $m>r$, 则行向量组线性相关.

(3) 当 $\boldsymbol{A}$ 为方阵时, $\boldsymbol{A}$ 可逆 $\Leftrightarrow\boldsymbol{A}$ 的列向量组线性无关 $\Leftrightarrow\boldsymbol{A}$ 的行向量组线性无关.

(4) 在向量组 (I)$\boldsymbol{\alpha}_1,\boldsymbol{\alpha}_2,\cdots,\boldsymbol{\alpha}_m$ 的相同位置任意添加一个分量得到向量组 (II) $\boldsymbol{\beta}_1,\boldsymbol{\beta}_2,\cdots,\boldsymbol{\beta}_m$. 若 (I) 线性无关, 则 (II) 线性无关. 若 (II) 线性相关, 则 (I) 线性相关.

3.1.6 向量空间

向量空间是 $\mathbb{F}^n$ 的子集.

定义 3.11 向量空间

设 V 是数域 $\mathbb{F}$ 的 n 维向量构成的非空集合, 称集合 V 为数域 $\mathbb{F}$ 上的**向量空间**, 若 V 对于加法及数乘, 两种运算**封闭**, 即:

(1) 对任意的 $\boldsymbol{\alpha}\in V,\boldsymbol{\beta}\in V$, 有 $\boldsymbol{\alpha}+\boldsymbol{\beta}\in V$.

(2) 对任意的 $\boldsymbol{\alpha}\in V,k\in\mathbb{F}$, 有 $k\boldsymbol{\alpha}\in V$.

若 $\mathbb{F}$ 为实 (复) 数域, 则称 V 为**实 (复) 向量空间**. 若无特殊说明, 则向量空间指实向量空间. 由向量 $\boldsymbol{\alpha}_1,\boldsymbol{\alpha}_2,\cdots,\boldsymbol{\alpha}_m$ 生成的向量空间定义为 $\boldsymbol{\alpha}_1,\boldsymbol{\alpha}_2,\cdots,\boldsymbol{\alpha}_m$ 的一切线性组合所构成的集合, 记为

$$L(\boldsymbol{\alpha}_1,\boldsymbol{\alpha}_2,\cdots,\boldsymbol{\alpha}_m)=\{k_1\boldsymbol{\alpha}_1+k_2\boldsymbol{\alpha}_2+\cdots+k_m\boldsymbol{\alpha}_m\,|k_1,k_2,\cdots,k_m\in\mathbb{R}\}. \tag{3.24}$$

定义 3.12 子空间

设 U,V 都是向量空间, 若 $U\subseteq V$, 则称 U 是 V 的**子空间**.

$\{0\}$ 和 $\mathbb{R}^n$ 都是向量空间 $\mathbb{R}^n$ 的子空间, 它们称为**平凡子空间**. 其他的子空间称为**非平凡子空间**.

定义 3.13 基, 维数

设 V 是向量空间, 如果存在 $\boldsymbol{\alpha}_1,\boldsymbol{\alpha}_2,\cdots,\boldsymbol{\alpha}_r\in V$, 使得:

(1) $\boldsymbol{\alpha}_1,\boldsymbol{\alpha}_2,\cdots,\boldsymbol{\alpha}_r$ 线性无关.

(2) 对任意 $\boldsymbol{\alpha}\in V$, $\boldsymbol{\alpha}$ 能表示成 $\boldsymbol{\alpha}_1,\boldsymbol{\alpha}_2,\cdots,\boldsymbol{\alpha}_r$ 的线性组合.

则称 $\boldsymbol{\alpha}_1,\boldsymbol{\alpha}_2,\cdots,\boldsymbol{\alpha}_r$ 为 V 的**基**, r 为 V 的**维数**, 记为 $\dim V$, 并称 V 为 r **维向量空间**. 零空间 $\{\boldsymbol{0}\}$ 的维数**规定为** 0.

定义 3.14 坐标

设 V 是向量空间, $\boldsymbol{\alpha}_1, \boldsymbol{\alpha}_2, \cdots, \boldsymbol{\alpha}_r$ 是 V 的一组基, 那么对任意 $\boldsymbol{\beta} \in V, \boldsymbol{\beta}$ 能唯一地表示成

$$\boldsymbol{\beta} = x_1\boldsymbol{\alpha}_1 + x_2\boldsymbol{\alpha}_2 + \cdots + x_r\boldsymbol{\alpha}_r, \tag{3.25}$$

称 $\boldsymbol{x} = (x_1, x_2, \cdots, x_r)^{\mathrm{T}}$ 为 $\boldsymbol{\beta}$ 关于基 $\boldsymbol{\alpha}_1, \boldsymbol{\alpha}_2, \cdots, \boldsymbol{\alpha}_r$ 的**坐标**.

定义 3.15 过渡矩阵

设 $\boldsymbol{\alpha}_1, \boldsymbol{\alpha}_2, \cdots, \boldsymbol{\alpha}_r$ 和 $\boldsymbol{\beta}_1, \boldsymbol{\beta}_2, \cdots, \boldsymbol{\beta}_r$ 是向量空间 V 的两组基, 且

$$[\boldsymbol{\beta}_1, \boldsymbol{\beta}_2, \cdots, \boldsymbol{\beta}_r] = [\boldsymbol{\alpha}_1, \boldsymbol{\alpha}_2, \cdots, \boldsymbol{\alpha}_r]\begin{bmatrix} c_{11} & c_{12} & \cdots & c_{1r} \\ c_{21} & c_{22} & \cdots & c_{2r} \\ \vdots & \vdots & & \vdots \\ c_{r1} & c_{r2} & \cdots & c_{rr} \end{bmatrix} = [\boldsymbol{\alpha}_1, \boldsymbol{\alpha}_2, \cdots, \boldsymbol{\alpha}_r]\boldsymbol{C}, \tag{3.26}$$

则称 $\boldsymbol{C}$ 为由基 $\boldsymbol{\alpha}_1, \boldsymbol{\alpha}_2, \cdots, \boldsymbol{\alpha}_r$ 到基 $\boldsymbol{\beta}_1, \boldsymbol{\beta}_2, \cdots, \boldsymbol{\beta}_r$ 的**过渡矩阵**.

定理 3.7 在向量空间 V 中, 由基 $\boldsymbol{\alpha}_1, \boldsymbol{\alpha}_2, \cdots, \boldsymbol{\alpha}_r$ 到基 $\boldsymbol{\beta}_1, \boldsymbol{\beta}_2, \cdots, \boldsymbol{\beta}_r$ 的过渡矩阵为 $\boldsymbol{C}$. V 中向量 $\boldsymbol{u}$ 在基 $\boldsymbol{\alpha}_1, \boldsymbol{\alpha}_2, \cdots, \boldsymbol{\alpha}_r$ 和基 $\boldsymbol{\beta}_1, \boldsymbol{\beta}_2, \cdots, \boldsymbol{\beta}_r$ 下的坐标分别为 $\boldsymbol{x}$ 和 $\boldsymbol{y}$, 则

$$\boldsymbol{x} = \boldsymbol{C}\boldsymbol{y}. \tag{3.27}$$

3.1.7 线性方程组解的结构

对于齐次线性方程组 $\boldsymbol{A}_{m\times n}\boldsymbol{x} = \boldsymbol{0}$, 若记 $\boldsymbol{A}_{m\times n} = [\boldsymbol{\alpha}_1, \boldsymbol{\alpha}_2, \cdots, \boldsymbol{\alpha}_n]$, 下列条件等价:

(1) $\boldsymbol{A}\boldsymbol{x} = \boldsymbol{0}$ 有非零解.

(2) 存在一组不全为 0 的数 $x_1, x_2, \cdots, x_n$, 使得 $x_1\boldsymbol{\alpha}_1 + x_2\boldsymbol{\alpha}_2 + \cdots + x_n\boldsymbol{\alpha}_n = \boldsymbol{0}$.

(3) $\boldsymbol{\alpha}_1, \boldsymbol{\alpha}_2, \cdots, \boldsymbol{\alpha}_n$ 线性相关.

对于非齐次线性方程组 $\boldsymbol{A}_{m\times n}\boldsymbol{x} = \boldsymbol{b}(\boldsymbol{b} \neq \boldsymbol{0})$, 若记 $\boldsymbol{A}_{m\times n} = [\boldsymbol{\alpha}_1, \boldsymbol{\alpha}_2, \cdots, \boldsymbol{\alpha}_n]$, 下列条件等价:

(1) $\boldsymbol{A}\boldsymbol{x} = \boldsymbol{b}$ 有解.

(2) $\boldsymbol{b}$ 能被 $\boldsymbol{\alpha}_1, \boldsymbol{\alpha}_2, \cdots, \boldsymbol{\alpha}_n$ 线性表示.

(3) $\boldsymbol{b} \in L(\boldsymbol{\alpha}_1, \boldsymbol{\alpha}_2, \cdots, \boldsymbol{\alpha}_n)$.

(4) $\boldsymbol{\alpha}_1, \boldsymbol{\alpha}_2, \cdots, \boldsymbol{\alpha}_n$ 的极大线性无关组也是 $\boldsymbol{\alpha}_1, \boldsymbol{\alpha}_2, \cdots, \boldsymbol{\alpha}_n, \boldsymbol{b}$ 的极大线性无关组.

(5) $\mathrm{rank}[\boldsymbol{A},\boldsymbol{b}] = \mathrm{rank}\boldsymbol{A}$.

定理 3.8 n 元线性方程组 $\boldsymbol{A}\boldsymbol{x} = \boldsymbol{b}$.

(1) 无解的充要条件是 $\text{rank}\boldsymbol{A} < \text{rank}[\boldsymbol{A},\boldsymbol{b}]$.

(2) 有唯一解的充要条件是 $\text{rank}[\boldsymbol{A},\boldsymbol{b}] = \text{rank}\boldsymbol{A} = n$.

(3) 有无穷多解的充要条件是 $\text{rank}[\boldsymbol{A},\boldsymbol{b}] = \text{rank}\boldsymbol{A} < n$.

记齐次线性方程组 $\boldsymbol{A}_{m\times n}\boldsymbol{x} = \boldsymbol{0}$ 的全体解为

$$N(\boldsymbol{A}) = \{\boldsymbol{x} \in \mathbb{R}^n | \boldsymbol{A}\boldsymbol{x} = \boldsymbol{0}\}. \tag{3.28}$$

定理 3.9 $N(\boldsymbol{A})$ 是 $\mathbb{R}^n$ 的向量子空间.

定义 3.16 基础解系, 通解

齐次线性方程组 $\boldsymbol{A}_{m\times n}\boldsymbol{x} = \boldsymbol{0}$ 的解空间 $N(\boldsymbol{A})$ 的基 $\boldsymbol{\alpha}_1, \boldsymbol{\alpha}_2, \cdots, \boldsymbol{\alpha}_r$ 称为该方程组的**基础解系**. 称 $\boldsymbol{x} = k_1\boldsymbol{\alpha}_1 + k_2\boldsymbol{\alpha}_2 + \cdots + k_r\boldsymbol{\alpha}_r$ 为齐次线性方程组的**通解**或**一般解**.

设 $\boldsymbol{A} = [a_{ij}] \in \mathbb{R}^{n\times n}$, 如果 $\boldsymbol{A}$ 的元素满足

$$|a_{ii}| > \sum_{j=1, j\neq i}^{n} |a_{ij}|, \quad i = 1, 2, \cdots, n,$$

则称 $\boldsymbol{A}$ 为**严格行对角占优矩阵**. 可以证明严格行对角占优矩阵是可逆矩阵.

定理 3.10 对于方程组 $\boldsymbol{A}_{m\times n}\boldsymbol{x} = \boldsymbol{0}$, 设 $\text{rank}\boldsymbol{A} = r$, 则

$$\dim N(\boldsymbol{A}) = n - r. \tag{3.29}$$

定理 3.11 非齐次线性方程组的任意两解之差是对应齐次线性方程组(**导出方程组**) 的解.

定理 3.12 设非齐次线性方程组 $\boldsymbol{A}\boldsymbol{x} = \boldsymbol{b}$ 有解, 则其**一般解**(**通解**) 为

$$\boldsymbol{x} = \boldsymbol{\eta} + \boldsymbol{x}_c, \tag{3.30}$$

其中 $\boldsymbol{\eta}$ 为 $\boldsymbol{A}\boldsymbol{x} = \boldsymbol{b}$ 的一个**特解**, $\boldsymbol{x}_c$ 是对应的齐次线性方程组 $\boldsymbol{A}\boldsymbol{x} = \boldsymbol{0}$ 的一般解.

3.1.8 n 维欧氏空间

n 维线性空间中定义内积运算后, 就变成了 n 维欧氏空间.

定义 3.17 内积和欧氏空间

设向量 $\boldsymbol{x} = (x_1, x_2, \cdots, x_n)^{\mathrm{T}}, \boldsymbol{y} = (y_1, y_2, \cdots, y_n)^{\mathrm{T}}$, 令

$$\langle \boldsymbol{x}, \boldsymbol{y} \rangle = x_1y_1 + x_2y_2 + \cdots + x_ny_n, \tag{3.31}$$

称 $\langle \boldsymbol{x}, \boldsymbol{y} \rangle$ 为 $\boldsymbol{x}$ 和 $\boldsymbol{y}$ 的**内积**. 定义了内积的向量空间 $\mathbb{R}^n$ 称为**欧氏空间**.

对任意 n 维列向量 $\boldsymbol{x}$, $\boldsymbol{y}$, $\boldsymbol{z}$ 和实数 a, b, 内积具有下面的性质.

(1) 正定性: $\langle \boldsymbol{x}, \boldsymbol{x} \rangle \geqslant 0, \langle \boldsymbol{x}, \boldsymbol{x} \rangle = 0 \Leftrightarrow \boldsymbol{x} = \boldsymbol{0}$.

(2) 对称性: $\langle \boldsymbol{x}, \boldsymbol{y} \rangle = \langle \boldsymbol{y}, \boldsymbol{x} \rangle$.

(3) 线性性: $\langle a\boldsymbol{x} + b\boldsymbol{y}, \boldsymbol{z} \rangle = a \langle \boldsymbol{x}, \boldsymbol{z} \rangle + b \langle \boldsymbol{y}, \boldsymbol{z} \rangle$.

定义 3.18　长度

设向量 $\boldsymbol{x} = (x_1, x_2, \cdots, x_n)^{\mathrm{T}}$, 称下式中的 $\|\boldsymbol{x}\|$ 为 $\boldsymbol{x}$ 的**长度**(**或范数**).

$$\|\boldsymbol{x}\| = \sqrt{\langle \boldsymbol{x}, \boldsymbol{x} \rangle} = \sqrt{x_1^2 + x_2^2 + \cdots + x_n^2}. \tag{3.32}$$

当 $\boldsymbol{x} \neq \boldsymbol{0}$ 时, 显然 $\dfrac{\boldsymbol{x}}{\|\boldsymbol{x}\|}$ 为**单位向量**, 称 $\dfrac{\boldsymbol{x}}{\|\boldsymbol{x}\|}$ 为 $\boldsymbol{x}$ 的**单位化**.

向量的长度具有下面的性质.

(1) 非负性: 当 $\boldsymbol{x} \neq \boldsymbol{0}$ 时 $\|\boldsymbol{x}\| > 0, \|\boldsymbol{x}\| = 0$ 的充要条件是 $\boldsymbol{x} = \boldsymbol{0}$.

(2) 齐次性: $||k\boldsymbol{x}|| = |k| \, ||\boldsymbol{x}||$.

(3) 三角不等式: $\|\boldsymbol{x} + \boldsymbol{y}\| \leqslant \|\boldsymbol{x}\| + \|\boldsymbol{y}\|$.

定理 3.13 (Schwarz 不等式)

$$|\langle \boldsymbol{x}, \boldsymbol{y} \rangle| \leqslant \|\boldsymbol{x}\| \, \|\boldsymbol{y}\|. \tag{3.33}$$

当 $\langle \boldsymbol{x}, \boldsymbol{y} \rangle = 0$ 时, 称 $\boldsymbol{x}$ 与 $\boldsymbol{y}$**正交**, 记为 $\boldsymbol{x} \perp \boldsymbol{y}$.

定义 3.19　正交向量组和标准正交向量组

设 $\boldsymbol{\alpha}_1, \boldsymbol{\alpha}_2, \cdots, \boldsymbol{\alpha}_r \in \mathbb{R}^n$, 且不含零向量, 如果两两正交, 即

$$\langle \boldsymbol{\alpha}_i, \boldsymbol{\alpha}_j \rangle = 0, \quad 1 \leqslant i, j \leqslant r, i \neq j, \tag{3.34}$$

则称 $\boldsymbol{\alpha}_1, \boldsymbol{\alpha}_2, \cdots, \boldsymbol{\alpha}_r$ 为**正交向量组**. 如果进一步有 $||\boldsymbol{\alpha}_i|| = 1,\ i = 1, 2, \cdots, r$, 则称 $\boldsymbol{\alpha}_1, \boldsymbol{\alpha}_2, \cdots, \boldsymbol{\alpha}_r$ 为**标准正交向量组**.

定理 3.14　设 $\boldsymbol{\alpha}_1, \boldsymbol{\alpha}_2, \cdots, \boldsymbol{\alpha}_r$ 为 $\mathbb{R}^n$ 中的正交向量组, 则

(1) 勾股定理: $||\boldsymbol{\alpha}_1 + \boldsymbol{\alpha}_2 + \cdots + \boldsymbol{\alpha}_r||^2 = ||\boldsymbol{\alpha}_1||^2 + ||\boldsymbol{\alpha}_2||^2 + \cdots + ||\boldsymbol{\alpha}_r||^2$.

(2) $\boldsymbol{\alpha}_1, \boldsymbol{\alpha}_2, \cdots, \boldsymbol{\alpha}_r$ 线性无关.

定义 3.20　标准正交基

在 $\mathbb{R}^n$ 中, 若有 $\varepsilon_1, \varepsilon_2, \cdots, \varepsilon_n$ 使得

$$\langle \varepsilon_i, \varepsilon_j \rangle = \begin{cases} 1, & i = j, \\ 0, & i \neq j, \end{cases} \tag{3.35}$$

则称 $\varepsilon_1, \varepsilon_2, \cdots, \varepsilon_n$ 为 $\mathbb{R}^n$ 的**标准正交基**.

若方阵 $\boldsymbol{A}$ 满足 $\boldsymbol{A}^{\mathrm{T}}\boldsymbol{A} = \boldsymbol{A}\boldsymbol{A}^{\mathrm{T}} = \boldsymbol{E}$, 称 $\boldsymbol{A}$ 为**正交矩阵**.

定理 3.15 设 $\varepsilon_1, \varepsilon_2, \cdots, \varepsilon_n$ 为 $\mathbb{R}^n$ 的标准正交基, 若记 $\boldsymbol{A}_{n\times n} = [\varepsilon_1\varepsilon_2\cdots\varepsilon_n]$, 则 $\boldsymbol{A}$ 是正交矩阵.

定理 3.16 设 $\boldsymbol{\alpha}_1, \boldsymbol{\alpha}_2, \cdots, \boldsymbol{\alpha}_r (r \leqslant n)$ 是欧氏空间中的线性无关向量组, 则由如下方法:

$$
\begin{aligned}
&\varepsilon_1 = \boldsymbol{\alpha}_1/||\boldsymbol{\alpha}_1||,\\
&\boldsymbol{u}_k = \boldsymbol{\alpha}_k - \sum_{i=1}^{k-1} \langle \boldsymbol{\alpha}_k, \varepsilon_i \rangle \varepsilon_i, \quad \varepsilon_k = \boldsymbol{u}_k/||\boldsymbol{u}_k||, \quad k = 2, \cdots, r,
\end{aligned}
\tag{3.36}
$$

所得的向量组 $\varepsilon_1, \varepsilon_2, \cdots, \varepsilon_r$ 是标准正交向量组.

3.1.9 线性空间和线性变换

线性空间是向量空间的推广.

定义 3.21 线性空间

设 X 为一非空集合, $\mathbb{R}$ 为实数域. 对于 X 中任意两个元素定义了加法 "+", 对于 X 中的元素与 $\mathbb{R}$ 中的元素定义了数乘 "·"(算式中的 "·" 可以略去), 若对于任意 $\boldsymbol{x}, \boldsymbol{y}, \boldsymbol{z} \in X$ 和 $k, l \in \mathbb{R}$, 有

(1) 交换律: $\boldsymbol{x} + \boldsymbol{y} = \boldsymbol{y} + \boldsymbol{x}$.

(2) 加法结合律: $(\boldsymbol{x} + \boldsymbol{y}) + \boldsymbol{z} = \boldsymbol{x} + (\boldsymbol{y} + \boldsymbol{z})$.

(3) 存在零元: $\mathbf{0} \in X$, 使对一切 $\boldsymbol{x} \in X, \boldsymbol{x} + \mathbf{0} = \boldsymbol{x}$.

(4) 存在负元: 即对任意 $\boldsymbol{x} \in X$, 存在 $\boldsymbol{y} \in X$, 使得 $\boldsymbol{x} + \boldsymbol{y} = \mathbf{0}$.

(5) 存在数字 1: $1\boldsymbol{x} = \boldsymbol{x}$.

(6) 数乘结合律: $k(l\boldsymbol{x}) = (kl)\boldsymbol{x}$.

(7) 第一分配律: $(k + l)\boldsymbol{x} = k\boldsymbol{x} + l\boldsymbol{x}$.

(8) 第二分配律: $k(\boldsymbol{x} + \boldsymbol{y}) = k\boldsymbol{x} + k\boldsymbol{y}$.

称 $(X, \mathbb{R}, +, \cdot)$(在不引起混淆时简记为 X) 为**线性空间**. 上述两种运算统称为**线性运算**, 线性空间中的元素称为**向量**.

定义 3.22 基和维数

设 V 为线性空间, 如果存在 $\boldsymbol{u}_1, \boldsymbol{u}_2, \cdots, \boldsymbol{u}_n \in V$, 满足

(1) $\boldsymbol{u}_1, \boldsymbol{u}_2, \cdots, \boldsymbol{u}_n$ 线性无关.

(2) V 中任意元素都可以表示为 $\boldsymbol{u}_1, \boldsymbol{u}_2, \cdots, \boldsymbol{u}_n$ 的线性组合.

则称 $\boldsymbol{u}_1, \boldsymbol{u}_2, \cdots, \boldsymbol{u}_n$ 是 V 的**基**, 称 V 的**维数**是 n(或者称 V 是 n 维线性空间), 记作 $\dim V = n$.

定义 3.23 坐标

设 V 为 n 维线性空间, $\boldsymbol{u}_1, \boldsymbol{u}_2, \cdots, \boldsymbol{u}_n$ 是 V 的一组基, 那么对任意的 $\boldsymbol{x} \in V$,

存在唯一的一组实数 $a_1, a_2, \cdots, a_n$ 使得

$$\boldsymbol{x} = \sum_{j=1}^{n} a_j \boldsymbol{u}_j, \tag{3.37}$$

称 $\boldsymbol{\alpha} = (a_1, a_2, \cdots, a_n)^{\mathrm{T}}$ 为 $\boldsymbol{x}$ 在基 $\boldsymbol{u}_1, \boldsymbol{u}_2, \cdots, \boldsymbol{u}_n$ 下的**坐标**.

定义 3.24　过渡矩阵

设 n 维线性空间有两组基 $\boldsymbol{u}_1, \boldsymbol{u}_2, \cdots, \boldsymbol{u}_n$ 与 $\boldsymbol{v}_1, \boldsymbol{v}_2, \cdots, \boldsymbol{v}_n$, 并且

$$[\boldsymbol{v}_1, \boldsymbol{v}_2, \cdots, \boldsymbol{v}_n] = [\boldsymbol{u}_1, \boldsymbol{u}_2, \cdots, \boldsymbol{u}_n] \begin{bmatrix} c_{11} & c_{12} & \cdots & c_{1n} \\ c_{21} & c_{22} & \cdots & c_{2n} \\ \vdots & \vdots & & \vdots \\ c_{n1} & c_{n2} & \cdots & c_{nn} \end{bmatrix} = [\boldsymbol{u}_1, \boldsymbol{u}_2, \cdots, \boldsymbol{u}_n]\boldsymbol{C}, \tag{3.38}$$

称 $\boldsymbol{C}$ 为由基 $\boldsymbol{u}_1, \boldsymbol{u}_2, \cdots, \boldsymbol{u}_n$ 到基 $\boldsymbol{v}_1, \boldsymbol{v}_2, \cdots, \boldsymbol{v}_n$ 的**过渡矩阵**.

定义 3.25　线性变换, 像和原像

设 V 是线性空间, T 是 V 到 V 的一个变换, 即对任意 $\boldsymbol{v} \in V$, 存在唯一的 $T(\boldsymbol{v}) \in V$ 与之对应, 则称 $T(\boldsymbol{v})$ 为 $\boldsymbol{v}$ 的**像**, 而称 $\boldsymbol{v}$ 为 $T(\boldsymbol{v})$ 的**原像**. 如果对任意 $\boldsymbol{u}, \boldsymbol{v} \in V$ 和 $a, b \in \mathbb{R}$, 有

$$T(a\boldsymbol{u} + b\boldsymbol{v}) = aT(\boldsymbol{u}) + bT(\boldsymbol{v}), \tag{3.39}$$

则称 T 是 V 上的一个**线性变换**.

定理 3.17　设 V 是线性空间, T 是 V 上的线性变换, 则有

(1) $T(\mathbf{0}) = \mathbf{0}$.

(2) $T(a_1\boldsymbol{v}_1 + a_2\boldsymbol{v}_2 + \cdots + a_k\boldsymbol{v}_k) = a_1T(\boldsymbol{v}_1) + a_2T(\boldsymbol{v}_2) + \cdots + a_kT(\boldsymbol{v}_k)$.

(3) 若 $\boldsymbol{v}_1, \boldsymbol{v}_2, \cdots, \boldsymbol{v}_k$ 是 V 中的线性相关向量组, 则 $T(\boldsymbol{v}_1), T(\boldsymbol{v}_2), \cdots, T(\boldsymbol{v}_k)$ 也是 V 中的线性相关向量组.

定义 3.26　矩阵表示

设 V 是线性空间, $\dim V = n, \boldsymbol{v}_1, \boldsymbol{v}_2, \cdots, \boldsymbol{v}_n$ 是 V 的一组基, 又设 T 是 V 上的线性变换, 且已知 $T(\boldsymbol{v}_j) = a_{1j}\boldsymbol{v}_1 + a_{2j}\boldsymbol{v}_2 + \cdots + a_{nj}\boldsymbol{v}_n (j = 1, 2, \cdots, n)$, 即

$$\begin{aligned}(T(\boldsymbol{v}_1), T(\boldsymbol{v}_2), \cdots, T(\boldsymbol{v}_n)) &= (\boldsymbol{v}_1, \boldsymbol{v}_2, \cdots, \boldsymbol{v}_n) \begin{bmatrix} a_{11} & a_{12} & \cdots & a_{1n} \\ a_{21} & a_{22} & \cdots & a_{2n} \\ \vdots & \vdots & & \vdots \\ a_{n1} & a_{n2} & \cdots & a_{nn} \end{bmatrix} \\ &= (\boldsymbol{v}_1, \boldsymbol{v}_2, \cdots, \boldsymbol{v}_n)\,\boldsymbol{A},\end{aligned} \tag{3.40}$$

称上式为线性变换 T 在基 $\boldsymbol{v}_1,\boldsymbol{v}_2,\cdots,\boldsymbol{v}_n$ 下的矩阵表示.

$\boldsymbol{u}_1,\boldsymbol{u}_2,\cdots,\boldsymbol{u}_n$ 与 $\boldsymbol{v}_1,\boldsymbol{v}_2,\cdots,\boldsymbol{v}_n$ 是 n 维线性空间 V 的两组基, $\boldsymbol{C}$ 是过渡矩阵, 即

$$(\boldsymbol{v}_1,\boldsymbol{v}_2,\cdots,\boldsymbol{v}_n)=(\boldsymbol{u}_1,\boldsymbol{u}_2,\cdots,\boldsymbol{u}_n)\boldsymbol{C},\tag{3.41}$$

又设 T 是 V 上的线性变换, 在两组基下的矩阵分别为 $\boldsymbol{A}$ 和 $\boldsymbol{B}$, 那么

$$\boldsymbol{B}=\boldsymbol{C}^{-1}\boldsymbol{A}\boldsymbol{C}.\tag{3.42}$$

3.2 疑难解析

*3.2.1 如何用 MATLAB 实现行阶梯形、高斯消元法和 Schmidt 正交化

(1) MATLAB 没有求行阶梯形的函数, 但是有求最简行阶梯形的函数 rref. 然而, 若矩阵中有未知符号, 则 rref 可能无法得到正确的结果, 甚至会出现 “Too many output arguments.” 等报错 (例如习题 3.7 的第 3 题的第 2 小题). 为了解决上述问题, 本书编写了求行阶梯形的 MATLAB 函数 RowEchelon. rref 和 RowEchelon 的差别在于: rref 适用于数值运算, 而 RowEchelon 不仅适用于数值运算, 还适用于具有单个符号的矩阵运算.

(2) MATLAB 用 A\b 求 $\boldsymbol{A}\boldsymbol{x}=\boldsymbol{b}$ 的特解, 用函数 null(A) 求导出组 $\boldsymbol{A}\boldsymbol{x}=\boldsymbol{0}$ 的基础解系, 本书编写了一个求非齐次线性方程组的 MATLAB 函数 Gauss2, 该函数适用于求解具有单个未知符号的方程组.

(3) MATLAB 没有 Gram-Schmidt 正交化的函数, 故本书编写了一个实现正交化的 MATLAB 函数 Gram-Schmidt.

备注 RowEchelon, Gauss2 和 Gram-Schmidt 可在前言中提供的百度云盘中免费下载.

*3.2.2 如何用秩表示三个平面的相交关系

三个平面为$\pi_1: a_1x+b_1y+c_1z=d_1$, $\pi_2: a_2x+b_2y+c_2z=d_2$, $\pi_3: a_3x+b_3y+c_3z=d_3$. 记 $\boldsymbol{A}=\begin{bmatrix}a_1&b_1&c_1\\a_2&b_2&c_2\\a_3&b_3&c_3\end{bmatrix}$, $\boldsymbol{b}=\begin{bmatrix}d_1\\d_2\\d_3\end{bmatrix}$, $\boldsymbol{x}=\begin{bmatrix}x\\y\\z\end{bmatrix}$, 则三个平面的交线可以表示为 $\boldsymbol{A}\boldsymbol{x}=\boldsymbol{b}$.

(1) 若 $\operatorname{rank}\boldsymbol{A}=3$, 则 $\boldsymbol{A}\boldsymbol{x}=\boldsymbol{b}$ 有唯一解, 故三个平面相交于一点, 如图 3.1(a) 所示.

(2) 若 $\mathrm{rank}\boldsymbol{A}=\mathrm{rank}\,[\boldsymbol{A},\boldsymbol{b}]=2$, 则 $\boldsymbol{Ax}=\boldsymbol{0}$ 的解空间是 1 维的, 故三个平面相交于一条直线, 如图 3.1(b) 所示.

(3) 若 $2=\mathrm{rank}\boldsymbol{A}<\mathrm{rank}\,[\boldsymbol{A},\boldsymbol{b}]=3$, 则 $\boldsymbol{Ax}=\boldsymbol{b}$ 无解, 表示三个平面内没有公共点. 此时有两种可能: 其中两个平面平行, 分别与第三个平面相交, 如图 3.1(c) 所示. 或者三个平面两两相交, 且三条交线平行, 如图 3.1(d) 所示.

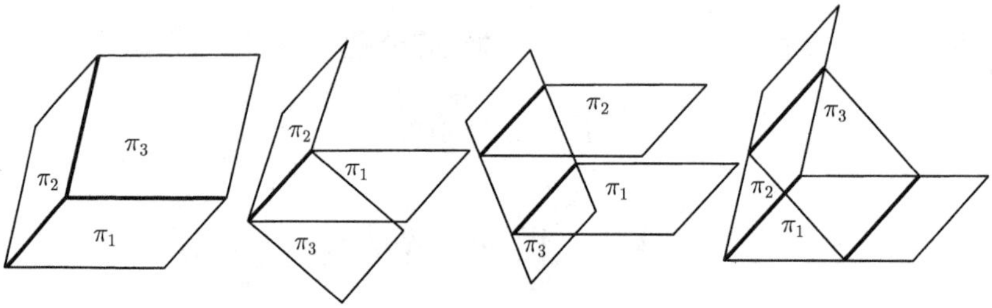

(a)　(b)　(c)　(d)

图 3.1　三个平面相交关系

*3.2.3　如何求两异面直线的距离

第一步: 求出两直线的方向向量 $\boldsymbol{s}_1,\boldsymbol{s}_2$.

第二步: 求出公垂线的方向向量 $\boldsymbol{s}=\boldsymbol{s}_1\times\boldsymbol{s}_2$.

第三步: 获得两直线上两个点 P,Q 及向量 $\overrightarrow{PQ}$.

第四步: 两异面直线的距离就是 $\overrightarrow{PQ}$ 在 $\boldsymbol{s}$ 的投影, 即 $d=\left|\dfrac{\overrightarrow{PQ}\cdot\boldsymbol{s}}{\|\boldsymbol{s}\|}\right|$.

3.2.4　向量空间、矩阵空间、线性空间、线性子空间和欧氏空间有何联系

约定: 数域专指实数域 $\mathbb{R}$. 向量空间、矩阵空间、线性空间和线性子空间都是用**加法**及**数乘**定义的, 而欧氏空间还定义了**内积**.

(1) 若 V 是数域 $\mathbb{R}$ 的 n 维向量构成的非空集合, 且 V 对于向量**加法**及**数乘**两种运算封闭, 则称集合 V 为数域 $\mathbb{R}$ 上的**向量空间**. 故向量空间 V 的元素 $\boldsymbol{\alpha}$ 是 n 维向量, 即 $\boldsymbol{\alpha}\in V\subset\mathbb{R}^n$, V 的维数可能小于 n. 例如, $V=\{(x,0,0)\,|,x\in\mathbb{R}\}\subset\mathbb{R}^3$, V 的维数等于 1.

(2) 因全体 $m\times n$ 矩阵构成的集合 $\mathbb{R}^{m\times n}$ 对于矩阵**加法**及**数乘**两种运算封闭, 故称集合 $\mathbb{R}^{m\times n}$ 为数域 $\mathbb{R}$ 上的**矩阵空间**, 它的维数等于 mn. 例如, 二阶矩阵空间 $\mathbb{R}^{2\times 2}=\left\{\left[\begin{array}{cc}a&b\\c&d\end{array}\right]\middle|\,a,b,c,d\in\mathbb{R}\right\}$的维数是 4.

(3) 若集合 X 和数域 $\mathbb{R}$ 对于元素**加法**及**数乘**两种运算满足要求的八条性质, 则称集合 $(X,\mathbb{R},+,\cdot)$ 为**线性空间**. 例如, 在 (1) 中的 $(V,\mathbb{R},+,\cdot)$、在 (2) 中的

$(\mathbb{R}^{2\times 2}, \mathbb{R}, +, \cdot)$ 和 $(\mathbb{R}^n, \mathbb{R}, +, \cdot)$ 都是线性空间.

(4) 若线性空间 X 的子集 V 对于元素**加法**及**数乘**两种运算封闭, 则称 V 是 X 的**线性子空间**. 例如 (1) 中的 $(V, \mathbb{R}, +, \cdot)$ 是 $(\mathbb{R}^3, \mathbb{R}, +, \cdot)$ 的线性子空间.

(5) 若向量空间 $\mathbb{R}^n$ 上定义了**内积**, 则称 $\mathbb{R}^n$ 为欧氏空间. 它的维数等于 n.

3.2.5 线性变换、矩阵和初等行变换的联系

(1) $\mathbb{R}^n$ 上的任何一个线性变换都与 n 阶方阵存在一一映射关系, 因此可以说 "线性变换就是矩阵, 矩阵就是线性变换".

(2) 要区别线性变换和初等行变换: 前者作用在向量上, 因此定义域是 $\mathbb{R}^n$. 后者作用在矩阵上, 因此定义域是 $\mathbb{R}^{m\times n}$.

3.2.6 数乘和乘法有何联系

线性空间**必然**有数乘运算, 但是**未必**有乘法运算, 例如, 矩阵空间 $\mathbb{R}^{n\times n}$ 既有数乘的定义, 又有矩阵乘法的定义. 但是, 向量空间 $\mathbb{R}^n$ 有数乘的定义, 却没有向量乘法的定义.

3.2.7 矩阵等价和向量组等价有何联系

(1) 矩阵等价: 若存在**可逆**矩阵 $\boldsymbol{P}, \boldsymbol{Q}$, 使得 $\boldsymbol{B} = \boldsymbol{PAQ}$, 则称 $\boldsymbol{A}, \boldsymbol{B}$ 等价.(矩阵等价的本质是秩相等.)

(2) 向量组等价: 若存在矩阵 $\boldsymbol{P}, \boldsymbol{Q}$, 使得 $\boldsymbol{B} = \boldsymbol{AP}, \boldsymbol{A} = \boldsymbol{BQ}$, 则称 $\boldsymbol{A}, \boldsymbol{B}$ 的列向量组等价.(向量组等价的本质是张成子空间相同.)

(3) 向量组等价**必然**矩阵等价.

(4) 矩阵等价**未必**向量组等价, 反例, 如 $\boldsymbol{A} = \begin{bmatrix} 1 & 0 \\ 0 & 0 \end{bmatrix}, \boldsymbol{B} = \begin{bmatrix} 0 & 0 \\ 1 & 0 \end{bmatrix}$.

3.2.8 阶梯形和最简行阶梯形有何应用

行阶梯形和最简行阶梯形是矩阵初等变换中应用最广泛的两个概念.

(1) 行阶梯形可以用于: 求矩阵或者向量组的秩、判断非齐次线性方程解的情况、判断齐次线性方程组是否有非零解、求极大线性无关组.

(2) 最简行阶梯形可以用于: 求逆矩阵、求方程的解、求线性表示关系、求坐标、求过渡矩阵.

(3) 最简行阶梯形是特殊的行阶梯形, 但是如果矩阵有未知参数, 则矩阵未必可以化为最简行阶梯形, 过程中需分类讨论.

3.2.9 线性变换中的反例

(1) 线性变换**必定**把线性相关的向量变成线性相关的向量.

(2) 线性变换**未必**把线性无关的向量变成线性无关的向量. 反例: 若 2 维空间

$\mathbb{R}^2$ 中线性变换 T 的矩阵为 $\boldsymbol{A}=\begin{bmatrix}0&0\\0&0\end{bmatrix}$, 则 T 把线性无关的基向量 $\boldsymbol{e}_1,\boldsymbol{e}_2$ 变成了线性相关的零向量.

3.3 典型例题

*3.3.1 直线和平面

1. 如果三张平面 $\pi_1: x+y+z=1; \pi_2: y+z=b; \pi_3: x+ay+2z=2$ 相交于一条直线, 则 ( ).

(A) $a=-2, b=-1$. (B) $a=2, b=-1$.

(C) $a=-2, b=1$. (D) $a=2, b=1$.

提示 用秩表示三个平面相交关系.

解 选 (D).

三张平面相交于一条直线, 故 $\operatorname{rank}\begin{bmatrix}1&1&1&1\\0&1&1&b\\1&a&2&2\end{bmatrix}=\operatorname{rank}\begin{bmatrix}1&1&1\\0&1&1\\1&a&2\end{bmatrix}=2.$

又因 $\begin{bmatrix}1&1&1&1\\0&1&1&b\\1&a&2&2\end{bmatrix}\to\begin{bmatrix}1&1&1&1\\0&1&1&b\\0&a-1&1&1\end{bmatrix}$, 从而最后两行对应成比例, 故 $a=2, b=1$.

MATLAB 程序 3.1

```
syms a b,A=[1,1,1;0,1,1;1,a,2],B=[1;b;2],C=[A,B],RowEchelon(C),
[a,b]=solve(det(C(1:3,1:3))==0,det(C(1:3,[1,2,4]))==0,[a,b])
```

3.3.2 线性相关性、极大线性无关组和线性表示关系

1. 若向量组 $\boldsymbol{\alpha}_1,\boldsymbol{\alpha}_2$ 线性无关, 则以下向量组线性相关的是 ( ).

(A) $2\boldsymbol{\alpha}_1+\boldsymbol{\alpha}_2,\boldsymbol{\alpha}_2$. (B) $3\boldsymbol{\alpha}_1,2\boldsymbol{\alpha}_1-\boldsymbol{\alpha}_2$.

(C) $\boldsymbol{\alpha}_1+\boldsymbol{\alpha}_2,\boldsymbol{\alpha}_1-\boldsymbol{\alpha}_2$. (D) $-3\boldsymbol{\alpha}_1+6\boldsymbol{\alpha}_2,\boldsymbol{\alpha}_1-2\boldsymbol{\alpha}_2$.

提示 若线性表示矩阵不可逆, 则向量组相关.

解 选 (D).

四个表示矩阵 $\begin{bmatrix}2&0\\1&1\end{bmatrix},\begin{bmatrix}3&2\\0&-1\end{bmatrix},\begin{bmatrix}1&1\\1&-1\end{bmatrix},\begin{bmatrix}-3&1\\6&-2\end{bmatrix}$ 中, 只有 $\begin{bmatrix}-3&1\\6&-2\end{bmatrix}$ 不是可逆矩阵, 故选 (D).

MATLAB 程序 3.2

```
A=[2,0;1,1],B=[3,2;0,-1],C=[1,1;1,-1],D=[-3,1;6,-2],
rank(A),rank(B),rank(C),rank(D)
```

2. 设 $\boldsymbol{\alpha}_1=(1,2,0)^{\mathrm{T}},\boldsymbol{\alpha}_2=(2,3,1)^{\mathrm{T}},\boldsymbol{\alpha}_3=(0,1,-1)^{\mathrm{T}},\boldsymbol{\beta}=(3,5,k)^{\mathrm{T}}$, 则 $k=2$ 是 $\boldsymbol{\beta}$ 不能由向量 $\boldsymbol{\alpha}_1,\boldsymbol{\alpha}_2,\boldsymbol{\alpha}_3$ 线性表出的 ( ).

(A) 充分条件, 但非必要条件. (B) 必要条件, 但非充分条件.

(C) 充要条件. (D) 既非充分条件, 又非必要条件.

提示 初等行变换法判断线性表示关系.

解 选 (A).

因 $\begin{bmatrix}1&2&0&3\\2&3&1&5\\0&1&-1&k\end{bmatrix}\to\begin{bmatrix}1&2&0&3\\0&-1&1&-1\\0&0&0&k-1\end{bmatrix}$, 故 $\boldsymbol{\beta}$ 不能被向量组 $\boldsymbol{\alpha}_1,\boldsymbol{\alpha}_2,\boldsymbol{\alpha}_3$ 线性表出的充要条件是 $k\neq 1$, 故选 (A).

MATLAB 程序 3.3

```
syms k,A=[1,2,0,3;2,3,1,5;0,1,-1,k],RowEchelon(A),
k=solve(det(A(1:3,[1,2,4])))
```

3. 设 3 维向量组 $\boldsymbol{\alpha}_1,\boldsymbol{\alpha}_2,\boldsymbol{\alpha}_3$ 线性无关, $\boldsymbol{A}$ 为三阶方阵, 且 $\boldsymbol{A}\boldsymbol{\alpha}_1=\boldsymbol{\alpha}_1+2\boldsymbol{\alpha}_2,\boldsymbol{A}\boldsymbol{\alpha}_2=\boldsymbol{\alpha}_2+2\boldsymbol{\alpha}_3,\boldsymbol{A}\boldsymbol{\alpha}_3=\boldsymbol{\alpha}_3+2\boldsymbol{\alpha}_1$.

(1) 证明: $\boldsymbol{A}\boldsymbol{\alpha}_1,\boldsymbol{A}\boldsymbol{\alpha}_2,\boldsymbol{A}\boldsymbol{\alpha}_3$ 也线性无关.

(2) 计算行列式 $|\boldsymbol{A}-2\boldsymbol{E}|$, 其中 $\boldsymbol{E}$ 为单位阵.

提示 可逆变换不改变向量组的线性相关性、行列式的性质.

解 (1) 若记 $\boldsymbol{P}=[\boldsymbol{\alpha}_1,\boldsymbol{\alpha}_2,\boldsymbol{\alpha}_3],\boldsymbol{B}=\begin{bmatrix}1&0&2\\2&1&0\\0&2&1\end{bmatrix}$, 则 $[\boldsymbol{A}\boldsymbol{\alpha}_1,\boldsymbol{A}\boldsymbol{\alpha}_2,\boldsymbol{A}\boldsymbol{\alpha}_3]=\boldsymbol{PB}$, 因 $|\boldsymbol{B}|=9\neq 0$, 故 $\boldsymbol{B}$ 可逆, 故 $\operatorname{rank}[\boldsymbol{A}\boldsymbol{\alpha}_1,\boldsymbol{A}\boldsymbol{\alpha}_2,\boldsymbol{A}\boldsymbol{\alpha}_3]=\operatorname{rank}[\boldsymbol{\alpha}_1,\boldsymbol{\alpha}_2,\boldsymbol{\alpha}_3]=3$, 故 $\boldsymbol{A}\boldsymbol{\alpha}_1,\boldsymbol{A}\boldsymbol{\alpha}_2,\boldsymbol{A}\boldsymbol{\alpha}_3$ 也线性无关.

(2) 因 $\boldsymbol{AP}=[\boldsymbol{A}\boldsymbol{\alpha}_1,\boldsymbol{A}\boldsymbol{\alpha}_2,\boldsymbol{A}\boldsymbol{\alpha}_3]=\boldsymbol{PB}$, 故 $\boldsymbol{A}=\boldsymbol{PBP}^{-1}$, 故

$$|\boldsymbol{A}-2\boldsymbol{E}|=|\boldsymbol{B}-2\boldsymbol{E}|=\begin{vmatrix}-1&0&2\\2&-1&0\\0&2&-1\end{vmatrix}=7.$$

MATLAB 程序 3.4

```
(1)B=[1,0,2;2,1,0;0,2,1];det(B)
(2)C=B-2*eye(3);det(C)
```

4. 设 $\boldsymbol{A}$ 为 3×4 的矩阵, 且 $\boldsymbol{A}$ 的行向量线性无关, 则以下结论**错误**的是 (　).

(A) $\boldsymbol{A}^{\mathrm{T}}\boldsymbol{X}=\boldsymbol{0}$ 只有零解.　　(B) $\boldsymbol{A}^{\mathrm{T}}\boldsymbol{A}\boldsymbol{X}=\boldsymbol{0}$ 必有无穷多解.

(C) $\forall \boldsymbol{b}, \boldsymbol{A}^{\mathrm{T}}\boldsymbol{X}=\boldsymbol{b}$ 有唯一解.　(D) $\forall \boldsymbol{b}, \boldsymbol{A}\boldsymbol{X}=\boldsymbol{b}$ 总有无穷多解.

提示　若系数矩阵的秩小于未知数的个数, 则齐次方程有无穷多解.

解　选 (C).

(C) 的反例, 若 $\boldsymbol{A}=\begin{bmatrix}1&0&0&0\\0&1&0&0\\0&0&1&0\end{bmatrix}$, $\boldsymbol{b}=(0,0,0,1)^{\mathrm{T}}$, 则方程无解.

因 $\boldsymbol{A}$ 的行向量线性无关, 故 $\operatorname{rank}\boldsymbol{A}^{\mathrm{T}}=\operatorname{rank}\boldsymbol{A}=3$, 故 $\boldsymbol{A}^{\mathrm{T}}\boldsymbol{X}=\boldsymbol{0}$ 只有零解, 故 (A) 正确.

因 $\operatorname{rank}(\boldsymbol{A}^{\mathrm{T}}\boldsymbol{A})=\operatorname{rank}\boldsymbol{A}=3<4=n$, 故 $\boldsymbol{A}^{\mathrm{T}}\boldsymbol{A}\boldsymbol{X}=\boldsymbol{0}$ 必有无穷多解, 故 (B) 正确.

因 $\operatorname{rank}\boldsymbol{A}=\operatorname{rank}[\boldsymbol{A},\boldsymbol{b}]=3<4=n$, 故 $\forall \boldsymbol{b}, \boldsymbol{A}\boldsymbol{X}=\boldsymbol{b}$ 总有无穷多解, 故 (D) 正确.

5. 已知向量组 $\boldsymbol{\alpha}_1=(1,1,-1)^{\mathrm{T}}, \boldsymbol{\alpha}_2=(1,0,a)^{\mathrm{T}}, \boldsymbol{\alpha}_3=(a,2,1)^{\mathrm{T}}, \boldsymbol{\alpha}_4=\left(-1,-2,a^2\right)^{\mathrm{T}}$. 若 $(\boldsymbol{\alpha}_1,\boldsymbol{\alpha}_2,\boldsymbol{\alpha}_3)$ 和 $(\boldsymbol{\alpha}_1,\boldsymbol{\alpha}_2,\boldsymbol{\alpha}_3,\boldsymbol{\alpha}_4)$ 不等价, 求参数 a 的值.

提示　初等行变换法判断线性表示关系.

解　设 $\boldsymbol{A}=(\boldsymbol{\alpha}_1,\boldsymbol{\alpha}_2,\boldsymbol{\alpha}_3)$ 和 $\boldsymbol{B}=(\boldsymbol{\alpha}_1,\boldsymbol{\alpha}_2,\boldsymbol{\alpha}_3,\boldsymbol{\alpha}_4)$.

$$\boldsymbol{B}=\begin{bmatrix}1&1&a&-1\\1&0&2&-2\\-1&a&1&a^2\end{bmatrix}\to\begin{bmatrix}1&1&a&-1\\0&-1&2-a&-1\\0&0&-(a+1)(a-3)&(a+1)(a-2)\end{bmatrix},$$

因 $\boldsymbol{A},\boldsymbol{B}$ 不等价, 故 $2=\operatorname{rank}\boldsymbol{A}<\operatorname{rank}\boldsymbol{B}=3$, 故 $a=3$.

MATLAB 程序 3.5

```
syms a,a1=[1;1;-1],a2=[1;0;a],a3=[a;2;1],a4=[-1;-2;a^2],
A=[a1,a2,a3,a4],RowEchelon(A),solve(det(A(:,1:3))),
solve(det(A(:,[1,2,4])))
```

3.3.3 方程组解的判别和解方程

1. 设 $\boldsymbol{A}=\begin{bmatrix}1&1&2\\-1&2&1\\0&1&1\end{bmatrix}$, $\boldsymbol{B}=\begin{bmatrix}4&-1\\2&a\\2&-1\end{bmatrix}$, 若方程组 $\boldsymbol{AX}=\boldsymbol{B}$ 有解, 则 $a=$ ________.

提示 方程有解的充要条件是 $\text{rank}[\boldsymbol{A},\boldsymbol{B}]=\text{rank}\boldsymbol{A}$.

解 答案: −2.

因 $[\boldsymbol{A},\boldsymbol{B}]\to\begin{bmatrix}1&1&2&4&-1\\0&1&1&2&-1\\0&0&0&0&a+2\end{bmatrix}$ 且 $\boldsymbol{AX}=\boldsymbol{B}$ 有解, 故 $\text{rank}\,[\boldsymbol{A},\boldsymbol{B}]=\text{rank}\boldsymbol{A}$, 故 $a=-2$.

MATLAB 程序 3.6

```
syms a,A=[1,1,2;-1,2,1;0,1,1],B=[4,-1;2,a;2,-1],
RowEchelon([A,B])
```

2. 设矩阵 $\boldsymbol{A}=\begin{bmatrix}1&-1&-1\\2&a&1\\1&-1&-a\end{bmatrix}$, $\boldsymbol{B}=\begin{bmatrix}2&2\\1&a\\a+1&2\end{bmatrix}$. 试讨论: 当 a 为何值时, 方程 $\boldsymbol{AX}=\boldsymbol{B}$ 有唯一解, 无解, 有无穷多解? 当有无穷多解时, 求通解.

提示 用初等行变换和秩判断方程解的情况.

解 $[\boldsymbol{A},\boldsymbol{B}]=\begin{bmatrix}1&-1&-1&2&2\\2&a&1&1&a\\1&-1&-a&a+1&2\end{bmatrix}\to\begin{bmatrix}1&-1&-1&2&2\\0&a+2&3&-3&a-4\\0&0&-a+1&a-1&0\end{bmatrix}$.

若 $a\neq-2, a\neq1$, 则 $\text{rank}\,[\boldsymbol{A},\boldsymbol{B}]=\text{rank}\boldsymbol{A}=3$, 方程有唯一解.

若 $a=-2$, 则 $[\boldsymbol{A},\boldsymbol{B}]\to\begin{bmatrix}1&-1&-1&2&2\\0&0&3&-3&-6\\0&0&0&0&6\end{bmatrix}$, $\text{rank}\,[\boldsymbol{A},\boldsymbol{B}]>\text{rank}\boldsymbol{A}=2$, 方程无解.

若 $a=1$, 则 $[\boldsymbol{A},\boldsymbol{B}]\to\begin{bmatrix}1&0&0&1&1\\0&1&1&-1&-1\\0&0&0&0&0\end{bmatrix}$, $\text{rank}\,[\boldsymbol{A},\boldsymbol{B}]=\text{rank}\boldsymbol{A}=2$, 方程

有无穷多解. 此时, 设未知矩阵为 $\boldsymbol{X}=\begin{bmatrix} a & d \\ b & e \\ c & f \end{bmatrix}$, 则自由变量为 c, f, 故

$$\begin{bmatrix} a & d \\ b & e \\ c & f \end{bmatrix}=\begin{bmatrix} 1 & 1 \\ -1 & -1 \\ 0 & 0 \end{bmatrix}+\begin{bmatrix} 0 & 0 \\ -1 & -1 \\ 1 & 1 \end{bmatrix}\begin{bmatrix} c & 0 \\ 0 & f \end{bmatrix}, \quad c, f \in \mathbb{R}.$$

MATLAB 程序 3.7

```
syms a,A=[1,-1,-1;2,a,1;1,-1,-a],B=[2,2;1,a;a+1,2],
RowEchelon([A,B]),A=subs(A,a,1),B=subs(B,a,1),null(A),A\B
```

3. 已知线性方程组为 $\begin{cases} x_1+x_2+x_3=2, \\ 2x_1+3x_2+ax_3=6, \\ -2x_1+(a-2)\,x_2+x_3=2, \end{cases}$

(1) a 为何值时方程组无解.

(2) a 为何值时方程组有无穷多解, 求通解.

(3) a 为何值时方程组有唯一解, 求其解.

提示　初等行变换法判断方程组解的情况.

解　$[\boldsymbol{A}, \boldsymbol{b}]=\begin{bmatrix} 1 & 1 & 1 & 2 \\ 2 & 3 & a & 6 \\ -2 & a-2 & 1 & 2 \end{bmatrix} \rightarrow \begin{bmatrix} 1 & 1 & 1 & 2 \\ 0 & 1 & a-2 & 2 \\ 0 & 0 & (3-a)\,(a+1) & 2\,(3-a) \end{bmatrix}.$

(1) 若 $a=-1$, 则 $\operatorname{rank}[\boldsymbol{A}, \boldsymbol{B}]>\operatorname{rank}\boldsymbol{A}=2$, 方程无解.

(2) 若 $a=3$, 则 $\operatorname{rank}[\boldsymbol{A}, \boldsymbol{B}]=\operatorname{rank}\boldsymbol{A}=2$, 方程有无穷多解.

因 $[\boldsymbol{A}, \boldsymbol{b}] \rightarrow \begin{bmatrix} 1 & 0 & 0 & 0 \\ 0 & 1 & 1 & 2 \\ 0 & 0 & 0 & 0 \end{bmatrix}$, 故通解为 $\boldsymbol{x}=t\begin{bmatrix} 0 \\ -1 \\ 1 \end{bmatrix}+\begin{bmatrix} 0 \\ 2 \\ 0 \end{bmatrix}, t \in \mathbb{R}$.

(3) 若 $a \neq 3, a \neq -1$, 则 $\operatorname{rank}[\boldsymbol{A}, \boldsymbol{B}]=\operatorname{rank}\boldsymbol{A}=3$, 方程有唯一解.

因 $[\boldsymbol{A}, \boldsymbol{b}] \rightarrow \begin{bmatrix} 1 & 0 & 0 & \dfrac{2a-6}{a+1} \\ 0 & 1 & 0 & \dfrac{6}{a+1} \\ 0 & 0 & 1 & \dfrac{2}{a+1} \end{bmatrix}$, 故解为 $\left[\begin{array}{ccc} \dfrac{2a-6}{a+1}, & \dfrac{6}{a+1}, & \dfrac{2}{a+1} \end{array}\right]^{\mathrm{T}}$.

MATLAB 程序 3.8

```
syms a,A=[1,1,1;2,3,a;-2,a-2,1],b=[2;6;2],RowEchelon([A,b]),A\b
```

3.3.4 内积和正交矩阵

1. 设 $\boldsymbol{A},\boldsymbol{B}$ 均为正交矩阵, 并且 $|\boldsymbol{A}|+|\boldsymbol{B}|=0$, 证明 $\boldsymbol{A}+\boldsymbol{B}$ 不可逆.

备注 本题解题思路比较特殊, 用到正交矩阵的定义和它的行列式.

证 因 $\boldsymbol{A}+\boldsymbol{B}$ 均为正交矩阵, 故 $|\boldsymbol{A}|=\pm1, |\boldsymbol{B}|=\pm1$, 又 $|\boldsymbol{A}|+|\boldsymbol{B}|=0$, 故 $|\boldsymbol{A}|,|\boldsymbol{B}|$ 中一个为 1, 另一个为 -1, 不妨设 $|\boldsymbol{A}|=1, |\boldsymbol{B}|=-1$, 则

$$\begin{aligned}|\boldsymbol{A}+\boldsymbol{B}| &= |\boldsymbol{A}|\,|\boldsymbol{A}+\boldsymbol{B}| = \left|\boldsymbol{A}^{\mathrm{T}}\right||\boldsymbol{A}+\boldsymbol{B}| = \left|\boldsymbol{A}^{\mathrm{T}}\boldsymbol{A}+\boldsymbol{A}^{\mathrm{T}}\boldsymbol{B}\right| = \left|\boldsymbol{E}+\boldsymbol{A}^{\mathrm{T}}\boldsymbol{B}\right| \\ &= \left|\boldsymbol{B}^{\mathrm{T}}\boldsymbol{B}+\boldsymbol{A}^{\mathrm{T}}\boldsymbol{B}\right| = \left|\boldsymbol{B}^{\mathrm{T}}+\boldsymbol{A}^{\mathrm{T}}\right||\boldsymbol{B}| = \left|(\boldsymbol{A}+\boldsymbol{B})^{\mathrm{T}}\right||\boldsymbol{B}| = |\boldsymbol{A}+\boldsymbol{B}|\,|\boldsymbol{B}| = -|\boldsymbol{A}+\boldsymbol{B}|.\end{aligned}$$

因此 $|\boldsymbol{A}+\boldsymbol{B}|=0$, 故 $\boldsymbol{A}+\boldsymbol{B}$ 不可逆.

2. 设 $\boldsymbol{\alpha}$, $\boldsymbol{\beta}\in\mathbb{R}^n$, 它们的长度分别为 $\|\boldsymbol{\alpha}\|=1$, $\|\boldsymbol{\beta}\|=3$, 则内积 $(\boldsymbol{\alpha}+\boldsymbol{\beta}, \boldsymbol{\alpha}-\boldsymbol{\beta})=$__________.

提示 内积的对称性和模的定义.

解 答案: -8.

$(\boldsymbol{\alpha}+\boldsymbol{\beta},\boldsymbol{\alpha}-\boldsymbol{\beta})=\|\boldsymbol{\alpha}\|^2-\|\boldsymbol{\beta}\|^2=-8$.

3.3.5 坐标、过渡矩阵和线性变换的矩阵表示

1. 设 $\boldsymbol{\alpha}_1,\boldsymbol{\alpha}_2$ 和 $\boldsymbol{\beta}_1,\boldsymbol{\beta}_2$ 是向量空间 $\mathbb{R}^2$ 的两组基, $\boldsymbol{\beta}_1=\boldsymbol{\alpha}_1+\boldsymbol{\alpha}_2, \boldsymbol{\beta}_2=-2\boldsymbol{\alpha}_1+\boldsymbol{\alpha}_2$, 则由 $\boldsymbol{\beta}_1,\boldsymbol{\beta}_2$ 到 $\boldsymbol{\alpha}_1,\boldsymbol{\alpha}_2$ 的过渡矩阵是 ( ).

(A) $\begin{bmatrix}1 & 1\\ -2 & 1\end{bmatrix}$. (B) $\begin{bmatrix}1 & -2\\ 1 & 1\end{bmatrix}$. (C) $\dfrac{1}{3}\begin{bmatrix}1 & 2\\ -1 & 1\end{bmatrix}$. (D) $\dfrac{1}{3}\begin{bmatrix}1 & 1\\ -2 & 1\end{bmatrix}$.

提示 行列式和 “一除两换” 法则求二阶矩阵的逆.

解 选 (C).

因 $[\boldsymbol{\beta}_1,\boldsymbol{\beta}_2]=[\boldsymbol{\alpha}_1,\boldsymbol{\alpha}_2]\begin{bmatrix}1 & -2\\ 1 & 1\end{bmatrix}$, 故从 $\boldsymbol{\beta}_1,\boldsymbol{\beta}_2$ 到 $\boldsymbol{\alpha}_1,\boldsymbol{\alpha}_2$ 的过渡矩阵是

$$\begin{bmatrix}1 & -2\\ 1 & 1\end{bmatrix}^{-1}=\frac{1}{3}\begin{bmatrix}1 & 2\\ -1 & 1\end{bmatrix}.$$

MATLAB 程序 3.9

```
A=sym([1,-2;1,1]),inv(A)
```

3.4 上 机 解 题

*3.4.1 习题 3.1

1. 已知某个棱长为 a 的正棱锥的一个顶点在 z 轴上, 底面为正方形且在 xOy 平面上, 底面的一边垂直于 x 轴, 另一边垂直于 y 轴. 求正棱锥五个顶点的坐标.

解　如图 3.2 所示.

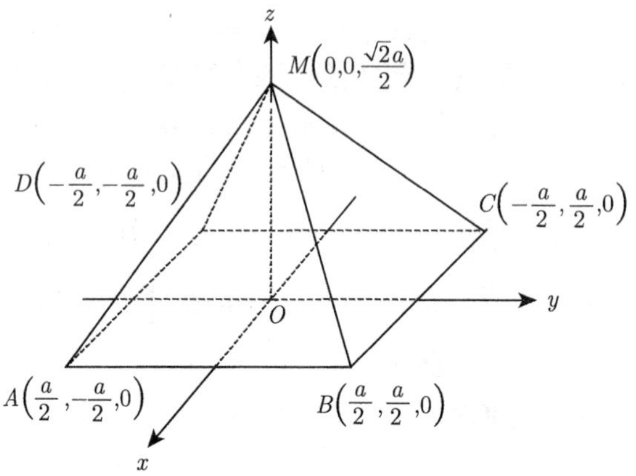

图 3.2

2. 求点 $A(-3,2,-5)$ 到坐标原点和各坐标轴的距离.

解　A 到坐标原点的距离为 $\sqrt{(-3-0)^2+(2-0)^2+(-5-0)^2}=\sqrt{38}$.

A 到 x 轴的距离为 $\sqrt{(2-0)^2+(-5-0)^2}=\sqrt{29}$.

A 到 y 轴的距离为 $\sqrt{(-3-0)^2+(-5-0)^2}=\sqrt{34}$.

A 到 z 轴的距离为 $\sqrt{(-3-0)^2+(2-0)^2}=\sqrt{13}$.

MATLAB 程序 3.10

```
A=sym([-3,2,-5]),O=[0,0,0],X=[-3,0,0],Y=[0,2,0],Z=[0,0,-5],
norm(A-O),norm(A-X),norm(A-Y),norm(A-Z)
```

3. 试在 yOz 平面上求一点, 使它到 $A(3,1,2),B(4,-2,-2)$ 和 $C(0,5,1)$ 的距离相等.

解　设该点为 $P(0,y,z)$, 则 $\|\overrightarrow{PA}\|=\|\overrightarrow{PB}\|=\|\overrightarrow{PC}\|$, 即

$$\sqrt{9+(y-1)^2+(z-2)^2}=\sqrt{16+(y+2)^2+(z+2)^2}=\sqrt{(y-5)^2+(z-1)^2},$$

即 $\begin{cases}3y+4z=-5,\\7y+3z=1,\end{cases}$ 求得 $y=1,z=-2$. 故所求的点为 $P(0,1,-2)$.

MATLAB 程序 3.11

```
syms y z,P=[0,y,z],A=[3,1,2],B=[4,-2,-2],C=[0,5,1],
[y z]=solve(norm(P-A)-norm(P-B),norm(P-A)-norm(P-C),[y z])
```

4. 在 z 轴上求一点, 使得它和点 $(1,2,5),(2,3,4)$ 形成直角三角形.

解 设 z 轴上满足条件的点为 $P(0,0,z)$, 记 $A(1,2,5),B(2,3,4)$, 则

$$\begin{cases} \|\overrightarrow{AB}\| = \sqrt{(2-1)^2+(3-2)^2+(4-5)^2} = \sqrt{3}, \\ \|\overrightarrow{PA}\| = \sqrt{1^2+2^2+(5-z)^2} = \sqrt{30-10z+z^2}, \\ \|\overrightarrow{PB}\| = \sqrt{2^2+3^2+(4-z)^2} = \sqrt{29-8z+z^2}. \end{cases}$$

(1) 若 $\|\overrightarrow{PA}\|^2+\|\overrightarrow{PB}\|^2=\|\overrightarrow{AB}\|^2$, 则 $z^2-9z+28=0$, 无解, 矛盾.

(2) 若 $\|\overrightarrow{PA}\|^2+\|\overrightarrow{AB}\|^2=\|\overrightarrow{PB}\|^2$, 则 $z=2$, 即 $P=(0,0,2)$.

(3) 若 $\|\overrightarrow{PB}\|^2+\|\overrightarrow{AB}\|^2=\|\overrightarrow{PA}\|^2$, 则 $z=-1$, 即 $P=(0,0,-1)$.

MATLAB 程序 3.12

```
syms z,C=[0,0,z],A=[1,2,5],B=[2,3,4],
z1=solve(norm(C-A)^2+norm(C-B)^2-norm(A-B)^2),
z2=solve(norm(C-A)^2-norm(C-B)^2+norm(A-B)^2),
z3=solve(-norm(C-A)^2+norm(C-B)^2+norm(A-B)^2),
```

*3.4.2 习题 3.2

1. 证明向量的数乘运算的结合律和分配律.

证 设 λ,μ 是任意两个实数, 而 $\boldsymbol{a}=(x_1,y_1,z_1)$, $\boldsymbol{b}=(x_2,y_2,z_2)$ 是任意两个向量.

(1) 结合律

$$\begin{aligned}(\lambda\mu)\boldsymbol{a} &= ((\lambda\mu)x_1,(\lambda\mu)y_1,(\lambda\mu)z_1) = (\lambda(\mu x_1),\lambda(\mu y_1),\lambda(\mu z_1)) \\ &= \lambda((\mu x_1),(\mu y_1),(\mu z_1)) = \lambda(\mu\boldsymbol{a}).\end{aligned}$$

(2) 分配律

$$\begin{aligned}\lambda(\boldsymbol{a}+\boldsymbol{b}) &= \lambda(x_1+x_2,y_1+y_2,z_1+z_2) = (\lambda(x_1+x_2),\lambda(y_1+y_2),\lambda(z_1+z_2)) \\ &= (\lambda x_1+\lambda x_2,\lambda y_1+\lambda y_2,\lambda z_1+\lambda z_2) \\ &= (\lambda x_1,\lambda y_1,\lambda z_1)+(\lambda x_2,\lambda y_2,\lambda z_2) = \lambda\boldsymbol{a}+\lambda\boldsymbol{b}.\end{aligned}$$

2. 把 $\triangle ABC$ 的边 BC 五等分, 分点依次为 D_1,D_2,D_3,D_4, 再把各分点与点 A 连接, 试以 $\overrightarrow{AB}=\boldsymbol{c},\overrightarrow{BC}=\boldsymbol{a}$ 表示矢量 $\overrightarrow{D_1A},\overrightarrow{D_2A},\overrightarrow{D_3A},\overrightarrow{D_4A}$.

解 如图 3.3 所示.

$$\overrightarrow{D_1A} = -(\overrightarrow{AB}+\overrightarrow{BD_1}) = -\boldsymbol{c}-\frac{1}{5}\boldsymbol{a}.$$

$$\overrightarrow{D_2A} = -(\overrightarrow{AB}+\overrightarrow{BD_2}) = -\boldsymbol{c}-\frac{2}{5}\boldsymbol{a}.$$

$$\overrightarrow{D_3A} = -(\overrightarrow{AB} + \overrightarrow{BD_3}) = -\boldsymbol{c} - \frac{3}{5}\boldsymbol{a}.$$

$$\overrightarrow{D_4A} = -(\overrightarrow{AB} + \overrightarrow{BD_4}) = -\boldsymbol{c} - \frac{4}{5}\boldsymbol{a}.$$

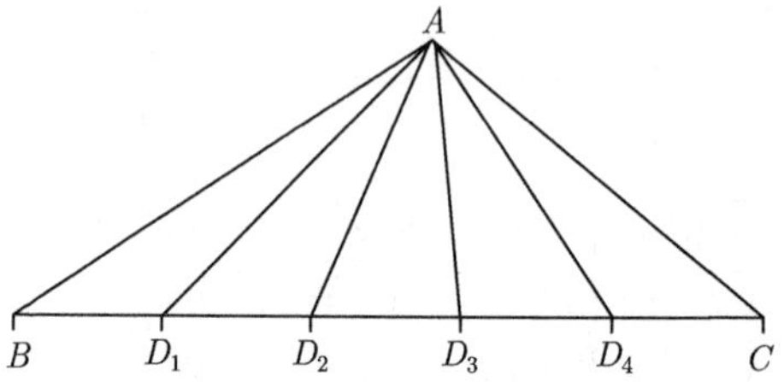

图 3.3

3. 三角形的三个顶点分别由矢径 $\boldsymbol{r}_1, \boldsymbol{r}_2, \boldsymbol{r}_3$ 给出, 求三条中线交点的矢径.

解　如图 3.4 所示, 设由矢径 $\boldsymbol{r}_1, \boldsymbol{r}_2, \boldsymbol{r}_3$ 给出的三个顶点分别为A, B, C.

A, B 的中点为 D, 三条中线的交点为 E, 则 $\overrightarrow{OD} = \frac{1}{2}(\boldsymbol{r}_1 + \boldsymbol{r}_2)$, $\overrightarrow{DE} = \frac{1}{3}\overrightarrow{DC} = \frac{1}{3}\left(\overrightarrow{OC} - \overrightarrow{OD}\right) = \frac{1}{6}(2r_3 - \boldsymbol{r}_1 - \boldsymbol{r}_2)$. 因此中线交点的矢径为 $\overrightarrow{OE} = \overrightarrow{OD} + \overrightarrow{DE} = \frac{1}{2}(\boldsymbol{r}_1 + \boldsymbol{r}_2) + \frac{1}{6}(2\boldsymbol{r}_3 - \boldsymbol{r}_1 - \boldsymbol{r}_2) = \frac{1}{3}(\boldsymbol{r}_1 + \boldsymbol{r}_2 + \boldsymbol{r}_3)$.

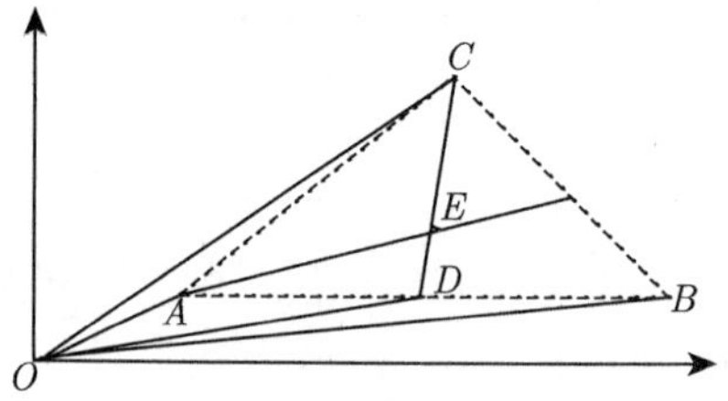

图 3.4

4. 用矢量证明一组对边平行且相等的四边形是平行四边形.

证　一组对边 AD, BC 平行且相等, 于是 $\overrightarrow{AD} = \overrightarrow{BC}$, 故 $\overrightarrow{DC} = \overrightarrow{AC} - \overrightarrow{AD} = \overrightarrow{AC} - \overrightarrow{BC} = \overrightarrow{AB}$, 于是另一组对边 DC, AB 也平行且相等, 故四边形是平行四边形 (图 3.5).

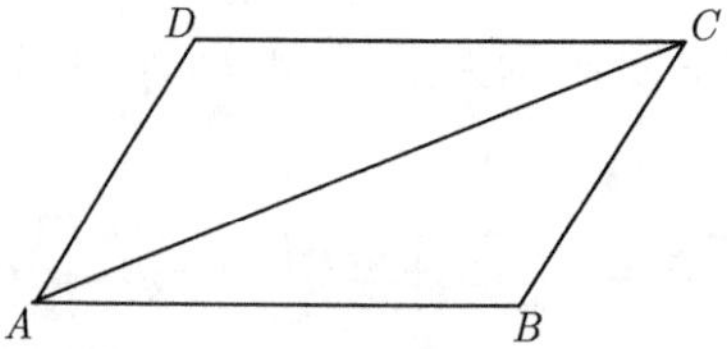

图 3.5

*3.4.3 习题 3.3

1. 已知两点 $A(4,0,5), B(7,1,3)$, 试把线段 AB 分成定比为 $1:3$ 的两段, 求分点 M 的坐标.

解 因 $\overrightarrow{AB}=(3,1,-2)$, 故 $\overrightarrow{AM}=\dfrac{1}{4}(3,1,-2)=\left(\dfrac{3}{4},\dfrac{1}{4},-\dfrac{2}{4}\right)$. $\overrightarrow{OM}=\overrightarrow{OA}+\overrightarrow{AM}$, 于是点 M 的坐标为 $\overrightarrow{OM}=(4,0,5)+\left(\dfrac{3}{4},\dfrac{1}{4},-\dfrac{2}{4}\right)=\left(\dfrac{19}{4},\dfrac{1}{4},\dfrac{18}{4}\right)$.

MATLAB 程序 3.13

```
A=[4,0,5],B=[7,1,3],AB=B-A,AM=sym(AB)/4,M=A+AM
```

2. 求 $\boldsymbol{a}=2\boldsymbol{i}+3\boldsymbol{j}-\boldsymbol{k}$ 在 $\boldsymbol{b}=-3\boldsymbol{i}-\boldsymbol{j}+\boldsymbol{k}$ 上的投影.

解 $\text{proj}_{\boldsymbol{b}}\boldsymbol{a}=\|\boldsymbol{a}\|\cos(\boldsymbol{a},\boldsymbol{b})=\dfrac{\boldsymbol{a}\cdot\boldsymbol{b}}{\|\boldsymbol{b}\|}=\dfrac{-6-3-1}{\sqrt{11}}=\dfrac{-10}{\sqrt{11}}$.

MATLAB 程序 3.14

```
a=sym([2,3,-1]),b=sym([-3,-1,1]),dot(a,b)/norm(b)
```

3. 已知三点 $A(1,0,1), B(1,1,0), C(2,1,2)$, 求 $\overrightarrow{AB}$ 与 $\overrightarrow{AC}$ 的夹角.

解 因 $\overrightarrow{AB}=(0,1,-1), \overrightarrow{AC}=(1,1,1)$, 故

$$\cos(\overrightarrow{AB},\overrightarrow{AC})=\frac{\overrightarrow{AB}\cdot\overrightarrow{AC}}{||\overrightarrow{AB}||\cdot||\overrightarrow{AC}||}=\frac{0}{||\overrightarrow{AB}||\cdot||\overrightarrow{AC}||}=0,$$

$\overrightarrow{AB}$ 与 $\overrightarrow{AC}$ 的夹角为 $\dfrac{\pi}{2}$.

MATLAB 程序 3.15

```
A=sym([1,0,1]),B=sym([1,1,0]),C=sym([2,1,2]),
AB=B-A,AC=C-A,cos=dot(AB,AC)/(norm(AB)*norm(AC)),theta=acos(cos)
```

4. 求向量 $\boldsymbol{A}=2\boldsymbol{a}+3\boldsymbol{b}, \boldsymbol{B}=3\boldsymbol{a}-\boldsymbol{b}$ 的夹角, 其中 $\boldsymbol{a},\boldsymbol{b}$ 为向量, 且 $\|\boldsymbol{a}\|=2, \|\boldsymbol{b}\|=1, (\boldsymbol{a},\boldsymbol{b})=\dfrac{\pi}{3}$.

解 因

$$\begin{aligned}||\boldsymbol{A}||^2&=(2\boldsymbol{a}+3\boldsymbol{b})\cdot(2\boldsymbol{a}+3\boldsymbol{b})=4\boldsymbol{a}\cdot\boldsymbol{a}+12\boldsymbol{a}\cdot\boldsymbol{b}+9\boldsymbol{b}\cdot\boldsymbol{b}\\&=16+12\|\boldsymbol{a}\|\,\|\boldsymbol{b}\|\cos(\boldsymbol{a},\boldsymbol{b})+9=37,\\||\boldsymbol{B}||^2&=(3\boldsymbol{a}-\boldsymbol{b})\cdot(3\boldsymbol{a}-\boldsymbol{b})=9\boldsymbol{a}\cdot\boldsymbol{a}-6\boldsymbol{a}\cdot\boldsymbol{b}+\boldsymbol{b}\cdot\boldsymbol{b}\\&=36-6\|\boldsymbol{a}\|\,\|\boldsymbol{b}\|\cos(\boldsymbol{a},\boldsymbol{b})+1=31,\\\boldsymbol{A}\cdot\boldsymbol{B}&=(2\boldsymbol{a}+3\boldsymbol{b})\cdot(3\boldsymbol{a}-\boldsymbol{b})=6\boldsymbol{a}\cdot\boldsymbol{a}+7\boldsymbol{a}\cdot\boldsymbol{b}-3\boldsymbol{b}\cdot\boldsymbol{b}\end{aligned}$$

$$= 24 + 7\,\|\boldsymbol{a}\|\,\|\boldsymbol{b}\|\cos(\boldsymbol{a},\boldsymbol{b}) - 3 = 28,$$

故所求夹角为 $\arccos\left(\dfrac{\boldsymbol{A}\cdot\boldsymbol{B}}{\|\boldsymbol{A}\|\|\boldsymbol{B}\|}\right) = \arccos\left(\dfrac{28}{\sqrt{37}\sqrt{31}}\right)$.

5. 已知 $\triangle ABC$ 的两边为 $\overrightarrow{AB} = 2\boldsymbol{i}+\boldsymbol{j}-2\boldsymbol{k}, \overrightarrow{BC} = 3\boldsymbol{i}+2\boldsymbol{j}+6\boldsymbol{k}$, 求三个内角.

解　因 $\overrightarrow{BA} = -2\boldsymbol{i}-\boldsymbol{j}+2\boldsymbol{k}, \|\overrightarrow{BA}\| = 3, \|\overrightarrow{BC}\| = 7, \overrightarrow{BA}\cdot\overrightarrow{BC} = 4$, 故 $\angle ABC = \arccos\left(\dfrac{4}{21}\right)$.

因 $\overrightarrow{AC} = 5\boldsymbol{i}+3\boldsymbol{j}+4\boldsymbol{k}, \|\overrightarrow{AC}\| = 5\sqrt{2}, \|\overrightarrow{AB}\| = 3, \overrightarrow{AC}\cdot\overrightarrow{AB} = 5$, 故 $\angle CAB = \arccos\left(\dfrac{1}{3\sqrt{2}}\right)$.

因 $\overrightarrow{CB} = -3\boldsymbol{i}-2\boldsymbol{j}-6\boldsymbol{k}, \|\overrightarrow{CB}\| = 7, \|\overrightarrow{CA}\| = 5\sqrt{2}, \overrightarrow{CB}\cdot\overrightarrow{CA} = 45$, 故 $\angle BCA = \arccos\left(\dfrac{9}{7\sqrt{2}}\right)$.

MATLAB 程序 3.16

```
AB=sym([2,1,-2]),BC=sym([3,2,6]),AC=AB+BC,
angA=acos(dot(AB,AC)/(norm(AB)*norm(AC))),
angB=acos(dot(-AB,BC)/(norm(AB)*norm(BC))),
angC=acos(dot(-AC,-BC)/(norm(AC)*norm(BC)))
```

6. 设质点开始位于点 $P(1,2,-1)$ 处, 现有方向角为 $\dfrac{\pi}{3},\dfrac{\pi}{3},\dfrac{\pi}{4}$, 大小为 100 克的力作用于此质点, 并使质点从 P 运行到 $M(2,5,-1+3\sqrt{2})$, 求该力所做的功.

解　因 $\overrightarrow{PM} = (1,3,3\sqrt{2})$, 故力为 $\boldsymbol{F} = 100\left(\cos\dfrac{\pi}{3},\cos\dfrac{\pi}{3},\cos\dfrac{\pi}{4}\right) = 100\left(\dfrac{1}{2},\dfrac{1}{2},\dfrac{\sqrt{2}}{2}\right)$, 且功为 $W = \boldsymbol{F}\cdot\overrightarrow{PM} = 100\left(\dfrac{1}{2}+\dfrac{3}{2}+3\right) = 500$.

MATLAB 程序 3.17

```
F=100*[cos(pi/3),cos(pi/3),cos(pi/4)],
PM=sym([1,3,3*sqrt(2)]),W=dot(F,PM)
```

7. 已知 $\boldsymbol{p},\boldsymbol{q}$ 为向量, 且 $\|\boldsymbol{p}\| = 2\sqrt{2}, \|\boldsymbol{q}\| = 3, (\boldsymbol{p},\boldsymbol{q}) = \dfrac{\pi}{4}$, 试求以向量 $\boldsymbol{A} = 5\boldsymbol{p}+2\boldsymbol{q}, \boldsymbol{B} = \boldsymbol{p}-3\boldsymbol{q}$ 为边的平行四边形的面积和对角线长度.

解　因 $\boldsymbol{p}\cdot\boldsymbol{q} = \|\boldsymbol{p}\|\|\boldsymbol{q}\|\cos(\boldsymbol{p},\boldsymbol{q}) = 6$, 故

$$\boldsymbol{A}\cdot\boldsymbol{A} = 25\boldsymbol{p}\cdot\boldsymbol{p} + 20\boldsymbol{p}\cdot\boldsymbol{q} + 4\boldsymbol{q}\cdot\boldsymbol{q} = 356,$$
$$\boldsymbol{B}\cdot\boldsymbol{B} = \boldsymbol{p}\cdot\boldsymbol{p} - 6\boldsymbol{p}\cdot\boldsymbol{q} + 9\boldsymbol{q}\cdot\boldsymbol{q} = 53,$$

$$\boldsymbol{A}\cdot\boldsymbol{B}=5\boldsymbol{p}\cdot\boldsymbol{p}-13\boldsymbol{p}\cdot\boldsymbol{q}-6\boldsymbol{q}\cdot\boldsymbol{q}=-92,$$

又因 $[\boldsymbol{A}\cdot\boldsymbol{B}]^2+||\boldsymbol{A}\times\boldsymbol{B}||^2=||\boldsymbol{A}||^2||\boldsymbol{B}||^2$, 故 $||\boldsymbol{A}\times\boldsymbol{B}||^2=||\boldsymbol{A}||^2||\boldsymbol{B}||^2-[\boldsymbol{A}\cdot\boldsymbol{B}]^2=10404$, 故平行四边形的面积为 $\sqrt{10404}=102$.

对角线模的平方 $||\boldsymbol{A}+\boldsymbol{B}||^2=\boldsymbol{A}\cdot\boldsymbol{A}+\boldsymbol{B}\cdot\boldsymbol{B}+2\boldsymbol{A}\cdot\boldsymbol{B}=225$, 因此对角线长度为 $\sqrt{225}=15$.

另一条对角线 $||\boldsymbol{A}-\boldsymbol{B}||^2=\boldsymbol{A}\cdot\boldsymbol{A}+\boldsymbol{B}\cdot\boldsymbol{B}-2\boldsymbol{A}\cdot\boldsymbol{B}=593$, 因此对角线长度为 $\sqrt{593}$.

MATLAB 程序 3.18

```
pp=8,qq=9,pq=2*sqrt(2)*3*cos(pi/4),
AA=25*pp+20*pq+4*qq,BB=1*pp-6*pq+9*qq,
AB=5*pp-13*pq-6*qq,
S=AA*BB-AB^2,S=sqrt(sym(S)),
L1=AA+BB+2*AB,L1=sqrt(sym(L1)),
L2=AA+BB-2*AB,L2=sqrt(sym(L2))
```

8. 已知向量 $\boldsymbol{a},\boldsymbol{b},\boldsymbol{c}$ 满足 $\boldsymbol{a}+\boldsymbol{b}+\boldsymbol{c}=\boldsymbol{0}$, 求证 $\boldsymbol{a}\times\boldsymbol{b}=\boldsymbol{b}\times\boldsymbol{c}=\boldsymbol{c}\times\boldsymbol{a}$.

解 (1) $\boldsymbol{a}\times\boldsymbol{b}=(-\boldsymbol{b}-\boldsymbol{c})\times\boldsymbol{b}=(-\boldsymbol{b})\times\boldsymbol{b}+(-\boldsymbol{c})\times\boldsymbol{b}=-\boldsymbol{c}\times\boldsymbol{b}=\boldsymbol{b}\times\boldsymbol{c}$.

(2)$\boldsymbol{b}\times\boldsymbol{c}=(-\boldsymbol{a}-\boldsymbol{c})\times\boldsymbol{c}=-\boldsymbol{a}\times\boldsymbol{c}-\boldsymbol{c}\times\boldsymbol{c}=-\boldsymbol{a}\times\boldsymbol{c}=\boldsymbol{c}\times\boldsymbol{a}$.

9. 给定四点 $A(-1,2,4),B(6,3,2),C(1,4,-1),D(-1,-2,3)$, 求四面体的体积.

解 因 $\overrightarrow{AB}=[7,1,-2]$, $\overrightarrow{AC}=[2,2,-5]$, $\overrightarrow{AD}=[0,-4,-1]$, 故体积为 $\dfrac{-1}{6}\begin{vmatrix}7&1&-2\\2&2&-5\\0&-4&-1\end{vmatrix}=\dfrac{68}{3}$.

MATLAB 程序 3.19

```
A=[-1,2,4],B=[6,3,2],C=[1,4,-1],D=[-1,-2,3],
AB=B-A,AC=C-A,AD=D-A,
V=abs(det(sym([AB;AC;AD])))/6)
```

10. 已知 $\boldsymbol{m}$ 和 $\boldsymbol{n}$ 是非零向量, 证明三个向量 $3\boldsymbol{m}+5\boldsymbol{n},\boldsymbol{m}-2\boldsymbol{n},2\boldsymbol{m}+7\boldsymbol{n}$ 共面.

证 设 $\boldsymbol{a}=3\boldsymbol{m}+5\boldsymbol{n},\boldsymbol{b}=\boldsymbol{m}-2\boldsymbol{n},\boldsymbol{c}=2\boldsymbol{m}+7\boldsymbol{n}$, 则 $\boldsymbol{c}=\boldsymbol{a}-\boldsymbol{b}$, 因 $[3\boldsymbol{m}+5\boldsymbol{n},\boldsymbol{m}-2\boldsymbol{n},2\boldsymbol{m}+7\boldsymbol{n}]=\boldsymbol{a}\times\boldsymbol{b}\cdot(\boldsymbol{a}-\boldsymbol{b})=0$, 故三个向量 $3\boldsymbol{m}+5\boldsymbol{n},\boldsymbol{m}-2\boldsymbol{n},2\boldsymbol{m}+7\boldsymbol{n}$ 共面.

11. 已知 $\boldsymbol{a}$ 和 $\boldsymbol{b}$ 是非零向量, x 为实数, 试求 $\lim\limits_{x\to0}\dfrac{||\boldsymbol{a}+x\boldsymbol{b}||-||\boldsymbol{a}||}{x}$.

解 分子、分母同时乘以 $x(\|\boldsymbol{a}+x\boldsymbol{b}\|+\|\boldsymbol{a}\|)$, 得

$$\begin{aligned}&\lim_{x\to 0}\frac{\|\boldsymbol{a}+x\boldsymbol{b}\|-\|\boldsymbol{a}\|}{x}\\=&\lim_{x\to 0}\frac{(\|\boldsymbol{a}+x\boldsymbol{b}\|-\|\boldsymbol{a}\|)(\|\boldsymbol{a}+x\boldsymbol{b}\|+\|\boldsymbol{a}\|)}{x(\|\boldsymbol{a}+x\boldsymbol{b}\|+\|\boldsymbol{a}\|)}\\=&\lim_{x\to 0}\frac{2\boldsymbol{a}\cdot\boldsymbol{b}}{\|\boldsymbol{a}+x\boldsymbol{b}\|+\|\boldsymbol{a}\|}+\lim_{x\to 0}\frac{x\boldsymbol{b}\cdot\boldsymbol{a}}{\|\boldsymbol{a}+x\boldsymbol{b}\|+\|\boldsymbol{a}\|}\\=&\frac{2\boldsymbol{a}\cdot\boldsymbol{b}}{2\|\boldsymbol{a}\|}+0=\|\boldsymbol{b}\|\cos(\boldsymbol{a},\boldsymbol{b}).\end{aligned}$$

12. 设向量 $\boldsymbol{a},\boldsymbol{b},\boldsymbol{c}$ 的混合积 $[\boldsymbol{abc}]=2$, 计算 $[(\boldsymbol{a}+\boldsymbol{b})\times(\boldsymbol{b}+\boldsymbol{c})]\cdot(\boldsymbol{a}+2\boldsymbol{b}+3\boldsymbol{c})$.

解

$$\begin{aligned}&((\boldsymbol{a}+\boldsymbol{b})\times(\boldsymbol{b}+\boldsymbol{c}))\cdot(\boldsymbol{a}+2\boldsymbol{b}+3\boldsymbol{c})\\=&(\boldsymbol{a}\times\boldsymbol{b}+\boldsymbol{a}\times\boldsymbol{c}+\boldsymbol{b}\times\boldsymbol{b}+\boldsymbol{b}\times\boldsymbol{c})\cdot(\boldsymbol{a}+2\boldsymbol{b}+3\boldsymbol{c})\\=&(\boldsymbol{a}\times\boldsymbol{b}+\boldsymbol{a}\times\boldsymbol{c}+\boldsymbol{b}\times\boldsymbol{c})\cdot(\boldsymbol{a}+2\boldsymbol{b}+3\boldsymbol{c})\\=&(\boldsymbol{a}\times\boldsymbol{b})\cdot(\boldsymbol{a}+2\boldsymbol{b}+3\boldsymbol{c})+(\boldsymbol{a}\times\boldsymbol{c})\cdot(\boldsymbol{a}+2\boldsymbol{b}+3\boldsymbol{c})+(\boldsymbol{b}\times\boldsymbol{c})\cdot(\boldsymbol{a}+2\boldsymbol{b}+3\boldsymbol{c})\\=&(\boldsymbol{a}\times\boldsymbol{b})\cdot(3\boldsymbol{c})+(\boldsymbol{a}\times\boldsymbol{c})\cdot(2\boldsymbol{b})+(\boldsymbol{b}\times\boldsymbol{c})\cdot\boldsymbol{a}\\=&3[\boldsymbol{abc}]+2[\boldsymbol{acb}]+[\boldsymbol{bca}]=3[\boldsymbol{abc}]-2[\boldsymbol{abc}]+[\boldsymbol{abc}]=2[\boldsymbol{abc}]=4.\end{aligned}$$

13. xOy 平面上三点 $A(x_1,y_1),B(x_2,y_2),C(x_3,y_3)$ 所形成的三角形的面积为 $\dfrac{1}{2}\begin{vmatrix}1&x_1&y_1\\1&x_2&y_2\\1&x_3&y_3\end{vmatrix}$ 的绝对值.

证 在三维空间中, 上述三点的对应坐标为 $A(x_1,y_1,0),B(x_2,y_2,0),C(x_3,y_3,0)$, 故

$$\overrightarrow{AB}=(x_2-x_1,y_2-y_1,0),\quad \overrightarrow{AC}=(x_3-x_1,y_3-y_1,0),$$

$$\overrightarrow{AB}\times\overrightarrow{AC}=\begin{vmatrix}\boldsymbol{i}&\boldsymbol{j}&\boldsymbol{k}\\x_2-x_1&y_2-y_1&0\\x_3-x_1&y_3-y_1&0\end{vmatrix}=\left(0,0,\begin{vmatrix}1&x_1&y_1\\1&x_2&y_2\\1&x_3&y_3\end{vmatrix}\right),$$

三角形的面积为 $\dfrac{1}{2}\begin{vmatrix}1&x_1&y_1\\1&x_2&y_2\\1&x_3&y_3\end{vmatrix}$ 的绝对值.

*3.4.4 习题 3.4

1. 求平面方程.

(1) 平面过点 $(5,-7,4)$, 且在坐标轴上截取相同数值的线段.

(2) 平面平行于 y 轴, 过点 $(1,-5,1)$ 及 $(3,2,-2)$.

(3) 平面过点 $(8,-3,1)$ 及 $(4,7,2)$, 且垂直于平面 $3x+5y-7z=21$.

(4) 平面过 x 轴, 且点 $(5,4,13)$ 到它的距离等于 8.

(5) 平面过点 $P_0(1,2,1)$ 和直线 l: $\begin{cases} x-z=6, \\ x-2y-3z=0. \end{cases}$

(6) 平面过直线$l_1: \dfrac{x-1}{1}=\dfrac{y-2}{0}=\dfrac{z-3}{-1}$, 且平行直线 $l_2: \dfrac{x+2}{2}=\dfrac{y-1}{1}=\dfrac{z}{1}$.

解 (1) 设平面方程为 $\dfrac{x}{a}+\dfrac{y}{a}+\dfrac{z}{a}=1$, 将 $P(5,-7,4)$ 代入方程得 $a=2$.

(2) 设平面方程为$Ax+Cz+1=0$, 将 $P(1,-5,1)$ 及 $Q(3,2,-2)$ 代入方程得 $A=\dfrac{-3}{5}, C=\dfrac{-2}{5}$.

(3) 设平面方程为 $Ax+By+Cz+1=0$, 将 $P(8,-3,1)$ 及 $Q(4,7,2)$代入方程, $\boldsymbol{n}(A,B,C)$ 与 $\boldsymbol{n}_0(3,5,-7)$ 内积为 0, 构建三个方程解得$A=\dfrac{-3}{23}, B=\dfrac{-1}{23}, C=\dfrac{-2}{23}$.

(4) 设平面方程为 $By+z=0$, 点 $P(5,4,13)$到平面的距离为 8, 由距离公式得 $B=\dfrac{35}{12}$ 或 $B=\dfrac{-3}{4}$.

(5) 设平面方程为 $Ax+By+Cz+1=0$, 直线上有两点 $P(6,3,0)$ 和 $Q(7,2,1)$, 平面法向量 $\boldsymbol{n}(A,B,C)$ 与直线方向向量$(1,0,-1)\times(1,-2,-3)=(-2,2,-2)$ 垂直, 构建三个方程, 得 $A=0, B=\dfrac{-1}{3}, C=\dfrac{-1}{3}$.

(6) 设所求的平面方程为 $Ax+By+Cz+1=0$, 平面过点 $P(1,2,3)$, 平面法向量 $\boldsymbol{n}(A,B,C)$ 与直线方向向量 $\boldsymbol{n}_1(1,0,-1)$ 和 $\boldsymbol{n}_2(2,1,1)$ 垂直, 解得 $A=\dfrac{1}{2}, B=\dfrac{-3}{2}, C=\dfrac{1}{2}$.

MATLAB 程序 3.20

```
syms A B C D x y z a,P=[x,y,z],n=[A,B,C],
(1)f=x/a+y/a+z/a-1,P0=[5,-7,4],solve(subs(f,P,P0))
(2)f=A*x+C*z+1,P0=[1,-5,1],P1=[3,2,-2],
[A0,C0]=solve(subs(f,P,P0),subs(f,P,P1))
(3)f=A*x+B*y+C*z+1,P0=[8,-3,1],P1=[4,7,2],n0=[3,5,-7],
[A0,B0,C0]=solve(subs(f,P,P0),subs(f,P,P1),dot(n,n0))
(4)f=B*y+z,P0=[5,4,13],solve(abs(subs(f,P,P0))/sqrt(B^2+1)-8)
(5)f=A*x+B*y+C*z+1,P0=[1,2,1],f1=x-z-6,f2=x-2*y-3*z,
[x0,y0,z0]=solve(f1,f2,z==0),[x1,y1,z1]=solve(f1,f2,z==1),
```

```
P1=[x0,y0,z0],P2=[x1,y1,z1],
[A0,B0,C0]=solve(subs(f,P,P0),subs(f,P,P1),subs(f,P,P2))
(6)f=A*x+B*y+C*z+1,P0=[1,2,3],n1=[1,0,-1],n2=[2,1,1],
[A0,B0,C0]=solve(subs(f,P,P0),dot(n,n1),dot(n,n2))
```

2. 求直线 $\begin{cases} 3x-y+2z=0, \\ 6x-3y+2z=0 \end{cases}$ 与各坐标轴的夹角.

解 直线的方向向量为 $\boldsymbol{p}:(3,-1,2)\times(6,-3,2)=(4,6,-3)$, 设 $\boldsymbol{e}_x:(1,0,0),\boldsymbol{e}_y:(0,1,0),\boldsymbol{e}_z:(0,0,1)$, 则直线与各坐标轴的夹角的余弦值分别为

$$\cos(\boldsymbol{p},\boldsymbol{e}_x)=\frac{4}{\sqrt{61}},\quad \cos(\boldsymbol{p},\boldsymbol{e}_y)=\frac{6}{\sqrt{61}},\quad \cos(\boldsymbol{p},\boldsymbol{e}_z)=\frac{-3}{\sqrt{61}}.$$

MATLAB 程序 3.21

```
n1=[3,-1,2],n2=[6,-3,2],n=sym(cross(n1,n2)),nn=norm(n),
cosx=dot(n,[1,0,0])/nn,cosy=dot(n,[0,1,0])/nn,cosz=dot(n,[0,0,1])/nn
```

3. 求直线 $\begin{cases} x+2y+z-1=0, \\ x-2y+z+1=0 \end{cases}$ 与直线 $\begin{cases} x-y-z-1=0, \\ x-y+2z+1=0 \end{cases}$ 之间的夹角.

解 两直线的方向向量分别为$(1,2,1)\times(1,-2,1)=(4,0,-4),(1,-1,-1)\times(1,-1,2)=(-3,3,0)$, 两方向向量之间夹角的余弦值为 $\dfrac{-12}{4\sqrt{2}\times3\sqrt{2}}=-\dfrac{1}{2}$, 故两直线之间的夹角为 $\dfrac{\pi}{3}$.

MATLAB 程序 3.22

```
n1=[1,2,1],n2=[1,-2,1],n3=[1,-1,-1],n4=[1,-1,2],n5=sym(cross(n1,n2)),
n6=sym(cross(n3,n4)),acos(abs(dot(n5,n6)/(norm(n5)*norm(n6))))
```

4. 从点 $(3,2,1)$ 引平面 $4x-5y-8z+21=0$ 的垂足, 求垂足坐标.

解 平面的法向量为 $\boldsymbol{n}(4,-5,-8)$, 设 $P(3,2,1)$ 在平面上的垂足为 $Q(x,y,z)$, 则 Q 在平面上且$\overrightarrow{PQ}//\boldsymbol{n}$, 由这两个条件构建三个方程, 求得 $Q=\left(\dfrac{17}{7},\dfrac{19}{7},\dfrac{15}{7}\right)$.

MATLAB 程序 3.23

```
syms x y z,P=[x,y,z],Q=[3,2,1],PQ=Q-P,
[x,y,z]=solve(4*x-5*y-8*z+21,PQ(1)*(-5)-PQ(2)*4,PQ(1)*(-8)-PQ(3)*4)
```

5. 求点 $(1,2,3)$ 到直线 $\dfrac{x}{1}=\dfrac{y-4}{-3}=\dfrac{z-3}{-2}$ 的最短距离.

解 设 $Q(1,2,3)$ 在直线上的垂足为 $P(x,y,z)$, 则$\overrightarrow{PQ}$ 与 $\boldsymbol{n}(1,-3,-2)$ 垂直, 且 $P(x,y,z)$ 在直线上, 构造三个方程得垂足为 $P\left(\dfrac{1}{2},\dfrac{5}{2},2\right)$, 最短距离为 $\|\overrightarrow{PQ}\|=\dfrac{\sqrt{6}}{2}$.

MATLAB 程序 3.24

```
syms x y z,P=[x,y,z],Q=sym([1,2,3]),PQ=Q-P,n=[1,-3,-2],
[x,y,z]=solve(dot(PQ,n),x/1-(y-4)/(-3),x/1-(z-3)/(-2))
```

6. 求直线 $\dfrac{x-2}{5}=\dfrac{y+1}{2}=\dfrac{z-2}{4}$ 在平面 $x+4y-3z+7=0$ 上的投影方程.

解 由直线方程和平面方程可以求出它们的交点为 $R(x_1,y_1,z_1)=(7,1,6)$, 设直线上一点 $Q(2,-1,2)$ 在平面的垂足为 $P(x,y,z)$, 则 $\overrightarrow{PQ}$ 与 $\boldsymbol{n}(1,4,-3)$ 平行, 解得 $P\left(\dfrac{53}{26},-\dfrac{22}{26},\dfrac{49}{26}\right)$. 由 R,P 两点求得投影方程为 $\dfrac{x-7}{129}=\dfrac{y-1}{48}=\dfrac{z-6}{107}$.

MATLAB 程序 3.25

```
syms x y z,P=[x,y,z],Q=sym([2,-1,2]),PQ=Q-P,n=[1,4,-3],
[x1,y1,z1]=solve(x+4*y-3*z+7,(x-2)/5-(y+1)/2,(x-2)/5-(z-2)/4),
[x,y,z]=...
solve( x+4*y-3*z+7,PQ(1)/n(1)-PQ(2)/n(2),PQ(1)/n(1)-PQ(3)/n(3)),
P=[x,y,z];R=[x1,y1,z1],RP=P-R
```

7. 证明直线 $l:\begin{cases}x+3y+2z+1=0,\\2x-y-10z+3=0\end{cases}$ 与平面 $\pi:4x-2y+z=0$ 垂直.

证 直线的方向向量为 $\boldsymbol{s}=(1,3,2)\times(2,-1,-10)=(-28,14,-7)$, 因直线方向向量与平面法向量 $\boldsymbol{n}$ 对应成比例, 故直线与平面垂直.

MATLAB 程序 3.26

```
n1=[1,3,2],n2=[2,-1,-10],n3=[4,-2,1],cross(cross(n1,n2),n3)
```

8. 设直线 l_1 和 l_2 的方程分别为 $l_1:\begin{cases}x+y+z+1=0,\\2x-y+3z+4=0\end{cases}$ 和 $l_2:\begin{cases}x=-1+2t,\\y=-t,\\z=2-2t,\end{cases}$ 求 l_1 和 l_2 公垂线的方向矢量和两直线之间的距离.

解 l_1 和 l_2 的方向向量分别为 $\boldsymbol{s}_1=(1,1,1)\times(2,-1,3)=(4,-1,-3)$, $\boldsymbol{s}_2=(2,-1,-2)$. l_1 和 l_2 的公垂线的方向矢量为 $\boldsymbol{s}=\boldsymbol{s}_1\times\boldsymbol{s}_2=(4,-1,-3)\times(2,-1,-2)=(-1,2,-2)$.

$P_1(1,0,-2),P_2(-1,0,2)$ 分别为 l_1 和 l_2 上的点, $\overrightarrow{P_1P_2}=(-2,0,4)$, 故 $d=$

$\left|\dfrac{\overrightarrow{P_1P_2}\cdot \boldsymbol{s}}{\|\boldsymbol{s}\|}\right| = 2.$

MATLAB 程序 3.27

```
syms x y z,n1=[1,1,1],n2=[2,-1,3],n3=[2,-1,-2],
n=cross(cross(n1,n2),n3),
[x1,y1,z1]=solve(x+y+z+1,2*x-y+3*z+4,z==-2),P=[x1,y1,z1],
Q=[-1,0,2],PQ=Q-P,d=abs(dot(n,PQ))/norm(n)
```

9. 试求点 $M_1(3,1,-4)$ 关于直线 $l:\begin{cases} x-y-4z+9=0,\\ 2x+y-2z=0\end{cases}$ 的对称点 M_2 的坐标.

解　l 的方向向量为 $\boldsymbol{n}=(1,-1,-4)\times(2,1,-2)=(6,-6,3)$. 设 $M_1(3,1,-4)$ 在 l 上的投影为 $P(x,y,z)$, 则 $\overrightarrow{PM_1}\perp\boldsymbol{n}$, 得 $P(1,2,2)$, M_1 的对称点 $M_2=P-\overrightarrow{PM_1}=(-1,3,8)$.

MATLAB 程序 3.28

```
syms x y z,P=[x,y,z],Q=[3,1,-4],PQ=Q-P,
n1=[1,-1,-4],n2=[2,1,-2],n=cross(n1,n2),
[x,y,z]=solve(x-y-4*z+9,2*x+y-2*z,dot(PQ,n)),
P=[x,y,z],PQ=Q-P,R=P-PQ
```

3.4.5　习题 3.5

1. 判断下列命题的正误, 并说明理由.

(1) 若向量组 $\boldsymbol{\alpha}_1,\boldsymbol{\alpha}_2,\cdots,\boldsymbol{\alpha}_m$ 是线性相关的, 则 $\boldsymbol{\alpha}_1$ 可由 $\boldsymbol{\alpha}_2,\cdots,\boldsymbol{\alpha}_m$ 线性表示.

(2) 若有不全为 0 的数 $\lambda_1,\lambda_2,\cdots,\lambda_m$ 使 $\lambda_1\boldsymbol{\alpha}_1+\cdots+\lambda_m\boldsymbol{\alpha}_m+\lambda_1\boldsymbol{\beta}_1+\cdots+\lambda_m\boldsymbol{\beta}_m=\mathbf{0}$ 成立, 则 $\boldsymbol{\alpha}_1,\boldsymbol{\alpha}_2,\cdots,\boldsymbol{\alpha}_m$ 线性相关, $\boldsymbol{\beta}_1,\boldsymbol{\beta}_2,\cdots,\boldsymbol{\beta}_m$ 亦线性相关.

(3) 若只有当 $\lambda_1,\lambda_2,\cdots,\lambda_m$ 全为 0 时, 等式 $\lambda_1\boldsymbol{\alpha}_1+\cdots+\lambda_m\boldsymbol{\alpha}_m+\lambda_1\boldsymbol{\beta}_1+\cdots+\lambda_m\boldsymbol{\beta}_m=\mathbf{0}$ 才能成立, 则 $\boldsymbol{\alpha}_1,\boldsymbol{\alpha}_2,\cdots,\boldsymbol{\alpha}_m$ 线性无关, $\boldsymbol{\beta}_1,\boldsymbol{\beta}_2,\cdots,\boldsymbol{\beta}_m$ 亦线性无关.

(4) 若 $\boldsymbol{\alpha}_1,\boldsymbol{\alpha}_2,\cdots,\boldsymbol{\alpha}_m$ 线性相关, $\boldsymbol{\beta}_1,\boldsymbol{\beta}_2,\cdots,\boldsymbol{\beta}_m$ 亦线性相关, 则有不全为 0 的数 $\lambda_1,\lambda_2,\cdots,\lambda_m$ 使 $\lambda_1\boldsymbol{\alpha}_1+\cdots+\lambda_m\boldsymbol{\alpha}_m=\mathbf{0},\lambda_1\boldsymbol{\beta}_1+\cdots+\lambda_m\boldsymbol{\beta}_m=\mathbf{0}$ 同时成立.

解　(1) 错. 反例: $m=2,\boldsymbol{\alpha}_1=\begin{bmatrix}1\\0\end{bmatrix},\boldsymbol{\alpha}_2=\begin{bmatrix}0\\0\end{bmatrix}$.

(2) 错. 反例: $m=2,\boldsymbol{\alpha}_1=\boldsymbol{\beta}_1=\begin{bmatrix}1\\1\end{bmatrix},\boldsymbol{\alpha}_2=\begin{bmatrix}-2\\0\end{bmatrix},\boldsymbol{\beta}_2=\begin{bmatrix}0\\-2\end{bmatrix},\lambda_1=\lambda_2=1.$

(3) 错. 反例: $m=2, \boldsymbol{\alpha}_1=\begin{bmatrix}1\\0\end{bmatrix}, \boldsymbol{\alpha}_2=\begin{bmatrix}0\\0\end{bmatrix}, \boldsymbol{\beta}_1=\begin{bmatrix}0\\0\end{bmatrix}, \boldsymbol{\beta}_2=\begin{bmatrix}0\\1\end{bmatrix}$.

(4) 错. 反例: $m=2, \boldsymbol{\alpha}_1=\begin{bmatrix}1\\0\end{bmatrix}, \boldsymbol{\alpha}_2=\begin{bmatrix}0\\0\end{bmatrix}, \boldsymbol{\beta}_1=\begin{bmatrix}0\\0\end{bmatrix}, \boldsymbol{\beta}_2=\begin{bmatrix}0\\1\end{bmatrix}$.

2. 设 $\boldsymbol{\alpha}_1,\boldsymbol{\alpha}_2,\boldsymbol{\alpha}_3$ 线性相关, $\boldsymbol{\alpha}_2,\boldsymbol{\alpha}_3,\boldsymbol{\alpha}_4$ 线性无关, 问:

(1) $\boldsymbol{\alpha}_1$ 能否由 $\boldsymbol{\alpha}_2,\boldsymbol{\alpha}_3$ 线性表出? 证明你的结论.

(2) $\boldsymbol{\alpha}_4$ 能否由 $\boldsymbol{\alpha}_1,\boldsymbol{\alpha}_2,\boldsymbol{\alpha}_3$ 线性表出? 证明你的结论.

解 (1) 能. $\boldsymbol{\alpha}_2,\boldsymbol{\alpha}_3,\boldsymbol{\alpha}_4$ 线性无关, 可知 $\boldsymbol{\alpha}_2,\boldsymbol{\alpha}_3$ 必线性无关, 又由于 $\boldsymbol{\alpha}_1,\boldsymbol{\alpha}_2,\boldsymbol{\alpha}_3$ 线性相关, 可知 $\boldsymbol{\alpha}_1$ 能被 $\boldsymbol{\alpha}_2,\boldsymbol{\alpha}_3$ **唯一**线性表出.

(2) 不能. 反证法, 设 $\boldsymbol{\alpha}_4=k_1\boldsymbol{\alpha}_1+k_2\boldsymbol{\alpha}_2+k_3\boldsymbol{\alpha}_3$, 由 (1) 可知 $\boldsymbol{\alpha}_1$ 可以被 $\boldsymbol{\alpha}_2,\boldsymbol{\alpha}_3$ 线性表出, 不妨设 $\boldsymbol{\alpha}_1=l_2\boldsymbol{\alpha}_2+l_3\boldsymbol{\alpha}_3$, 则有 $\boldsymbol{\alpha}_4=(k_2+k_1l_2)\boldsymbol{\alpha}_2+(k_3+k_1l_3)\boldsymbol{\alpha}_3$, 这与"$\boldsymbol{\alpha}_2,\boldsymbol{\alpha}_3,\boldsymbol{\alpha}_4$ 线性无关"矛盾.

3. 设向量组 $\boldsymbol{\alpha}_1,\boldsymbol{\alpha}_2,\cdots,\boldsymbol{\alpha}_m$ 线性相关, 且 $\boldsymbol{\alpha}_1\neq\mathbf{0}$, 证明存在某个向量 $\boldsymbol{\alpha}_k(2\leqslant k\leqslant m)$, 使 $\boldsymbol{\alpha}_k$ 能由 $\boldsymbol{\alpha}_1,\boldsymbol{\alpha}_2,\cdots,\boldsymbol{\alpha}_{k-1}$ 线性表示.

证 由 $\boldsymbol{\alpha}_1,\boldsymbol{\alpha}_2,\cdots,\boldsymbol{\alpha}_m$ 线性相关可知存在不全为 0 的一组系数 $\lambda_1,\lambda_2,\cdots,\lambda_m$ 使得 $\lambda_1\boldsymbol{\alpha}_1+\lambda_2\boldsymbol{\alpha}_2+\cdots+\lambda_m\boldsymbol{\alpha}_m=\mathbf{0}$. 设 $\lambda_1,\lambda_2,\cdots,\lambda_m$ 中**最后一个**不等于 0 的数为 $\lambda_k\neq0$, 即 $\lambda_{k+1}=\lambda_{k+2}=\cdots=\lambda_m=0$, 那么 $k\geqslant2$ (否则与 $\boldsymbol{\alpha}_1\neq\mathbf{0}$ 矛盾), 于是 $\lambda_1\boldsymbol{\alpha}_1+\lambda_2\boldsymbol{\alpha}_2+\cdots+\lambda_k\boldsymbol{\alpha}_k=\mathbf{0}$, 得 $\boldsymbol{\alpha}_k=-\dfrac{\lambda_1}{\lambda_k}\boldsymbol{\alpha}_1-\dfrac{\lambda_2}{\lambda_k}\boldsymbol{\alpha}_2-\cdots-\dfrac{\lambda_{k-1}}{\lambda_k}\boldsymbol{\alpha}_{k-1}$, 即 $\boldsymbol{\alpha}_k$ 可由 $\boldsymbol{\alpha}_1,\boldsymbol{\alpha}_2,\cdots,\boldsymbol{\alpha}_{k-1}$ 线性表示.

4. 设 $\boldsymbol{A}$ 是 n 阶矩阵, 若存在正整数 k, 使得线性方程组 $\boldsymbol{A}^k\boldsymbol{x}=\mathbf{0}$ 有解向量, 并且 $\boldsymbol{A}^{k-1}\boldsymbol{\alpha}\neq\mathbf{0}$, 证明: 向量组 $\boldsymbol{\alpha},\boldsymbol{A\alpha},\cdots,\boldsymbol{A}^{k-1}\boldsymbol{\alpha}$ 是线性无关的.

证 设

$$l_1\boldsymbol{\alpha}+l_2\boldsymbol{A\alpha}+l_3\boldsymbol{A}^2\boldsymbol{\alpha}+\cdots+l_k\boldsymbol{A}^{k-1}\boldsymbol{\alpha}=\mathbf{0} \tag{3.43}$$

在式 (3.43) 的两端同时左乘 $\boldsymbol{A}^{k-1}$ 得到 $l_1\boldsymbol{A}^{k-1}\boldsymbol{\alpha}+l_2\boldsymbol{A}^k\boldsymbol{\alpha}+l_3\boldsymbol{A}^{k+1}\boldsymbol{\alpha}+\cdots+l_k\boldsymbol{A}^{2k-2}\boldsymbol{\alpha}=l_1\boldsymbol{A}^{k-1}\boldsymbol{\alpha}=\mathbf{0}$. 由于 $\boldsymbol{A}^{k-1}\boldsymbol{\alpha}\neq\mathbf{0}$, 可知 $l_1=0$, 代入 (3.43) 得到

$$l_2\boldsymbol{A\alpha}+l_3\boldsymbol{A}^2\boldsymbol{\alpha}+\cdots+l_k\boldsymbol{A}^{k-1}\boldsymbol{\alpha}=\mathbf{0} \tag{3.44}$$

同理, 在 (3.44) 两边同时左乘 $\boldsymbol{A}^{k-2}$, 得 $l_2\boldsymbol{A}^{k-1}\boldsymbol{\alpha}+l_3\boldsymbol{A}^k\boldsymbol{\alpha}+\cdots+l_k\boldsymbol{A}^{2k-3}\boldsymbol{\alpha}=l_2\boldsymbol{A}^{k-1}\boldsymbol{\alpha}=\mathbf{0}$ 得 $l_2=0$. 依此类推 $l_3=0,\cdots,l_k=0$. 说明 $\boldsymbol{\alpha},\boldsymbol{A\alpha},\cdots,\boldsymbol{A}^{k-1}\boldsymbol{\alpha}$ 是线性无关的.

5. 已知向量组 $\boldsymbol{\beta}_1=(0,1,-1)^{\mathrm{T}},\boldsymbol{\beta}_2=(a,2,1)^{\mathrm{T}},\boldsymbol{\beta}_3=(b,1,0)^{\mathrm{T}}$ 与向量组 $\boldsymbol{\alpha}_1=(1,2,-3)^{\mathrm{T}},\boldsymbol{\alpha}_2=(3,0,1)^{\mathrm{T}},\boldsymbol{\alpha}_3=(9,6,-7)^{\mathrm{T}}$ 具有相同的秩, 且 $\boldsymbol{\beta}_3$ 可由 $\boldsymbol{\alpha}_1,\boldsymbol{\alpha}_2,\boldsymbol{\alpha}_3$ 线性表示, 求 a,b.

解 设 $\boldsymbol{A}=[\boldsymbol{\alpha}_1,\boldsymbol{\alpha}_2,\boldsymbol{\alpha}_3]$, $\boldsymbol{B}=[\boldsymbol{\beta}_1,\boldsymbol{\beta}_2,\boldsymbol{\beta}_3]$, 经过初等行变换

$$[\boldsymbol{A},\boldsymbol{\beta}_3]=\begin{bmatrix}1&3&9&b\\2&0&6&1\\-3&1&-7&0\end{bmatrix}\to\begin{bmatrix}1&3&9&0\\0&6&12&2b-1\\0&0&0&5-b\end{bmatrix}.$$

由于 $\boldsymbol{\beta}_3$ 可由 $\boldsymbol{\alpha}_1,\boldsymbol{\alpha}_2,\boldsymbol{\alpha}_3$ 线性表示, 则 $\operatorname{rank}[\boldsymbol{A},\boldsymbol{\beta}_3]=\operatorname{rank}\boldsymbol{A}=2$, 于是 $5-b=0$, 即 $b=5$, 故

$$\boldsymbol{B}=\begin{bmatrix}0&a&5\\1&2&1\\-1&1&0\end{bmatrix}\to\begin{bmatrix}1&2&1\\0&a&5\\0&0&a-15\end{bmatrix},$$

且 $\operatorname{rank}\boldsymbol{B}=\operatorname{rank}\boldsymbol{A}=2$, 故 $a=15$.

MATLAB 程序 3.29

```
syms b a,A=[1,3,9,b;2,0,6,1;-3,1,-7,0],RowEchelon(A)
B=[0,a,5;1,2,1;-1,1,0],RowEchelon(B),solve(det(B))
```

6. 设向量组 $(a,3,1)^{\mathrm{T}},(2,b,3)^{\mathrm{T}},(1,2,1)^{\mathrm{T}},(2,3,1)^{\mathrm{T}}$ 的秩为 2, 求 a,b.

解 经过初等行变换 $\boldsymbol{A}=\begin{bmatrix}1&2&2&a\\2&3&b&3\\1&1&3&1\end{bmatrix}\to\begin{bmatrix}1&2&2&a\\0&-1&b-4&3-2a\\0&0&5-b&a-2\end{bmatrix}$, 又因 $\operatorname{rank}\boldsymbol{A}=2$, 得 $5-b=0, a-2=0$, 即 $a=2, b=5$.

MATLAB 程序 3.30

```
syms a b;A=[1,2,2,a;0,-1,b-4,3-2*a;0,0,5-b,a-2],RowEchelon(A)
```

7. 设向量组 $\boldsymbol{\alpha}_1,\boldsymbol{\alpha}_2,\cdots,\boldsymbol{\alpha}_s$ 线性无关, $\boldsymbol{\beta}_1$ 可由 $\boldsymbol{\alpha}_1,\boldsymbol{\alpha}_2,\cdots,\boldsymbol{\alpha}_s$ 线性表示, 而 $\boldsymbol{\beta}_2$ 不能由 $\boldsymbol{\alpha}_1,\boldsymbol{\alpha}_2,\cdots,\boldsymbol{\alpha}_s$ 线性表出, 证明: 对任意常数 k, 向量组 $\boldsymbol{\alpha}_1,\boldsymbol{\alpha}_2,\cdots,\boldsymbol{\alpha}_s$, $k\boldsymbol{\beta}_1+\boldsymbol{\beta}_2$ 必线性无关.

证 设

$$x_1\boldsymbol{\alpha}_1+x_2\boldsymbol{\alpha}_2+\cdots+x_s\boldsymbol{\alpha}_s+x_{s+1}(k\boldsymbol{\beta}_1+\boldsymbol{\beta}_2)=\mathbf{0}, \tag{3.45}$$

因 $\boldsymbol{\beta}_1$ 可由 $\boldsymbol{\alpha}_1,\boldsymbol{\alpha}_2,\cdots,\boldsymbol{\alpha}_s$ 线性表示, 不妨设

$$\boldsymbol{\beta}_1=y_1\boldsymbol{\alpha}_1+y_2\boldsymbol{\alpha}_2+\cdots+y_s\boldsymbol{\alpha}_s, \tag{3.46}$$

(3.46) 代入 (3.45) 得 $(ky_1x_{s+1}+x_1)\boldsymbol{\alpha}_1+(ky_2x_{s+1}+x_2)\boldsymbol{\alpha}_2+\cdots+(ky_sx_{s+1}+x_s)\boldsymbol{\alpha}_s+x_{s+1}\boldsymbol{\beta}_2=\mathbf{0}$.

因 $\boldsymbol{\beta}_2$ 不能由 $\boldsymbol{\alpha}_1,\boldsymbol{\alpha}_2,\cdots,\boldsymbol{\alpha}_s$ 线性表出, 故 $x_{s+1}=0$, 从而 $ky_sx_{s+1}+x_s=0,\cdots,ky_1x_{s+1}+x_1=0$, 即 $x_{s+1}=0,x_s=0,\cdots,x_1=0$, 故 $\boldsymbol{\alpha}_1,\boldsymbol{\alpha}_2,\cdots,\boldsymbol{\alpha}_s,k\boldsymbol{\beta}_1+\boldsymbol{\beta}_2$ 必线性无关.

8. 求下列向量组的秩, 并求一个极大无关组.

(1)$\boldsymbol{\alpha}_1=(1,2,-1,4)^{\mathrm{T}},\boldsymbol{\alpha}_2=(9,100,10,4)^{\mathrm{T}},\boldsymbol{\alpha}_3=(-2,-4,2,-8)^{\mathrm{T}}$.

(2)$\boldsymbol{\alpha}_1{}^{\mathrm{T}}=(1,2,1,3),\boldsymbol{\alpha}_2{}^{\mathrm{T}}=(4,-1,-5,-6),\boldsymbol{\alpha}_3{}^{\mathrm{T}}=(1,-3,-4,-7)$.

解 (1) 令 $\boldsymbol{A}=[\boldsymbol{\alpha}_1,\boldsymbol{\alpha}_2,\boldsymbol{\alpha}_3]$, 经初等行变换 $\boldsymbol{A}=\begin{bmatrix}1&9&-2\\2&100&-4\\-1&10&2\\4&4&-8\end{bmatrix}\to\begin{bmatrix}1&0&-2\\0&1&0\\0&0&0\\0&0&0\end{bmatrix}$,

于是向量组的秩为 2, $\boldsymbol{\alpha}_1,\boldsymbol{\alpha}_2$ 为一个极大线性无关组.

(2) 令 $\boldsymbol{A}=[\boldsymbol{\alpha}_1,\boldsymbol{\alpha}_2,\boldsymbol{\alpha}_3]$, 经过初等行变换 $\boldsymbol{A}=\begin{bmatrix}1&4&1\\2&-1&-3\\1&-5&-4\\3&-6&-7\end{bmatrix}\to\begin{bmatrix}1&0&-\dfrac{11}{9}\\0&1&\dfrac{5}{9}\\0&0&0\\0&0&0\end{bmatrix}$,

于是向量组的秩为 2, $\boldsymbol{\alpha}_1^{\mathrm{T}},\boldsymbol{\alpha}_2^{\mathrm{T}}$ 为一个极大线性无关组.

MATLAB 程序 3.31

```
(1)A1=[[1,2,-1,4]',[9,100,10,4]',[-2,-4,2,-8]'],rref(sym(A1))
(2)A2=[[1,2,1,3]',[4,-1,-5,-6]',[1,-3,-4,-7]'],rref(sym(A2))
```

9. 设 $\boldsymbol{A}$ 为 $m\times n$ 矩阵, $m<n,\mathrm{rank}\boldsymbol{A}=m,\boldsymbol{E}_m$ 为 m 阶单位矩阵, 那么下述结论中正确的是 ( ).

(A)$\boldsymbol{A}$ 的任意 m 个列向量必线性无关. (B)$\boldsymbol{A}$ 的任意 m 阶子式都不等于零.

(C) 矩阵 $\boldsymbol{B}$ 满足 $\boldsymbol{BA}=\boldsymbol{O}$, 则 $\boldsymbol{B}=\boldsymbol{O}$.

(D)$\boldsymbol{A}$ 可通过初等行变换, 化为 $[\boldsymbol{E}_m,\boldsymbol{O}]$ 形式.

解 选 (C): 利用 $\mathrm{rank}\boldsymbol{A}+\mathrm{rank}\boldsymbol{B}-m\leqslant\mathrm{rank}\boldsymbol{AB}=0$, 得 $\mathrm{rank}\boldsymbol{B}=0$.

(A) 的反例: $m=1,\boldsymbol{A}=(1,0)$.

(B) 的反例: $m=1,\boldsymbol{A}=(1,0)$.

(D) 的反例: $m=1,\boldsymbol{A}=(0,1)$.

10. 设有两个向量组

(I) : $\boldsymbol{\alpha}_1=(1,0,2)^{\mathrm{T}},\boldsymbol{\alpha}_2=(1,1,3)^{\mathrm{T}},\boldsymbol{\alpha}_3=(1,-1,a+2)^{\mathrm{T}}$,

(II) : $\boldsymbol{\beta}_1=(1,2,a+3)^{\mathrm{T}},\boldsymbol{\beta}_2=(2,1,a+6)^{\mathrm{T}},\boldsymbol{\beta}_3=(2,1,a+4)^{\mathrm{T}}$.

问: 当 a 为何值时, 向量组 (I) 与 (II) 等价? 当 a 为何值时, 向量组 (I) 与 (II) 不等价?

解　令 $\boldsymbol{A}=[\boldsymbol{\alpha}_1,\boldsymbol{\alpha}_2,\boldsymbol{\alpha}_3]$, $\boldsymbol{B}=[\boldsymbol{\beta}_1,\boldsymbol{\beta}_2,\boldsymbol{\beta}_3]$, 经过初等行变换

$$[\boldsymbol{A},\boldsymbol{B}]=\begin{bmatrix}1&1&1&1&2&2\\0&1&-1&2&1&1\\2&3&a+2&a+3&a+6&a+4\end{bmatrix}\rightarrow\begin{bmatrix}1&1&1&1&2&2\\0&1&-1&2&1&1\\0&0&a+1&a-1&a+1&a-1\end{bmatrix},$$

$$[\boldsymbol{B},\boldsymbol{A}]=\begin{bmatrix}1&2&2&1&1&1\\2&1&1&0&1&-1\\a+3&a+6&a+4&2&3&a+2\end{bmatrix}\rightarrow\begin{bmatrix}1&2&2&1&1&1\\0&3&3&2&1&3\\0&0&2&\dfrac{a}{3}+1&\dfrac{2a}{3}&1-a\end{bmatrix}.$$

若 $a+1\neq 0$, 即 $a\neq -1$, 则 $\operatorname{rank}[\boldsymbol{A},\boldsymbol{B}]=\operatorname{rank}\boldsymbol{A}=\operatorname{rank}\boldsymbol{B}=\operatorname{rank}[\boldsymbol{B},\boldsymbol{A}]=3$, 向量组 (I) 与 (II) 等价.

若 $a+1=0$, 即 $a=-1$, 则 $\operatorname{rank}[\boldsymbol{A},\boldsymbol{B}]=3>2=\operatorname{rank}\boldsymbol{A}$, 向量组 (I) 与 (II) 不等价.

MATLAB 程序 3.32

```
syms a b;A=[1,1,1;0,1,-1;2,3,a+2],B=[1,2,2;2,1,1;a+3,a+6,a+4],
RowEchelon([A,B]),RowEchelon([B,A])
```

11. 已知 $\boldsymbol{A},\boldsymbol{B}$ 为同型矩阵, 利用向量的方法证明 $\operatorname{rank}(\boldsymbol{A}+\boldsymbol{B})\leqslant\operatorname{rank}\boldsymbol{A}+\operatorname{rank}\boldsymbol{B}$.

证　令 $\boldsymbol{A}=[\boldsymbol{\alpha}_1,\boldsymbol{\alpha}_2,\cdots,\boldsymbol{\alpha}_m]$, $\boldsymbol{B}=[\boldsymbol{\beta}_1,\boldsymbol{\beta}_2,\cdots,\boldsymbol{\beta}_m]$, 两个向量组的极大线性无关组分别为 $\boldsymbol{\alpha}_{i_1},\boldsymbol{\alpha}_{i_2},\cdots,\boldsymbol{\alpha}_{i_t}$ 与 $\boldsymbol{\beta}_{j_1},\boldsymbol{\beta}_{j_2},\cdots,\boldsymbol{\beta}_{j_s}$, 于是

$$\begin{aligned}\operatorname{rank}(\boldsymbol{A}+\boldsymbol{B})&=\operatorname{rank}(\boldsymbol{\alpha}_1+\boldsymbol{\beta}_1,\boldsymbol{\alpha}_2+\boldsymbol{\beta}_2,\cdots,\boldsymbol{\alpha}_m+\boldsymbol{\beta}_m)\\&\leqslant\operatorname{rank}(\boldsymbol{\alpha}_1,\boldsymbol{\alpha}_2,\cdots,\boldsymbol{\alpha}_m,\boldsymbol{\beta}_1,\boldsymbol{\beta}_2,\cdots,\boldsymbol{\beta}_m)\\&\leqslant\operatorname{rank}\left(\boldsymbol{\alpha}_{i_1},\boldsymbol{\alpha}_{i_2},\cdots,\boldsymbol{\alpha}_{i_t},\boldsymbol{\beta}_{j_1},\boldsymbol{\beta}_{j_2},\cdots,\boldsymbol{\beta}_{j_s}\right)\\&\leqslant t+s=\operatorname{rank}\boldsymbol{A}+\operatorname{rank}\boldsymbol{B}.\end{aligned}$$

12. 设 $\boldsymbol{\alpha}_1,\boldsymbol{\alpha}_2,\cdots,\boldsymbol{\alpha}_n$ 是一组 n 维向量, 证明它们线性无关的充要条件是: 任一 n 维向量都可由它们线性表示.

证 令 $\boldsymbol{A}=[\boldsymbol{\alpha}_1,\boldsymbol{\alpha}_2,\cdots,\boldsymbol{\alpha}_n]\in\mathbb{R}^{n\times n}$, 则 $\boldsymbol{\alpha}_1,\boldsymbol{\alpha}_2,\cdots,\boldsymbol{\alpha}_n$ 线性无关 $\Leftrightarrow$ $\boldsymbol{A}$ 可逆 $\Leftrightarrow$ 对任意 $\boldsymbol{b}$, $\boldsymbol{A}\boldsymbol{x}=\boldsymbol{b}$ 有解 $\Leftrightarrow$ 任意 $\boldsymbol{b}$ 总是可以被 $\boldsymbol{\alpha}_1,\boldsymbol{\alpha}_2,\cdots,\boldsymbol{\alpha}_n$ 线性表示.

13. 设向量组 (II)$\boldsymbol{\beta}_1,\boldsymbol{\beta}_2,\cdots,\boldsymbol{\beta}_r$ 能由向量组 (I)$\boldsymbol{\alpha}_1,\boldsymbol{\alpha}_2,\cdots,\boldsymbol{\alpha}_s$ 线性表示为 $[\boldsymbol{\beta}_1,\boldsymbol{\beta}_2,\cdots,\boldsymbol{\beta}_r]=[\boldsymbol{\alpha}_1,\boldsymbol{\alpha}_2,\cdots,\boldsymbol{\alpha}_s]\boldsymbol{K}$, 其中 $\boldsymbol{K}$ 为 $s\times r$ 矩阵, 且 (I) 线性无关. 证明: (II) 线性无关的充要条件是矩阵 $\boldsymbol{K}$ 的秩 $\text{rank}\boldsymbol{K}=r$.

证 令 $\boldsymbol{A}=[\boldsymbol{\alpha}_1,\boldsymbol{\alpha}_2,\cdots,\boldsymbol{\alpha}_s]$, $\boldsymbol{B}=[\boldsymbol{\beta}_1,\boldsymbol{\beta}_2,\cdots,\boldsymbol{\beta}_r]$, 则 $\boldsymbol{B}=\boldsymbol{A}\boldsymbol{K}$. 由于 $\boldsymbol{\alpha}_1,\boldsymbol{\alpha}_2,\cdots,\boldsymbol{\alpha}_s$ 线性无关, 故 $\text{rank}\boldsymbol{A}=s$, 由 $\boldsymbol{B}=\boldsymbol{A}\boldsymbol{K}$ 及秩的不等式可得 $\text{rank}\boldsymbol{K}=\text{rank}\boldsymbol{A}+\text{rank}\boldsymbol{K}-s\leqslant\text{rank}\boldsymbol{B}\leqslant\text{rank}\boldsymbol{K}$, 故 $\text{rank}\boldsymbol{B}=\text{rank}\boldsymbol{K}$, 故 $\boldsymbol{\beta}_1,\boldsymbol{\beta}_2,\cdots,\boldsymbol{\beta}_r$ 线性无关的充要条件是 $\text{rank}\boldsymbol{K}=r$.

备注 本题实质上就是习题 2.6 的第 9 题.

14. 设 $\boldsymbol{A}$ 是 $n\times m$ 矩阵, $\boldsymbol{B}$ 是 $m\times n$ 矩阵, $n<m$, $\boldsymbol{E}$ 是 n 阶单位矩阵, 若 $\boldsymbol{A}\boldsymbol{B}=\boldsymbol{E}$, 证明 $\boldsymbol{B}$ 的列向量组线性无关.

解 设 $\boldsymbol{B}=[\boldsymbol{\beta}_1,\boldsymbol{\beta}_2,\cdots,\boldsymbol{\beta}_n]$, $\boldsymbol{B}\boldsymbol{x}=\sum\limits_{i=1}^{n}x_i\boldsymbol{\beta}_i=\boldsymbol{0}$, 等式两边同时左乘 $\boldsymbol{A}$, 由 $\boldsymbol{A}\boldsymbol{B}=\boldsymbol{E}$ 得 $\boldsymbol{A}\boldsymbol{B}\boldsymbol{x}=\boldsymbol{E}\boldsymbol{x}=\boldsymbol{0}$, 即 $\boldsymbol{x}=\boldsymbol{0}$, 于是 $\boldsymbol{B}$ 的列向量组线性无关.

15. 设向量组 $\boldsymbol{\alpha}_1,\boldsymbol{\alpha}_2,\boldsymbol{\alpha}_3$ 线性无关, 则下列向量组中, 线性无关的是 (   ).

(A) $\boldsymbol{\alpha}_1+\boldsymbol{\alpha}_2,\boldsymbol{\alpha}_2+\boldsymbol{\alpha}_3,\boldsymbol{\alpha}_3-\boldsymbol{\alpha}_1$.

(B) $\boldsymbol{\alpha}_1+\boldsymbol{\alpha}_2,\boldsymbol{\alpha}_2+\boldsymbol{\alpha}_3,\boldsymbol{\alpha}_1+2\boldsymbol{\alpha}_2+\boldsymbol{\alpha}_3$.

(C) $\boldsymbol{\alpha}_1+2\boldsymbol{\alpha}_2,2\boldsymbol{\alpha}_2+3\boldsymbol{\alpha}_3,3\boldsymbol{\alpha}_3+\boldsymbol{\alpha}_1$.

(D) $\boldsymbol{\alpha}_1+\boldsymbol{\alpha}_2+\boldsymbol{\alpha}_3,2\boldsymbol{\alpha}_1-3\boldsymbol{\alpha}_2+22\boldsymbol{\alpha}_3,3\boldsymbol{\alpha}_1+5\boldsymbol{\alpha}_2-5\boldsymbol{\alpha}_3$.

解 选 (C). (A), (B), (C), (D) 对应的表示矩阵分别为

$$\begin{bmatrix}1&0&-1\\1&1&0\\0&1&1\end{bmatrix},\begin{bmatrix}1&0&1\\1&1&2\\0&1&1\end{bmatrix},\begin{bmatrix}1&0&1\\2&2&0\\0&3&3\end{bmatrix},\begin{bmatrix}1&2&3\\1&-3&5\\1&22&-5\end{bmatrix},$$

其中 (C) 的表示矩阵的秩等于 3, 其他的表示矩阵的秩等于 2.

MATLAB 程序 3.33

```
A=[1,0,-1;1,1,0;0,1,1];rank(A),B=[1,0,1;1,1,2;0,1,1];rank(B),
C=[1,0,1;2,2,0;0,3,3];rank(C),D=[1,2,3;1,-3,5;1,22,-5];rank(D)
```

16. 设向量 $\boldsymbol{\beta}$ 可由向量组 $\boldsymbol{\alpha}_1,\boldsymbol{\alpha}_2,\cdots,\boldsymbol{\alpha}_m$ 线性表示, 但不能由向量组 (I) : $\boldsymbol{\alpha}_1,\boldsymbol{\alpha}_2,\cdots,\boldsymbol{\alpha}_{m-1}$ 线性表示, 记向量组 (II) : $\boldsymbol{\alpha}_1,\boldsymbol{\alpha}_2,\cdots,\boldsymbol{\alpha}_{m-1},\boldsymbol{\beta}$, 则下列结论中正确的是 (   ).

(A) $\boldsymbol{\alpha}_m$ 不能由 (I) 线性表示, 也不能由 (II) 线性表示.

(B) $\boldsymbol{\alpha}_m$ 不能由 (I) 线性表示, 但可由 (II) 线性表示.

(C) $\boldsymbol{\alpha}_m$ 可由 (I) 线性表示, 也可由 (II) 线性表示.

(D)$\boldsymbol{\alpha}_m$ 可由 (I) 线性表示, 但不可由 (II) 线性表示.

解　一方面, 向量 $\boldsymbol{\beta}$ 可由向量组 $\boldsymbol{\alpha}_1,\boldsymbol{\alpha}_2,\cdots,\boldsymbol{\alpha}_m$ 线性表示, 设 $\boldsymbol{\beta}=\sum\limits_{i=1}^{m-1}x_i\boldsymbol{\alpha}_i+x_m\boldsymbol{\alpha}_m$, 必然有 $x_m\neq 0$(否则 $\boldsymbol{\beta}$ 可以被 (I) 线性表示, 矛盾), 故 $\boldsymbol{\alpha}_m$ 可由 (II) 线性表示.

另一方面, 反设 $\boldsymbol{\alpha}_m$ 可由 (I) 线性表示, 则利用 $\boldsymbol{\beta}$ 可由向量组 $\boldsymbol{\alpha}_1,\boldsymbol{\alpha}_2,\cdots,\boldsymbol{\alpha}_m$ 线性表示得: $\boldsymbol{\beta}$ 可由向量组 (I) 线性表示, 矛盾. 故 $\boldsymbol{\alpha}_m$ 不能由 (I) 线性表示.

综上, 选 (B).

17. 设 n 维列向量组 $\boldsymbol{\alpha}_1,\boldsymbol{\alpha}_2,\cdots,\boldsymbol{\alpha}_m(m<n)$ 线性无关, 则 n 维列向量组 $\boldsymbol{\beta}_1,\boldsymbol{\beta}_2,\cdots,\boldsymbol{\beta}_m$ 线性无关的充要条件为 (　).

(A) 向量组 $\boldsymbol{\alpha}_1,\boldsymbol{\alpha}_2,\cdots,\boldsymbol{\alpha}_m$ 可由向量组 $\boldsymbol{\beta}_1,\boldsymbol{\beta}_2,\cdots,\boldsymbol{\beta}_m$ 线性表示.

(B) 向量组 $\boldsymbol{\beta}_1,\boldsymbol{\beta}_2,\cdots,\boldsymbol{\beta}_m$ 可由向量组 $\boldsymbol{\alpha}_1,\boldsymbol{\alpha}_2,\cdots,\boldsymbol{\alpha}_m$ 线性表示.

(C) 向量组 $\boldsymbol{\alpha}_1,\boldsymbol{\alpha}_2,\cdots,\boldsymbol{\alpha}_m$ 与向量组 $\boldsymbol{\beta}_1,\boldsymbol{\beta}_2,\cdots,\boldsymbol{\beta}_m$ 等价.

(D) 矩阵 $\boldsymbol{A}=(\boldsymbol{\alpha}_1,\boldsymbol{\alpha}_2,\cdots,\boldsymbol{\alpha}_m)$ 与矩阵 $\boldsymbol{B}=(\boldsymbol{\beta}_1,\boldsymbol{\beta}_2,\cdots,\boldsymbol{\beta}_m)$ 等价.

解　选 (D). (A),(B),(C) 的反例: $m=1,\boldsymbol{\alpha}_1=(1,0)^{\mathrm{T}},\boldsymbol{\beta}_1=(0,1)^{\mathrm{T}}$.

18. 设 4 维向量组 $\boldsymbol{\alpha}_1=(1+a,1,1,1)^{\mathrm{T}},\boldsymbol{\alpha}_2=(2,2+a,2,2)^{\mathrm{T}},\boldsymbol{\alpha}_3=(3,3,3+a,3)^{\mathrm{T}},\boldsymbol{\alpha}_4=(4,4,4,4+a)^{\mathrm{T}}$. 问 a 为何值时 $\boldsymbol{\alpha}_1,\boldsymbol{\alpha}_2,\boldsymbol{\alpha}_3,\boldsymbol{\alpha}_4$ 线性相关? 当 $\boldsymbol{\alpha}_1,\boldsymbol{\alpha}_2,\boldsymbol{\alpha}_3,\boldsymbol{\alpha}_4$ 线性相关时, 求其一个极大线性无关组, 并将其余向量用该极大线性无关组线性表出.

解　设 $\boldsymbol{A}=[\boldsymbol{\alpha}_1,\boldsymbol{\alpha}_2,\boldsymbol{\alpha}_3,\boldsymbol{\alpha}_4]$, 经过初等行变换

$$\boldsymbol{A}=\begin{bmatrix}1+a&2&3&4\\1&2+a&3&4\\1&2&3+a&4\\1&2&3&4+a\end{bmatrix}\to\begin{bmatrix}1&2&3&4+a\\0&a&0&-a\\0&0&a&-a\\0&0&0&a^2+10a\end{bmatrix}.$$

若 $a=0$, 则 $\boldsymbol{\alpha}_1,\boldsymbol{\alpha}_2,\boldsymbol{\alpha}_3,\boldsymbol{\alpha}_4$ 的秩为 1, $\boldsymbol{\alpha}_1$ 为极大线性无关组, 有 $\boldsymbol{\alpha}_2=2\boldsymbol{\alpha}_1,\boldsymbol{\alpha}_3=3\boldsymbol{\alpha}_1,\boldsymbol{\alpha}_4=4\boldsymbol{\alpha}_1$.

若 $a=-10$, 则继续对 $\boldsymbol{A}$ 进行初等行变换

$$\boldsymbol{A}\to\begin{bmatrix}1&2&3&4+a\\0&a&0&-a\\0&0&a&-a\\0&0&0&0\end{bmatrix}\to\begin{bmatrix}1&0&0&-1\\0&1&0&-1\\0&0&1&-1\\0&0&0&0\end{bmatrix},$$

$\boldsymbol{\alpha}_1,\boldsymbol{\alpha}_2,\boldsymbol{\alpha}_3$ 是一个极大线性无关组, 并且 $\boldsymbol{\alpha}_4=-\boldsymbol{\alpha}_1-\boldsymbol{\alpha}_2-\boldsymbol{\alpha}_3$.

MATLAB 程序 3.34

```
syms a,b=1:4,A=a*eye(4)+[b;b;b;b],
simplify(RowEchelon(A([4,1,2,3],:)))
```

3.4.6 习题 3.6

1. 下列向量集合是否构成向量空间, 若是, 求其一组基及维数.

(1) $V=\{(a,a,a,b)|a,b\in\mathbb{R}\}$.

(2) $V=\{(1,a,b,c)|a,b,c\in\mathbb{R}\}$.

(3) $V=\{(a,2a,3a,4a)|a\in\mathbb{R}\}$.

(4) $V=\{(0,a,b,c)|a,b,c\in\mathbb{R}\}$.

(5) $V=\left\{(x_1,x_2,\cdots,x_n)\middle|\sum\limits_{i=1}^{n}x_i=0,x_i\in\mathbb{R}\right\}$.

(6) $V=\left\{(x_1,x_2,\cdots,x_n)\middle|\sum\limits_{i=1}^{n}x_i=1,x_i\in\mathbb{R}\right\}$.

(7) $V=\left\{(x_1,x_2,x_3)\middle|x_1=\dfrac{1}{2}x_2=\dfrac{1}{3}x_3,x_1,x_2,x_3\in\mathbb{R}\right\}$.

解 (1) 是, 因 $(a_1,a_1,a_1,b_1)+k(a_2,a_2,a_2,b_2)=(a_1+ka_2,a_1+ka_2,a_1+ka_2,b_1+kb_2)\in V$, 故 V 对于加法和数乘封闭, 故 V 是向量空间, 且 $(1,1,1,0),(0,0,0,1)$ 是一个基底, 维数为 2.

(2) 否, 因 $(1,a_1,b_1,c_1)+(1,a_2,b_2,c_2)=(2,a_1+a_2,b_1+b_2,c_1+c_2)\notin V$, 故 V 不是向量空间.

(3) 是, $(1,2,3,4)$ 为一组基, 维数为 1.

(4) 是, $(0,1,0,0),(0,0,1,0),(0,0,0,1)$ 为一组基, 维数为 3.

(5) 是, $(1,-1,0,0,\cdots,0),(1,0,-1,0,\cdots,0),\cdots,(1,0,0,0,\cdots,-1)$ 为一组基, 维数为 $n-1$.

(6) 否, 若 $\sum\limits_{i=1}^{n}x_i=1,\sum\limits_{i=1}^{n}y_i=1$, 则 $\sum\limits_{i=1}^{n}(x_i+y_i)=2$, 故 V 对于加法不封闭, 故 V 不是向量空间.

(7) 是, $(1,2,3)$ 为一组基, 维数为 1.

MATLAB 程序 3.35

```
(1)A=[1,-1,0,0;1,0,-1,0],null(sym(A))
(3)A=[1,-1/2,0,0;1,0,-1/3,0;1,0,0,-1/4],null(sym(A))
(4)A=[1,0,0,0],null(sym(A))
(5)for n=1:5,A=ones(1,n),null(sym(A)),end
(7)A=[1,-1/2,0;1,0,-1/3],null(sym(A))
```

2. 设 $\boldsymbol{\alpha}_1=(1,1,0,0)^{\mathrm{T}},\boldsymbol{\alpha}_2=(1,0,1,1)^{\mathrm{T}},\boldsymbol{\beta}_1=(2,-1,3,3)^{\mathrm{T}},\boldsymbol{\beta}_2=(0,1,-1,-1)^{\mathrm{T}}$. 记 $V_1=L(\boldsymbol{\alpha}_1,\boldsymbol{\alpha}_2),V_2=L(\boldsymbol{\beta}_1,\boldsymbol{\beta}_2)$. 试证 $V_1=V_2$.

证　设 $\boldsymbol{A}=[\boldsymbol{\alpha}_1,\boldsymbol{\alpha}_2],\boldsymbol{B}=[\boldsymbol{\beta}_1,\boldsymbol{\beta}_2]$, 经过初等行变换

$$[\boldsymbol{A},\boldsymbol{B}]\to\begin{bmatrix}1&1&2&0\\1&0&-1&1\\0&1&3&-1\\0&1&3&-1\end{bmatrix}\to\begin{bmatrix}1&0&-1&1\\0&1&3&-1\\0&0&0&0\\0&0&0&0\end{bmatrix},$$

$$[\boldsymbol{B},\boldsymbol{A}]\to\begin{bmatrix}2&0&1&1\\-1&1&1&0\\3&-1&0&1\\3&-1&0&1\end{bmatrix}\to\begin{bmatrix}1&0&\frac{1}{2}&\frac{1}{2}\\0&1&\frac{3}{2}&\frac{1}{2}\\0&0&0&0\\0&0&0&0\end{bmatrix}.$$

于是 $\operatorname{rank}[\boldsymbol{A},\boldsymbol{B}]=\operatorname{rank}\boldsymbol{A}=\operatorname{rank}\boldsymbol{B}=2$, 故向量组 $\boldsymbol{\alpha}_1,\boldsymbol{\alpha}_2$ 和 $\boldsymbol{\beta}_1,\boldsymbol{\beta}_2$ 等价, 故 $V_1=V_2$.

MATLAB 程序 3.36

```
A=[1,1;1,0;0,1;0,1],B=[2,0;-1,1;3,-1;3,-1],
rref(sym([A,B])),rref(sym([B,A]))
```

3. 已知 $\mathbb{R}^3$ 的两个基为 $\boldsymbol{\alpha}_1=(1,1,1)^{\mathrm{T}},\boldsymbol{\alpha}_2=(1,0,-1)^{\mathrm{T}},\boldsymbol{\alpha}_3=(1,0,1)^{\mathrm{T}}$, $\boldsymbol{\beta}_1=(1,2,1)^{\mathrm{T}},\boldsymbol{\beta}_2=(2,3,4)^{\mathrm{T}},\boldsymbol{\beta}_3=(3,4,3)^{\mathrm{T}}$, 求由基 $\boldsymbol{\alpha}_1,\boldsymbol{\alpha}_2,\boldsymbol{\alpha}_3$ 到基 $\boldsymbol{\beta}_1,\boldsymbol{\beta}_2,\boldsymbol{\beta}_3$ 的过渡矩阵 $\boldsymbol{C}$.

解　设 $\boldsymbol{A}=[\boldsymbol{\alpha}_1,\boldsymbol{\alpha}_2,\boldsymbol{\alpha}_3],\boldsymbol{B}=[\boldsymbol{\beta}_1,\boldsymbol{\beta}_2,\boldsymbol{\beta}_3]$, $\boldsymbol{AC}=\boldsymbol{B}$, 经过初等行变换得

$$[\boldsymbol{A},\boldsymbol{B}]=\begin{bmatrix}1&1&1&1&2&3\\1&0&0&2&3&4\\1&-1&1&1&4&3\end{bmatrix}\to\begin{bmatrix}1&0&0&2&3&4\\0&1&0&0&-1&0\\0&0&1&-1&0&-1\end{bmatrix},$$

于是 $\boldsymbol{C}=\boldsymbol{A}^{-1}\boldsymbol{B}=\begin{bmatrix}2&3&4\\0&-1&0\\-1&0&-1\end{bmatrix}$.

MATLAB 程序 3.37

```
A=[1,1,1;1,0,0;1,-1,1],B=[1,2,3;2,3,4;1,4,3],rref(sym([A,B]))
```

4. 已知 $\mathbb{R}^2$ 的两组基 $\boldsymbol{\alpha}_1,\boldsymbol{\alpha}_2$ 和 $\boldsymbol{\varepsilon}_1,\boldsymbol{\varepsilon}_2$, 求一个非零向量 $\boldsymbol{\beta}\in\mathbb{R}^2$, 使 $\boldsymbol{\beta}$ 关于这两组基有相同的坐标, 并求这个 $\boldsymbol{\beta}$ 关于第三组基 $\boldsymbol{\xi}_1,\boldsymbol{\xi}_2$ 的坐标, 其中

$$\boldsymbol{\alpha}_1=\begin{bmatrix}2\\-1\end{bmatrix},\boldsymbol{\alpha}_2=\begin{bmatrix}5\\-4\end{bmatrix};\boldsymbol{\varepsilon}_1=\begin{bmatrix}1\\0\end{bmatrix},\boldsymbol{\varepsilon}_2=\begin{bmatrix}0\\1\end{bmatrix};\boldsymbol{\xi}_1=\begin{bmatrix}-1\\1\end{bmatrix},\boldsymbol{\xi}_2=\begin{bmatrix}1\\1\end{bmatrix}.$$

解 设 $\boldsymbol{A}=[\boldsymbol{\alpha}_1,\boldsymbol{\alpha}_2],\boldsymbol{E}=[\boldsymbol{\varepsilon}_1,\boldsymbol{\varepsilon}_2]$, $\boldsymbol{\beta}$ 在两组基下表示为 $\begin{bmatrix}k_1\\k_2\end{bmatrix}$, 则

$$\boldsymbol{\beta}=\boldsymbol{A}\begin{bmatrix}k_1\\k_2\end{bmatrix}=\boldsymbol{E}\begin{bmatrix}k_1\\k_2\end{bmatrix},$$

于是 $(\boldsymbol{A}-\boldsymbol{E})\begin{bmatrix}k_1\\k_2\end{bmatrix}=\begin{bmatrix}0\\0\end{bmatrix}$, 经过初等行变换得 $\boldsymbol{A}-\boldsymbol{E}=\begin{bmatrix}1&5\\-1&-5\end{bmatrix}\to\begin{bmatrix}1&5\\0&0\end{bmatrix}$, 解得

$$\begin{bmatrix}k_1\\k_2\end{bmatrix}=\begin{bmatrix}-5k\\k\end{bmatrix},\quad k\in\mathbb{R}.$$

记 $\boldsymbol{E}=[\boldsymbol{\varepsilon}_1,\boldsymbol{\varepsilon}_2]$ 到 $\boldsymbol{C}=[\boldsymbol{\xi}_1,\boldsymbol{\xi}_2]$ 的过渡矩阵为 $\boldsymbol{K}$, 即 $\boldsymbol{EK}=\boldsymbol{C}$,故 $\boldsymbol{K}=\boldsymbol{C}=[\boldsymbol{\xi}_1,\boldsymbol{\xi}_2]=\begin{bmatrix}-1&1\\1&1\end{bmatrix}$. 设 $\boldsymbol{Cx}=\boldsymbol{\beta}$, 经过初等行变换

$$[\boldsymbol{C},\boldsymbol{\beta}]=\begin{bmatrix}-1&1&-5k\\1&1&k\end{bmatrix}\to\begin{bmatrix}1&0&3k\\0&1&-2k\end{bmatrix},$$

解得

$$\begin{bmatrix}x_1\\x_2\end{bmatrix}=\boldsymbol{C}^{-1}\begin{bmatrix}k_1\\k_2\end{bmatrix}=\begin{bmatrix}3k\\-2k\end{bmatrix}.$$

MATLAB 程序 3.38

```
A=sym([2,5;-1,-4]),E=[1,0;0,1],C=[-1,1;1,1],
result=null(A-E),rref([C,result])
```

3.4.7 习题 3.7

1. 求解下列齐次线性方程组.

(1) $\begin{cases}x_1+x_2+2x_3-x_4=0,\\2x_1+x_2+x_3-x_4=0,\\2x_1+2x_2+x_3+2x_4=0.\end{cases}$ (2) $\begin{cases}x_1+2x_2+x_3-x_4=0,\\3x_1+6x_2-x_3-3x_4=0,\\5x_1+10x_2+x_3-5x_4=0.\end{cases}$

$$(3)\begin{cases} 2x_1+3x_2-x_3+5x_4=0, \\ 3x_1+x_2+2x_3-7x_4=0, \\ 4x_1+x_2-3x_3+6x_4=0, \\ x_1-2x_2+4x_3-7x_4=0. \end{cases} \qquad (4)\begin{cases} 3x_1+4x_2-5x_3+7x_4=0, \\ 2x_1-3x_2+3x_3-2x_4=0, \\ 4x_1+11x_2-13x_3+16x_4=0, \\ 7x_1-2x_2+x_3+3x_4=0. \end{cases}$$

解　(1) 因

$$\boldsymbol{A}=\begin{bmatrix} 1 & 1 & 2 & -1 \\ 2 & 1 & 1 & -1 \\ 2 & 2 & 1 & 2 \end{bmatrix} \to \begin{bmatrix} 1 & 0 & 0 & -\frac{4}{3} \\ 0 & 1 & 0 & 3 \\ 0 & 0 & 1 & -\frac{4}{3} \end{bmatrix},$$

故 x_4 为自由变量, 得

$$\boldsymbol{x}=k\begin{bmatrix} \frac{4}{3} \\ -3 \\ \frac{4}{3} \\ 1 \end{bmatrix}, \quad k\in\mathbb{R}.$$

(2) 因

$$\boldsymbol{A}=\begin{bmatrix} 1 & 2 & 1 & -1 \\ 3 & 6 & -1 & -3 \\ 5 & 10 & 1 & -5 \end{bmatrix} \to \begin{bmatrix} 1 & 2 & 0 & -1 \\ 0 & 0 & 1 & 0 \\ 0 & 0 & 0 & 0 \end{bmatrix},$$

故 x_2, x_4 为自由变量, 得

$$\boldsymbol{x}=k_1\begin{bmatrix} -2 \\ 1 \\ 0 \\ 0 \end{bmatrix}+k_2\begin{bmatrix} 1 \\ 0 \\ 0 \\ 1 \end{bmatrix}, \quad k_1\in\mathbb{R},\ k_2\in\mathbb{R}.$$

(3) 因

$$\boldsymbol{A}=\begin{bmatrix} 2 & 3 & -1 & 5 \\ 3 & 1 & 2 & -7 \\ 4 & 1 & -3 & 6 \\ 1 & -2 & 4 & -7 \end{bmatrix} \to \begin{bmatrix} 1 & 0 & 0 & 0 \\ 0 & 1 & 0 & 0 \\ 0 & 0 & 1 & 0 \\ 0 & 0 & 0 & 1 \end{bmatrix},$$

故齐次线性方程组只有唯一零解.

(4) 因

$$\boldsymbol{A}=\begin{bmatrix}3&4&-5&7\\2&-3&3&-2\\4&11&-13&16\\7&-2&1&3\end{bmatrix}\to\begin{bmatrix}1&0&-\dfrac{3}{17}&\dfrac{13}{17}\\0&1&-\dfrac{19}{17}&\dfrac{20}{17}\\0&0&0&0\\0&0&0&0\end{bmatrix},$$

故 x_3,x_4 为自由变量, 得

$$\boldsymbol{x}=k_1\begin{bmatrix}\dfrac{3}{17}\\\dfrac{19}{17}\\1\\0\end{bmatrix}+k_2\begin{bmatrix}-\dfrac{13}{17}\\-\dfrac{20}{17}\\0\\1\end{bmatrix},\quad k_1,k_2\in\mathbb{R}.$$

MATLAB 程序 3.39

```
(1)A1=sym([1,1,2,-1;2,1,1,-1;2,2,1,2]),rref(A1),null(A1)
(2)A2=sym([1,2,1,-1;3,6,-1,-3;5,10,1,-5]),rref(A2),null(A2)
(3)A3=sym([2,3,-1,5;3,1,2,-7;4,1,-3,6;1,-2,4,-7]),rref(A3),null(A3)
(4)A4=sym([3,4,-5,7;2,-3,3,-2;4,11,-13,16;7,-2,1,3]),
rref(A4),null(A4)
```

2. 求解下列非齐次线性方程组.

(1) $\begin{cases}4x_1+2x_2-x_3=2,\\3x_1-x_2+2x_3=10,\\11x_1+3x_2=8.\end{cases}$　(2) $\begin{cases}2x+3y+z=4,\\x-2y+4z=-5,\\3x+8y-2z=13,\\4x-y+9z=-6.\end{cases}$

(3) $\begin{cases}2x+y-z+w=1,\\4x+2y-2z+w=2,\\2x+y-z-w=1.\end{cases}$　(4) $\begin{cases}2x+y-z+w=1,\\3x-2y+z-3w=4,\\x+4y-3z+5w=-2.\end{cases}$

解　(1) 因

$$[\boldsymbol{A},\boldsymbol{b}]=\begin{bmatrix}4&2&-1&2\\3&-1&2&10\\11&3&0&8\end{bmatrix}\to\begin{bmatrix}1&3&-3&-8\\0&-10&11&34\\0&0&0&-6\end{bmatrix},$$

故 $\operatorname{rank}[\boldsymbol{A},\boldsymbol{b}]=3>2=\operatorname{rank}\boldsymbol{A}$, 故方程组无解.

(2) 因

$$[\boldsymbol{A},\boldsymbol{b}]=\begin{bmatrix}2&3&1&4\\1&-2&4&-5\\3&8&-2&13\\4&-1&9&-6\end{bmatrix}\to\begin{bmatrix}1&0&2&-1\\0&1&-1&2\\0&0&0&0\\0&0&0&0\end{bmatrix},$$

故 $\operatorname{rank}[\boldsymbol{A},\boldsymbol{b}]=\operatorname{rank}\boldsymbol{A}=2$, 且 z 为自由变量, 故

$$\begin{bmatrix}x\\y\\z\end{bmatrix}=k\begin{bmatrix}-2\\1\\1\end{bmatrix}+\begin{bmatrix}-1\\2\\0\end{bmatrix},\quad k\in\mathbb{R}.$$

(3) 因

$$[\boldsymbol{A},\boldsymbol{b}]=\begin{bmatrix}2&1&-1&1&1\\4&2&-2&1&2\\2&1&-1&-1&1\end{bmatrix}\to\begin{bmatrix}1&\frac{1}{2}&\frac{-1}{2}&0&\frac{1}{2}\\0&0&0&1&0\\0&0&0&0&0\end{bmatrix},$$

故 $\operatorname{rank}[\boldsymbol{A},\boldsymbol{b}]=\operatorname{rank}\boldsymbol{A}=2$, 且 y,z 为自由变量, 得

$$\begin{bmatrix}x\\y\\z\\w\end{bmatrix}=k_1\begin{bmatrix}\frac{-1}{2}\\1\\0\\0\end{bmatrix}+k_2\begin{bmatrix}\frac{1}{2}\\0\\1\\0\end{bmatrix}+\begin{bmatrix}\frac{1}{2}\\0\\0\\0\end{bmatrix},\quad k_1,k_2\in\mathbb{R}.$$

(4) 因

$$[\boldsymbol{A},\boldsymbol{b}]=\begin{bmatrix}2&1&-1&1&1\\3&-2&1&-3&4\\1&4&-3&5&-2\end{bmatrix}\to\begin{bmatrix}1&0&-\frac{1}{7}&-\frac{1}{7}&\frac{6}{7}\\0&1&-\frac{5}{7}&\frac{9}{7}&-\frac{5}{7}\\0&0&0&0&0\end{bmatrix},$$

故 $\operatorname{rank}[\boldsymbol{A},\boldsymbol{b}]=\operatorname{rank}\boldsymbol{A}=2$, 且 z,w 为自由变量, 得

$$\begin{bmatrix}x\\y\\z\\w\end{bmatrix}=k_1\begin{bmatrix}\frac{1}{7}\\\frac{5}{7}\\1\\0\end{bmatrix}+k_2\begin{bmatrix}\frac{1}{7}\\-\frac{9}{7}\\0\\1\end{bmatrix}+\begin{bmatrix}\frac{6}{7}\\-\frac{5}{7}\\0\\0\end{bmatrix},\quad k_1,k_2\in\mathbb{R}.$$

MATLAB 程序 3.40

```
(1)A=[4,2,-1;3,-1,2;11,3,0],b=sym([2;10;8]),rref([A,b])
(2)A=sym([2,3,1;1,-2,4;3,8,-2;4,-1,9]),b=sym([4;-5;13;-6]),
rref([A,b]),null(A),A\b
(3)A=sym([2,1,-1,1;4,2,-2,1;2,1,-1,-1]),b=sym([1;2;1]),
rref([A,b]),null(A),A\b
(4)A=sym([2,1,-1,1;3,-2,1,-3;1,4,-3,5]),b=sym([1;4;-2]),
rref([A,b]),null(A),A\b
```

3. 求解非齐次方程组.

$$(1)\ \begin{cases} x_1+x_2+x_3+x_4+x_5=a,\\ x_2+2x_3+2x_4+6x_5=b,\\ 3x_1+2x_2+x_3+x_4-3x_5=0,\\ 5x_1+4x_2+3x_3+3x_4-x_5=2.\end{cases}\qquad (2)\ \begin{cases} x_1+x_2-2x_3+3x_4=0,\\ 2x_1+x_2-6x_3+4x_4=-1,\\ 3x_1+2x_2+px_3+7x_4=-1,\\ x_1-x_2-6x_3-x_4=t.\end{cases}$$

解 (1)

$$[\boldsymbol{A},\boldsymbol{b}]=\begin{bmatrix}1&1&1&1&1&a\\0&1&2&2&6&b\\3&2&1&1&-3&0\\5&4&3&3&-1&2\end{bmatrix}\to\begin{bmatrix}1&0&-1&-1&-5&a-b\\0&1&2&2&6&b\\0&0&0&0&0&-3a+b\\0&0&0&0&0&-5a+b+2\end{bmatrix}.$$

若 $-3a+b\neq 0$ 或 $-5a+b+2\neq 0$, 则 $\operatorname{rank}[\boldsymbol{A},\boldsymbol{b}]>\operatorname{rank}\boldsymbol{A}$, 方程组无解.

若 $-3a+b=0$ 且 $-5a+b+2=0$, 即 $a=1,b=3$, 则 $\operatorname{rank}[\boldsymbol{A},\boldsymbol{b}]=\operatorname{rank}\boldsymbol{A}=2$, x_3,x_4,x_5 为自由变量, 方程的解为

$$\begin{bmatrix}x_1\\x_2\\x_3\\x_4\\x_5\end{bmatrix}=k_1\begin{bmatrix}1\\-2\\1\\0\\0\end{bmatrix}+k_2\begin{bmatrix}1\\-2\\0\\1\\0\end{bmatrix}+k_3\begin{bmatrix}5\\-6\\0\\0\\1\end{bmatrix}+\begin{bmatrix}-2\\3\\0\\0\\0\end{bmatrix},\quad k_1,k_2,k_3\in\mathbb{R}.$$

(2)

$$[\boldsymbol{A},\boldsymbol{b}]=\begin{bmatrix}1&1&-2&3&0\\2&1&-6&4&-1\\3&2&p&7&-1\\1&-1&-6&-1&t\end{bmatrix}\to\begin{bmatrix}1&0&-4&1&-1\\0&1&2&2&1\\0&0&p+8&0&0\\0&0&0&0&t+2\end{bmatrix}.$$

若 $t+2\neq 0$, 则 $\operatorname{rank}[\boldsymbol{A},\boldsymbol{b}]>\operatorname{rank}\boldsymbol{A}$, 方程组无解.

若 $t+2=0$ 且 $p+8=0$, 则 $t=-2, p=-8$ 时, $\operatorname{rank}[\boldsymbol{A},\boldsymbol{b}]=\operatorname{rank}\boldsymbol{A}=2$, x_3, x_4 为自由变量, 得

$$\begin{bmatrix} x_1 \\ x_2 \\ x_3 \\ x_4 \end{bmatrix} = k_1\begin{bmatrix} 4 \\ -2 \\ 1 \\ 0 \end{bmatrix} + k_2\begin{bmatrix} -1 \\ -2 \\ 0 \\ 1 \end{bmatrix} + \begin{bmatrix} -1 \\ 1 \\ 0 \\ 0 \end{bmatrix}, \quad k_1, k_2 \in \mathbb{R}.$$

若 $t+2=0$ 且 $p+8\neq 0$, 则 $\operatorname{rank}[\boldsymbol{A},\boldsymbol{b}]=\operatorname{rank}\boldsymbol{A}=3$ 且

$$[\boldsymbol{A},\boldsymbol{b}] \to \begin{bmatrix} 1 & 0 & -4 & 1 & -1 \\ 0 & 1 & 2 & 2 & 1 \\ 0 & 0 & p+8 & 0 & 0 \\ 0 & 0 & 0 & 0 & t+2 \end{bmatrix} \to \begin{bmatrix} 1 & 0 & 0 & 1 & -1 \\ 0 & 1 & 0 & 2 & 1 \\ 0 & 0 & 1 & 0 & 0 \\ 0 & 0 & 0 & 0 & 0 \end{bmatrix},$$

x_4 为自由变量, 得

$$\begin{bmatrix} x_1 \\ x_2 \\ x_3 \\ x_4 \end{bmatrix} = k\begin{bmatrix} -1 \\ -2 \\ 0 \\ 1 \end{bmatrix} + \begin{bmatrix} -1 \\ 1 \\ 0 \\ 0 \end{bmatrix}, \quad k \in \mathbb{R}.$$

MATLAB 程序 3.41

```
(1)syms a b,A=[1,1,1,1,1;0,1,2,2,6;3,2,1,1,-3;5,4,3,3,-1],
B=[a;b;0;2],B=subs(B,[a,b],[1,3]),rref([A,B]),null(sym(A)),A\B
(2)syms p t,A=[1,1,-2,3;2,1,-6,4;3,2,p,7;1,-1,-6,-1],B=[0;-1;-1;t],
RowEchelon([A,B]),B=subs(B,[t,p],[-2,-8]),rref([A,B]),null(A),A\B
```

4. 写出一个以 $\boldsymbol{x}=c_1\begin{bmatrix} 2 \\ -3 \\ 1 \\ 0 \end{bmatrix}+c_2\begin{bmatrix} -2 \\ 4 \\ 0 \\ 1 \end{bmatrix}$ 为通解的齐次线性方程组, 其中 c_1, c_2 为参数.

解　通解等价于 $\begin{bmatrix} x_1 \\ x_2 \\ x_3 \\ x_4 \end{bmatrix} = x_3\begin{bmatrix} 2 \\ -3 \\ 1 \\ 0 \end{bmatrix} + x_4\begin{bmatrix} -2 \\ 4 \\ 0 \\ 1 \end{bmatrix}$, 即 $\begin{cases} x_1-2x_3+2x_4=0, \\ x_2+3x_3-4x_4=0, \\ x_3-x_3=0, \\ x_4-x_4=0. \end{cases}$

5. 设四阶方阵 $\boldsymbol{A}$ 的秩为 2, 且 $\boldsymbol{A}\boldsymbol{\eta}_i=\boldsymbol{b}(i=1,2,3,4)$, 其中

$$\boldsymbol{\eta}_1+\boldsymbol{\eta}_2=\begin{bmatrix}1\\1\\0\\0\end{bmatrix},\quad \boldsymbol{\eta}_2+\boldsymbol{\eta}_3=\begin{bmatrix}1\\-1\\1\\0\end{bmatrix},\quad \boldsymbol{\eta}_3+\boldsymbol{\eta}_4=\begin{bmatrix}2\\2\\2\\2\end{bmatrix}.$$

求非齐次线性方程组 $\boldsymbol{AX}=\boldsymbol{b}$ 的通解.

解 $\boldsymbol{A}$ 的秩为 2, 故 $\boldsymbol{\xi}_1=(\boldsymbol{\eta}_1+\boldsymbol{\eta}_2)-(\boldsymbol{\eta}_2+\boldsymbol{\eta}_3)=[0,2,-1,0]^{\mathrm{T}}$ 和$\boldsymbol{\xi}_2=(\boldsymbol{\eta}_3+\boldsymbol{\eta}_4)-(\boldsymbol{\eta}_2+\boldsymbol{\eta}_3)=[1,3,1,2]^{\mathrm{T}}$ 是$\boldsymbol{AX}=\boldsymbol{0}$ 的一个基础解系. $\boldsymbol{\eta}=\dfrac{\boldsymbol{\eta}_3+\boldsymbol{\eta}_4}{2}=[1,1,1,1]^{\mathrm{T}}$ 是 $\boldsymbol{AX}=\boldsymbol{b}$ 的一个解向量. 因此 $\boldsymbol{AX}=\boldsymbol{b}$ 的通解为 $\boldsymbol{X}=k_1\boldsymbol{\xi}_1+k_2\boldsymbol{\xi}_2+\boldsymbol{\eta}, k_1,k_2\in\mathbb{R}$.

6. 设齐次线性方程组 (I) 为 $\begin{cases}2x_1+3x_2-x_3=0,\\ x_1+2x_2+x_3-x_4=0,\end{cases}$ 且已知另一齐次线性方程组 (II) 的一个基础解系为 $\boldsymbol{\alpha}_1=(2,-1,a+2,1)^{\mathrm{T}},\boldsymbol{\alpha}_2=(-1,2,4,a+8)^{\mathrm{T}}$.

(1) 求线性方程组 (I) 的一个基础解系.

(2) 当 a 为何值时, 线性方程组 (I) 与 (II) 有非零公共解? 在有非零公共解时, 求出全部非零公共解.

解 (1) 对方程组 (I), $\begin{bmatrix}2&3&-1&0\\1&2&1&-1\end{bmatrix}\to\begin{bmatrix}1&0&-5&3\\0&1&3&-2\end{bmatrix}$, 得基础解系

$$\boldsymbol{\beta}_1=[5,-3,1,0]^{\mathrm{T}},\quad \boldsymbol{\beta}_2=[-3,2,0,1]^{\mathrm{T}}.$$

(2) 令两个方程组的非零公共解为 $\boldsymbol{x}=k_1\boldsymbol{\beta}_1+k_2\boldsymbol{\beta}_2=k_3\boldsymbol{\alpha}_1+k_4\boldsymbol{\alpha}_2$, $k_3^2+k_4^2\neq 0$. 化为如下方程

$$[\boldsymbol{\beta}_1,\boldsymbol{\beta}_2,-\boldsymbol{\alpha}_1,-\boldsymbol{\alpha}_2]\,[k_1,k_2,k_3,k_4]^{\mathrm{T}}=\boldsymbol{0}. \tag{3.47}$$

又

$$[\boldsymbol{\beta}_1,\boldsymbol{\beta}_2,-\boldsymbol{\alpha}_1,-\boldsymbol{\alpha}_2]=\begin{bmatrix}5&-3&-2&1\\-3&2&1&-2\\1&0&-a-2&-4\\0&1&-1&-a-8\end{bmatrix}\to\begin{bmatrix}5&-3&-2&1\\0&1&-1&-7\\0&0&a+1&0\\0&0&0&a+1\end{bmatrix}.$$

若 $a\neq-1$, 则方程组 (3.47) 只有唯一零解, 不符合要求.

若 $a=-1$, 则方程组 (I) 与方程组 (II) 有非零公共解, 又 $\operatorname{rank}[\boldsymbol{\beta}_1,\boldsymbol{\beta}_2]=\operatorname{rank}[\boldsymbol{\beta}_1,\boldsymbol{\beta}_2,-\boldsymbol{\alpha}_1,-\boldsymbol{\alpha}_2]=\operatorname{rank}[\boldsymbol{\alpha}_1,\boldsymbol{\alpha}_2]=2$, 故方程组 (I) 与 (II) 同解, 全部非零公共解为

$$\boldsymbol{x}=k_1\boldsymbol{\beta}_1+k_2\boldsymbol{\beta}_2,\quad k_1^2+k_2^2\neq 0.$$

MATLAB 程序 3.42

```
(1)A=[2,3,-1,0;1,2,1,-1],result=null(sym(A))
(2)syms a,A=[result,[-2;1;-a-2;-1],[1;-2;-4;-a-8]],RowEchelon(A)
```

7. 设 $\boldsymbol{A}=\begin{bmatrix}1&1&2\\2&2&4\\3&3&6\end{bmatrix}$, 求一秩为 2 的矩阵 $\boldsymbol{B}$, 使 $\boldsymbol{AB}=\boldsymbol{O}$.

解　因

$$\boldsymbol{A}=\begin{bmatrix}1&1&2\\2&2&4\\3&3&6\end{bmatrix}\to\begin{bmatrix}1&1&2\\0&0&0\\0&0&0\end{bmatrix},$$

故自由变量为 x_2,x_3, $\boldsymbol{Ax}=\boldsymbol{0}$ 的基础解系为 $\begin{bmatrix}-1\\1\\0\end{bmatrix}$, $\begin{bmatrix}-2\\0\\1\end{bmatrix}$, 不妨设 $\boldsymbol{B}=\begin{bmatrix}-1&-2\\1&0\\0&1\end{bmatrix}$.

MATLAB 程序 3.43

```
A=sym([1,1,2;2,2,4;3,3,6]),rref(A),result=null(A)
```

8. 已知四阶方阵 $\boldsymbol{A}=[\boldsymbol{\alpha}_1,\boldsymbol{\alpha}_2,\boldsymbol{\alpha}_3,\boldsymbol{\alpha}_4]$, 其中 $\boldsymbol{\alpha}_2,\boldsymbol{\alpha}_3,\boldsymbol{\alpha}_4$ 线性无关, $\boldsymbol{\alpha}_1=2\boldsymbol{\alpha}_2-\boldsymbol{\alpha}_3$, 如果 $\boldsymbol{\beta}=\boldsymbol{\alpha}_1+\boldsymbol{\alpha}_2+\boldsymbol{\alpha}_3+\boldsymbol{\alpha}_4$, 求线性方程组 $\boldsymbol{Ax}=\boldsymbol{\beta}$ 的通解.

解　由 $\boldsymbol{\alpha}_2,\boldsymbol{\alpha}_3,\boldsymbol{\alpha}_4$ 线性无关及 $\boldsymbol{\alpha}_1=2\boldsymbol{\alpha}_2-\boldsymbol{\alpha}_3$ 可知 $\mathrm{rank}\boldsymbol{A}=3$, 且 $\boldsymbol{\xi}=[1,-2,1,0]^{\mathrm{T}}$ 为 $\boldsymbol{Ax}=\boldsymbol{0}$ 的一个基础解系. 因 $\boldsymbol{\beta}=\boldsymbol{\alpha}_1+\boldsymbol{\alpha}_2+\boldsymbol{\alpha}_3+\boldsymbol{\alpha}_4$, 故 $\boldsymbol{\eta}=[1,1,1,1]^{\mathrm{T}}$ 是 $\boldsymbol{Ax}=\boldsymbol{\beta}$ 的一个特解. 综上, $\boldsymbol{Ax}=\boldsymbol{\beta}$ 的通解为 $\boldsymbol{x}=k\boldsymbol{\xi}+\boldsymbol{\eta},k\in\mathbb{R}$.

9. 设 $\boldsymbol{A}=[a_{ij}]_{n\times n},\boldsymbol{B}=\begin{bmatrix}\boldsymbol{A}&\boldsymbol{b}\\\boldsymbol{b}^{\mathrm{T}}&\boldsymbol{0}\end{bmatrix}$, 其中 $\boldsymbol{b}=[b_1,b_2,\cdots,b_n]^{\mathrm{T}}$, 若 $\mathrm{rank}\boldsymbol{A}=\mathrm{rank}\boldsymbol{B}$, 则 $\boldsymbol{Ax}=\boldsymbol{b}$ 有解.

证　因

$$\mathrm{rank}\boldsymbol{A}\leqslant\mathrm{rank}[\boldsymbol{A},\boldsymbol{b}]\leqslant\mathrm{rank}\boldsymbol{B}=\mathrm{rank}\boldsymbol{A},$$

故 $\mathrm{rank}\boldsymbol{A}=\mathrm{rank}[\boldsymbol{A},\boldsymbol{b}]$, 故 $\boldsymbol{Ax}=\boldsymbol{b}$ 有解.

*10. 已知平面上三条不同直线的方程分别为 $l_1: ax+2by+3c=0$, $l_2: bx+2cy+3a=0$, $l_3: cx+2ay+3b=0$. 试证三直线交于一点的充要条件为 $a+b+c=0$.

证　三条直线的方程为 $\begin{cases}ax+2by=-3c,\\bx+2cy=-3a,\\cx+2ay=-3b.\end{cases}$

必要性: 若三直线交于一点, 则上述方程有唯一解, 故 $\mathrm{rank}\boldsymbol{A}=2=\mathrm{rank}[\boldsymbol{A},\boldsymbol{b}]$,

故 rank$[\boldsymbol{A},\boldsymbol{b}]<3$, 故 $[\boldsymbol{A},\boldsymbol{b}]$ 的行列式等于 0, 即

$$|[\boldsymbol{A},\boldsymbol{b}]|=\begin{vmatrix} a & 2b & -3c \\ b & 2c & -3a \\ c & 2a & -3b \end{vmatrix}=3(a+b+c)[(a-b)^2+(a-c)^2+(b-c)^2]=0.$$

因 $(a-b)^2+(a-c)^2+(b-c)^2\neq 0$ (否则三线重合), 故 $a+b+c=0$.

充分性: 若 $a+b+c=0$, 则

$$|[\boldsymbol{A},\boldsymbol{b}]|=\begin{vmatrix} a & 2b & -3c \\ b & 2c & -3a \\ c & 2a & -3b \end{vmatrix}=-6(a+b+c)\begin{vmatrix} 1 & b & c \\ 1 & c & a \\ 1 & a & b \end{vmatrix}=0,$$

故 rank$[\boldsymbol{A},\boldsymbol{b}]<3$, 又因 $\begin{vmatrix} a & 2b \\ b & 2c \end{vmatrix}=2\left(ac-b^2\right)=-2\left[\left(a+\dfrac{b}{2}\right)^2+\dfrac{3}{4}b^2\right]\neq 0$ (否则三线重合), 故 rank$\boldsymbol{A}=2=$ rank$[\boldsymbol{A},\boldsymbol{b}]$, 故方程组有唯一解, 即三直线交于一点.

MATLAB 程序 3.44

```
syms a b c,A= [a,2*b;b,2*c;c,2*a],b = -3*[c;a;b], det([A,b])
```

*11. 设矩阵 $\begin{bmatrix} a_1 & b_1 & c_1 \\ a_2 & b_2 & c_2 \\ a_3 & b_3 & c_3 \end{bmatrix}$ 是满秩的, 则直线 $\dfrac{x-a_3}{a_1-a_2}=\dfrac{y-b_3}{b_1-b_2}=\dfrac{z-c_3}{c_1-c_2}$ 与直线 $\dfrac{x-a_1}{a_2-a_3}=\dfrac{y-b_1}{b_2-b_3}=\dfrac{z-c_1}{c_2-c_3}$(　　).

(A) 相交于一点.　(B) 重合.　(C) 平行但不重合.　(D) 异面.

解　选 (A).

矩阵 $\begin{bmatrix} a_1 & b_1 & c_1 \\ a_2 & b_2 & c_2 \\ a_3 & b_3 & c_3 \end{bmatrix}$ 是满秩的, 即 $\begin{bmatrix} a_1-a_2 & b_1-b_2 & c_1-c_2 \\ a_2-a_3 & b_2-b_3 & c_2-c_3 \\ a_3 & b_3 & c_3 \end{bmatrix}$ 是满秩的, 故两直线方向向量不平行, 故排除 (B), (C). 第一条直线过 (a_3,b_3,c_3), 第二条直线过 (a_1,b_1,c_1), 若两直线异面, 则矩阵 $\begin{bmatrix} a_1-a_2 & b_1-b_2 & c_1-c_2 \\ a_2-a_3 & b_2-b_3 & c_2-c_3 \\ a_1-a_3 & b_1-b_3 & c_1-c_3 \end{bmatrix}$ 满秩, 但是第三行减去第一行得 $\begin{bmatrix} a_1-a_2 & b_1-b_2 & c_1-c_2 \\ a_2-a_3 & b_2-b_3 & c_2-c_3 \\ a_2-a_3 & b_2-b_3 & c_2-c_3 \end{bmatrix}$, 该矩阵不是满秩的, 矛盾, 排除

(D). 故两条直线只能相交于一点.

12. 已知 $\boldsymbol{\beta}_1,\boldsymbol{\beta}_2$ 是非齐次方程组 $\boldsymbol{Ax}=\boldsymbol{b}$ 的两个不同的解, $\boldsymbol{\alpha}_1,\boldsymbol{\alpha}_2$ 是其对应齐次方程组 $\boldsymbol{Ax}=\boldsymbol{0}$ 的基础解系, k_1,k_2 为任意常数, 则 $\boldsymbol{Ax}=\boldsymbol{b}$ 的通解为 (　).

(A) $k_1\boldsymbol{\alpha}_1+k_2(\boldsymbol{\alpha}_1+\boldsymbol{\alpha}_2)+\dfrac{\boldsymbol{\beta}_1-\boldsymbol{\beta}_2}{2}$.　(B) $k_1\boldsymbol{\alpha}_1+k_2(\boldsymbol{\alpha}_1-\boldsymbol{\alpha}_2)+\dfrac{\boldsymbol{\beta}_1+\boldsymbol{\beta}_2}{2}$.

(C) $k_1\boldsymbol{\alpha}_1+k_2(\boldsymbol{\beta}_1+\boldsymbol{\beta}_2)+\dfrac{\boldsymbol{\beta}_1-\boldsymbol{\beta}_2}{2}$.　(D) $k_1\boldsymbol{\alpha}_1+k_2(\boldsymbol{\beta}_1-\boldsymbol{\beta}_2)+\dfrac{\boldsymbol{\beta}_1+\boldsymbol{\beta}_2}{2}$.

解　(A), (C) 没有特解, (D) 中 $\boldsymbol{\beta}_1-\boldsymbol{\beta}_2$ 可能与 $\boldsymbol{\alpha}_1$ 对应成比例, 所以选择 (B).

13. 非齐次线性方程组 $\boldsymbol{Ax}=\boldsymbol{b}$ 中未知量个数为 n, 方程个数为 m, 系数矩阵 $\boldsymbol{A}$ 的秩为 r, 则 (　).

(A) $r=m$ 时, 方程组 $\boldsymbol{Ax}=\boldsymbol{b}$ 有解.

(B) $r=n$ 时, 方程组 $\boldsymbol{Ax}=\boldsymbol{b}$ 有唯一解.

(C) $m=n$ 时, 方程组 $\boldsymbol{Ax}=\boldsymbol{b}$ 有唯一解.

(D) $r<n$ 时, 方程组 $\boldsymbol{Ax}=\boldsymbol{b}$ 有无穷解.

解　选 (A).

(A) 若 $r=m$, 则 $r=\text{rank}\boldsymbol{A}\leqslant\text{rank}[\boldsymbol{A},\boldsymbol{b}]\leqslant m=r$, 故 $\text{rank}\boldsymbol{A}=\text{rank}[\boldsymbol{A},\boldsymbol{b}]$.

(B) 反例: $r=n=1,\boldsymbol{A}=\begin{bmatrix}1\\1\end{bmatrix},\boldsymbol{b}=\begin{bmatrix}1\\0\end{bmatrix}$, 无解.

(C) 反例: $m=n=1,\boldsymbol{A}=0,\boldsymbol{b}=1$, 无解.

(D) 反例: $1=r<n=2,\boldsymbol{A}=\begin{bmatrix}1&1\\1&1\end{bmatrix},\boldsymbol{b}=\begin{bmatrix}1\\0\end{bmatrix}$, 无解.

14. 设 $\boldsymbol{A}$ 为 $m\times n$ 矩阵, $\boldsymbol{Ax}=\boldsymbol{0}$ 是 $\boldsymbol{Ax}=\boldsymbol{b}$ 对应的齐次线性方程组, 则下列结论正确的是 (　).

(A) 若 $\boldsymbol{Ax}=\boldsymbol{0}$ 仅有零解, 则 $\boldsymbol{Ax}=\boldsymbol{b}$ 有唯一解.

(B) 若 $\boldsymbol{Ax}=\boldsymbol{0}$ 有非零解, 则 $\boldsymbol{Ax}=\boldsymbol{b}$ 有无穷多解.

(C) 若 $\boldsymbol{Ax}=\boldsymbol{b}$ 有无穷多解, 则 $\boldsymbol{Ax}=\boldsymbol{0}$ 仅有零解.

(D) 若 $\boldsymbol{Ax}=\boldsymbol{b}$ 有无穷多解, 则 $\boldsymbol{Ax}=\boldsymbol{0}$ 有非零解.

解　选 (D).

(A) 反例: $\boldsymbol{A}=\begin{bmatrix}1\\1\end{bmatrix},\boldsymbol{b}=\begin{bmatrix}1\\0\end{bmatrix}$, 无解.

(B) 反例: $\boldsymbol{A}=\begin{bmatrix}1&1\\1&1\end{bmatrix},\boldsymbol{b}=\begin{bmatrix}1\\0\end{bmatrix}$, 无解.

(C) 反例: $\boldsymbol{A}=\begin{bmatrix}1&1\end{bmatrix},\boldsymbol{b}=1$, 无穷解.

15. 设 $\boldsymbol{\alpha}_i=(a_{i1},a_{i2},\cdots,a_{in})^{\mathrm{T}}(i=1,2,\cdots,r;r<n)$ 是 n 维实向量, 且

$\boldsymbol{\alpha}_1, \boldsymbol{\alpha}_2, \cdots, \boldsymbol{\alpha}_r$ 线性无关. 又已知 $\boldsymbol{\beta} = (b_1, b_2, \cdots, b_n)^{\mathrm{T}}$ 是齐次线性方程组

$$\begin{cases} a_{11}x_1 + a_{12}x_2 + \cdots + a_{1n}x_n = 0, \\ a_{21}x_1 + a_{22}x_2 + \cdots + a_{2n}x_n = 0, \\ \cdots\cdots \\ a_{r1}x_1 + a_{r2}x_2 + \cdots + a_{rn}x_n = 0 \end{cases}$$

的非零解, 试判断向量组 $\boldsymbol{\alpha}_1, \boldsymbol{\alpha}_2, \cdots, \boldsymbol{\alpha}_r, \boldsymbol{\beta}$ 的线性相关性.

解 设

$$k_1\boldsymbol{\alpha}_1 + k_2\boldsymbol{\alpha}_2 + \cdots + k_r\boldsymbol{\alpha}_r + k\boldsymbol{\beta} = \mathbf{0}, \tag{3.48}$$

等式 (3.48) 两边同时左乘 $\boldsymbol{\beta}^{\mathrm{T}}$ 得

$$\boldsymbol{\beta}^{\mathrm{T}}(k_1\boldsymbol{\alpha}_1 + k_2\boldsymbol{\alpha}_2 + \cdots + k_r\boldsymbol{\alpha}_r + k\boldsymbol{\beta}) = 0, \tag{3.49}$$

$\boldsymbol{\beta}$ 是方程的解, 故 $\boldsymbol{\beta}^{\mathrm{T}}\boldsymbol{\alpha}_i = 0(i = 1, \cdots, r)$, 得 $k\boldsymbol{\beta}^{\mathrm{T}}\boldsymbol{\beta} = 0$. 因 $\boldsymbol{\beta} \neq \mathbf{0}$, 故 $\boldsymbol{\beta}^{\mathrm{T}}\boldsymbol{\beta} \neq 0$, 故 $k = 0$. 再由 (3.48) 得 $k_1\boldsymbol{\alpha}_1 + k_2\boldsymbol{\alpha}_2 + \cdots + k_r\boldsymbol{\alpha}_r = \mathbf{0}$. 又因 $\boldsymbol{\alpha}_1, \boldsymbol{\alpha}_2, \cdots, \boldsymbol{\alpha}_r$ 线性无关, 故 $k_1 = k_2 = \cdots = k_r = 0$.

综上 $\boldsymbol{\alpha}_1, \boldsymbol{\alpha}_2, \cdots, \boldsymbol{\alpha}_r, \boldsymbol{\beta}$ 线性无关.

16. 设 a, b 为非零常数, 试讨论 a, b 为何值时, 齐次线性方程组

$$\begin{cases} ax_1 + bx_2 + bx_3 + \cdots + bx_n = 0, \\ bx_1 + ax_2 + bx_3 + \cdots + bx_n = 0, \\ \cdots\cdots \\ bx_1 + bx_2 + bx_3 + \cdots + ax_n = 0 \end{cases}$$

只有零解, 有无穷多组解? 在有无穷多解时, 求全部解, 并用基础解系表示全部解.

解 因

$$\begin{vmatrix} a & b & \cdots & b \\ b & a & \cdots & b \\ \vdots & \vdots & & \vdots \\ b & b & \cdots & a \end{vmatrix} = [a + (n-1)b](a-b)^{n-1}.$$

若 $a \neq b$ 且 $a + (n-1)b \neq 0$, 则方程组的系数矩阵的秩为 n, 方程组只有零解.

若 $a = b$, 则方程组通解为

$$\boldsymbol{x} = k_1\begin{bmatrix} -1 \\ 1 \\ 0 \\ \vdots \\ 0 \end{bmatrix} + k_2\begin{bmatrix} -1 \\ 0 \\ 1 \\ \vdots \\ 0 \end{bmatrix} + \cdots + k_{n-1}\begin{bmatrix} -1 \\ 0 \\ 0 \\ \vdots \\ 1 \end{bmatrix}, \quad k_i \in \mathbb{R}.$$

若 $a \neq b$ 且 $a+(n-1)b=0$, 则

$$\boldsymbol{A} \rightarrow \begin{bmatrix} 1 & 0 & \cdots & 0 & 0 & -1 \\ 0 & 1 & \cdots & 0 & 0 & -1 \\ \vdots & \vdots & & \vdots & \vdots & \vdots \\ 0 & 0 & \cdots & 1 & 0 & -1 \\ 0 & 0 & \cdots & 0 & 1 & -1 \\ 0 & 0 & \cdots & 0 & 0 & 0 \end{bmatrix},$$

方程组的通解为 $\boldsymbol{x}=k(1,\cdots,1)^{\mathrm{T}}, k \in \mathbb{R}$.

MATLAB 程序 3.45

```
syms a b, n=5, A=(a-b)*eye(n)+ones(n)*b,solve(det(A)==0,a),
rref(subs(A,[a,b],[1,1])),null(subs(A,[a,b],[1,1])),
rref(subs(A,[a,b],[1-n,1])),null(subs(A,[a,b],[1-n,1]))
```

17. 设方程 $\begin{bmatrix} a & 1 & 1 \\ 1 & a & 1 \\ 1 & 1 & a \end{bmatrix}\begin{bmatrix} x_1 \\ x_2 \\ x_3 \end{bmatrix}=\begin{bmatrix} 1 \\ 1 \\ -2 \end{bmatrix}$ 有无穷多个解, 求 a.

解 因方程组有无穷多个解, 故 $\operatorname{rank}\boldsymbol{A}=\operatorname{rank}[\boldsymbol{A}, \boldsymbol{b}]<3$,

$$[\boldsymbol{A}, \boldsymbol{b}] \rightarrow \begin{bmatrix} 1 & 1 & a & -2 \\ 0 & a-1 & 1-a & 3 \\ 0 & 0 & (1-a)(a+2) & 2(a+2) \end{bmatrix}.$$

若 $a=1$, 则 $\operatorname{rank}\boldsymbol{A}=1 \neq 2=\operatorname{rank}[\boldsymbol{A}, \boldsymbol{b}]$, 方程组无解, 矛盾.

若 $a=-2$, 则 $\operatorname{rank}\boldsymbol{A}=2=\operatorname{rank}[\boldsymbol{A}, \boldsymbol{b}]$, 符合要求, 故 $a=-2$.

MATLAB 程序 3.46

```
syms a,A=[ a,1,1;1,a,1; 1,1,a],b=[1;1;-2],
RowEchelon([A([3,2,1],:),b])
```

18. 已知三阶矩阵 $\boldsymbol{B} \neq \boldsymbol{O}$, 且其列向量都是方程组 $\begin{cases} x_1+2x_2-2x_3=0, \\ 2x_1-x_2+\lambda x_3=0, \\ 3x_1+x_2-x_3=0 \end{cases}$ 的解.

(1) 求 λ.

(2) 证明 $|\boldsymbol{B}|=0$.

解 (1) 记原方程组为 $\boldsymbol{Ax}=\boldsymbol{0}$, 因方程组有非零解, 故 $|\boldsymbol{A}|=\begin{vmatrix}1&2&-2\\2&-1&\lambda\\3&1&-1\end{vmatrix}=5\lambda-5=0$, 故 $\lambda=1$.

(2) 反证法. 设 $|\boldsymbol{B}|\neq 0$, 则 $\boldsymbol{B}$ 可逆, 又因 $\boldsymbol{AB}=\boldsymbol{O}$, 故 $\boldsymbol{A}=\boldsymbol{O}$, 矛盾. 故 $|\boldsymbol{B}|=0$.

MATLAB 程序 3.47

```
syms lambda,A=[1,2,-2;2,-1,lambda;3,1,-1],solve(det(A))
```

19. 设 $\boldsymbol{A}$ 为 n 阶方阵, $|\boldsymbol{A}|=0$, 若 $\boldsymbol{A}$ 的某元素 a_{ij} 的代数余子式 $A_{ij}\neq 0$, 证明: $(A_{i1},A_{i2},\cdots,A_{in})^{\mathrm{T}}$ 是 $\boldsymbol{Ax}=\boldsymbol{0}$ 的基础解系.

证 因 $|\boldsymbol{A}|=0$, 故 $\mathrm{rank}\boldsymbol{A}\leqslant n-1$, 又因 $A_{ij}\neq 0$, 故 $\mathrm{rank}\boldsymbol{A}\geqslant n-1$, 综上可知 $\mathrm{rank}\boldsymbol{A}=n-1$, 故 $\boldsymbol{Ax}=\boldsymbol{0}$ 的解空间的维数等于 1.

因 $\boldsymbol{AA}^*=|\boldsymbol{A}|\boldsymbol{E}=\boldsymbol{0}$, 且 $A_{ij}\neq 0$, 故 $(A_{i1},A_{i2},\cdots,A_{in})^{\mathrm{T}}$ 是 $\boldsymbol{Ax}=\boldsymbol{0}$ 的一个基础解系.

20. 证明非齐次线性方程组 $\boldsymbol{A}^{\mathrm{T}}\boldsymbol{Ax}=\boldsymbol{A}^{\mathrm{T}}\boldsymbol{b}$ 有解.

证 因 $\boldsymbol{Ax}=\boldsymbol{0}$ 和 $\boldsymbol{A}^{\mathrm{T}}\boldsymbol{Ax}=\boldsymbol{0}$ 是同解方程, 故 $\mathrm{rank}\boldsymbol{A}^{\mathrm{T}}=\mathrm{rank}\boldsymbol{A}^{\mathrm{T}}\boldsymbol{A}$, 于是

$$\mathrm{rank}\boldsymbol{A}^{\mathrm{T}}\boldsymbol{A}\leqslant\mathrm{rank}[\boldsymbol{A}^{\mathrm{T}}\boldsymbol{A},\boldsymbol{A}^{\mathrm{T}}\boldsymbol{b}]=\mathrm{rank}[\boldsymbol{A}^{\mathrm{T}}(\boldsymbol{A},\boldsymbol{b})]\leqslant\mathrm{rank}\boldsymbol{A}^{\mathrm{T}}=\mathrm{rank}\boldsymbol{A}^{\mathrm{T}}\boldsymbol{A}.$$

故 $\mathrm{rank}\boldsymbol{A}^{\mathrm{T}}\boldsymbol{A}=\mathrm{rank}[\boldsymbol{A}^{\mathrm{T}}\boldsymbol{A},\boldsymbol{A}^{\mathrm{T}}\boldsymbol{b}]$ 成立, 故方程必有解.

*21. 讨论三个平面 $\pi_1: a_1x+b_1y+c_1z=d_1,\pi_2: a_2x+b_2y+c_2z=d_2,\pi_3: a_3x+b_3y+c_3z=d_3$ 的位置关系并作图.

解 如图 3.6 所示.

记 $\boldsymbol{A}=\begin{bmatrix}a_1&b_1&c_1\\a_2&b_2&c_2\\a_3&b_3&c_3\end{bmatrix},\boldsymbol{b}=\begin{bmatrix}d_1\\d_2\\d_3\end{bmatrix},\boldsymbol{x}=\begin{bmatrix}x\\y\\z\end{bmatrix}$, 则有 $\boldsymbol{Ax}=\boldsymbol{b}$.

(1) 若 $\mathrm{rank}\boldsymbol{A}=3$, 则 $\boldsymbol{Ax}=\boldsymbol{b}$ 有唯一解, 故三个平面相交于一点, 如图 3.6(a) 所示.

(2) 若 $\mathrm{rank}\boldsymbol{A}=\mathrm{rank}\,[\boldsymbol{A},\boldsymbol{b}]=2$, 则 $\boldsymbol{Ax}=\boldsymbol{b}$ 的导出组解空间是 1 维的, 故三个平面相交于一条直线, 如图 3.6(b) 所示.

(3) 若 $2=\mathrm{rank}\boldsymbol{A}<\mathrm{rank}\,[\boldsymbol{A},\boldsymbol{b}]=3$, 则 $\boldsymbol{Ax}=\boldsymbol{b}$ 无解. 此时有两种可能: 其中两个平面平行, 分别与第三个平面相交, 如图 3.6(c) 所示. 或者三个平面两两相交, 如图 3.6(d) 所示.

(4) 若 $\mathrm{rank}\boldsymbol{A}=\mathrm{rank}\,[\boldsymbol{A},\boldsymbol{b}]=1$, 则 $\boldsymbol{Ax}=\boldsymbol{b}$ 的导出组解空间是 2 维的, 故三个平面重合, 如图 3.6(e) 所示.

(5) 若 $1=\operatorname{rank}\boldsymbol{A}<\operatorname{rank}[\boldsymbol{A},\boldsymbol{b}]=2$, 则 $\boldsymbol{Ax}=\boldsymbol{b}$ 无解. 此时有两种可能: 三个平面平行且有两个重合, 如图 3.6(f) 所示, 或者三个平面平行但是不重合, 如图 3.6(g) 所示.

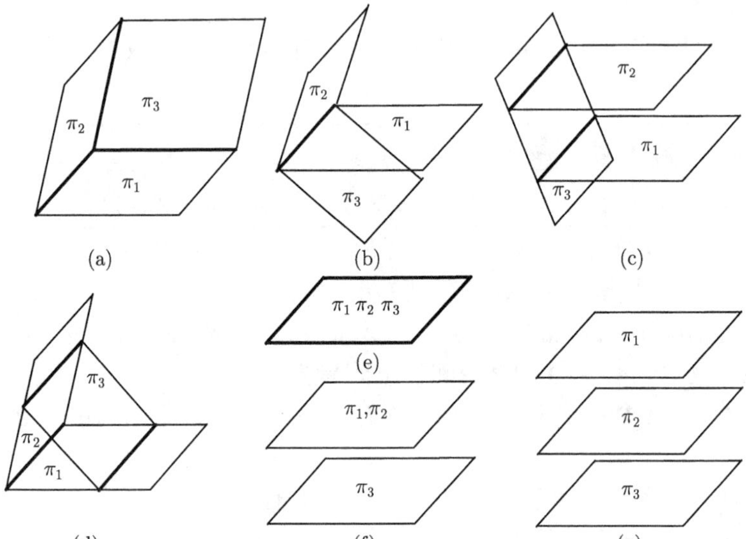

图 3.6

3.4.8　习题 3.8

1. 设 $\boldsymbol{A},\boldsymbol{B}$ 为正交矩阵, 则矩阵 $\boldsymbol{AB},\boldsymbol{A}^{-1}\boldsymbol{B}^{\mathrm{T}},\begin{bmatrix}\boldsymbol{A}&\\&\boldsymbol{B}\end{bmatrix},\dfrac{\sqrt{2}}{2}\begin{bmatrix}\boldsymbol{A}&\boldsymbol{A}\\-\boldsymbol{A}&\boldsymbol{A}\end{bmatrix}$ 都是正交矩阵.

证　(1) 因 $\boldsymbol{A},\boldsymbol{B}$ 为正交矩阵, 故 $(\boldsymbol{AB})^{\mathrm{T}}\boldsymbol{AB}=\boldsymbol{B}^{\mathrm{T}}\left(\boldsymbol{A}^{\mathrm{T}}\boldsymbol{A}\right)\boldsymbol{B}=\boldsymbol{B}^{\mathrm{T}}\boldsymbol{B}=\boldsymbol{E}$, 故 $\boldsymbol{AB}$ 为正交矩阵.

(2) 因 $\boldsymbol{A},\boldsymbol{B}$ 为正交矩阵, 故 $\left(\boldsymbol{A}^{-1}\boldsymbol{B}^{\mathrm{T}}\right)^{\mathrm{T}}\boldsymbol{A}^{-1}\boldsymbol{B}^{\mathrm{T}}=\boldsymbol{B}\left(\boldsymbol{AA}^{\mathrm{T}}\right)^{-1}\boldsymbol{B}^{\mathrm{T}}=\boldsymbol{BB}^{\mathrm{T}}=\boldsymbol{E}$, 故 $\boldsymbol{A}^{-1}\boldsymbol{B}^{\mathrm{T}}$ 为正交矩阵.

(3) 因 $\boldsymbol{A},\boldsymbol{B}$ 为正交矩阵, 故 $\begin{bmatrix}\boldsymbol{A}&\\&\boldsymbol{B}\end{bmatrix}^{\mathrm{T}}\begin{bmatrix}\boldsymbol{A}&\\&\boldsymbol{B}\end{bmatrix}=\begin{bmatrix}\boldsymbol{A}^{\mathrm{T}}\boldsymbol{A}&\\&\boldsymbol{B}^{\mathrm{T}}\boldsymbol{B}\end{bmatrix}=\boldsymbol{E}$, 故 $\begin{bmatrix}\boldsymbol{A}&\\&\boldsymbol{B}\end{bmatrix}$ 是正交矩阵.

(4) 因 $\boldsymbol{A},\boldsymbol{B}$ 为正交矩阵, 故 $\dfrac{\sqrt{2}}{2}\begin{bmatrix}\boldsymbol{A}&\boldsymbol{A}\\-\boldsymbol{A}&\boldsymbol{A}\end{bmatrix}^{\mathrm{T}}\dfrac{\sqrt{2}}{2}\begin{bmatrix}\boldsymbol{A}&\boldsymbol{A}\\-\boldsymbol{A}&\boldsymbol{A}\end{bmatrix}=\dfrac{1}{2}\begin{bmatrix}\boldsymbol{A}^{\mathrm{T}}&-\boldsymbol{A}^{\mathrm{T}}\\\boldsymbol{A}^{\mathrm{T}}&\boldsymbol{A}^{\mathrm{T}}\end{bmatrix}\times$

$$\begin{bmatrix} A & A \\ -A & A \end{bmatrix} = \frac{1}{2}\begin{bmatrix} 2A^{\mathrm{T}}A & \\ & 2A^{\mathrm{T}}A \end{bmatrix} = E,\text{ 故 } \frac{\sqrt{2}}{2}\begin{bmatrix} A & A \\ -A & A \end{bmatrix}\text{ 为正交矩阵.}$$

2. 试用 Schmidt 法把下列向量组正交化, 并用 Mathematica 软件验证:

(1)$[\alpha_1, \alpha_2, \alpha_3] = \begin{bmatrix} 1 & 1 & 1 \\ 1 & 2 & 4 \\ 1 & 3 & 9 \end{bmatrix}$. (2)$[\alpha_1, \alpha_2, \alpha_3] = \begin{bmatrix} 1 & 1 & -1 \\ 0 & -1 & 1 \\ -1 & 0 & 1 \\ 1 & 1 & 0 \end{bmatrix}$.

解 (1) $u_1 = \alpha_1, \quad \varepsilon_1 = \dfrac{u_1}{\sqrt{\langle u_1, u_1 \rangle}} = \dfrac{1}{\sqrt{3}}[1,1,1]^{\mathrm{T}}$,

$$u_2 = \alpha_2 - \langle \alpha_2, \varepsilon_1 \rangle \varepsilon_1, \quad \varepsilon_2 = \frac{u_2}{\sqrt{\langle u_2, u_2 \rangle}} = \frac{1}{\sqrt{2}}[-1,0,1]^{\mathrm{T}},$$

$$u_3 = \alpha_3 - \langle \alpha_3, \varepsilon_1 \rangle \varepsilon_1 - \langle \alpha_3, \varepsilon_2 \rangle \varepsilon_2, \quad \varepsilon_3 = \frac{u_3}{\sqrt{\langle u_3, u_3 \rangle}} = \frac{1}{\sqrt{6}}[1,-2,1]^{\mathrm{T}}.$$

(2) $u_1 = \alpha_1, \quad \varepsilon_1 = \dfrac{u_1}{\sqrt{\langle u_1, u_1 \rangle}} = \dfrac{1}{\sqrt{3}}[1,0,-1,1]^{\mathrm{T}}$,

$$u_2 = \alpha_2 - \langle \alpha_2, \varepsilon_1 \rangle \varepsilon_1, \quad \varepsilon_2 = \frac{u_2}{\sqrt{\langle u_2, u_2 \rangle}} = \frac{1}{\sqrt{15}}[1,-3,2,1]^{\mathrm{T}},$$

$$u_3 = \alpha_3 - \langle \alpha_3, \varepsilon_1 \rangle \varepsilon_1 - \langle \alpha_3, \quad \varepsilon_2 \rangle \varepsilon_2, \varepsilon_3 = \frac{u_3}{\sqrt{\langle u_3, u_3 \rangle}} = \frac{1}{\sqrt{35}}[-1,3,3,4]^{\mathrm{T}}.$$

MATLAB 程序 3.48

```
(1)A=[1,1,1;1,2,4;1,3,9],GramSchmidt(A)
(2)A=[1,1,-1;0,-1,1;-1,0,1;1,1,0],GramSchmidt(A)
```

3. 判断下列矩阵是不是正交矩阵.

(1)$\begin{bmatrix} 1 & -\frac{1}{2} & \frac{1}{3} \\ -\frac{1}{2} & 1 & \frac{1}{2} \\ \frac{1}{3} & \frac{1}{2} & -1 \end{bmatrix}$. (2)$\begin{bmatrix} \frac{1}{9} & -\frac{8}{9} & -\frac{4}{9} \\ -\frac{8}{9} & \frac{1}{9} & -\frac{4}{9} \\ -\frac{4}{9} & -\frac{4}{9} & \frac{7}{9} \end{bmatrix}$.

解 (1) 因 $A^{\mathrm{T}}A = \begin{bmatrix} \frac{49}{36} & -\frac{5}{6} & -\frac{1}{4} \\ -\frac{5}{6} & \frac{3}{2} & -\frac{1}{6} \\ -\frac{1}{4} & -\frac{1}{6} & \frac{49}{36} \end{bmatrix} \neq E$, 故 A 不是正交矩阵.

(2) 因 $A^{\mathrm{T}}A = \begin{bmatrix} 1 & 0 & 0 \\ 0 & 1 & 0 \\ 0 & 0 & 1 \end{bmatrix}$, 故 A 是正交矩阵.

MATLAB 程序 3.49

```
(1)A=sym([1,-1/2,1/3;-1/2,1,1/2;1/3,1/2,-1]),result=A*A'
(2)A=sym([1/9,-8/9,-4/9;-8/9,1/9,-4/9;-4/9,-4/9,7/9]),result=A*A'
```

4. 设 $\boldsymbol{x}$ 为 n 维列向量, $\boldsymbol{x}^{\mathrm{T}}\boldsymbol{x}=1$ 令 $\boldsymbol{H}=\boldsymbol{E}-2\boldsymbol{x}\boldsymbol{x}^{\mathrm{T}}$, 证明 $\boldsymbol{H}$ 是对称的正交矩阵.

解 首先, $\boldsymbol{H}^{\mathrm{T}}=(\boldsymbol{E}-2\boldsymbol{x}\boldsymbol{x}^{\mathrm{T}})^{\mathrm{T}}=\boldsymbol{E}-2\boldsymbol{x}\boldsymbol{x}^{\mathrm{T}}=\boldsymbol{H}$, 故 $\boldsymbol{H}$ 是对称的.

其次, $\boldsymbol{H}\boldsymbol{H}^{\mathrm{T}}=(\boldsymbol{E}-2\boldsymbol{x}\boldsymbol{x}^{\mathrm{T}})(\boldsymbol{E}-2\boldsymbol{x}\boldsymbol{x}^{\mathrm{T}})^{\mathrm{T}}=\boldsymbol{E}-4\boldsymbol{x}\boldsymbol{x}^{\mathrm{T}}+4\boldsymbol{x}\boldsymbol{x}^{\mathrm{T}}\boldsymbol{x}\boldsymbol{x}^{\mathrm{T}}=\boldsymbol{E}-4\boldsymbol{x}\boldsymbol{x}^{\mathrm{T}}+4\boldsymbol{x}\boldsymbol{x}^{\mathrm{T}}=\boldsymbol{E}$. 故 $\boldsymbol{H}$ 是对称的正交矩阵.

5. 证明: n 维列向量组 $\boldsymbol{\alpha}_1,\boldsymbol{\alpha}_2,\cdots,\boldsymbol{\alpha}_n$ 线性无关的充要条件为

$$D=\begin{vmatrix}\boldsymbol{\alpha}_1^{\mathrm{T}}\boldsymbol{\alpha}_1 & \boldsymbol{\alpha}_1^{\mathrm{T}}\boldsymbol{\alpha}_2 & \cdots & \boldsymbol{\alpha}_1^{\mathrm{T}}\boldsymbol{\alpha}_n\\ \boldsymbol{\alpha}_2^{\mathrm{T}}\boldsymbol{\alpha}_1 & \boldsymbol{\alpha}_2^{\mathrm{T}}\boldsymbol{\alpha}_2 & \cdots & \boldsymbol{\alpha}_2^{\mathrm{T}}\boldsymbol{\alpha}_n\\ \vdots & \vdots & & \vdots\\ \boldsymbol{\alpha}_n^{\mathrm{T}}\boldsymbol{\alpha}_1 & \boldsymbol{\alpha}_n^{\mathrm{T}}\boldsymbol{\alpha}_2 & \cdots & \boldsymbol{\alpha}_n^{\mathrm{T}}\boldsymbol{\alpha}_n\end{vmatrix}\neq 0.$$

证 设 $\boldsymbol{A}=[\boldsymbol{\alpha}_1,\boldsymbol{\alpha}_2,\cdots,\boldsymbol{\alpha}_n]$, 则 $\boldsymbol{\alpha}_1,\boldsymbol{\alpha}_2,\cdots,\boldsymbol{\alpha}_n$ 线性无关

$$\Leftrightarrow |\boldsymbol{A}|\neq 0\Leftrightarrow D=\left|\boldsymbol{A}^{\mathrm{T}}\boldsymbol{A}\right|=|\boldsymbol{A}|^2\neq 0.$$

6. 设 $\boldsymbol{A}=\boldsymbol{E}-\boldsymbol{\alpha}\boldsymbol{\alpha}^{\mathrm{T}}$, 其中 $\boldsymbol{E}$ 是 n 阶单位矩阵, $\boldsymbol{\alpha}$ 为 n 维非零列向量, 证明:

(1) $\boldsymbol{A}^2=\boldsymbol{A}$ 当且仅当 $\boldsymbol{\alpha}^{\mathrm{T}}\boldsymbol{\alpha}=1$.

(2) 当 $\boldsymbol{\alpha}^{\mathrm{T}}\boldsymbol{\alpha}=1$ 时, $\boldsymbol{A}$ 不是可逆矩阵.

证 (1)

$$\begin{aligned}\boldsymbol{A}^2&=\boldsymbol{A}\Leftrightarrow(\boldsymbol{E}-\boldsymbol{\alpha}\boldsymbol{\alpha}^{\mathrm{T}})^2=\boldsymbol{E}-\boldsymbol{\alpha}\boldsymbol{\alpha}^{\mathrm{T}}\Leftrightarrow\boldsymbol{E}-2\boldsymbol{\alpha}\boldsymbol{\alpha}^{\mathrm{T}}+\boldsymbol{\alpha}\boldsymbol{\alpha}^{\mathrm{T}}\boldsymbol{\alpha}\boldsymbol{\alpha}^{\mathrm{T}}=\boldsymbol{E}-\boldsymbol{\alpha}\boldsymbol{\alpha}^{\mathrm{T}}\\&\Leftrightarrow(-1+\boldsymbol{\alpha}^{\mathrm{T}}\boldsymbol{\alpha})\boldsymbol{\alpha}\boldsymbol{\alpha}^{\mathrm{T}}=\boldsymbol{0}\Leftrightarrow -1+\boldsymbol{\alpha}^{\mathrm{T}}\boldsymbol{\alpha}=0\Leftrightarrow\boldsymbol{\alpha}^{\mathrm{T}}\boldsymbol{\alpha}=1.\end{aligned}$$

(2) 若 $\boldsymbol{\alpha}^{\mathrm{T}}\boldsymbol{\alpha}=1$, 则 $\boldsymbol{A}\boldsymbol{\alpha}=\left(\boldsymbol{E}-\boldsymbol{\alpha}\boldsymbol{\alpha}^{\mathrm{T}}\right)\boldsymbol{\alpha}=\boldsymbol{E}\boldsymbol{\alpha}-\boldsymbol{\alpha}\boldsymbol{\alpha}^{\mathrm{T}}\boldsymbol{\alpha}=\boldsymbol{\alpha}-\boldsymbol{\alpha}=\boldsymbol{0}$, 即 $\boldsymbol{\alpha}$ 是 $\boldsymbol{A}\boldsymbol{x}=\boldsymbol{0}$ 的非零解, 故 $\boldsymbol{A}$ 不是可逆矩阵.

7. 设 $\boldsymbol{\alpha}_1,\boldsymbol{\alpha}_2,\cdots,\boldsymbol{\alpha}_n$ 为向量空间 V 的一组标准正交基, 而 $[\boldsymbol{\beta}_1,\boldsymbol{\beta}_2,\cdots,\boldsymbol{\beta}_n]=[\boldsymbol{\alpha}_1,\boldsymbol{\alpha}_2,\cdots,\boldsymbol{\alpha}_n]\boldsymbol{A}_{n\times n}$, 则 $\boldsymbol{\beta}_1,\boldsymbol{\beta}_2,\cdots,\boldsymbol{\beta}_n$ 也是 V 的一组标准正交基的充要条件是 $\boldsymbol{A}$ 为正交矩阵.

证 设 $[\boldsymbol{\beta}_1,\boldsymbol{\beta}_2,\cdots,\boldsymbol{\beta}_n]=\boldsymbol{B},[\boldsymbol{\alpha}_1,\boldsymbol{\alpha}_2,\cdots,\boldsymbol{\alpha}_n]=\boldsymbol{C}$, 则 $\boldsymbol{B}=\boldsymbol{C}\boldsymbol{A}$, 且

$$\boldsymbol{B}^{\mathrm{T}}\boldsymbol{B}=(\boldsymbol{C}\boldsymbol{A})^{\mathrm{T}}\boldsymbol{C}\boldsymbol{A}=\boldsymbol{A}^{\mathrm{T}}\boldsymbol{C}^{\mathrm{T}}\boldsymbol{C}\boldsymbol{A}=\boldsymbol{A}^{\mathrm{T}}\boldsymbol{A},$$

于是 $\boldsymbol{\beta}_1,\boldsymbol{\beta}_2,\cdots,\boldsymbol{\beta}_n$ 是 V 的一组标准正交基 $\Leftrightarrow\boldsymbol{B}^{\mathrm{T}}\boldsymbol{B}=\boldsymbol{E}\Leftrightarrow\boldsymbol{A}^{\mathrm{T}}\boldsymbol{A}=\boldsymbol{E}\Leftrightarrow\boldsymbol{A}$ 为正交矩阵.

3.4.9 习题 3.9

1. 验证下列所给矩阵集合对于矩阵的加法和数乘运算构成线性空间, 并写出各个空间的一组基.

(1) n 阶反对称矩阵的全体.

(2) n 阶上三角矩阵的全体.

解 (1) 设 $\boldsymbol{A}^{\mathrm{T}}=-\boldsymbol{A},\boldsymbol{B}^{\mathrm{T}}=-\boldsymbol{B},k\in\mathbb{R}$, 则 $(\boldsymbol{A}+k\boldsymbol{B})^{\mathrm{T}}=\boldsymbol{A}^{\mathrm{T}}+k\boldsymbol{B}^{\mathrm{T}}=-(\boldsymbol{A}+k\boldsymbol{B})$, 故全体 n 阶反对称矩阵对于矩阵的加法和乘数运算构成线性空间, 它的一组基是

$$\begin{bmatrix}0&1&\cdots&0\\-1&0&\cdots&0\\\vdots&\vdots&&\vdots\\0&0&\cdots&0\end{bmatrix},\cdots,\begin{bmatrix}0&0&\cdots&1\\0&0&\cdots&0\\\vdots&\vdots&&\vdots\\-1&0&\cdots&0\end{bmatrix},\cdots,\begin{bmatrix}0&\cdots&0&0\\\vdots&&\vdots&\vdots\\0&\cdots&0&1\\0&\cdots&-1&0\end{bmatrix}.$$

维数等于 $0+1+2+\cdots+(n-1)=\dfrac{n(n-1)}{2}$.

(2) 设 $\boldsymbol{A},\boldsymbol{B}$ 都是上三角阵, $k\in\mathbb{R}$, 那么 $\boldsymbol{A}+k\boldsymbol{B}$ 也是上三角阵, 故全体 n 阶上三角矩阵对于矩阵的加法和乘数运算构成线性空间, 它的一组基是

$$\begin{bmatrix}1&0&\cdots&0\\0&0&\cdots&0\\\vdots&\vdots&&\vdots\\0&0&\cdots&0\end{bmatrix},\cdots,\begin{bmatrix}0&0&\cdots&1\\0&0&\cdots&0\\\vdots&\vdots&&\vdots\\0&0&\cdots&0\end{bmatrix},\begin{bmatrix}0&0&\cdots&0\\0&1&\cdots&0\\\vdots&\vdots&&\vdots\\0&0&\cdots&0\end{bmatrix},\cdots,\begin{bmatrix}0&0&\cdots&0\\0&0&\cdots&0\\\vdots&\vdots&&\vdots\\0&0&\cdots&1\end{bmatrix}.$$

维数等于 $1+2+\cdots+n=\dfrac{n(n+1)}{2}$.

2. 说明 xOy 平面上变换 $T\begin{bmatrix}x\\y\end{bmatrix}=\boldsymbol{A}\begin{bmatrix}x\\y\end{bmatrix}$ 的几何意义, 其中

(1) $\boldsymbol{A}=\begin{bmatrix}-1&0\\0&1\end{bmatrix}$. (2) $\boldsymbol{A}=\begin{bmatrix}0&0\\0&1\end{bmatrix}$.

(3) $\boldsymbol{A}=\begin{bmatrix}0&1\\1&0\end{bmatrix}$. (4) $\boldsymbol{A}=\begin{bmatrix}0&1\\-1&0\end{bmatrix}$.

解 (1) $\begin{bmatrix}x\\y\end{bmatrix}$ 和 $\boldsymbol{A}\begin{bmatrix}x\\y\end{bmatrix}=\begin{bmatrix}-x\\y\end{bmatrix}$ 关于 y 轴的对称.

(2) $\boldsymbol{A}\begin{bmatrix}x\\y\end{bmatrix}=\begin{bmatrix}0\\y\end{bmatrix}$ 是在 y 轴上的投影向量.

(3) $\begin{bmatrix} x \\ y \end{bmatrix}$ 和 $\boldsymbol{A}\begin{bmatrix} x \\ y \end{bmatrix}=\begin{bmatrix} y \\ x \end{bmatrix}$ 关于直线 $y=x$ 的对称向量.

(4) $\boldsymbol{A}\begin{bmatrix} x \\ y \end{bmatrix}=\begin{bmatrix} -y \\ x \end{bmatrix}$. 先取 $\begin{bmatrix} x \\ y \end{bmatrix}$ 关于直线 $y=x$ 的对称向量, 再取其关于 y 轴的对称向量.

3. 函数集合 $V=\{\omega=(a_2x^2+a_1x+a_0)\mathrm{e}^x\,|a_2,a_1,a_0\in\mathbb{R}\}$, 对于函数的线性运算构成 3 维线性空间, 在 V 中取一个基 $x^2\mathrm{e}^x, x\mathrm{e}^x, \mathrm{e}^x$. 求微分运算 D 在这组基下的矩阵.

解 因 $D(x^2\mathrm{e}^x)=2x\mathrm{e}^x+x^2\mathrm{e}^x, D(x\mathrm{e}^x)=\mathrm{e}^x+x\mathrm{e}^x, D(\mathrm{e}^x)=\mathrm{e}^x$, 即

$$D[(x^2\mathrm{e}^x, x\mathrm{e}^x, \mathrm{e}^x)]=(x^2\mathrm{e}^x, x\mathrm{e}^x, \mathrm{e}^x)\begin{bmatrix} 1 & 0 & 0 \\ 2 & 1 & 0 \\ 0 & 1 & 1 \end{bmatrix}=(x^2\mathrm{e}^x, x\mathrm{e}^x, \mathrm{e}^x)\boldsymbol{A},$$

故微分运算 D 在这组基下的矩阵为 $\boldsymbol{A}$.

4. 二阶对称矩阵的全体 $V=\left\{\boldsymbol{A}=\begin{bmatrix} x_1 & x_2 \\ x_2 & x_3 \end{bmatrix}\middle| x_1,x_2,x_3\in\mathbb{R}\right\}$. 对于矩阵的线性运算构成 3 维线性空间. 在 V 中取一组基 $\boldsymbol{A}_1=\begin{bmatrix} 1 & 0 \\ 0 & 0 \end{bmatrix}, \boldsymbol{A}_2=\begin{bmatrix} 0 & 1 \\ 1 & 0 \end{bmatrix}$, $\boldsymbol{A}_3=\begin{bmatrix} 0 & 0 \\ 0 & 1 \end{bmatrix}$. 在 V 中定义变换 $T(\boldsymbol{A})=\begin{bmatrix} 1 & 0 \\ 1 & 1 \end{bmatrix}\boldsymbol{A}\begin{bmatrix} 1 & 1 \\ 0 & 1 \end{bmatrix}$, 求 T 在基$\boldsymbol{A}_1,\boldsymbol{A}_2$, $\boldsymbol{A}_3$ 下的矩阵.

解 因 $T(\boldsymbol{A}_1)=\begin{bmatrix} 1 & 1 \\ 1 & 1 \end{bmatrix}, T(\boldsymbol{A}_2)=\begin{bmatrix} 0 & 1 \\ 1 & 2 \end{bmatrix}, T(\boldsymbol{A}_3)=\begin{bmatrix} 0 & 0 \\ 0 & 1 \end{bmatrix}$, 即

$$T[(\boldsymbol{A}_1,\boldsymbol{A}_2,\boldsymbol{A}_3)]=[\boldsymbol{A}_1,\boldsymbol{A}_2,\boldsymbol{A}_3]\begin{bmatrix} 1 & 0 & 0 \\ 1 & 1 & 0 \\ 1 & 2 & 1 \end{bmatrix}=[\boldsymbol{A}_1,\boldsymbol{A}_2,\boldsymbol{A}_3]\boldsymbol{B},$$

故 T 在基 $\boldsymbol{A}_1,\boldsymbol{A}_2,\boldsymbol{A}_3$ 下的矩阵为 $\boldsymbol{B}$.

5. 设 $\varepsilon_1,\varepsilon_2,\cdots,\varepsilon_n$ 是 n 维线性空间 V 的一组基.

(1) 证明: $\varepsilon_1,\varepsilon_1+\varepsilon_2,\varepsilon_1+\varepsilon_2+\varepsilon_3,\cdots,\varepsilon_1+\varepsilon_2+\cdots+\varepsilon_n$ 也是 V 的一组基.

(2) 求基变换与坐标变换.

解

$$[\varepsilon_1,\varepsilon_1+\varepsilon_2,\cdots,\varepsilon_1+\varepsilon_2+\cdots+\varepsilon_n]=[\varepsilon_1,\varepsilon_2,\cdots,\varepsilon_n]\begin{bmatrix}1&1&\cdots&1\\&1&\ddots&\vdots\\&&\ddots&1\\&&&1\end{bmatrix}=[\varepsilon_1,\varepsilon_2,\cdots,\varepsilon_n]\boldsymbol{C}.$$

(1) 因 $|\boldsymbol{C}|=1\neq 0$, 故 $\boldsymbol{C}$ 可逆, 故 $\varepsilon_1,\varepsilon_1+\varepsilon_2,\varepsilon_1+\varepsilon_2+\varepsilon_3,\cdots,\varepsilon_1+\varepsilon_2+\cdots+\varepsilon_n$ 能成为一组基.

(2) 若 $\boldsymbol{\xi}$ 在 $\varepsilon_1,\varepsilon_2,\cdots,\varepsilon_n$ 下的坐标为 x, 则在 $\varepsilon_1,\varepsilon_1+\varepsilon_2,\varepsilon_1+\varepsilon_2+\varepsilon_3,\cdots,\varepsilon_1+\varepsilon_2+\cdots+\varepsilon_n$ 下的坐标为 $\boldsymbol{y}=\boldsymbol{C}^{-1}\boldsymbol{x}$, 其中

$$\boldsymbol{C}^{-1}=\begin{bmatrix}1&-1&&\\&1&\ddots&\\&&\ddots&-1\\&&&1\end{bmatrix}.$$

MATLAB 程序 3.50

```
n=6,A=ones(1,n),for i=1:n-1,...
A=[A;[zeros(1,i),ones(1,n-i)]],end,inv(sym(A))
```

6. 在 4 维线性空间 $\mathbb{R}^{2\times 2}$ 中, 证明: $\begin{bmatrix}1&1\\1&1\end{bmatrix},\begin{bmatrix}1&1\\-1&-1\end{bmatrix},\begin{bmatrix}1&-1\\1&-1\end{bmatrix},\begin{bmatrix}-1&1\\1&-1\end{bmatrix}$ 是 $\mathbb{R}^{2\times 2}$ 的一组基, 并求矩阵 $\boldsymbol{\alpha}=\begin{bmatrix}1&2\\3&4\end{bmatrix}$ 在这组基下的坐标.

解 令 $\boldsymbol{\alpha}_1=\begin{bmatrix}1&1\\1&1\end{bmatrix},\boldsymbol{\alpha}_2=\begin{bmatrix}1&1\\-1&-1\end{bmatrix},\boldsymbol{\alpha}_3=\begin{bmatrix}1&-1\\1&-1\end{bmatrix},\boldsymbol{\alpha}_4=\begin{bmatrix}-1&1\\1&-1\end{bmatrix}$, $\boldsymbol{\beta}=\begin{bmatrix}1&2\\3&4\end{bmatrix}$, $k_1\boldsymbol{\alpha}_1+k_2\boldsymbol{\alpha}_2+k_3\boldsymbol{\alpha}_3+k_4\boldsymbol{\alpha}_4=\mathbf{0}$, 等式等价于

$$\boldsymbol{Ak}=\begin{bmatrix}1&1&1&-1\\1&1&-1&1\\1&-1&1&1\\1&-1&-1&-1\end{bmatrix}\begin{bmatrix}k_1\\k_2\\k_3\\k_4\end{bmatrix}=\mathbf{0},$$

因 $|\boldsymbol{A}|=16$, 故方程组只有唯一零解, 故 $\boldsymbol{\alpha}_1,\boldsymbol{\alpha}_2,\boldsymbol{\alpha}_3,\boldsymbol{\alpha}_4$ 线性无关.

又因线性空间 $\mathbb{R}^{2\times 2}$ 的维数为 4, 故 $\boldsymbol{\alpha}_1,\boldsymbol{\alpha}_2,\boldsymbol{\alpha}_3,\boldsymbol{\alpha}_4$ 是一组基.

设 $\boldsymbol{Ak}=\boldsymbol{\beta}$, 则

$$[\boldsymbol{A},\boldsymbol{b}]=\begin{bmatrix}1&1&1&-1&1\\1&1&-1&1&2\\1&-1&1&1&3\\1&-1&-1&-1&4\end{bmatrix}\to\begin{bmatrix}1&0&0&0&\frac{5}{2}\\0&1&0&0&-1\\0&0&1&0&-\frac{1}{2}\\0&0&0&1&0\end{bmatrix},$$

故 $\boldsymbol{\alpha}$ 的坐标为 $[k_1,k_2,k_3,k_4]^{\mathrm{T}}=\left[\frac{5}{2},-1,-\frac{1}{2},0\right]^{\mathrm{T}}$.

MATLAB 程序 3.51

```
A=[1,1,1,-1;1,1,-1,1;1,-1,1,1;1,-1,-1,-1],det(A),
b=sym([1;2;3;4]),rref([A,b]),A\b
```

7. 已知 $\mathbb{R}^3$ 中线性变换 T 在基 $\boldsymbol{\alpha}_1,\boldsymbol{\alpha}_2,\boldsymbol{\alpha}_3$ 的矩阵为 $\begin{bmatrix}1&2&-1\\-1&1&3\\1&1&1\end{bmatrix}$, 求 T 在基 $\boldsymbol{\alpha}_3,\boldsymbol{\alpha}_2,\boldsymbol{\alpha}_1$ 的矩阵.

解　设 $\boldsymbol{C}=\begin{bmatrix}0&0&1\\0&1&0\\1&0&0\end{bmatrix}$, 因 $[\boldsymbol{\alpha}_3,\boldsymbol{\alpha}_2,\boldsymbol{\alpha}_1]=[\boldsymbol{\alpha}_1,\boldsymbol{\alpha}_2,\boldsymbol{\alpha}_3]\begin{bmatrix}0&0&1\\0&1&0\\1&0&0\end{bmatrix}$, 故从 $\boldsymbol{\alpha}_1,\boldsymbol{\alpha}_2,\boldsymbol{\alpha}_3$ 到 $\boldsymbol{\alpha}_3,\boldsymbol{\alpha}_2,\boldsymbol{\alpha}_1$ 的过渡矩阵为 $\boldsymbol{C}$, 且 T 在基 $\boldsymbol{\alpha}_3,\boldsymbol{\alpha}_2,\boldsymbol{\alpha}_1$ 的矩阵为

$$\boldsymbol{B}=\begin{bmatrix}0&0&1\\0&1&0\\1&0&0\end{bmatrix}^{-1}\begin{bmatrix}1&2&-1\\-1&1&3\\1&1&1\end{bmatrix}\begin{bmatrix}0&0&1\\0&1&0\\1&0&0\end{bmatrix}=\begin{bmatrix}1&1&1\\3&1&-1\\-1&2&1\end{bmatrix}.$$

MATLAB 程序 3.52

```
A=[1,2,-1;-1,1,3;1,1,1],C=sym([0,0,1;0,1,0;1,0,0]),result=inv(C)*A*C
```

第4章 相似矩阵

学习目标与要求

1. 理解特征值和特征向量的定义. 掌握求解特征值和特征向量的方法. 掌握特征值和特征向量的性质.

2. 理解方阵可以相似对角化的充要条件. 掌握对称矩阵的正交相似对角化过程.

4.1 内容梗概

4.1.1 方阵的特征值与特征向量

除了行列式、迹和秩, 方阵还有一个重要属性: 特征值. 特征值与特征向量是捆绑定义的, 如下.

定义 4.1 特征值与特征向量

设方阵 $\boldsymbol{A}=[a_{ij}]_{n\times n}\in\mathbb{C}^{n\times n}$, 如果存在数 λ 和非零的 n 维列向量 $\boldsymbol{\xi}$, 使得

$$\boldsymbol{A}\boldsymbol{\xi}=\lambda\boldsymbol{\xi}, \tag{4.1}$$

则称 λ 为 $\boldsymbol{A}$ 的**特征值**, 向量 $\boldsymbol{\xi}$ 为 $\boldsymbol{A}$ 的对应于 λ 的**特征向量**.

备注 (1) 特征向量 $\boldsymbol{\xi}\neq\boldsymbol{0}$, 故 $\|\boldsymbol{\xi}\|\neq 0$. 若 $\boldsymbol{\xi}$ 是实向量, 则 $\boldsymbol{\xi}^{\mathrm{T}}\boldsymbol{\xi}\neq 0$.

(2) 特征向量必定是非零向量, 但是特征值可以是零值.

特征值具有以下四个性质:

(1) 设 $\boldsymbol{A}$ 有特征值 λ, $f(t)=\sum\limits_{k=0}^{p}a_kt^k$, 则 $f(\boldsymbol{A})$ 有特征值 $f(\lambda)$.

(2) 设 $\boldsymbol{A}$ 可逆且有特征值 λ, 则 $\boldsymbol{A}^{-1}$ 有特征值 $\dfrac{1}{\lambda}$.

(3) 设 $\boldsymbol{A}$ 可逆且有特征值 λ, 则 $\boldsymbol{A}^*$ 有特征值 $\dfrac{|\boldsymbol{A}|}{\lambda}$.

(4) 设 $\boldsymbol{A}$ 有特征值 λ, 则 $\boldsymbol{A}^{\mathrm{T}}$ 有特征值 λ.

设 λ_0 是 $\boldsymbol{A}$ 的特征值, 令 $V_{\lambda_0}=\{\boldsymbol{\xi}\in\mathbb{C}^n\,|\,\boldsymbol{A}\boldsymbol{\xi}=\lambda_0\boldsymbol{\xi}\}$ 为 $\boldsymbol{A}$ 的对应于 λ_0 的所有特征向量与零向量构成的集合, 则 V_{λ_0} 是 $\mathbb{C}^n$ 的线性子空间. 称 V_{λ_0} 为 $\boldsymbol{A}$ 的对应于

λ_0 的**特征子空间**, 称 $\dim V_{\lambda_0}$ 为 λ_0 的**几何重数**, 由齐次线性方程组解的结构可知

$$\dim V_{\lambda_0} = n - \operatorname{rank}(\lambda_0 \boldsymbol{E} - \boldsymbol{A}). \tag{4.2}$$

定义 4.2 特征多项式

设 $\boldsymbol{A} = [a_{ij}]_{n\times n}$ 方阵, 称

$$f(\lambda) = |\lambda \boldsymbol{E} - \boldsymbol{A}| = \lambda^n + b_1\lambda^{n-1} + \cdots + b_{n-1}\lambda + b_n \tag{4.3}$$

为 $\boldsymbol{A}$ 的特征多项式. 称 $|\lambda \boldsymbol{E} - \boldsymbol{A}| = 0$ 为 $\boldsymbol{A}$ 的特征方程.

把特征多项式中相同的一次因子写成方幂的形式, 即设特征多项式为

$$f(\lambda) = (\lambda - \lambda_1)^{t_1}(\lambda - \lambda_2)^{t_2}\cdots(\lambda - \lambda_s)^{t_s}, \tag{4.4}$$

其中当 $i \neq j$ 时, 有 $\lambda_i \neq \lambda_j$, 且 $t_1 + t_2 + \cdots + t_s = n$, 则称 t_i 为 λ_i 的**代数重数**.

定理 4.1 设方阵 $\boldsymbol{A} = [a_{ij}]_{n\times n}$ 的 n 个特征值为 $\lambda_1, \lambda_2, \cdots, \lambda_n$, 则

(1)

$$\prod_{k=1}^{n} \lambda_k = |\boldsymbol{A}|. \tag{4.5}$$

(2)

$$\sum_{k=1}^{n} \lambda_k = \sum_{k=1}^{n} a_{kk} = \operatorname{tr}\boldsymbol{A}. \tag{4.6}$$

备注 特征值、行列式、迹和秩是方阵最重要的四个属性, 上述定理并没有描述特征值和秩的关系. 其实方阵的秩等于各非零特征值 $\lambda_k \neq 0$ 的代数重数 t_k 之和, 即

$$\operatorname{rank}\boldsymbol{A} = \sum_{\lambda_k \neq 0} t_k. \tag{4.7}$$

定理 4.2 设 n 阶方阵 $\boldsymbol{A}$ 的全部相异特征值为 $\lambda_1, \lambda_2, \cdots, \lambda_s$, 相应的代数重数为 $t_1, t_2, \cdots, t_s$, 即 $|\lambda \boldsymbol{E} - \boldsymbol{A}| = (\lambda - \lambda_1)^{t_1}(\lambda - \lambda_2)^{t_2}\cdots(\lambda - \lambda_s)^{t_s}$, 那么

$$\dim V_{\lambda_k} \leqslant t_k. \tag{4.8}$$

备注 上述定理可以概括为“几何重数不大于代数重数”.

定理 4.3 设 $\lambda_1, \lambda_2, \cdots, \lambda_s$ 是方阵 $\boldsymbol{A}$ 的相异特征值, $\boldsymbol{\xi}_i (i = 1, 2, \cdots, s)$ 是对应于 λ_i 的特征向量, 那么 $\boldsymbol{\xi}_1, \boldsymbol{\xi}_2, \cdots, \boldsymbol{\xi}_s$ 线性无关.

定理 4.4 设 $\lambda_1, \lambda_2, \cdots, \lambda_s$ 是方阵 $\boldsymbol{A}$ 的相异特征值, λ_k 对应的线性无关特征向量组为 $\varPhi_k = \{\boldsymbol{\xi}_1^{(k)}, \boldsymbol{\xi}_2^{(k)}, \cdots, \boldsymbol{\xi}_{t_k}^{(k)}\}(k = 1, 2, \cdots, s)$, 则 $\varPhi_1 \cup \varPhi_2 \cup \cdots \cup \varPhi_s$ 线性无关.

4.1.2 方阵相似对角化

方阵相似对角化可以简化矩阵的结构, 并且保持特征多项式不变.

定义 4.3 相似

设方阵 $\boldsymbol{A}, \boldsymbol{B} \in \mathbb{C}^{n\times n}$, 若有可逆矩阵 $\boldsymbol{P} \in \mathbb{C}^{n\times n}$, 使得

$$\boldsymbol{P}^{-1}\boldsymbol{A}\boldsymbol{P} = \boldsymbol{B}, \tag{4.9}$$

则称 $\boldsymbol{A}$ 与 $\boldsymbol{B}$ **相似**, 或 $\boldsymbol{A}$ **相似于** $\boldsymbol{B}$, 记为 $\boldsymbol{A} \sim \boldsymbol{B}$. 可逆矩阵 $\boldsymbol{P}$ 称为**相似变换矩阵**.

相似关系是一种等价关系, 满足

(1) 自反性: $\boldsymbol{A} \sim \boldsymbol{A}$.

(2) 对称性: 若 $\boldsymbol{A} \sim \boldsymbol{B}$, 则 $\boldsymbol{B} \sim \boldsymbol{A}$.

(3) 传递性: 若 $\boldsymbol{A} \sim \boldsymbol{B}, \boldsymbol{B} \sim \boldsymbol{C}$, 则 $\boldsymbol{A} \sim \boldsymbol{C}$.

定理 4.5 若 $\boldsymbol{A} \sim \boldsymbol{B}$, 则

(1) $\mathrm{rank}\boldsymbol{A} = \mathrm{rank}\boldsymbol{B}$.

(2) $\det \boldsymbol{A} = \det \boldsymbol{B}$.

(3) $\boldsymbol{A}$ 与 $\boldsymbol{B}$ 的特征多项式相同, 因此 $\boldsymbol{A}$ 与 $\boldsymbol{B}$ 有相同的特征值.

(4) $\boldsymbol{A}$ 与 $\boldsymbol{B}$ 的迹相等.

备注 由定理 4.1 可知, 定理 4.5 中命题 (1), (2), (4) 其实是命题 (3) 的推论.

定理 4.6 $\boldsymbol{A}$ 可相似于对角矩阵当且仅当 $\boldsymbol{A}$ 有 n 个线性无关的特征向量 (相似变换矩阵的各列就是特征向量, 对角矩阵对角线上的元素就是特征值).

推论 4.1 $\boldsymbol{A}$ 相似于对角矩阵当且仅当 $\boldsymbol{A}$ 的每个特征值的代数重数与几何重数相等.

推论 4.2 如果 $\boldsymbol{A}$ 有 n 个相异的特征值, 则 $\boldsymbol{A}$ 相似于对角矩阵.

定理 4.7 设 $\boldsymbol{A}$ 为实对称矩阵, 则有

(1)$\boldsymbol{A}$ 的特征值为实数.

(2)$\boldsymbol{A}$ 的对应于不同特征值的特征向量是正交的.

定理 4.8 设 $\boldsymbol{A}$ 为 n 阶实对称矩阵, 则存在正交矩阵 $\boldsymbol{P}$ 使得

$$\boldsymbol{P}^{\mathrm{T}}\boldsymbol{A}\boldsymbol{P} = \mathrm{diag}(\lambda_1, \lambda_2, \cdots, \lambda_n), \tag{4.10}$$

其中 $\lambda_1, \lambda_2, \cdots, \lambda_n$ 是 $\boldsymbol{A}$ 的特征值, $\boldsymbol{P}$ 的各列是对应的特征向量.

4.2 疑 难 解 析

*4.2.1 如何用 MATLAB 命令求特征值和特征向量

在 MATLAB 中用 [V,D] = eig(A) 求方阵 $\boldsymbol{A}$ 的特征向量和特征值, 满足 $\boldsymbol{AV}=\boldsymbol{VD}$, 其中 $\boldsymbol{V}$ 包含了 n 个特征向量, $\boldsymbol{D}$ 是由 n 个特征值构成的对角矩阵.

4.2.2 如何理解特征值和特征向量

若 $\boldsymbol{A\xi}=\lambda\boldsymbol{\xi},\boldsymbol{\xi}\neq\boldsymbol{0}$, 则称 λ 为 $\boldsymbol{A}$ 的特征值, 向量 $\boldsymbol{\xi}$ 为 $\boldsymbol{A}$ 的对应于 λ 的特征向量. 这种捆绑定义的方式使得特征值和特征向量很难理解.

其实, 特征值和特征向量在生活中是常见的. 下面通过讨论旋转、反射和投影三种线性变换, 进一步理解方阵的特征值和特征向量, 见表 4.1. 将会发现: 特征向量 (eigen vector) 实质就是线性变换前后的“方向不变量”, 特征值 (eigen value) 的绝对值实质是变换前后长度的“伸缩比例”.

表 4.1 三种线性变换的特征值和特征向量

变换	(1) 旋转	(2) 反射	(3) 投影
矩阵	$\begin{bmatrix}\cos(\theta) & -\sin(\theta) & 0\\ \sin(\theta) & \cos(\theta) & 0\\ 0 & 0 & 1\end{bmatrix}$	$\begin{bmatrix}1&0&0\\0&1&0\\0&0&-1\end{bmatrix}$	$\begin{bmatrix}1&0&0\\0&1&0\\0&0&0\end{bmatrix}$
特征值和特征向量	$\lambda_1=1,\boldsymbol{\xi}_1=\boldsymbol{e}_3$ $\theta=\pi,\lambda_2=-1,\boldsymbol{\xi}_2=\boldsymbol{e}_1$ $\theta=\pi,\lambda_3=-1,\boldsymbol{\xi}_3=\boldsymbol{e}_2$	$\lambda_1=1,\boldsymbol{\xi}_1=\boldsymbol{e}_1$ $\lambda_2=1,\boldsymbol{\xi}_2=\boldsymbol{e}_2$ $\lambda_3=-1,\boldsymbol{\xi}_3=\boldsymbol{e}_3$	$\lambda_1=1,\boldsymbol{\xi}_1=\boldsymbol{e}_1$ $\lambda_2=1,\boldsymbol{\xi}_2=\boldsymbol{e}_2$ $\lambda_3=0,\boldsymbol{\xi}_3=\boldsymbol{e}_3$

(1) 旋转.

绕 Oz 轴 $\boldsymbol{e}_3=\begin{bmatrix}0&0&1\end{bmatrix}^{\mathrm{T}}$ 旋转角度为 θ 的变换矩阵 $\boldsymbol{A}=\begin{bmatrix}\cos(\theta) & -\sin(\theta) & 0\\ \sin(\theta) & \cos(\theta) & 0\\ 0 & 0 & 1\end{bmatrix}$, 显然, Oz 轴 $\boldsymbol{e}_3$ 保持方向不变, 伸缩比例等于 1, 故特征值 1 对应的特征向量为 $\boldsymbol{e}_3$. 若绕 Oz 轴旋转 180°, 即 $\theta=\pi$, 则 Ox 轴和 Oy 轴上的向量方向变成相反, 伸缩比例等于 1, 故特征值 -1 对应的特征向量为 $\{\boldsymbol{e}_1,\boldsymbol{e}_2\}$.

(2) 反射.

在水平面 xOy 上的反射变换矩阵为 $\boldsymbol{A}=\begin{bmatrix}1&0&0\\0&1&0\\0&0&-1\end{bmatrix}$. 显然, 反射面上的两个方向 $\{\boldsymbol{e}_1,\boldsymbol{e}_2\}$ 保持方向不变, 伸缩比例等于 1, 故特征值 1 对应的特征向量为

$\{e_1, e_2\}$. 另外, 与水平面垂直的方向 e_3 变成相反方向, 伸缩比例等于 1, 故特征值 -1 对应的特征向量为 e_3.

(3) 投影.

在水平面 xOy 上的投影变换矩阵为 $\boldsymbol{A} = \begin{bmatrix} 1 & 0 & 0 \\ 0 & 1 & 0 \\ 0 & 0 & 0 \end{bmatrix}$. 显然, 投影面上两个方向 $\{e_1, e_2\}$ 保持方向不变, 伸缩比例等于 1, 故特征值 1 对应的特征向量为 $\{e_1, e_2\}$. 另外, 与投影面垂直的一个方向 (即投影方向)e_3 变为零向量 (零向量的方向是任意的), 伸缩比例等于 0, 故特征值 0 对应的特征向量为 e_3.

4.2.3 相似变换的本质是什么

两个矩阵 $\boldsymbol{A}$ 和 $\boldsymbol{B}$ 相似的本质是初等因子或者 Jordan 标准形相同 (初等因子和 Jordan 标准形为选修内容), 故相似矩阵的**特征多项式相同**, 从而它们的特征值、秩、行列式和迹都相同.

4.2.4 相似对角化有何应用

(1) 便于计算方幂: 若 $\boldsymbol{A} = \boldsymbol{P\Lambda P}^{-1}$, 则 $\boldsymbol{A}^n = \boldsymbol{P\Lambda}^n\boldsymbol{P}^{-1}$. 特别地, 若 $\boldsymbol{P}$ 是正交矩阵, 则 $\boldsymbol{A}^n = \boldsymbol{P\Lambda}^n\boldsymbol{P}^{\mathrm{T}}$.

(2) 便于化简二次型, 见 5.1.2 节.

4.2.5 特征值的隐含定义有哪些

在众多习题和考题中, 经常通过如下几种命题隐含地给出特征值和特征向量.

(1) 若 $\boldsymbol{A}$ 不可逆, 则 0 必然是特征值.

(2) 若 $\boldsymbol{Ax} = \boldsymbol{0}$ 有非零解, 则 0 必然是特征值.

(3) 若 $|\lambda\boldsymbol{E} - \boldsymbol{A}| = 0$, 则 λ 是特征值.

(4) 若 $(\boldsymbol{A} - a\boldsymbol{E})(\boldsymbol{A} - b\boldsymbol{E}) = \boldsymbol{0}$, 则特征值要么是 a, 要么是 b, 见习题 4.1 第 3 题.

(5) 若 $\boldsymbol{A}$ 每一行元素之和都等于常数 a, 则 a 是特征值, 且对应的特征向量为 $(1, \cdots, 1)^{\mathrm{T}}$.

(6) 不同特征值的特征向量之和必然**不是**特征向量.

4.2.6 正交相似对角化的难点有哪些

正交相似对角化的难点主要包括两点:

(1) 计算特征值非常困难, 因为多项式的因式分解没有通用的解析方法. 特征值的计算一般依靠计算机, 否则只能通过“试凑”的方法获得. 对于三阶方阵, 优先考虑整数特征值, 整数特征值必然可以整除特征多项式的常数项, 因此可以用遍历试凑的方法计算出第一个特征值, 然后用二次方程解的公式求另外两个特征值.

(2) Gram-Schmidt 正交化的过程非常烦琐, 需要不断重复正交化和单位化, 导致计算量大, 容易出错. 因而需要借助某些定理减少计算量, 例如, "对称矩阵不同特征值对应的特征向量是正交的", 依此可以简化正交化的过程.

4.2.7　相似对角化的几个典型反例

(1) 几何重数**未必**等于代数重数.

反例: 上移 (右移) 矩阵 $\begin{bmatrix} 0 & 1 \\ 0 & 0 \end{bmatrix}$, 其特征值 0 的代数重数为 2, 几何重数为 1.

(2) 矩阵和它的转置矩阵的特征值相同, 但是它们的特征向量**未必**相同.

反例: $\boldsymbol{A} = \begin{bmatrix} 0 & 1 \\ 0 & 0 \end{bmatrix}, \boldsymbol{A}^{\mathrm{T}} = \begin{bmatrix} 0 & 0 \\ 1 & 0 \end{bmatrix}$. $\boldsymbol{A}$ 和 $\boldsymbol{A}^{\mathrm{T}}$ 有公共特征值 0, 但是对应的特征向量分别为 $\boldsymbol{\xi}_1 = \begin{bmatrix} 1 \\ 0 \end{bmatrix}$ 和 $\boldsymbol{\xi}_2 = \begin{bmatrix} 0 \\ 1 \end{bmatrix}$.

(3) 相似矩阵的特征值相同, 但是特征值相同的两个矩阵**未必**相似.

反例: $\boldsymbol{A} = \begin{bmatrix} 0 & 1 \\ 0 & 0 \end{bmatrix}, \boldsymbol{B} = \begin{bmatrix} 0 & 0 \\ 0 & 0 \end{bmatrix}$ 特征值相同, 但是不等价 (因为秩不相同), 故不相似.

(4) 一个特征值**可能**对应多个线性无关的特征向量, 但是一个特征向量**不可能**对应多个特征值.

如 $\boldsymbol{A} = \begin{bmatrix} 0 & 0 \\ 0 & 0 \end{bmatrix}$, 特征值 0 对应两个线性无关的特征向量 $\boldsymbol{e}_1, \boldsymbol{e}_2$.

(5) 相似必然等价, 但是等价**未必**相似.

反例: $\boldsymbol{A} = \begin{bmatrix} 2 & 0 \\ 0 & 0 \end{bmatrix}, \boldsymbol{B} = \begin{bmatrix} 1 & 0 \\ 0 & 0 \end{bmatrix}$. $\boldsymbol{A}, \boldsymbol{B}$ 秩相等, 故等价. 然而它们的特征值不相同, 故不相似.

(6) 实正交矩阵特征值的模等于 1, 但是复正交矩阵特征值的模**未必**等于 1.

反例: $\boldsymbol{A} = \begin{bmatrix} \mathrm{i} & \sqrt{2} \\ -\sqrt{2} & \mathrm{i} \end{bmatrix}$ 是正交矩阵, 但是 $\boldsymbol{A}^{\mathrm{T}} \neq \bar{\boldsymbol{A}}^{\mathrm{T}}$, 两个特征值 $\left(1 \pm \sqrt{2}\right)\mathrm{i}$ 的模不等于 1.

(7) 对于实矩阵, $\mathrm{rank}\boldsymbol{A}^{\mathrm{T}}\boldsymbol{A} = \mathrm{rank}\boldsymbol{A}$. 对于复矩阵, 该命题**未必**满足.

反例: $\boldsymbol{A} = \begin{bmatrix} 1 & -\mathrm{i} \\ \mathrm{i} & 1 \end{bmatrix}$. $\mathrm{rank}\boldsymbol{A}^{\mathrm{T}}\boldsymbol{A} = 0 < 1 = \mathrm{rank}\boldsymbol{A}$.

(8) 对于实矩阵, 若 $\boldsymbol{A}^{\mathrm{T}}\boldsymbol{A} = \boldsymbol{O}$, 则必有 $\boldsymbol{A} = \boldsymbol{O}$. 对于复矩阵, 该命题**未必**成立.

反例: $\boldsymbol{A}=\begin{bmatrix}1 & -\mathrm{i}\\ \mathrm{i} & 1\end{bmatrix}$. $\boldsymbol{A}\neq\boldsymbol{O}$, 但是 $\boldsymbol{A}^{\mathrm{T}}\boldsymbol{A}=\boldsymbol{O}$.

(9) 若 $\boldsymbol{A}^2=\boldsymbol{O}$, 未必有 $\boldsymbol{A}=\boldsymbol{O}$.

反例: $\boldsymbol{A}=\begin{bmatrix}0 & 0\\ 1 & 0\end{bmatrix}$.

4.3 典型例题

4.3.1 特征值的定义

1. 已知 $\lambda=-1$ 是矩阵 $\boldsymbol{A}=\begin{bmatrix}2 & a & 0\\ 0 & 0 & -1\\ 1 & 0 & 0\end{bmatrix}$ 的特征值, $\boldsymbol{x}=(-2,2,b)^{\mathrm{T}}$ 是属于该特征值对应的特征向量, 则 (　).

(A) $a=1,\ b=2$.　　(B) $a=3,\ b=2$.

(C) $a=3,\ b=-2$.　　(D) $a=1,\ b=-2$.

提示　特征值和特征向量的定义.

解　答案: (B).

因 $(\boldsymbol{A}-\lambda\boldsymbol{E})\boldsymbol{x}=\begin{bmatrix}2+1 & a & 0\\ 0 & 1 & -1\\ 1 & 0 & 1\end{bmatrix}\begin{bmatrix}-2\\ 2\\ b\end{bmatrix}=\boldsymbol{0}$, 故 $\begin{vmatrix}2+1 & a & 0\\ 0 & 1 & -1\\ 1 & 0 & 1\end{vmatrix}=3-a=0$, 得 $a=3$. 由 $(\boldsymbol{A}-\lambda\boldsymbol{E})\boldsymbol{x}$ 的第三个元素等于 0 可知 $-2+b=0$, 故 $b=2$.

MATLAB 程序 4.1

```
syms a b,lam=-1,A=[2,a,0;0,0,-1;1,0,0],x=[-2;2;b],
solve(det(-1*eye(3)-A)),T=(-1*eye(3)-A)*x,solve(T(3))
```

2. 方程 $\begin{vmatrix}x & 1 & 1\\ 1 & x & 1\\ 1 & 1 & x\end{vmatrix}=0$ 的三个根之和为________.

提示　特征值的隐含定义.

解　答案: 0.

三个根都是矩阵 $\boldsymbol{A}=\begin{bmatrix}0 & -1 & -1\\ -1 & 0 & -1\\ -1 & -1 & 0\end{bmatrix}$ 的特征值, 故三个根之和为 $\mathrm{tr}\boldsymbol{A}=0$.

MATLAB 程序 4.2

```
A=[0,-1,-1;-1,0,-1;-1,-1,0],trace(A)
```

3. 设 $\boldsymbol{A}$ 为三阶不可逆实矩阵, $\boldsymbol{E}$ 为三阶单位矩阵, 若齐次线性方程组 $(\boldsymbol{A}-3\boldsymbol{E})\cdot\boldsymbol{x}=\boldsymbol{0}$ 的基础解系由两个线性无关的解向量组成, 则行列式 $|\boldsymbol{A}+\boldsymbol{E}|=$__________.

提示 特征值的隐含定义、特征值和行列式的关系.

解 答案: 16.

$\boldsymbol{A}$ 为不可逆实矩阵, 故 0 是特征值. $(\boldsymbol{A}-3\boldsymbol{E})\boldsymbol{x}=\boldsymbol{0}$ 有两个线性无关的解, 故 3 是 $\boldsymbol{A}$ 的几何重数等于 2 的特征值, 故 1, 4, 4 是 $\boldsymbol{A}+\boldsymbol{E}$ 的特征值, 故 $|\boldsymbol{A}+\boldsymbol{E}|=1\times4\times4=16$.

MATLAB 程序 4.3

```
A=diag([0,3,3]),det(A+eye(3))
```

4. 设 $\boldsymbol{A}$ 为三阶实对称矩阵, $\boldsymbol{\alpha}_1=(a,0,1)^{\mathrm{T}}$ 是方程 $\boldsymbol{A}\boldsymbol{x}=\boldsymbol{0}$ 的解, $\boldsymbol{\alpha}_2=(1,a,1)^{\mathrm{T}}$ 是方程 $(\boldsymbol{A}-\boldsymbol{E})\boldsymbol{x}=\boldsymbol{0}$ 的解, 其中 $\boldsymbol{E}$ 为三阶单位阵, 则 $a=$__________

提示 特征值的隐含定义, 对称矩阵不同特征值对应的特征向量是正交的.

解 答案: -1.

由题意知 $\boldsymbol{\alpha}_1$ 为 $\boldsymbol{A}$ 的特征值 0 对应的特征向量, $\boldsymbol{\alpha}_2$ 为 $\boldsymbol{A}$ 的特征值 1 对应的特征向量. 又因 $\boldsymbol{A}$ 为实对称矩阵, 故 $\boldsymbol{\alpha}_1^{\mathrm{T}}\boldsymbol{\alpha}_2=0$, 故 $a=-1$.

MATLAB 程序 4.4

```
syms a,a1=[a;0;1],a2=[1;a;1],solve(dot(a1,a2))
```

5. 设三阶矩阵 $\boldsymbol{A}$ 为实对称矩阵, 其主对角元素之和为 2, 且齐次方程 $\boldsymbol{A}\boldsymbol{x}=\boldsymbol{0}$ 有非零解 $\boldsymbol{\alpha}_1=(1,1,0)^{\mathrm{T}}$, 非齐次线性方程 $\boldsymbol{A}\boldsymbol{x}=\boldsymbol{b}$ 有两个不同解 $\boldsymbol{\beta}_1=(1,1,2)^{\mathrm{T}}$, $\boldsymbol{\beta}_2=(2,2,3)^{\mathrm{T}}$.

(1) 证明: $\boldsymbol{\alpha}_2=(0,0,1)^{\mathrm{T}}$ 是 $\boldsymbol{A}$ 的特征向量.

(2) 求 $\boldsymbol{A}$ 的全部特征值和特征向量.

(3) 求矩阵 $\boldsymbol{A}$.

提示 特征值的隐含定义、非齐次线性方程与导出组解的关系、相似对角化、对称矩阵不同特征值对应的特征向量是正交的.

解 (1) 因 $\boldsymbol{A}\boldsymbol{\alpha}_1=\mathbf{0}$, 故 $\boldsymbol{\alpha}_1$ 是 $\boldsymbol{A}$ 对应于特征值 $\lambda_1=0$ 的特征向量. 因 $\boldsymbol{\beta}_1=(1,1,2)^{\mathrm{T}},\boldsymbol{\beta}_2=(2,2,3)^{\mathrm{T}}$ 是非齐次方程 $\boldsymbol{A}\boldsymbol{x}=\boldsymbol{b}$ 的两个解, 故 $\boldsymbol{\xi}=(1,1,1)^{\mathrm{T}}=\boldsymbol{\beta}_2-\boldsymbol{\beta}_1$ 是满足 $\boldsymbol{A}\boldsymbol{x}=\mathbf{0}$ 的解, 故 $\boldsymbol{\xi}$ 是 $\boldsymbol{A}$ 对应于特征值 $\lambda_2=0$ 的特征向量. 因 $\boldsymbol{\alpha}_2=\boldsymbol{\xi}-\boldsymbol{\alpha}_1$, 故 $\boldsymbol{A}\boldsymbol{\alpha}_2=\mathbf{0}$, 故 $\boldsymbol{\alpha}_2$ 是 $\boldsymbol{A}$ 对应于特征值 $\lambda_2=0$ 的特征向量.

(2) 设 λ_3 为 $\boldsymbol{A}$ 的第三个特征值, 由 $\lambda_1+\lambda_2+\lambda_3=2$ 得 $\lambda_3=2$, 对应的特征向量 $\boldsymbol{\alpha}_3$ 满足 $\begin{bmatrix}\boldsymbol{\alpha}_1^{\mathrm{T}}\\ \boldsymbol{\alpha}_2^{\mathrm{T}}\end{bmatrix}\boldsymbol{\alpha}_3=\mathbf{0}$, 解得 $\boldsymbol{\alpha}_3=[1,-1,0]^{\mathrm{T}}$. 所以 $\boldsymbol{A}$ 的所有特征值为 $\lambda_1=\lambda_2=0,\lambda_3=2$, 分别对应特征向量 $\boldsymbol{\alpha}_1,\boldsymbol{\alpha}_2,\boldsymbol{\alpha}_3$.

(3) 令 $\boldsymbol{P}=[\boldsymbol{\alpha}_1,\boldsymbol{\alpha}_2,\boldsymbol{\alpha}_3],\boldsymbol{\Lambda}=\operatorname{diag}(\lambda_1,\lambda_2,\lambda_3)$, 则 $\boldsymbol{A}\boldsymbol{P}=\boldsymbol{P}\boldsymbol{\Lambda}$, 则

$$\boldsymbol{A}=\boldsymbol{P}\boldsymbol{\Lambda}\boldsymbol{P}^{-1}=\begin{bmatrix}1&-1&0\\-1&1&0\\0&0&0\end{bmatrix}.$$

MATLAB 程序 4.5

```
b1=[1;1;2],b2=[2;2;3],xi=b2-b1,a1=[1;1;0],a2= sym(xi-a1),
a3=null([a1';a2']),P=[ a1,a2,a3],A=P*diag([0,0,2])*inv(P)
```

6. 设 $\boldsymbol{A}$ 为三阶矩阵, 证明:

(1) 若对于任意 3 维列向量 $\boldsymbol{\alpha}$ 有 $\boldsymbol{A}\boldsymbol{\alpha}=\mathbf{0}$, 则 $\boldsymbol{A}=\boldsymbol{O}$.

(2) 若 $\boldsymbol{A}$ 的特征值互不相同, 则存在非零 3 维列向量 $\boldsymbol{\alpha}$, 使得 $\boldsymbol{\alpha},\boldsymbol{A}\boldsymbol{\alpha},\boldsymbol{A}^2\boldsymbol{\alpha}$ 线性无关.

提示 矩阵相似对角化、范德蒙德行列式.

证 (1) 反证法. 反设 $\boldsymbol{A}=\begin{bmatrix}\boldsymbol{A}_1\\ \boldsymbol{A}_2\\ \boldsymbol{A}_3\end{bmatrix}\neq\boldsymbol{O}$, 不妨假设 $\boldsymbol{A}_1\neq\boldsymbol{O}$, 取共轭转置, 即 $\boldsymbol{\alpha}=\bar{\boldsymbol{A}}_1^{\mathrm{T}}$, 则 $\boldsymbol{A}\boldsymbol{\alpha}=\begin{bmatrix}\boldsymbol{A}_1\bar{\boldsymbol{A}}_1^{\mathrm{T}}\\ \boldsymbol{A}_2\boldsymbol{\alpha}\\ \boldsymbol{A}_3\boldsymbol{\alpha}\end{bmatrix}\neq\mathbf{0}$, 矛盾, 故 $\boldsymbol{A}=\boldsymbol{O}$.

(2) 若 $\boldsymbol{A}$ 的特征值 $\lambda_1,\lambda_2,\lambda_3$ 互不相同, 则 $\boldsymbol{A}$ 可以相似对角化, 设 $\boldsymbol{\Lambda}=\operatorname{diag}(\lambda_1,\lambda_2,\lambda_3),\boldsymbol{A}=\boldsymbol{P}\boldsymbol{\Lambda}\boldsymbol{P}^{-1},\boldsymbol{\beta}=\boldsymbol{P}^{-1}\boldsymbol{\alpha}$.

要证存在 $\boldsymbol{\alpha}$, 使得 $\boldsymbol{\alpha},\boldsymbol{A}\boldsymbol{\alpha},\boldsymbol{A}^2\boldsymbol{\alpha}$ 线性无关等价于证存在 $\boldsymbol{\beta}$, 使得 $\boldsymbol{\beta},\boldsymbol{\Lambda}\boldsymbol{\beta},\boldsymbol{A}^2\boldsymbol{\beta}$ 线性无关. 其实只要 $\boldsymbol{\beta}$ 的三个元素全为非零的, 则该命题成立, 证明如下.

设 $k_1\boldsymbol{E}\boldsymbol{\beta}+k_2\boldsymbol{\Lambda}\boldsymbol{\beta}+k_3\boldsymbol{\Lambda}^2\boldsymbol{\beta}=\mathbf{0}$, 因 $\boldsymbol{\beta}$ 的三个元素全为非零的, 故 $\begin{bmatrix}1&\lambda_1&\lambda_1^2\\1&\lambda_2&\lambda_2^2\\1&\lambda_3&\lambda_3^2\end{bmatrix}\cdot\begin{bmatrix}k_1\\k_2\\k_3\end{bmatrix}=\mathbf{0}$. 因 $\boldsymbol{A}$ 的特征值 $\lambda_1,\lambda_2,\lambda_3$ 互不相同, 故 $\begin{vmatrix}1&\lambda_1&\lambda_1^2\\1&\lambda_2&\lambda_2^2\\1&\lambda_3&\lambda_3^2\end{vmatrix}=(\lambda_3-\lambda_1)(\lambda_3-\lambda_2)(\lambda_2-\lambda_1)\neq 0$, 故 $\begin{bmatrix}k_1\\k_2\\k_3\end{bmatrix}=\mathbf{0}$, 即 $\boldsymbol{\beta},\boldsymbol{\Lambda}\boldsymbol{\beta},\boldsymbol{\Lambda}^2\boldsymbol{\beta}$ 线性无关.

4.3.2　特征多项式的相似不变性

1. 若矩阵 $\boldsymbol{A}=\begin{bmatrix}0&1&0\\1&0&0\\0&0&-1\end{bmatrix}$, 矩阵 $\boldsymbol{B}$ 与 $\boldsymbol{A}$ 相似, 则矩阵 $\boldsymbol{B}+\boldsymbol{E}$($\boldsymbol{E}$ 为单位阵) 的秩 $\text{rank}(\boldsymbol{B}+\boldsymbol{E})=$__________.

提示　秩的相似不变性.

解　答案: 1.

因 $\boldsymbol{B}$ 与 $\boldsymbol{A}$ 相似, 且 $\boldsymbol{A}+\boldsymbol{E}=\begin{bmatrix}1&1&0\\1&1&0\\0&0&0\end{bmatrix}$, 故 $\text{rank}(\boldsymbol{B}+\boldsymbol{E})=\text{rank}(\boldsymbol{A}+\boldsymbol{E})=1$.

MATLAB 程序 4.6

```
A=[0,1,0;1,0,0;0,0,-1],rank(A+eye(3))
```

4.3.3　伴随矩阵的特征值

1. 设三阶实矩阵 $\boldsymbol{A}=[a_{ij}]_{3\times 3}$ 的特征值为 $1,-2,3$, $A_{ij}\,(i,j=1,2,3)$ 为 $\boldsymbol{A}$ 中元素 a_{ij} 的代数余子式, 则 $A_{11}+A_{22}+A_{33}=$(　　).

(A) -5.　　(B) 5.　　(C) -6.　　(D) 6.

提示　伴随矩阵的特征值, 特征值之和等于迹.

备注　本题的考点并不是降阶公式和余子式.

解　选 (A).

设 $\lambda_1=1,\lambda_2=-2,\lambda_3=3$ 是矩阵 $\boldsymbol{A}$ 的特征值, 则 $|\boldsymbol{A}|=\lambda_1\lambda_2\lambda_3=-6$. 设 $\lambda_1^*,\lambda_2^*,\lambda_3^*$ 是矩阵 $\boldsymbol{A}^*$ 的特征值, 则 $\text{tr}\boldsymbol{A}^*=A_{11}+A_{22}+A_{33}=\lambda_1^*+\lambda_2^*+\lambda_3^*=$

$\frac{|\boldsymbol{A}|}{\lambda_1}+\frac{|\boldsymbol{A}|}{\lambda_2}+\frac{|\boldsymbol{A}|}{\lambda_3}=-6\left(1-\frac{1}{2}+\frac{1}{3}\right)=-5.$

2. 设 $\boldsymbol{A}=[a_{ij}]$ 为三阶正交矩阵, $A_{ij}(i,j=1,2,3)$ 是 $\boldsymbol{A}$ 中元素 a_{ij} 的代数余子式, 则 $A_{11}^2+A_{12}^2+A_{13}^2=(\quad)$.

提示 伴随矩阵的性质、正交矩阵的定义.

备注 本题的考点并不是降阶公式和余子式.

解 答案: 0.

因 $\boldsymbol{A}\boldsymbol{A}^*=|\boldsymbol{A}|\boldsymbol{E}$, 且 $|\boldsymbol{A}|=\pm1$, 故 $\boldsymbol{A}^*=\pm\boldsymbol{A}^{-1}=\pm\boldsymbol{A}^{\mathrm{T}}$. 又因 $\boldsymbol{A}$ 是正交的, 故 $\pm\boldsymbol{A}^{\mathrm{T}}$ 也是正交的, 故 $A_{11}^2+A_{12}^2+A_{13}^2=a_{11}^2+a_{12}^2+a_{13}^2=1$.

3. 设三阶矩阵 $\boldsymbol{A}$ 为实对称矩阵, $|\boldsymbol{A}|=-12, \boldsymbol{A}$ 的三个特征值之和为 1, 且 $\boldsymbol{\alpha}_1=(1,0,-2)^{\mathrm{T}}$ 是方程 $(\boldsymbol{A}^*-4\boldsymbol{E})\boldsymbol{x}=\boldsymbol{0}$ 的一个解向量, 其中 $\boldsymbol{A}^*$ 为 $\boldsymbol{A}$ 的伴随阵, $\boldsymbol{E}$ 为三阶单位阵.

(1) 求 $\boldsymbol{A}$ 的全部特征值.

(2) 求矩阵 $\boldsymbol{A}$.

提示 伴随矩阵的特征值, 对称矩阵不同特征值对应的特征向量正交.

解 (1) 因 $(\boldsymbol{A}^*-4\boldsymbol{E})\boldsymbol{x}=\boldsymbol{0}$, 故 $\lambda_1^*=4$ 是 $\boldsymbol{A}^*$ 的特征值, 故 $\lambda_1=\frac{|\boldsymbol{A}|}{\lambda_1^*}=\frac{-12}{4}=-3$ 是 $\boldsymbol{A}$ 的特征值. 设 λ_2,λ_3 是矩阵 $\boldsymbol{A}$ 的另外两个特征值, 因 $\begin{cases}\lambda_1\lambda_2\lambda_3=-12,\\ \lambda_1+\lambda_2+\lambda_3=1,\end{cases}$ 故 $\lambda_2=\lambda_3=2$.

(2) 设 $\lambda_2=\lambda_3=2$ 对应的特征向量为 $\boldsymbol{\alpha}_2,\boldsymbol{\alpha}_3$, 则 $\boldsymbol{\alpha}_1^{\mathrm{T}}(\boldsymbol{\alpha}_2,\boldsymbol{\alpha}_3)=0$, 解方程得 $\boldsymbol{\alpha}_2=[2,0,1]^{\mathrm{T}},\boldsymbol{\alpha}_3=[0,1,0]^{\mathrm{T}}$.

令 $\boldsymbol{P}=[\boldsymbol{\alpha}_1,\boldsymbol{\alpha}_2,\boldsymbol{\alpha}_3], \boldsymbol{\Lambda}=\mathrm{diag}(\lambda_1,\lambda_2,\lambda_3)$, 则 $\boldsymbol{A}\boldsymbol{P}=\boldsymbol{P}\boldsymbol{\Lambda}$, 于是 $\boldsymbol{A}=\boldsymbol{P}\boldsymbol{\Lambda}\boldsymbol{P}^{-1}=\begin{bmatrix}1&0&2\\0&2&0\\2&0&-2\end{bmatrix}$.

MATLAB 程序 4.7

```
a1=[1,0,-2]',a2=[2,0,1]',a3=[0,1,0]',P=sym([ a1,a2,a3]),
A=P*diag([-3,2,2])*inv(P)
```

4.3.4 代数重数、几何重数和相似对角化

1. 若矩阵 $\boldsymbol{A}=\begin{bmatrix}1&2&a\\0&2&1\\0&0&1\end{bmatrix}$ 相似于对角矩阵, 则 $a=(\quad)$.

(A)2. (B)3. (C)1. (D)−1.

提示 矩阵可以相似对角化的充要条件是几何重数等于代数重数.

解 答案: (A).

矩阵 $\boldsymbol{A}$ 的特征值有 $\lambda_1=\lambda_2=1,\lambda_3=2$, 若 $\boldsymbol{A}$ 相似于对角矩阵, 则 λ_1 有两个线性无关的特征向量, 故 $\operatorname{rank}(\boldsymbol{E}-\boldsymbol{A})=\operatorname{rank}\begin{bmatrix}0&-2&-a\\0&-1&-1\\0&0&0\end{bmatrix}=1$, 故 $a=2$.

MATLAB 程序 4.8

```
syms a,A=[1,2,a;0,2,1;0,0,1],RowEchelon(eye(3)-A)
```

2. 若矩阵 $\boldsymbol{A}=\begin{bmatrix}1&1&1\\0&0&a\\0&0&0\end{bmatrix}$, 则 $a=0$ 是矩阵 $\boldsymbol{A}$ 相似于对角矩阵的 ( ).

(A) 充分条件, 但非必要条件. (B) 必要条件, 但非充分条件.

(C) 充要条件. (D) 既非充分条件, 又非必要条件.

提示 矩阵可以相似对角化的充要条件是几何重数等于代数重数.

解 答案: (C).

$a=0\Leftrightarrow\boldsymbol{A}$ 有两个线性无关的特征向量对应于特征值 $0\Leftrightarrow\boldsymbol{A}$ 相似于对角矩阵.

MATLAB 程序 4.9

```
syms a,a=0,A=[1,1,1;0,0,a;0,0,0],rank(A)
a=1,A=[1,1,1;0,0,a;0,0,0],rank(A)
```

3. 设 $\boldsymbol{A}$ 是 n 阶方阵, 证明:$\boldsymbol{A}^2=\boldsymbol{E}$ 的充要条件是 $\operatorname{rank}(\boldsymbol{E}-\boldsymbol{A})+\operatorname{rank}(\boldsymbol{E}+\boldsymbol{A})=n$.

提示 秩的不等式、特征子空间的定义、相似对角化的条件.

解 (1) 必要性: 一方面, 因 $\boldsymbol{A}^2=\boldsymbol{E}$, 故 $(\boldsymbol{E}-\boldsymbol{A})(\boldsymbol{E}+\boldsymbol{A})=\boldsymbol{O}$, 故

$$\operatorname{rank}(\boldsymbol{E}-\boldsymbol{A})+\operatorname{rank}(\boldsymbol{E}+\boldsymbol{A})-n\leqslant\operatorname{rank}(\boldsymbol{E}-\boldsymbol{A})(\boldsymbol{E}+\boldsymbol{A})=0.$$

另一方面,

$$n=\operatorname{rank}(2\boldsymbol{E})=\operatorname{rank}(\boldsymbol{E}-\boldsymbol{A}+\boldsymbol{E}+\boldsymbol{A})\leqslant\operatorname{rank}(\boldsymbol{E}-\boldsymbol{A})+\operatorname{rank}(\boldsymbol{E}+\boldsymbol{A}).$$

综上, $\operatorname{rank}(\boldsymbol{E}-\boldsymbol{A})+\operatorname{rank}(\boldsymbol{E}+\boldsymbol{A})=n$.

(2) 充分性: 设 $\operatorname{rank}(\boldsymbol{E}-\boldsymbol{A})=s$, $\operatorname{rank}(\boldsymbol{E}+\boldsymbol{A})=t$, 则 $s+t=n$.

① 若 $s=0$ 或 $t=0$, 则得 $\boldsymbol{A}=\boldsymbol{E}$ 或 $\boldsymbol{A}=-\boldsymbol{E}$, 因此 $\boldsymbol{A}^2=\boldsymbol{E}$.

② 不妨设 $s \neq 0, t \neq 0$, 记 $V_1 = \{\boldsymbol{x} \,|(\boldsymbol{E} - \boldsymbol{A})\boldsymbol{x} = \boldsymbol{0}\}$,$V_{-1} = \{\boldsymbol{x} \,|(\boldsymbol{E} + \boldsymbol{A})\boldsymbol{x} = \boldsymbol{0}\}$, 则 $\dim V_1 = n - s$. 任取 $\boldsymbol{x} \in V_1$ 有 $\boldsymbol{A}\boldsymbol{x} = \boldsymbol{x}$, 故 $\boldsymbol{A}$ 有特征值 1, 且 V_1 是其特征子空间. 同理, $\boldsymbol{A}$ 有特征值 -1, 且 V_{-1} 是其特征子空间. 于是 $\dim V_1 + \dim V_{-1} = n - s + n - t = n$, 故存在 n 个线性无关的特征向量, 故存在可逆矩阵 $\boldsymbol{P}$, 使得 $\boldsymbol{A} = \boldsymbol{P}\begin{bmatrix} \boldsymbol{E} & \\ & -\boldsymbol{E} \end{bmatrix}\boldsymbol{P}^{-1}$, 因此 $\boldsymbol{A}^2 = \boldsymbol{E}$.

4. 若 $a \neq b$, 则 $(a\boldsymbol{E} - \boldsymbol{A})(b\boldsymbol{E} - \boldsymbol{A}) = \boldsymbol{O}$ 的充要条件是

$$\operatorname{rank}(a\boldsymbol{E} - \boldsymbol{A}) + \operatorname{rank}(b\boldsymbol{E} - \boldsymbol{A}) = n.$$

解 (1) 必要性: 一方面, 因 $(a\boldsymbol{E} - \boldsymbol{A})(b\boldsymbol{E} - \boldsymbol{A}) = \boldsymbol{O}$, 故

$$\operatorname{rank}(a\boldsymbol{E} - \boldsymbol{A}) + \operatorname{rank}(b\boldsymbol{E} - \boldsymbol{A}) - n \leqslant \operatorname{rank}(a\boldsymbol{E} - \boldsymbol{A})(b\boldsymbol{E} - \boldsymbol{A}) = 0.$$

另一方面,

$$n = \operatorname{rank}((b - a)\boldsymbol{E}) = \operatorname{rank}((b\boldsymbol{E} - \boldsymbol{A}) - (a\boldsymbol{E} - \boldsymbol{A})) \leqslant \operatorname{rank}(a\boldsymbol{E} - \boldsymbol{A}) + \operatorname{rank}(b\boldsymbol{E} - \boldsymbol{A}).$$

综上, $\operatorname{rank}(a\boldsymbol{E} - \boldsymbol{A}) + \operatorname{rank}(b\boldsymbol{E} - \boldsymbol{A}) = n$.

(2) 充分性: 设 $\operatorname{rank}(a\boldsymbol{E} - \boldsymbol{A}) = s$, $\operatorname{rank}(b\boldsymbol{E} - \boldsymbol{A}) = t$, 则 $s + t = n$.

① 若 $s = 0$ 或 $t = 0$, 则得 $a\boldsymbol{E} - \boldsymbol{A} = \boldsymbol{O}$ 或 $b\boldsymbol{E} - \boldsymbol{A} = \boldsymbol{O}$, 因此 $(a\boldsymbol{E} - \boldsymbol{A})(b\boldsymbol{E} - \boldsymbol{A}) = \boldsymbol{O}$.

② 不妨设 $s \neq 0, t \neq 0$, 记 $V_a = \{\boldsymbol{x} \,|(a\boldsymbol{E} - \boldsymbol{A})\boldsymbol{x} = \boldsymbol{0}\}$,$V_b = \{\boldsymbol{x} \,|(b\boldsymbol{E} - \boldsymbol{A})\boldsymbol{x} = \boldsymbol{0}\}$, 则 $\dim V_a = n - s$. 任取 $\boldsymbol{x} \in V_a$ 有 $\boldsymbol{A}\boldsymbol{x} = a\boldsymbol{x}$, 故 $\boldsymbol{A}$ 有特征值 a, 且 V_a 是其特征子空间. 同理, $\boldsymbol{A}$ 有特征值 b, 且 V_b 是其特征子空间. 于是 $\dim V_a + \dim V_b = n - s + n - t = n$, 故存在 n 个线性无关的特征向量, 故存在可逆矩阵 $\boldsymbol{P}$, 使得 $\boldsymbol{A} = \boldsymbol{P}\begin{bmatrix} a\boldsymbol{E} & \\ & b\boldsymbol{E} \end{bmatrix}\boldsymbol{P}^{-1}$, 因此 $(a\boldsymbol{E} - \boldsymbol{A})(b\boldsymbol{E} - \boldsymbol{A}) = \boldsymbol{O}$.

5. 设 $\boldsymbol{\alpha}, \boldsymbol{\beta} \in \mathbb{R}^3$ 为不等非零向量, $\boldsymbol{A} = \boldsymbol{\alpha}\boldsymbol{\beta}^{\mathrm{T}} + \boldsymbol{\beta}\boldsymbol{\alpha}^{\mathrm{T}}$.

(1) 证明: $\boldsymbol{A}$ 的行列式 $|\boldsymbol{A}| = 0$.

(2) 如果 $\boldsymbol{\alpha}, \boldsymbol{\beta}$ 正交, 且 $\|\boldsymbol{\alpha}\| = \|\boldsymbol{\beta}\| = \sqrt{k} \neq 0$, 证明: 矩阵 $\boldsymbol{A}$ 相似于对角矩阵 $\boldsymbol{\Lambda} = \operatorname{diag}(k, -k, 0)$.

提示 秩的不等式和对称矩阵的相似对角化.

解 (1) 因 $\operatorname{rank}\boldsymbol{A} \leqslant \operatorname{rank}(\boldsymbol{\alpha}\boldsymbol{\beta}^{\mathrm{T}}) + \operatorname{rank}(\boldsymbol{\beta}\boldsymbol{\alpha}^{\mathrm{T}}) = 1 + 1 = 2$, 故 $|\boldsymbol{A}| = 0$.

(2) 因 $|\boldsymbol{A}| = 0$, 故 0 是 $\boldsymbol{A}$ 的特征值. 因 $\boldsymbol{\alpha}, \boldsymbol{\beta}$ 正交, 故

$$\begin{cases} \boldsymbol{A}\boldsymbol{\beta} = \boldsymbol{\alpha}\boldsymbol{\beta}^{\mathrm{T}}\boldsymbol{\beta} + \boldsymbol{\beta}\boldsymbol{\alpha}^{\mathrm{T}}\boldsymbol{\beta} = k\boldsymbol{\alpha}, \\ \boldsymbol{A}\boldsymbol{\alpha} = \boldsymbol{\alpha}\boldsymbol{\beta}^{\mathrm{T}}\boldsymbol{\alpha} + \boldsymbol{\beta}\boldsymbol{\alpha}^{\mathrm{T}}\boldsymbol{\alpha} = k\boldsymbol{\beta}, \end{cases}$$

于是

$$\begin{cases} \boldsymbol{A}(\boldsymbol{\beta}+\boldsymbol{\alpha}) = k(\boldsymbol{\beta}+\boldsymbol{\alpha}), \\ \boldsymbol{A}(\boldsymbol{\beta}-\boldsymbol{\alpha}) = -k(\boldsymbol{\beta}-\boldsymbol{\alpha}), \end{cases}$$

故 $0, k, -k$ 是 $\boldsymbol{A}$ 的三个不相等的特征值. 综上, $\boldsymbol{A}$ 相似于对角阵 $\boldsymbol{\Lambda} = \mathrm{diag}(k, -k, 0)$.

4.4 上 机 解 题

4.4.1 习题 4.1

1. 求下列矩阵的特征值和特征向量, 并用 Mathematica 验证:

(1) $\begin{bmatrix} 3 & -1 \\ -1 & 3 \end{bmatrix}$. (2) $\begin{bmatrix} 2 & -1 & 2 \\ 5 & -3 & 3 \\ -1 & 0 & -2 \end{bmatrix}$. (3) $\begin{bmatrix} 1 & 2 & 3 \\ 2 & 1 & 3 \\ 3 & 3 & 6 \end{bmatrix}$.

解 (1) 令 $\boldsymbol{A} = \begin{bmatrix} 3 & -1 \\ -1 & 3 \end{bmatrix}$, 因 $|\lambda \boldsymbol{E} - \boldsymbol{A}| = \lambda^2 - 6\lambda + 8 = (\lambda - 2)(\lambda - 4)$, 故特征值为 $\lambda_1 = 2, \lambda_2 = 4$.

若 $\lambda_1 = 2, \lambda_1 \boldsymbol{E} - \boldsymbol{A} = \begin{bmatrix} -1 & 1 \\ 1 & -1 \end{bmatrix} \to \begin{bmatrix} 1 & -1 \\ 0 & 0 \end{bmatrix}$, 则对应的一个特征向量为 $\boldsymbol{\xi}_1 = \begin{bmatrix} 1 \\ 1 \end{bmatrix}$.

若 $\lambda_2 = 4, \lambda_2 \boldsymbol{E} - \boldsymbol{A} = \begin{bmatrix} 1 & 1 \\ 1 & 1 \end{bmatrix} \to \begin{bmatrix} 1 & 1 \\ 0 & 0 \end{bmatrix}$, 则对应的一个特征向量为 $\boldsymbol{\xi}_2 = \begin{bmatrix} 1 \\ -1 \end{bmatrix}$.

(2) 令 $\boldsymbol{A} = \begin{bmatrix} 2 & -1 & 2 \\ 5 & -3 & 3 \\ -1 & 0 & -2 \end{bmatrix}$, 因 $|\lambda \boldsymbol{E} - \boldsymbol{A}| = \lambda^3 + 3\lambda^2 + 3\lambda + 1 = (\lambda + 1)^3$, 故特征值为 $\lambda_1 = \lambda_2 = \lambda_3 = -1$.

若 $\lambda_1 = -1, \lambda_1 \boldsymbol{E} - \boldsymbol{A} = \begin{bmatrix} -3 & 1 & -2 \\ -5 & 2 & -3 \\ 1 & 0 & 1 \end{bmatrix} \to \begin{bmatrix} 1 & 0 & 1 \\ 0 & 1 & 1 \\ 0 & 0 & 0 \end{bmatrix}$, 则对应的一个特征向量为 $\boldsymbol{\xi} = \begin{bmatrix} -1 \\ -1 \\ 1 \end{bmatrix}$.

(3) 令 $\boldsymbol{A}=\begin{bmatrix}1&2&3\\2&1&3\\3&3&6\end{bmatrix}$, 因 $|\lambda\boldsymbol{E}-\boldsymbol{A}|=\lambda^3-8\lambda^2-9\lambda=\lambda(\lambda+1)(\lambda-9)$, 故特征值为 $\lambda_1=0,\lambda_2=9,\lambda_3=-1$.

若 $\lambda_1=0,\lambda_1\boldsymbol{E}-\boldsymbol{A}=\begin{bmatrix}-1&-2&-3\\-2&-1&-3\\-3&-3&-6\end{bmatrix}\to\begin{bmatrix}1&0&1\\0&1&1\\0&0&0\end{bmatrix}$, 则对应的一个特征向量为 $\boldsymbol{\xi}_1=\begin{bmatrix}-1\\-1\\1\end{bmatrix}$.

若 $\lambda_2=9,\lambda_2\boldsymbol{E}-\boldsymbol{A}=\begin{bmatrix}8&-2&-3\\-2&8&-3\\-3&-3&3\end{bmatrix}\to\begin{bmatrix}1&0&\frac{-1}{2}\\0&1&\frac{-1}{2}\\0&0&0\end{bmatrix}$, 则对应的一个特征向量为 $\boldsymbol{\xi}_2=\begin{bmatrix}\frac{1}{2}\\\frac{1}{2}\\1\end{bmatrix}$.

若 $\lambda_3=-1,\lambda_3\boldsymbol{E}-\boldsymbol{A}=\begin{bmatrix}-2&-2&-3\\-2&-2&-3\\-3&-3&-7\end{bmatrix}\to\begin{bmatrix}1&1&0\\0&0&1\\0&0&0\end{bmatrix}$, 则对应的一个特征向量为 $\boldsymbol{\xi}_3=\begin{bmatrix}-1\\1\\0\end{bmatrix}$.

MATLAB 程序 4.10

```
(1)A1=[3,-1;-1,3],[V1,D1]=eig(sym(A1))
(2)A2=[2,-1,2;5,-3,3;-1,0,-2],[V2,D2]=eig(sym(A2))
(3)A3=[1,2,3;2,1,3;3,3,6],[V3,D3]=eig(sym(A3))
```

2. 设 $\boldsymbol{A}$ 为 n 阶方阵, 证明 $\boldsymbol{A}^{\mathrm{T}}$ 与 $\boldsymbol{A}$ 的特征值相同.

证 因 $|\lambda\boldsymbol{E}-\boldsymbol{A}^{\mathrm{T}}|=|\lambda\boldsymbol{E}^{\mathrm{T}}-\boldsymbol{A}^{\mathrm{T}}|=|(\lambda\boldsymbol{E}-\boldsymbol{A})^{\mathrm{T}}|=|\lambda\boldsymbol{E}-\boldsymbol{A}|$, 故 $\boldsymbol{A}^{\mathrm{T}}$ 与 $\boldsymbol{A}$ 的特征多项式相同, 故它们的特征值也相同.

3. 设 n 阶方阵 $\boldsymbol{A}$ 满足 $\boldsymbol{A}^2-3\boldsymbol{A}+2\boldsymbol{E}=\boldsymbol{O}$, 证明 $\boldsymbol{A}$ 的特征值只能是 1 或 2.

证 设 $\boldsymbol{A}\boldsymbol{\xi}=\lambda\boldsymbol{\xi},\boldsymbol{\xi}\neq\boldsymbol{0}$, 则 $(\boldsymbol{A}^2-3\boldsymbol{A}+2\boldsymbol{E})\boldsymbol{\xi}=(\lambda^2-3\lambda+2)\boldsymbol{\xi}=\boldsymbol{0}$. 因 $\boldsymbol{\xi}\neq 0$, 故 $\lambda^2-3\lambda+2=(\lambda-1)(\lambda-2)=0$, 即有 $\lambda=1$ 或 2.

备注 该题可以推广: 设 n 阶方阵 $\boldsymbol{A}$ 满足 $f(\boldsymbol{A})=\boldsymbol{O}$, 其中 f 是多项式, 则 $\boldsymbol{A}$ 的特征值 λ 满足 $f(\lambda)=0$.

4. 已知三阶方阵 $\boldsymbol{A}$ 的特征值为 1, 2, -3, 求 $|\boldsymbol{A}^*+3\boldsymbol{A}+2\boldsymbol{E}|$.

解 显然 $|\boldsymbol{A}|=1\times 2\times(-3)=-6$, 故 $\boldsymbol{A}$ 可逆. 设 $\boldsymbol{A}\boldsymbol{\xi}=\lambda\boldsymbol{\xi},\boldsymbol{\xi}\neq\boldsymbol{0}$, 因 $\boldsymbol{A}\boldsymbol{A}^*=|\boldsymbol{A}|\,\boldsymbol{E}$, 故 $\boldsymbol{A}^*=|\boldsymbol{A}|\,\boldsymbol{A}^{-1}$, 故

$$\boldsymbol{A}^*\boldsymbol{\xi}=\left(\lambda^{-1}\,|\boldsymbol{A}|\right)\boldsymbol{\xi},\quad 3\boldsymbol{A}\boldsymbol{\xi}=3\lambda\boldsymbol{\xi},\quad 2\boldsymbol{E}\boldsymbol{\xi}=2\boldsymbol{\xi}.$$

三个等式相加得

$$(\boldsymbol{A}^*+3\boldsymbol{A}+2\boldsymbol{E})\,\boldsymbol{\xi}=\left(-6\lambda^{-1}+3\lambda+2\right)\boldsymbol{\xi}.$$

故 $\boldsymbol{A}^*+3\boldsymbol{A}+2\boldsymbol{E}$ 的特征值为 $-6\lambda^{-1}+3\lambda+2$, 将 1,2,$-3$ 代入, 得

$$\lambda_1=-1,\quad \lambda_2=5,\quad \lambda_3=-5.$$

$$|\boldsymbol{A}^*+3\boldsymbol{A}+2\boldsymbol{E}|=(-1)\times 5\times(-5)=25.$$

5. 设四阶复方阵 $\boldsymbol{A}$ 满足 $|\boldsymbol{A}+3\boldsymbol{E}|=0,\boldsymbol{A}\boldsymbol{A}^{\mathrm{T}}=2\boldsymbol{E},|\boldsymbol{A}|<0$, 求 $\boldsymbol{A}^*$ 的一个特征值.

解 (1) 因 $|\boldsymbol{A}+3\boldsymbol{E}|=0$, 故存在 $\boldsymbol{\xi}\neq\boldsymbol{0}$ 使得 $(\boldsymbol{A}+3\boldsymbol{E})\,\boldsymbol{\xi}=\boldsymbol{0}$, 于是 $\boldsymbol{A}\boldsymbol{\xi}=3\boldsymbol{\xi}$, 故 -3 是 $\boldsymbol{A}$ 的特征值. 在 $\boldsymbol{A}\boldsymbol{A}^{\mathrm{T}}=2\boldsymbol{E}$ 两边取行列式得 $|\boldsymbol{A}\boldsymbol{A}^{\mathrm{T}}|=|\boldsymbol{A}||\boldsymbol{A}^{\mathrm{T}}|=|\boldsymbol{A}|^2=|2\boldsymbol{E}|=16$. 由 $|\boldsymbol{A}|<0$, 得 $|\boldsymbol{A}|=-4$. 由 $\boldsymbol{A}\boldsymbol{A}^*=|\boldsymbol{A}|\boldsymbol{E}$ 和 $\boldsymbol{A}\boldsymbol{\xi}=-3\boldsymbol{\xi}$ 得: $\boldsymbol{A}^*\boldsymbol{\xi}=\dfrac{|\boldsymbol{A}|}{-3}\boldsymbol{\xi}$, 故 $\dfrac{-4}{-3}=\dfrac{4}{3}$ 是 $\boldsymbol{A}^*$ 的一个特征值.

(2) 由 $\boldsymbol{A}\boldsymbol{A}^{\mathrm{T}}=2\boldsymbol{E}$ 可知 $\boldsymbol{A}^{\mathrm{T}}=2\boldsymbol{A}^{-1}$, 又 -3 是 $\boldsymbol{A}$ 的特征值, 故 $\dfrac{2}{-3}$ 是 $\boldsymbol{A}^{\mathrm{T}}$ 的特征值, 由于 $\boldsymbol{A}^{\mathrm{T}}$ 与 $\boldsymbol{A}$ 的特征多项式相同, 故 $\dfrac{2}{-3}$ 也是 $\boldsymbol{A}$ 的特征值, 故 $-4\times\dfrac{-3}{2}=6$ 也是 $\boldsymbol{A}^*$ 的一个特征值.

备注 (1) 由答案可知, 该题可以获得多个特征值.

(2) 条件“复方阵”是必须的. 设特征值 λ 是 $\boldsymbol{A}$ 的任意一个特征值, 对应的非零特征向量为 $\boldsymbol{\xi}$, 则 $\boldsymbol{A}\boldsymbol{\xi}=\lambda\boldsymbol{\xi},\boldsymbol{\xi}^{\mathrm{T}}\boldsymbol{A}^{\mathrm{T}}=\lambda\boldsymbol{\xi}^{\mathrm{T}},2\boldsymbol{\xi}^{\mathrm{T}}\boldsymbol{\xi}=\boldsymbol{\xi}^{\mathrm{T}}\boldsymbol{A}^{\mathrm{T}}\boldsymbol{A}\boldsymbol{\xi}=\lambda^2\boldsymbol{\xi}^{\mathrm{T}}\boldsymbol{\xi}$, 若 $\boldsymbol{\xi}^{\mathrm{T}}\boldsymbol{\xi}\neq 0$, 则 $\lambda^2=2$. 但是答案中两个特征值都不满足该条件, 矛盾. 这意味着必然有 $\boldsymbol{\xi}^{\mathrm{T}}\boldsymbol{\xi}=0$. 例如 $\lambda_1=-3,\boldsymbol{\xi}_1=(1,\mathrm{i})^{\mathrm{T}},\lambda_2=-\dfrac{2}{3},\boldsymbol{\xi}_2=(\mathrm{i},1)^{\mathrm{T}},\boldsymbol{A}=[\boldsymbol{\xi}_1,\boldsymbol{\xi}_2]\,\mathrm{diag}\,(\lambda_1,\lambda_2)\,[\boldsymbol{\xi}_1,\boldsymbol{\xi}_2]^{-1}=\begin{bmatrix}\dfrac{-11}{6} & \dfrac{7\mathrm{i}}{6}\\ \dfrac{-7\mathrm{i}}{6} & \dfrac{-11}{6}\end{bmatrix}$, 此时 $\boldsymbol{A}$ 是一个复矩阵.

MATLAB 程序 4.11

```
l1=-3,x1=[1;i],l2=sym(-2/3),x2=sym([i;1]),
A=[x1,x2]*diag([l1,l2])*inv([x1,x2])
```

6. 已知 $\boldsymbol{\alpha}=(1,k,1)^{\mathrm{T}}$ 是矩阵 $\boldsymbol{A}=\begin{bmatrix}2&1&1\\1&2&1\\1&1&2\end{bmatrix}$ 的逆矩阵的一个特征向量, 求 k 的值.

解 设 $\boldsymbol{A}^{-1}$ 的特征向量 $\boldsymbol{\alpha}$ 对应的特征值为 λ, 则 $\boldsymbol{A}^{-1}\boldsymbol{\alpha}=\lambda\boldsymbol{\alpha}$, 于是 $\boldsymbol{A}\boldsymbol{\alpha}=\lambda^{-1}\boldsymbol{\alpha}$, 即

$$\begin{bmatrix}2&1&1\\1&2&1\\1&1&2\end{bmatrix}\begin{bmatrix}1\\k\\1\end{bmatrix}=\lambda^{-1}\begin{bmatrix}1\\k\\1\end{bmatrix},$$

于是 $\begin{cases}3+k=\lambda^{-1},\\2+2k=k\lambda^{-1},\end{cases}$ 两个等式相除得 $(k+2)(k-1)=0$, 因此, $k=1$ 或 $k=-2$.

MATLAB 程序 4.12

```
syms lam k,A=[2,1,1;1,2,1;1,1,2],b=[1;k;1],
T=(A-lam*eye(3))*b,[lam,k]=solve(T(1),T(2),[lam,k])
```

7. 设 λ_1,λ_2 是 n 阶方阵 $\boldsymbol{A}$ 的特征值, $\lambda_1\neq\lambda_2$, $\boldsymbol{x}_1,\boldsymbol{x}_2$ 分别为 $\boldsymbol{A}$ 的属于 λ_1,λ_2 的特征向量, 证明 $\boldsymbol{x}_1+\boldsymbol{x}_2$ 不是 $\boldsymbol{A}$ 的特征向量.

证 反证法. 设 $\boldsymbol{x}_1+\boldsymbol{x}_2$ 是 $\boldsymbol{A}$ 的特征向量, 且对应的特征值为 λ, 即

$$\boldsymbol{A}(\boldsymbol{x}_1+\boldsymbol{x}_2)=\lambda(\boldsymbol{x}_1+\boldsymbol{x}_2). \tag{4.11}$$

因 $\boldsymbol{A}\boldsymbol{x}_1=\lambda_1\boldsymbol{x}_1, \boldsymbol{A}\boldsymbol{x}_2=\lambda_2\boldsymbol{x}_2$, 故

$$\boldsymbol{A}(\boldsymbol{x}_1+\boldsymbol{x}_2)=\lambda_1\boldsymbol{x}_1+\lambda_2\boldsymbol{x}_2. \tag{4.12}$$

式 (4.11) 减去式 (4.12) 得 $(\lambda-\lambda_1)\boldsymbol{x}_1+(\lambda-\lambda_2)\boldsymbol{x}_2=\boldsymbol{0}$. 因 $\boldsymbol{x}_1,\boldsymbol{x}_2$ 线性无关, 故 $\lambda-\lambda_1=\lambda-\lambda_2=0$, 即 $\lambda_1=\lambda_2$, 与 $\lambda_1\neq\lambda_2$ 矛盾.

8. 设 $\boldsymbol{A}=\begin{bmatrix}a&-1&c\\5&b&3\\1-c&0&-a\end{bmatrix}$, $|\boldsymbol{A}|=-1$, 又 $\boldsymbol{A}$ 的伴随阵 $\boldsymbol{A}^*$ 有一个特征值 λ_0, 属于 λ_0 的一个特征向量为 $\boldsymbol{\alpha}=(-1,-1,1)^{\mathrm{T}}$, 求 a,b,c 和 λ_0 的值.

解 由 $\boldsymbol{A}\boldsymbol{A}^*=|\boldsymbol{A}|\boldsymbol{E}$ 和 $\boldsymbol{A}^*\boldsymbol{\alpha}=\lambda_0\boldsymbol{\alpha}$ 得 $\lambda_0\boldsymbol{A}\boldsymbol{\alpha}=-\boldsymbol{\alpha}$, 即 $\begin{cases}\lambda_0(-a+1+c)=1,\\ \lambda_0(-5-b+3)=1,\\ \lambda_0(-1+c-a)=-1,\end{cases}$ 由第一个和第三个方程得 $a=c$, 继而有 $\lambda_0=1,b=-3$. 又因 $a=c$, 代入得 $|\boldsymbol{A}|=c-3=-1$, 即 $c=2$, 综上 $a=2,b=-3,c=2,\lambda_0=1$.

MATLAB 程序 4.13

```
syms a b c L,A=[a,-1,c;5,b,3;1-c,0,-a],alp=[-1;-1;1],d=(L*A...
+eye(3))*alp,[a,b,c,L]=solve(det(A)+1,d(1),d(2),d(3),[a,b,c,L])
```

9. 设可逆矩阵 $\boldsymbol{A}$ 的每行元素之和均为常数 a, 证明

(1) $a\neq 0$.

(2) $\boldsymbol{A}^{-1}$ 的每行元素之和均为 $\dfrac{1}{a}$.

(3) a 是 $\boldsymbol{A}$ 的一个特征值, 并求其相应的一个特征向量.

证 设 $\boldsymbol{\xi}=(1,\cdots,1)^{\mathrm{T}}$, $\boldsymbol{A}$ 的每行元素之和均为常数 a, 即 $\boldsymbol{A}\boldsymbol{\xi}=a\boldsymbol{\xi}$.

(1) 反设 $a=0$, 则 $\boldsymbol{A}\boldsymbol{x}=\boldsymbol{0}$ 有非零解 $\boldsymbol{\xi}$, 于是 $\boldsymbol{A}$ 不可逆, 矛盾, 故 $a\neq 0$.

(2) 因 $\boldsymbol{A}\boldsymbol{\xi}=a\boldsymbol{\xi}$, 故 $\boldsymbol{A}^{-1}\boldsymbol{\xi}=a^{-1}\boldsymbol{\xi}$, 即 $\boldsymbol{A}^{-1}$ 的每行元素之和均为 $\dfrac{1}{a}$.

(3) $\boldsymbol{A}\boldsymbol{\xi}=a\boldsymbol{\xi}$, 于是 a 和 $\boldsymbol{\xi}$ 分别是 $\boldsymbol{A}$ 的特征值和特征向量.

10. 设 $\boldsymbol{A}$ 为 n 阶方阵, 试证对所有绝对值充分小的数 $\varepsilon(\varepsilon\neq 0)$ 恒有 $|\boldsymbol{A}+\varepsilon\boldsymbol{E}|\neq 0$.

证 设 $\lambda_i, i=1,\cdots,k(k\leqslant n)$ 是 $\boldsymbol{A}$ 所有非零特征值, 取

$$\boldsymbol{\varepsilon}_0=\min\{|\lambda_i|\,|i=1,\cdots,k\},$$

则任取 $\varepsilon\in(-\boldsymbol{\varepsilon}_0,\boldsymbol{\varepsilon}_0),\varepsilon\neq 0,-\varepsilon$ 必然不是 $\boldsymbol{A}$ 的特征值, 故 $|\boldsymbol{A}+\varepsilon\boldsymbol{E}|\neq 0$.

4.4.2 习题 4.2

1. 设 $\boldsymbol{A},\boldsymbol{B}$ 都是 n 阶方阵, 且 $\boldsymbol{A}$ 可逆, 证明 $\boldsymbol{A}\boldsymbol{B}$ 与 $\boldsymbol{B}\boldsymbol{A}$ 相似.

证 因 $\boldsymbol{A}$ 可逆, 故 $\boldsymbol{A}\boldsymbol{B}=\boldsymbol{A}(\boldsymbol{B}\boldsymbol{A})\boldsymbol{A}^{-1}$, 从而 $\boldsymbol{A}\boldsymbol{B}$ 与 $\boldsymbol{B}\boldsymbol{A}$ 相似.

2. 若四阶矩阵 $\boldsymbol{A}$ 与 $\boldsymbol{B}$ 相似, 矩阵 $\boldsymbol{A}$ 的特征值为 $\dfrac{1}{2},\dfrac{1}{3},\dfrac{1}{4},\dfrac{1}{5}$, 计算 $|\boldsymbol{B}^{-1}-\boldsymbol{E}|$ 的值.

解 因 $\boldsymbol{A}$ 与 $\boldsymbol{B}$ 相似, 故 $\boldsymbol{A}$ 与 $\boldsymbol{B}$ 的特征值相同, 所以 $\boldsymbol{B}^{-1}$ 的特征值为 $2,3,4,5$, 故 $\boldsymbol{B}^{-1}-\boldsymbol{E}$ 的特征值为 $1,2,3,4$, 于是 $|\boldsymbol{B}^{-1}-\boldsymbol{E}|=1\times 2\times 3\times 4=24$.

3. 设 $\boldsymbol{A}=\begin{bmatrix}1&4&2\\0&-3&4\\0&4&3\end{bmatrix}$, 求 $\boldsymbol{A}^{100}$.

解 因 $|\lambda\boldsymbol{E}-\boldsymbol{A}|=(\lambda-1)(\lambda-5)(\lambda+5)$, 故 $\boldsymbol{A}$ 的特征值为 $\lambda_1=1,\lambda_2=5,\lambda_3=-5$.

若 $\lambda_1=1$, $\boldsymbol{E}-\boldsymbol{A}=\begin{bmatrix}0&-4&-2\\0&4&-4\\0&-4&-2\end{bmatrix}\to\begin{bmatrix}0&1&0\\0&0&1\\0&0&0\end{bmatrix}$, 则对应的一个特征向量为 $\boldsymbol{\xi}_1=(1,0,0)^{\mathrm{T}}$.

若 $\lambda_2=5$, $5\boldsymbol{E}-\boldsymbol{A}=\begin{bmatrix}4&-4&-2\\0&8&-4\\0&-4&2\end{bmatrix}\to\begin{bmatrix}1&0&-1\\0&1&-\frac{1}{2}\\0&0&0\end{bmatrix}$, 则对应的一个特征向量为 $\boldsymbol{\xi}_2=(2,1,2)^{\mathrm{T}}$.

若 $\lambda_3=-5$, $-5\boldsymbol{E}-\boldsymbol{A}=\begin{bmatrix}-6&-4&-2\\0&-2&-4\\0&-4&-8\end{bmatrix}\to\begin{bmatrix}1&0&-1\\0&1&2\\0&0&0\end{bmatrix}$, 则对应的一个特征向量为 $\boldsymbol{\xi}_3=(1,-2,1)^{\mathrm{T}}$.

令 $\boldsymbol{P}=[\boldsymbol{\xi}_1,\boldsymbol{\xi}_2,\boldsymbol{\xi}_3]$, $\boldsymbol{\Lambda}=\mathrm{diag}(1,5,-5)$, 则 $\boldsymbol{A}=\boldsymbol{P\Lambda P}^{-1}$, 故

$$\boldsymbol{A}^{100}=\boldsymbol{P\Lambda}^{100}\boldsymbol{P}^{-1}=\begin{bmatrix}1&0&5^{100}-1\\0&5^{100}&0\\0&0&5^{100}\end{bmatrix}.$$

MATLAB 程序 4.14

```
syms a,A=[1,4,2;0,-3,4;0,4,3],[V,D]=eig(sym(A)),
D=diag([1,-a,-a]),InvV=inv(sym(V)),R=V*D^100*InvV
```

备注 由于 MATLAB 有截断误差, 机算结果与手算结果有差异.

4. 在某国, 每年有比例为 p 的农村居民移居城镇, 有比例为 q 的城镇居民移居农村, 假设该国总人口不变, 且上述人口迁移规律也不变, 把 n 年后农村人口和城镇人口占总人口的比例依次记为 x_n 与 $y_n\,(x_n+y_n=1)$.

(1) 求关系式 $\begin{bmatrix}x_{n+1}\\y_{n+1}\end{bmatrix}=\boldsymbol{A}\begin{bmatrix}x_n\\y_n\end{bmatrix}$.

(2) 设目前农村人口与城镇人口相等, 即 $\begin{bmatrix}x_0\\y_0\end{bmatrix}=\begin{bmatrix}0.5\\0.5\end{bmatrix}$, 求 $\begin{bmatrix}x_n\\y_n\end{bmatrix}$.

解 (1) 因 $\begin{cases}x_{n+1}=(1-p)\,x_n+qy_n,\\y_{n+1}=px_n+(1-q)\,y_n,\end{cases}$ 故 $\begin{bmatrix}x_{n+1}\\y_{n+1}\end{bmatrix}=\begin{bmatrix}1-p&q\\p&1-q\end{bmatrix}$.

$\begin{bmatrix} x_n \\ y_n \end{bmatrix}$.

(2) 记 $\boldsymbol{A}=\begin{bmatrix} 1-p & q \\ p & 1-q \end{bmatrix}$, 因 $\begin{bmatrix} x_{n+1} \\ y_{n+1} \end{bmatrix}=\boldsymbol{A}\begin{bmatrix} x_n \\ y_n \end{bmatrix}$, 故 $\begin{bmatrix} x_n \\ y_n \end{bmatrix}=\boldsymbol{A}^n\begin{bmatrix} x_0 \\ y_0 \end{bmatrix}$.

由 $|\lambda\boldsymbol{E}-\boldsymbol{A}| = (\lambda-1)(\lambda-(1-p-q))$ 得 $\boldsymbol{A}$ 的两个特征值: $\lambda_1 = 1, \lambda_2 = 1-p-q$.

若 $p=0$ 且 $q=0$, 则 $\begin{bmatrix} x_n \\ y_n \end{bmatrix}=\begin{bmatrix} x_0 \\ y_0 \end{bmatrix}=\begin{bmatrix} 0.5 \\ 0.5 \end{bmatrix}$.

若 $pq\neq 0$, 则 $1-p-q\neq 1$, 则 $\boldsymbol{A}$ 有两个不同的特征值.

(i) 若 $\lambda_1 = 1, \lambda_1\boldsymbol{E}-\boldsymbol{A} = \begin{bmatrix} p & -q \\ -p & q \end{bmatrix}\to\begin{bmatrix} 1 & -q/p \\ 0 & 0 \end{bmatrix}$, 则特征向量为 $\boldsymbol{\xi}_1 = \begin{bmatrix} q \\ p \end{bmatrix}$.

(ii) 若 $\lambda_2 = 1-p-q, \lambda_2\boldsymbol{E}-\boldsymbol{A} = \begin{bmatrix} -q & -q \\ -p & -p \end{bmatrix}\to\begin{bmatrix} 1 & 1 \\ 0 & 0 \end{bmatrix}$, 则特征向量为 $\boldsymbol{\xi}_2 = \begin{bmatrix} -1 \\ 1 \end{bmatrix}$.

故

$$\boldsymbol{A}^n=\begin{bmatrix} q & -1 \\ p & 1 \end{bmatrix}\begin{bmatrix} 1 & \\ & (1-p-q)^n \end{bmatrix}\begin{bmatrix} q & -1 \\ p & 1 \end{bmatrix}^{-1},$$

$$\begin{bmatrix} x_n \\ y_n \end{bmatrix}=\boldsymbol{A}^n\begin{bmatrix} x_0 \\ y_0 \end{bmatrix}=\frac{1}{2}\begin{bmatrix} \dfrac{2q+(p-q)(1-p-q)^n}{p+q} \\ \dfrac{2p-(p-q)(1-p-q)^n}{p+q} \end{bmatrix}.$$

MATLAB 程序 4.15

```
syms p q n,A=[1-p,q;p,1-q],[V,D]=eig(sym(A)),V*D^n*inv(V)*[1/2;1/2]
```

备注 用 MATLAB 无法直接计算 $\boldsymbol{A}$ 的 n 次方幂, 因为 n 是未知数. 但是对角矩阵可以计算 n 次方幂, 这正是矩阵对角化的一个应用之一.

5. 试求一个正交的相似变换矩阵, 将下列对称矩阵化为对角矩阵.

(1) $\boldsymbol{A}=\begin{bmatrix} 2 & -2 & 0 \\ -2 & 1 & -2 \\ 0 & -2 & 0 \end{bmatrix}$. (2) $\boldsymbol{B}=\begin{bmatrix} 2 & 2 & -2 \\ 2 & 5 & -4 \\ -2 & -4 & 5 \end{bmatrix}$.

解 (1) 因 $|\lambda\boldsymbol{E}-\boldsymbol{A}|=(\lambda-1)(\lambda+2)(\lambda-4)$, 故 $\boldsymbol{A}$ 有三个特征值 $\lambda_1=1,\lambda_2=-2,\lambda_3=4$.

若 $\lambda_1=1,\boldsymbol{E}-\boldsymbol{A}=\begin{bmatrix}-1&2&0\\2&0&2\\0&2&1\end{bmatrix}\to\begin{bmatrix}1&0&1\\0&1&\frac{1}{2}\\0&0&0\end{bmatrix}$, 则一个特征向量为 $\left(-1,-\frac{1}{2},1\right)^{\mathrm{T}}$, 单位化得到 $\boldsymbol{\xi}_1=\frac{1}{3}(-2,-1,2)^{\mathrm{T}}$.

若 $\lambda_2=-2,-2\boldsymbol{E}-\boldsymbol{A}=\begin{bmatrix}-4&2&0\\2&-3&2\\0&2&-2\end{bmatrix}\to\begin{bmatrix}1&0&-\frac{1}{2}\\0&1&-1\\0&0&0\end{bmatrix}$, 则一个特征向量为 $\left(\frac{1}{2},1,1\right)^{\mathrm{T}}$, 单位化得到 $\boldsymbol{\xi}_2=\frac{1}{3}(1,2,2)^{\mathrm{T}}$.

若 $\lambda_3=4,4\boldsymbol{E}-\boldsymbol{A}=\begin{bmatrix}2&2&0\\2&3&2\\0&2&4\end{bmatrix}\to\begin{bmatrix}1&0&-2\\0&1&2\\0&0&0\end{bmatrix}$, 则一个特征向量为 $(2,-2,1)^{\mathrm{T}}$, 单位化得到 $\boldsymbol{\xi}_3=\frac{1}{3}(2,-2,1)^{\mathrm{T}}$.

求得一个正交相似变换矩阵为

$$\boldsymbol{P}=[\boldsymbol{\xi}_1,\boldsymbol{\xi}_2,\boldsymbol{\xi}_3]=\frac{1}{3}\begin{bmatrix}-2&1&2\\-1&2&-2\\2&2&1\end{bmatrix}.$$

(2) 因 $|\lambda\boldsymbol{E}-\boldsymbol{B}|=(\lambda-1)^2(\lambda-10)$, 故特征值为 $\lambda_1=\lambda_2=1,\lambda_3=10$.

若 $\lambda_1=\lambda_2=1,\boldsymbol{E}-\boldsymbol{B}=\begin{bmatrix}-1&-2&2\\-2&-4&4\\2&4&-4\end{bmatrix}\to\begin{bmatrix}1&2&-2\\0&0&0\\0&0&0\end{bmatrix}$, 则得到两个特征向量为 $\boldsymbol{\xi}_1=(-2,1,0)^{\mathrm{T}},\boldsymbol{\xi}_2=(2,0,1)^{\mathrm{T}}$, 正交化得 $\boldsymbol{\varepsilon}_1=\left(-\frac{2}{\sqrt{5}},\frac{1}{\sqrt{5}},0\right)^{\mathrm{T}},\boldsymbol{\varepsilon}_2=\left(\frac{2}{3\sqrt{5}},\frac{4}{3\sqrt{5}},\frac{5}{3\sqrt{5}}\right)^{\mathrm{T}}$.

若 $\lambda_3=10,10\boldsymbol{E}-\boldsymbol{A}=\begin{bmatrix}8&-2&2\\-2&5&4\\2&4&5\end{bmatrix}\to\begin{bmatrix}1&0&\frac{1}{2}\\0&1&1\\0&0&0\end{bmatrix}$, 则一个特征向量为 $\boldsymbol{\xi}_3=\left(-\frac{1}{2},-1,1\right)^{\mathrm{T}}$, 正交化得 $\boldsymbol{\varepsilon}_3=\frac{1}{3}(-1,-2,2)^{\mathrm{T}}$.

求得一个正交相似变换矩阵为

$$P=[\boldsymbol{\varepsilon}_1,\boldsymbol{\varepsilon}_2,\boldsymbol{\varepsilon}_3]=\begin{bmatrix}-\dfrac{2}{\sqrt5} & \dfrac{2}{3\sqrt5} & -\dfrac13\\ \dfrac{1}{\sqrt5} & \dfrac{4}{3\sqrt5} & -\dfrac23\\ 0 & \dfrac{5}{3\sqrt5} & \dfrac23\end{bmatrix}.$$

MATLAB 程序 4.16

```
(1)A1=[2,-2,0;-2,1,-2;0,-2,0],[V1,D1]=eig(sym(A1)),GramSchmidt(V1)
(2)A2=[2,2,-2;2,5,-4;-2,-4,5],[V2,D2]=eig(sym(A2)),GramSchmidt(V2)
```

6. 已知 $\boldsymbol{p}=(1,1,-1)^{\mathrm T}$ 是 $\boldsymbol{A}=\begin{bmatrix}2&-1&2\\5&a&3\\-1&b&-2\end{bmatrix}$ 的一个特征向量,

(1) 确定 a,b 及特征向量 $\boldsymbol{p}$ 所对应的特征值.

(2) $\boldsymbol{A}$ 是否相似于对角矩阵? 为什么?

解　(1) 设 $\boldsymbol{p}$ 对应的特征值为 λ, 则 $\begin{bmatrix}2&-1&2\\5&a&3\\-1&b&-2\end{bmatrix}\begin{bmatrix}1\\1\\-1\end{bmatrix}=\lambda\begin{bmatrix}1\\1\\-1\end{bmatrix}$,

故 $\begin{cases}\lambda=-1,\\ a=-3,\\ b=0.\end{cases}$

(2) 因 $|\lambda\boldsymbol{E}-\boldsymbol{A}|=\begin{vmatrix}\lambda-2&1&-2\\-5&\lambda+3&-3\\1&0&\lambda+2\end{vmatrix}=(\lambda+1)^3$, 故 $\boldsymbol{A}$ 有三重特征值 -1. 显然 $-\boldsymbol{E}-\boldsymbol{A}\neq\boldsymbol{O}$, 故几何重数小于代数重数, 从而 $\boldsymbol{A}$ 不能相似于对角矩阵.

MATLAB 程序 4.17

```
(1)syms a b L,p=[1;1;-1],A=[2,-1,2;5,a,3;-1,b,-2],
[a,b,L]=solve((L*eye(3)-A)*p,[a,b,L])
(2)syms s,A=[2,-1,2;5,a,3;-1,b,-2],f=det(A-s*eye(3)),solve(f)
```

7. 设矩阵 $\boldsymbol{A}=\begin{bmatrix}1&-1&1\\x&4&y\\-3&-3&5\end{bmatrix}$, 已知 $\boldsymbol{A}$ 有三个线性无关的特征向量, $\lambda=2$

是 $\boldsymbol{A}$ 的二重特征值, 求可逆矩阵 $\boldsymbol{P}$, 使得 $\boldsymbol{P}^{-1}\boldsymbol{AP}$ 为对角阵.

解 因三阶方阵 $\boldsymbol{A}$ 有三个线性无关的特征向量, 且 $\lambda=2$ 是 $\boldsymbol{A}$ 的二重特征值, 故 $\lambda=2$ 的几何重数等于 2, 即 $\operatorname{rank}(2\boldsymbol{E}-\boldsymbol{A})=1$, 故 $2\boldsymbol{E}-\boldsymbol{A}=\begin{bmatrix}1&1&-1\\-x&-2&-y\\3&3&-3\end{bmatrix}$ 所有行成比例, 故 $x=2, y=-2, \boldsymbol{A}=\begin{bmatrix}1&-1&1\\2&4&-2\\-3&-3&5\end{bmatrix}$. 设第 3 个特征值为 λ_3, 则 $\operatorname{tr}\boldsymbol{A}=1+4+5=\lambda_1+\lambda_2+\lambda_3=2+2+\lambda_3$, 解得 $\boldsymbol{A}$ 的特征值为 $\lambda_1=\lambda_2=2, \lambda_3=6$. 若 $\lambda_1=\lambda_2=2$, $2\boldsymbol{E}-\boldsymbol{A}=\begin{bmatrix}1&1&-1\\-2&-2&2\\3&3&-3\end{bmatrix}\to\begin{bmatrix}1&1&-1\\0&0&0\\0&0&0\end{bmatrix}$, 则特征向量为 $\boldsymbol{\xi}_1=(-1,1,0)^{\mathrm{T}}, \boldsymbol{\xi}_2=(1,0,1)^{\mathrm{T}}$.

若 $\lambda_3=6, 6\boldsymbol{E}-\boldsymbol{A}=\begin{bmatrix}5&1&-1\\-2&2&2\\3&3&1\end{bmatrix}\to\begin{bmatrix}1&0&-\frac{1}{3}\\0&1&\frac{2}{3}\\0&0&0\end{bmatrix}$, 则特征向量为 $\boldsymbol{\xi}_3=\left(\frac{1}{3},-\frac{2}{3},1\right)^{\mathrm{T}}$.

综上, 可逆矩阵为 $\boldsymbol{P}=[\boldsymbol{\xi}_1,\boldsymbol{\xi}_2,\boldsymbol{\xi}_3]=\begin{bmatrix}-1&1&\frac{1}{3}\\1&0&-\frac{2}{3}\\0&1&1\end{bmatrix}$.

MATLAB 程序 4.18

```
syms x y s,A=[1,-1,1;x,4,y;-3,-3,5],RowEchelon(A-2*eye(3)),
A=subs(A,[x,y],[2,-2]),solve(trace(A)-4-s),[V,D]=eig(sym(A))
```

8. 矩阵 $\boldsymbol{B}$ 是 $\boldsymbol{A}$ 交换第 i 行和第 j 行, 再交换第 i 列和第 j 列得到的矩阵, 证明 $\boldsymbol{A}$ 与 $\boldsymbol{B}$ 相似, 并求可逆矩阵 $\boldsymbol{P}$, 使得 $\boldsymbol{P}^{-1}\boldsymbol{AP}=\boldsymbol{B}$.

解 因 $\boldsymbol{B}=\boldsymbol{P}(i,j)\boldsymbol{AP}(i,j)$, 且 $\boldsymbol{P}(i,j)^{-1}=\boldsymbol{P}(i,j)$, 故 $\boldsymbol{B}=\boldsymbol{P}(i,j)\boldsymbol{AP}(i,j)^{-1}$, 从而 $\boldsymbol{A}$ 与 $\boldsymbol{B}$ 相似. 又 $\boldsymbol{P}(i,j)\boldsymbol{BP}(i,j)^{-1}=\boldsymbol{A}$, 故 $\boldsymbol{P}=\boldsymbol{P}(i,j)^{-1}=\boldsymbol{P}(i,j)$.

9. 设三阶方阵 $\boldsymbol{A}$ 的特征值为 $\lambda_1=2, \lambda_2=-2, \lambda_3=1$, 对应的特征向量依次为 $\boldsymbol{p}_1=(0,1,1)^{\mathrm{T}}$, $\boldsymbol{p}_2=(1,1,1)^{\mathrm{T}}, \boldsymbol{p}_3=(1,1,0)^{\mathrm{T}}$, 求 $\boldsymbol{A}$.

解　令 $\boldsymbol{P}=[\boldsymbol{p}_1,\boldsymbol{p}_2,\boldsymbol{p}_3]$, $\boldsymbol{\Lambda}=\mathrm{diag}\,(2,-2,1)$, 则 $\boldsymbol{A}=\boldsymbol{P\Lambda P}^{-1}=\begin{bmatrix}-2&3&-3\\-4&5&-3\\-4&4&-2\end{bmatrix}$.

MATLAB 程序 4.19

```
P=sym([0,1,1;1,1,1;1,1,0]),A=P*diag([2,-2,1])*inv(P)
```

10. 设三阶实对称矩阵 $\boldsymbol{A}$ 的特征值为 $\lambda_1=1,\lambda_2=-1,\lambda_3=0$, 对应于 λ_1,λ_2 的特征向量依次为 $\boldsymbol{p}_1=(1,2,2)^{\mathrm{T}},\boldsymbol{p}_2=(2,1,-2)^{\mathrm{T}}$, 求 $\boldsymbol{A}$ 与 $\boldsymbol{A}^n$.

解　设 $\lambda_3=0$ 对应的特征向量为 $\boldsymbol{p}_3=(x,y,z)^{\mathrm{T}}$, 实对称矩阵的不同特征值所对应的特征向量是正交的, 即 $\begin{bmatrix}1&2&2\\2&1&-2\end{bmatrix}\begin{bmatrix}x\\y\\z\end{bmatrix}=0$, 因 $\begin{bmatrix}1&2&2\\2&1&-2\end{bmatrix}\to\begin{bmatrix}1&0&-2\\0&1&2\end{bmatrix}$, 故其中一个解为 $\boldsymbol{p}_3=(2,-2,1)^{\mathrm{T}}$.

令 $\boldsymbol{P}=\dfrac{1}{3}[\boldsymbol{p}_1,\boldsymbol{p}_2,\boldsymbol{p}_3]=\dfrac{1}{3}\begin{bmatrix}1&2&2\\2&1&-2\\2&-2&1\end{bmatrix}$, $\boldsymbol{\Lambda}=\mathrm{diag}\,(1,-1,0)$, 则 $\boldsymbol{P}^{-1}=\boldsymbol{P}^{\mathrm{T}}=\boldsymbol{P}$, 于是

$$\boldsymbol{A}=\boldsymbol{P\Lambda P}^{-1}=\boldsymbol{P\Lambda P}^{\mathrm{T}}=\frac{1}{3}\begin{bmatrix}1&-2&0\\2&-1&0\\2&2&0\end{bmatrix}\frac{1}{3}\begin{bmatrix}1&2&2\\2&1&-2\\2&-2&1\end{bmatrix}=\frac{1}{3}\begin{bmatrix}-1&0&2\\0&1&2\\2&2&0\end{bmatrix},$$

$$\boldsymbol{A}^n=\boldsymbol{P\Lambda}^n\boldsymbol{P}^{\mathrm{T}}=\frac{1}{9}\begin{bmatrix}1+4(-1)^n&2+2(-1)^n&2-4(-1)^n\\2+2(-1)^n&4+(-1)^n&4-2(-1)^n\\2-4(-1)^n&4-2(-1)^n&4+4(-1)^n\end{bmatrix}.$$

MATLAB 程序 4.20

```
syms n,P12=sym([1,2,2;2,1,-2]),P3=null(P12),P=[P12;P3']',
A=P*diag([1,-1,0])*inv(P),P*diag([1,-1,0])^n*inv(P)
```

11. 设三阶实对称矩阵 $\boldsymbol{A}$ 的特征值为 $\lambda_1=6,\lambda_2=3,\lambda_3=3$, 对应于 $\lambda_1=6$ 的特征向量为 $\boldsymbol{p}_1=(1,1,1)^{\mathrm{T}}$, 求 $\boldsymbol{A}$ 与 $\boldsymbol{A}^n$.

解　设 $\lambda_2=\lambda_3=3$ 的特征向量为 $\boldsymbol{p}=(x,y,z)^{\mathrm{T}}$, 则 $\boldsymbol{p}$ 与 $\boldsymbol{p}_1=(1,1,1)^{\mathrm{T}}$ 正交, 即 $x+y+z=0$, 得 $\lambda_2=3$ 的线性无关的特征向量为 $\boldsymbol{p}_2=(-1,1,0)^{\mathrm{T}},\boldsymbol{p}_3=$

$(-1,0,1)^{\mathrm{T}}$, 令 $\boldsymbol{P}=[\boldsymbol{p}_1,\boldsymbol{p}_2,\boldsymbol{p}_3]=\begin{bmatrix}1&-1&-1\\1&1&0\\1&0&1\end{bmatrix}$, 因

$$[\boldsymbol{P},\boldsymbol{E}]\to\begin{bmatrix}1&0&0&\frac{1}{3}&\frac{1}{3}&\frac{1}{3}\\0&1&0&-\frac{1}{3}&-\frac{2}{3}&-\frac{1}{3}\\0&0&1&-\frac{1}{3}&-\frac{1}{3}&\frac{2}{3}\end{bmatrix},$$

故 $\boldsymbol{P}^{-1}=\dfrac{1}{3}\begin{bmatrix}1&1&1\\-1&2&-1\\-1&-1&2\end{bmatrix}$.

综上,

$$\boldsymbol{A}=\boldsymbol{P}\begin{bmatrix}6&&\\&3&\\&&3\end{bmatrix}\boldsymbol{P}^{-1}=\begin{bmatrix}4&1&1\\1&4&1\\1&1&4\end{bmatrix},$$

$$\boldsymbol{A}^n=\boldsymbol{P}\begin{bmatrix}6^n&&\\&3^n&\\&&3^n\end{bmatrix}\boldsymbol{P}^{-1}=3^{n-1}\begin{bmatrix}2^n+2&2^n-1&2^n-1\\2^n-1&2^n+2&2^n-1\\2^n-1&2^n-1&2^n+2\end{bmatrix}.$$

MATLAB 程序 4.21

```
P1=sym([1;1;1]),P23=null(P1'),P=[P1,P23],
A=P*diag([6,3,3])*inv(P),syms n,An=P*(diag([6,3,3]))^n*inv(P)
```

12. 设三阶行列式 $D=\begin{vmatrix}a&-5&8\\0&a+1&8\\0&3a+3&25\end{vmatrix}=0$, 而三阶方阵 $\boldsymbol{A}$ 有三个特征值 $1,-1,0$, 对应的特征向量分别为 $\boldsymbol{\beta}_1=(1,2a,-1)^{\mathrm{T}},\boldsymbol{\beta}_2=(a,a+3,a+2)^{\mathrm{T}},\boldsymbol{\beta}_3=(a-2,-1,a+1)^{\mathrm{T}}$, 试确定参数 a, 并求 $\boldsymbol{A}$.

解 因 $D=a(a+1)=0$, 故 $a=0$ 或 $a=-1$. 三个不同的特征值对应的特征向量 $\boldsymbol{\beta}_1,\boldsymbol{\beta}_2,\boldsymbol{\beta}_3$ 线性无关, 故 $\begin{vmatrix}1&a&a-2\\2a&a+3&-1\\-1&a+2&a+1\end{vmatrix}=-a-1\neq0$. 综上, $a=0$, $\boldsymbol{\beta}_1=(1,0,-1)^{\mathrm{T}},\boldsymbol{\beta}_2=(0,3,2)^{\mathrm{T}},\boldsymbol{\beta}_3=(-2,-1,1)^{\mathrm{T}}$, 于是

$$A=[\beta_1,\beta_2,\beta_3]\begin{bmatrix}1&&\\&-1&\\&&0\end{bmatrix}[\beta_1,\beta_2,\beta_3]^{-1}=\begin{bmatrix}-5&4&-6\\3&-3&3\\7&-6&8\end{bmatrix}.$$

MATLAB 程序 4.22

```
syms a,A=[a,-5,8;0,a+1,8;0,3*a+3,25],s=solve(det(A)),
P=[1,a,a-2;2*a,a+3,-1;-1,a+2,a+1],
P=subs(P,a,0),A=P*diag([1,-1,0])*inv(P)
```

13. 设三阶实对称矩阵 $\boldsymbol{A}$ 的各行元素之和均为 3, 向量 $\boldsymbol{\alpha}_1=(-1,2,-1)^{\mathrm{T}},\boldsymbol{\alpha}_2=(0,-1,1)^{\mathrm{T}}$ 是线性方程组 $\boldsymbol{Ax}=\boldsymbol{0}$ 的两个解.

(1) 求 $\boldsymbol{A}$ 的特征值与特征向量.

(2) 求正交矩阵 $\boldsymbol{Q}$ 和对角矩阵 $\boldsymbol{\Lambda}$, 使 $\boldsymbol{Q}^{\mathrm{T}}\boldsymbol{AQ}=\boldsymbol{\Lambda}$.

(3) 求 $\boldsymbol{A}$ 及 $\left(\boldsymbol{A}-\dfrac{3}{2}\boldsymbol{E}\right)^6$, 其中 $\boldsymbol{E}$ 为三阶单位矩阵.

备注　本题条件 $\boldsymbol{\alpha}_1=(-1,2,-1)^{\mathrm{T}},\boldsymbol{\alpha}_2=(0,-1,1)^{\mathrm{T}}$ 是多余的, 因为实对称矩阵的不同特征值所对应的特征向量是正交的, 故只需要说明 $\boldsymbol{Ax}=\boldsymbol{0}$ 有两个线性无关的解, 不需要指明这两个解的具体值.

解　(1) 设 $\boldsymbol{\xi}_1=(1,1,1)^{\mathrm{T}}$, 因 $\boldsymbol{A}$ 的各行元素之和均为 3, 故 $\boldsymbol{A\xi}_1=3\boldsymbol{\xi}_1$, 故 3 是特征值, 对应的特征向量为 $\boldsymbol{\xi}_1=(1,1,1)^{\mathrm{T}}$. 因 $\boldsymbol{\alpha}_1,\boldsymbol{\alpha}_2$ 是 $\boldsymbol{Ax}=\boldsymbol{0}$ 的两个解, 故 $\lambda_2=\lambda_3=0$ 是 $\boldsymbol{A}$ 的二重特征值, 对应的特征向量与 $(1,1,1)^{\mathrm{T}}$ 正交, 故可求得两个线性无关的特征向量为 $\boldsymbol{\xi}_2=(-1,1,0)^{\mathrm{T}},\boldsymbol{\xi}_3=(-1,0,1)^{\mathrm{T}}$.

(2) 将 $\boldsymbol{\xi}_1=(1,1,1)^{\mathrm{T}}$ 单位化得 $\boldsymbol{\varepsilon}_1=\left(\dfrac{1}{\sqrt3},\dfrac{1}{\sqrt3},\dfrac{1}{\sqrt3}\right)^{\mathrm{T}}$, 将 $\boldsymbol{\xi}_2=(-1,1,0)^{\mathrm{T}},\boldsymbol{\xi}_3=(-1,0,1)^{\mathrm{T}}$ 正交化, 得 $\boldsymbol{\varepsilon}_2=\left(-\dfrac{1}{\sqrt2},\dfrac{1}{\sqrt2},0\right)^{\mathrm{T}},\boldsymbol{\varepsilon}_3=\left(-\dfrac{1}{\sqrt6},-\dfrac{1}{\sqrt6},\dfrac{2}{\sqrt6}\right)^{\mathrm{T}}$, 于是 $\boldsymbol{Q}=$

$$[\boldsymbol{\varepsilon}_1,\boldsymbol{\varepsilon}_2,\boldsymbol{\varepsilon}_3]=\begin{bmatrix}\dfrac{1}{\sqrt3}&-\dfrac{1}{\sqrt2}&-\dfrac{1}{\sqrt6}\\\dfrac{1}{\sqrt3}&\dfrac{1}{\sqrt2}&-\dfrac{1}{\sqrt6}\\\dfrac{1}{\sqrt3}&0&\dfrac{2}{\sqrt6}\end{bmatrix},\ \boldsymbol{\Lambda}=\mathrm{diag}\,(3,0,0).$$

(3) 因 $\boldsymbol{A}=\boldsymbol{Q\Lambda Q}^{\mathrm{T}}=\begin{bmatrix}1&1&1\\1&1&1\\1&1&1\end{bmatrix}$ 且 $\boldsymbol{A}-\dfrac{3}{2}\boldsymbol{E}=\boldsymbol{Q}\left(\boldsymbol{\Lambda}-\dfrac{3}{2}\boldsymbol{E}\right)\boldsymbol{Q}^{\mathrm{T}}=\dfrac{3}{2}\boldsymbol{Q}\cdot$

$$\begin{bmatrix} 1 & & \\ & -1 & \\ & & -1 \end{bmatrix} \boldsymbol{Q}^{\mathrm{T}}, \text{故} \left(\boldsymbol{A}-\frac{3}{2}\boldsymbol{E}\right)^6 = \boldsymbol{Q}\left(\boldsymbol{\Lambda}-\frac{3}{2}\boldsymbol{E}\right)^6 \boldsymbol{Q}^{\mathrm{T}} = \frac{729}{64}\boldsymbol{E}.$$

MATLAB 程序 4.23

```
P1=sym([1;1;1]),P23=null(P1'),P=[P1,P23],A=P*diag([3,0,0])*inv(P),
GramSchmidt(P),(A-eye(3)*3/2)^6
```

14. 证明实正交矩阵的特征值的模为 1.

证 若 $\boldsymbol{A}$ 为正交矩阵, 则 $\boldsymbol{A}\boldsymbol{A}^{\mathrm{T}}=\boldsymbol{E}$. 设 λ 为 $\boldsymbol{A}$ 的特征值,$\boldsymbol{\xi}\neq\boldsymbol{0}$ 为对应的特征向量, 则 $\boldsymbol{A}\boldsymbol{\xi}=\lambda\boldsymbol{\xi}$. 等式两边同时乘以 $(\bar{\boldsymbol{A}}\bar{\boldsymbol{\xi}})^{\mathrm{T}}$, 得 $\lambda\bar{\lambda}\bar{\boldsymbol{\xi}}^{\mathrm{T}}\boldsymbol{\xi}=(\bar{\boldsymbol{A}}\bar{\boldsymbol{\xi}})^{\mathrm{T}}(\boldsymbol{A}\boldsymbol{\xi})=\bar{\boldsymbol{\xi}}^{\mathrm{T}}\boldsymbol{A}^{\mathrm{T}}\boldsymbol{A}\boldsymbol{\xi}=\bar{\boldsymbol{\xi}}^{\mathrm{T}}\boldsymbol{\xi}$, 由于 $\boldsymbol{\xi}\neq\boldsymbol{0}$, 故 $\lambda\bar{\lambda}=1$. 命题得证.

备注 本题条件必须强调实正交矩阵. 反例: $\boldsymbol{A}=\begin{bmatrix} \mathrm{i} & \sqrt{2} \\ -\sqrt{2} & \mathrm{i} \end{bmatrix}$ 是正交矩阵, 但是 $\bar{\boldsymbol{A}}^{\mathrm{T}}\neq\boldsymbol{A}^{\mathrm{T}}$ 两个特征值 $(1\pm\sqrt{2})\,\mathrm{i}$ 的模不等于 1.

15. 设 $\boldsymbol{A},\boldsymbol{B}$ 均为正交矩阵, 并且 $|\boldsymbol{A}|+|\boldsymbol{B}|=0$, 证明 $\boldsymbol{A}+\boldsymbol{B}$ 不可逆.

备注 本题解题思路比较特殊, 用到正交矩阵的定义和它的行列式.

证 因 $\boldsymbol{A}+\boldsymbol{B}$ 均为正交矩阵, 故 $|\boldsymbol{A}|=\pm1,|\boldsymbol{B}|=\pm1$, 又 $|\boldsymbol{A}|+|\boldsymbol{B}|=0$, 故 $|\boldsymbol{A}|$ 和 $|\boldsymbol{B}|$ 中一个为 1, 另一个为 -1, 不妨设 $|\boldsymbol{A}|=1,|\boldsymbol{B}|=-1$, 则

$$\begin{aligned} |\boldsymbol{A}+\boldsymbol{B}| &= |\boldsymbol{A}|\,|\boldsymbol{A}+\boldsymbol{B}| = \left|\boldsymbol{A}^{\mathrm{T}}\right|\,|\boldsymbol{A}+\boldsymbol{B}| = \left|\boldsymbol{A}^{\mathrm{T}}\boldsymbol{A}+\boldsymbol{A}^{\mathrm{T}}\boldsymbol{B}\right| = \left|\boldsymbol{E}+\boldsymbol{A}^{\mathrm{T}}\boldsymbol{B}\right| \\ &= \left|\boldsymbol{B}^{\mathrm{T}}\boldsymbol{B}+\boldsymbol{A}^{\mathrm{T}}\boldsymbol{B}\right| = \left|\boldsymbol{B}^{\mathrm{T}}+\boldsymbol{A}^{\mathrm{T}}\right|\,|\boldsymbol{B}| = \left|(\boldsymbol{A}+\boldsymbol{B})^{\mathrm{T}}\right|\,|\boldsymbol{B}| \\ &= |\boldsymbol{A}+\boldsymbol{B}|\,|\boldsymbol{B}| = -\,|\boldsymbol{A}+\boldsymbol{B}|. \end{aligned}$$

因此 $|\boldsymbol{A}+\boldsymbol{B}|=0$, 故 $\boldsymbol{A}+\boldsymbol{B}$ 不可逆.

16. 设 $\boldsymbol{A}$ 为 n 阶上三角矩阵,

(1) 若 $a_{ii}\neq a_{jj}\,(i\neq j,i,j=1,2,\cdots,n)$, 则 $\boldsymbol{A}$ 可相似对角化.

(2) 若 $a_{11}=a_{22}=\cdots=a_{nn}$ 且至少有一个 $a_{i_0j_0}\neq 0\,(i_0\neq j_0)$ 成立, 则 $\boldsymbol{A}$ 不可相似对角化.

证 (1) 因 $\boldsymbol{A}$ 为 n 阶上三角矩阵, 故 $\boldsymbol{A}$ 的特征值为主对角元, 由于 $a_{ii}\neq a_{jj}\,(i\neq j,i,j=1,2,\cdots,n)$, 故 $\boldsymbol{A}$ 有 n 个互不相同的特征值, 故 $\boldsymbol{A}$ 有 n 个线性无关的特征向量, 因此 $\boldsymbol{A}$ 可相似对角化.

(2) 由于 $a_{11}=a_{22}=\cdots=a_{nn}$, 故上三角矩阵 $\boldsymbol{A}$ 有一个 n 重特征值 $\lambda=a_{11}=a_{22}=\cdots=a_{nn}$, 又由于存在 $a_{i_0j_0}\neq 0\,(i_0\neq j_0)$, 故 $\lambda\boldsymbol{E}-\boldsymbol{A}\neq\boldsymbol{O}$, 故 $\operatorname{rank}(\lambda\boldsymbol{E}-\boldsymbol{A})>0$, 故 $\boldsymbol{A}$ 只有 $n-\operatorname{rank}(\lambda\boldsymbol{E}-\boldsymbol{A})<n$ 个线性无关的特征向量, 故 $\boldsymbol{A}$ 不可相似对角化.

第 5 章　二次曲面与二次型

学习目标与要求

*1. 了解常见二次曲面及其方程表达式, 了解二次曲面作图的方法.

2. 理解二次型和对称矩阵的对应关系. 掌握惯性指数的合同不变性. 掌握用配方法和初等变换法化二次型为标准形. 掌握用正交变换法化二次型为规范形.

3. 理解正定二次型和半正定二次型的定义. 掌握这两种二次型的判别定理.

5.1　内容梗概

*5.1.1　二次曲面

1. 椭球面与球面

椭球面的标准方程为

$$\frac{x^2}{a^2}+\frac{y^2}{b^2}+\frac{z^2}{c^2}=1, \tag{5.1}$$

其中 $a,b,c>0$.

球面的标准方程为

$$(x-x_0)^2+(y-y_0)^2+(z-z_0)^2=a^2, \tag{5.2}$$

其中 (x_0,y_0,z_0) 表示球面**中心**, $a>0$ 表示球面**半径**. 上式展开后得球面的一般方程

$$x^2+y^2+z^2+ux+vy+wz+d=0. \tag{5.3}$$

2. 柱面

柱面是由某直线沿某曲线移动所产生的曲面, 其中的直线称为**母线**, 曲线称为**准线**.

3. 锥面

锥面是过一个定点的直线族形成的曲面, 其中的每条直线称为锥面的**母线**, 定点称为**顶点**, 锥面上与每条母线都相交且不过顶点的一条曲线称为**准线**.

4. 旋转面

旋转面是某曲线绕某直线旋转而形成的曲面, 其中的直线称为旋转面的**轴**, 曲线称为旋转面的**准线**. yOz 平面上的曲线 $l:\begin{cases} f(y,z)=0, \\ x=0 \end{cases}$ 绕 z 轴旋转, 则旋转面 S 的方程为

$$f(\pm\sqrt{x^2+y^2}, z)=0. \tag{5.4}$$

表 5.1 给出了常见的二次旋转曲面的方程和对应的 MATLAB 曲面图形.

表 5.1 常见二次旋转曲面

(1) 球面	(2) 椭球面	(3) 单叶双曲面	(4) 双叶双曲面
$x^2+y^2+z^2=a^2$	$\dfrac{x^2+y^2}{a^2}+\dfrac{z^2}{b^2}=1$	$\dfrac{x^2+y^2}{a^2}-\dfrac{z^2}{b^2}=1$	$\dfrac{x^2+y^2}{a^2}-\dfrac{z^2}{b^2}=-1$
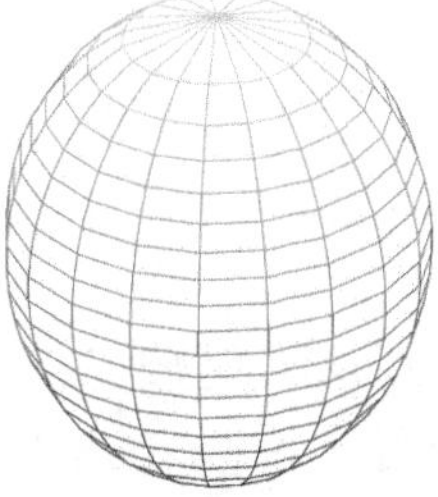	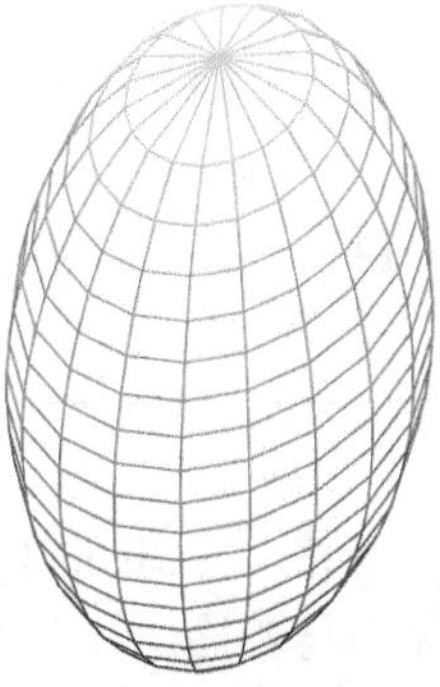	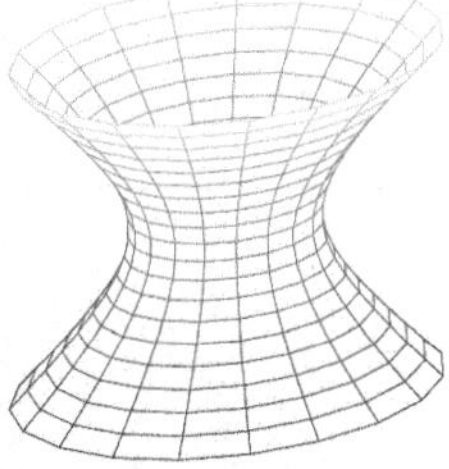	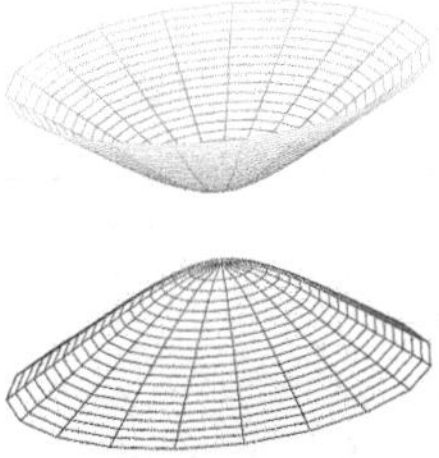
(5) 圆柱面	**(6) 圆锥面**	**(7) 抛物面**	**(8) 圆环面**
$x^2+y^2=a^2$	$x^2+y^2=z^2\tan^2\theta$	$x^2+y^2=2az$	$\left(R-\sqrt{x^2+y^2}\right)^2+z^2=r^2$
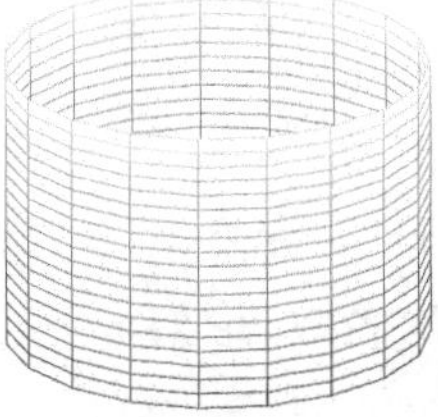	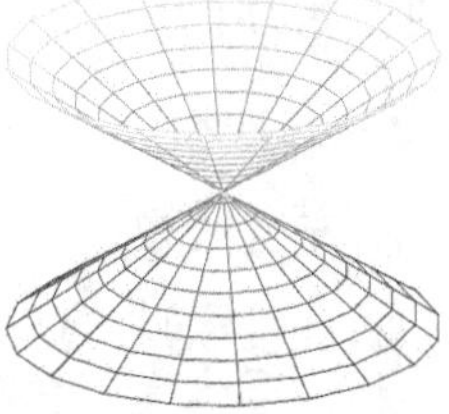	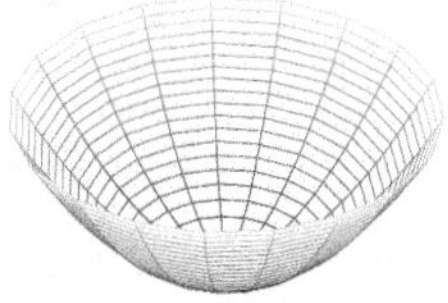	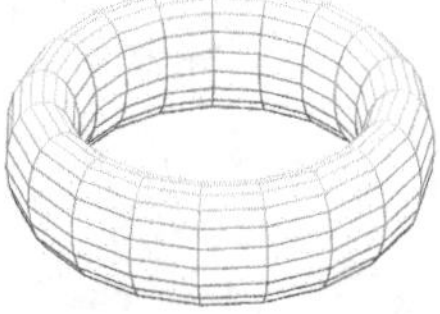

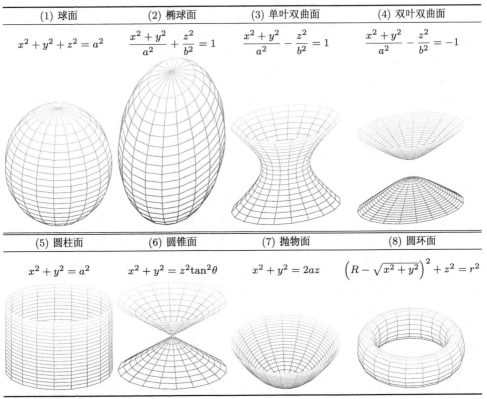

5. 曲面与曲线的参数方程

空间**曲面**和空间**曲线**参数方程分别为

$$\begin{cases} x=f(u,v), \\ y=g(u,v), \qquad a\leqslant u\leqslant b, \quad c\leqslant v\leqslant d, \\ z=h(u,v), \end{cases} \tag{5.5}$$

$$\begin{cases} x = f(t), \\ y = g(t), \qquad a \leqslant t \leqslant b. \\ z = h(t), \end{cases} \tag{5.6}$$

6. 标准形式的二次曲面

二次曲面与平面相交, 得到曲线, 该平面称为**截面**, 该曲线称为**截线**. 表 5.2 给出了常见的标准形式的二次曲面的方程.

表 5.2　五种标准形式的二次曲面、截面和截线

(1) 椭球面	(2) 单叶双曲面	(3) 双叶双曲面	(4) 椭圆抛物面	(5) 双曲抛物面
$\frac{x^2}{a^2}+\frac{y^2}{b^2}+\frac{z^2}{c^2}=1$	$\frac{x^2}{a^2}+\frac{y^2}{b^2}-\frac{z^2}{c^2}=1$	$\frac{x^2}{a^2}-\frac{y^2}{b^2}-\frac{z^2}{c^2}=1$	$\frac{x^2}{a^2}+\frac{y^2}{b^2}-z=0$	$\frac{x^2}{a^2}-\frac{y^2}{b^2}=2pz$
截面 $y=k<b$	截面 $y=k\neq b$	截面 $z=k$	截面 $y=k$	截面 $x=k$
截线是椭圆	截线是双曲线	截线是双曲线	截线是抛物线	截线是抛物线
$\frac{x^2}{a^2}+\frac{z^2}{c^2}=1-\frac{k^2}{b^2}$	$\frac{x^2}{a^2}-\frac{z^2}{c^2}=1-\frac{k^2}{b^2}$	$\frac{x^2}{a^2}-\frac{y^2}{b^2}=1+\frac{k^2}{c^2}$	$\frac{x^2}{a^2}=z-\frac{k^2}{b^2}$	$y^2=-2pb^2z+\frac{b^2k^2}{a^2}$

备注　因双曲抛物面形如马鞍, 故其又称为**马鞍面**. 若用平面 $z=k\neq 0$ 与马鞍面相截, 则截线是双曲线, 截线方程为 $\frac{x^2}{a^2}-\frac{y^2}{b^2}=2pk, p\neq 0$. 马鞍面的 MATLAB 作图如图 5.1 所示.

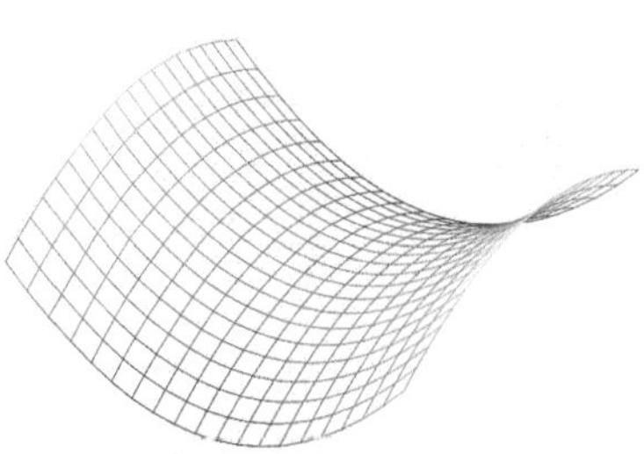

图 5.1

5.1.2　二次型

n 元**二次型**是关于 n 元变量 $\boldsymbol{x}=(x_1,x_2,\cdots,x_n)^{\mathrm{T}}$ 的二次函数, 形如

$$f(\boldsymbol{x})=\sum_{i=1}^{n} a_{ii}x_i^2+\sum_{1\leqslant i<j\leqslant n} 2a_{ij}x_ix_j. \tag{5.7}$$

若 $\boldsymbol{A}=[a_{ij}], \boldsymbol{A}^{\mathrm{T}}=\boldsymbol{A}$, 则

$$f(\boldsymbol{x})=\sum_{i=1}^{n}\sum_{j=1}^{n} a_{ij}x_ix_j=\boldsymbol{x}^{\mathrm{T}}\boldsymbol{A}\boldsymbol{x}. \tag{5.8}$$

若 $\boldsymbol{y}=(y_1,y_2,\cdots,y_n)^{\mathrm{T}}$ 且 $\boldsymbol{C}$ 可逆, 满足 $\boldsymbol{x}=\boldsymbol{C}\boldsymbol{y}$, 则从 $\boldsymbol{x}$ 到 $\boldsymbol{y}$ 的线性变换是**非退化**的. 显然若记 $\boldsymbol{B}=\boldsymbol{C}^{\mathrm{T}}\boldsymbol{A}\boldsymbol{C}$, 则

$$f(\boldsymbol{x})=\boldsymbol{x}^{\mathrm{T}}\boldsymbol{A}\boldsymbol{x}=\boldsymbol{y}^{\mathrm{T}}\left(\boldsymbol{C}^{\mathrm{T}}\boldsymbol{A}\boldsymbol{C}\right)\boldsymbol{y}=\boldsymbol{y}^{\mathrm{T}}\boldsymbol{B}\boldsymbol{y}=g(\boldsymbol{y}). \tag{5.9}$$

标准形二次型为

$$f(\boldsymbol{x})=d_1x_1^2+d_2x_2^2+\cdots+d_nx_n^2. \tag{5.10}$$

规范形二次型为

$$f(\boldsymbol{x})=x_1^2+\cdots+x_p^2-x_{p+1}^2-\cdots-x_r^2. \tag{5.11}$$

其中 $r=\mathrm{rank}\boldsymbol{A}$.

定义 5.1 合同

设 $\boldsymbol{A},\boldsymbol{B},\boldsymbol{C}\in\mathbb{R}^{n\times n}$, $\boldsymbol{C}$ 可逆且 $\boldsymbol{B}=\boldsymbol{C}^{\mathrm{T}}\boldsymbol{A}\boldsymbol{C}$, 则称 $\boldsymbol{A},\boldsymbol{B}$ 是**合同**的, 记作 $\boldsymbol{A}\simeq\boldsymbol{B}$.

合同关系是一种等价关系, 满足

(1) 自反性: $\boldsymbol{A}\simeq\boldsymbol{A}$.

(2) 对称性: 若 $\boldsymbol{A}\simeq\boldsymbol{B}$, 则 $\boldsymbol{B}\simeq\boldsymbol{A}$.

(3) 传递性: 若 $\boldsymbol{A}\simeq\boldsymbol{B},\boldsymbol{B}\simeq\boldsymbol{C}$, 则 $\boldsymbol{A}\simeq\boldsymbol{C}$.

定义 5.2 惯性指数

在规范形 (5.11) 中, 正平方项的个数 p 称为它的**正惯性指数**. 负平方项的个数 $r-p$ 称为它的**负惯性指数**, 它们的差 $p-(r-p)=2p-r$ 称为二次型的**符号差**.

定理 5.1 任意二次型可经非退化线性变换化为标准形.

定理 5.2 任意 n 阶对称矩阵 $\boldsymbol{A}$, 一定存在可逆矩阵 $\boldsymbol{C}$, 使 $\boldsymbol{B}=\boldsymbol{C}^{\mathrm{T}}\boldsymbol{A}\boldsymbol{C}$ 为对角矩阵.

定理 5.3(惯性定理) 任意实二次型可经非退化线性变换化为规范形, 且规范形是**唯一**的.

定理 5.4(主轴问题) 任意实二次型 $f(\boldsymbol{x})=\boldsymbol{x}^{\mathrm{T}}\boldsymbol{A}\boldsymbol{x}$, 若 $\lambda_i\,(i=1,\cdots,n)$ 是对称矩阵 $\boldsymbol{A}$ 的特征值, 则一定**存在**正交变换 $\boldsymbol{x}=\boldsymbol{C}\boldsymbol{y}$, 使得

$$f(\boldsymbol{x})=\boldsymbol{y}^{\mathrm{T}}\boldsymbol{C}^{\mathrm{T}}\boldsymbol{A}\boldsymbol{C}\boldsymbol{y}=\lambda_1y_1^2+\cdots+\lambda_ny_p^2. \tag{5.12}$$

5.1.3 正定二次型和正定矩阵

1. 二次型的判别

正定二次型是一类特殊的二次型, 在理论推导和工程应用中使用非常广泛.

定义 5.3　正定二次型

设 $f(\boldsymbol{x})=\boldsymbol{x}^{\mathrm{T}}\boldsymbol{A}\boldsymbol{x}$ 是 n 元实二次型, 若对任意一组不全为零的实数 $\boldsymbol{c}$ 都有 $f(\boldsymbol{c})>0$, 则称实二次型 $f(\boldsymbol{x})$ 是**正定的**或者**正定二次型**. 对应的对称矩阵 $\boldsymbol{A}$ 称为**正定矩阵**.

定理 5.5　n 元实二次型 $f(\boldsymbol{x})$ 正定的充分必要条件是其正惯性指数等于 n.

推论 5.1　正定矩阵的行列式大于零.

定理 5.6　实对称矩阵 $\boldsymbol{A}$ 正定的充分必要条件是它的特征值全为正数.

定理 5.7　实二次型 $f(\boldsymbol{x})=\boldsymbol{x}^{\mathrm{T}}\boldsymbol{A}\boldsymbol{x}$ 正定的充分必要条件是 $\boldsymbol{A}$ 的所有顺序主子式全为正数.

定理 5.8　对于 n 元实二次型 $f(\boldsymbol{x})=\boldsymbol{x}^{\mathrm{T}}\boldsymbol{A}\boldsymbol{x}$, 下列命题等价.

(1) $f(\boldsymbol{x})$ 是正定的.

(2) $f(\boldsymbol{x})$ 的正惯性指数为 n.

(3) $\boldsymbol{A}$ 的所有特征值为正数.

(4) 存在 n 阶可逆矩阵 $\boldsymbol{C}$, 使得 $\boldsymbol{C}^{\mathrm{T}}\boldsymbol{A}\boldsymbol{C}=\boldsymbol{E}$.

(5) 存在 n 阶可逆方阵 $\boldsymbol{C}$, 使得 $\boldsymbol{A}=\boldsymbol{C}^{\mathrm{T}}\boldsymbol{C}$.

(6) $\boldsymbol{A}$ 的所有顺序主子式全大于零.

定义 5.4　其他二次型

设 $f(\boldsymbol{x})$ 为实二次型, 若对任何非零的 n 维向量 $\boldsymbol{c}$ 都有 $f(\boldsymbol{c})\geqslant 0$, 则称二次型 $f(\boldsymbol{x})$ 是**半正定**的. 若都有 $f(\boldsymbol{c})<0$, 则称 $f(\boldsymbol{x})$ 是**负定**的. 若都有 $f(\boldsymbol{c})\leqslant 0$, 则称 $f(\boldsymbol{x})$ 为**半负定**的. 若 $f(\boldsymbol{x})$ 既非半正定亦非半负定, 则称二次型 $f(\boldsymbol{x})$ 是**不定**的.

定理 5.9　对于 n 元实二次型 $f(\boldsymbol{x})=\boldsymbol{x}^{\mathrm{T}}\boldsymbol{A}\boldsymbol{x}, r=\mathrm{rank}\boldsymbol{A}$, 下列条件等价.

(1) $f(\boldsymbol{x})$ 是半正定的.

(2) $f(\boldsymbol{x})$ 的正惯性指数与秩相等.

(3) $\boldsymbol{A}$ 的所有特征值非负.

(4) 有 n 阶可逆矩阵 $\boldsymbol{C}$, 使得 $\boldsymbol{C}^{\mathrm{T}}\boldsymbol{A}\boldsymbol{C}=\begin{bmatrix}\boldsymbol{E}_r & \boldsymbol{O}\\ \boldsymbol{O} & \boldsymbol{O}\end{bmatrix}$.

(5) 有 n 阶矩阵 $\boldsymbol{C}$, 使得 $\boldsymbol{A}=\boldsymbol{C}^{\mathrm{T}}\boldsymbol{C}$.

(6) $\boldsymbol{A}$ 的所有主子式皆为非负数.

定理 5.10　对于 n 元实二次型 $f(\boldsymbol{x})=\boldsymbol{x}^{\mathrm{T}}\boldsymbol{A}\boldsymbol{x}$, 下列命题等价.

(1) $f(\boldsymbol{x})$ 是负定的.

(2) $f(\boldsymbol{x})$ 的负惯性指数为 n.

(3) $\boldsymbol{A}$ 的所有特征值为负数.

(4) 有 n 阶可逆矩阵 $\boldsymbol{C}$, 使得 $\boldsymbol{C}^{\mathrm{T}}\boldsymbol{A}\boldsymbol{C}=-\boldsymbol{E}$.

(5) 有 n 阶可逆方阵 $\boldsymbol{C}$, 使得 $\boldsymbol{A}=-\boldsymbol{C}^{\mathrm{T}}\boldsymbol{C}$.

(6) $\boldsymbol{A}$ 的所有奇次顺序主子式全小于零, 所有偶次顺序主子式全大于零.

*2. **二次曲面的判别**

设空间二次曲面的方程是

$$\begin{aligned}f(x_1,x_2,x_3)=&a_{11}x_1^2+a_{22}x_2^2+a_{33}x_3^2\\&+2a_{12}x_1x_2+2a_{13}x_1x_3+2a_{23}x_2x_3\\&+b_1x_1+b_2x_2+b_3x_3+c=0.\end{aligned}\tag{5.13}$$

记 $\boldsymbol{x}=\begin{bmatrix}x_1\\x_2\\x_3\end{bmatrix},\boldsymbol{b}=\begin{bmatrix}b_1\\b_2\\b_3\end{bmatrix},\boldsymbol{A}=\begin{bmatrix}a_{11}&a_{12}&a_{13}\\a_{12}&a_{22}&a_{23}\\a_{13}&a_{23}&a_{33}\end{bmatrix}$, 则

$$f(\boldsymbol{x})=\boldsymbol{x}^{\mathrm{T}}\boldsymbol{A}\boldsymbol{x}+\boldsymbol{b}^{\mathrm{T}}\boldsymbol{x}+c=0.\tag{5.14}$$

若 $\lambda_1,\lambda_2,\lambda_3$ 是 $\boldsymbol{A}$ 的特征值, 则作正交变换 $\boldsymbol{x}=\boldsymbol{Q}\boldsymbol{y}$ 使得 $\boldsymbol{Q}^{\mathrm{T}}\boldsymbol{A}\boldsymbol{Q}=\mathrm{diag}(\lambda_1,\lambda_2,\lambda_3)$, 记 $\boldsymbol{b}^{\mathrm{T}}\boldsymbol{Q}=(\tilde{b}_1,\tilde{b}_2,\tilde{b}_3)$, 则二次曲面方程化为

$$f(\boldsymbol{x})=\lambda_1y_1^2+\lambda_2y_2^2+\lambda_3y_3^2+\tilde{b}_1y_1+\tilde{b}_2y_2+\tilde{b}_3y_3+c=0.\tag{5.15}$$

经过配方, 二次曲面方程 (5.15) 依据不同条件, 化为不同形式.

如表 5.3 所示.

(1) 若 $\lambda_1\lambda_2\lambda_3\neq 0$, 则二次曲面可划分为 8 类.

(2) 若 $\lambda_1,\lambda_2,\lambda_3$ 中有一个为零, 不妨设 $\lambda_3=0$, 且 $a\neq 0$, 则二次曲面可划分为 2 类.

(3) 若 $\lambda_1,\lambda_2,\lambda_3$ 中有一个为零, 不妨设 $\lambda_3=0$, 且 $a=0$, 则二次曲面可划分为 5 类.

(4) 若 $\lambda_1,\lambda_2,\lambda_3$ 中有两个为零, 不妨设 $\lambda_2=\lambda_3=0$, 且 $d=0$, p,q 至少一个不为零, 则二次曲面可划分为 3 类.

(5) 若 $\lambda_1,\lambda_2,\lambda_3$ 中有两个为零, 不妨设 $\lambda_2=\lambda_3=0$, 且 $d\neq 0$, p,q 全为零, 则二次曲面可划分为 3 类 (表 5.3).

表 5.3 二次曲面的判别

(1)$\lambda_1 z_1^2+\lambda_2 z_2^2+\lambda_3 z_3^2=d$	
(1.1)$\lambda_1,\lambda_2,\lambda_3,d$ 同号, 椭球面	(1.2)$\lambda_1,\lambda_2,\lambda_3$ 同号, 与 d 异号, 虚椭球面
(1.3)$\lambda_1,\lambda_2,\lambda_3$ 中两正一负, $d>0$, 单叶双曲面	(1.4)$\lambda_1,\lambda_2,\lambda_3$ 中一正两负, $d<0$, 单叶双曲面
(1.5)$\lambda_1,\lambda_2,\lambda_3$ 中两正一负, $d<0$, 双叶双曲面	(1.6)$\lambda_1,\lambda_2,\lambda_3$ 中一正两负, $d>0$, 双叶双曲面
(1.7)$\lambda_1,\lambda_2,\lambda_3$ 同号, $d=0$, 一个点	(1.8)$\lambda_1,\lambda_2,\lambda_3$ 不同号, $d=0$, 椭圆锥面
(2)$\lambda_1 z_1^2+\lambda_2 z_2^2=az_3(a\neq 0)$	
(2.1)λ_1,λ_2 同号, 椭圆抛物面	(2.2)λ_1,λ_2 异号, 双曲抛物面 (马鞍面)
(3)$\lambda_1 z_1^2+\lambda_2 z_2^2=d$	
(3.1)λ_1,λ_2,d 同号, 椭圆柱面	(3.2)λ_1,λ_2 同号, 与 d 异号, 虚椭圆柱面
(3.3)λ_1,λ_2 同号, $d=0$, 新坐标系中的 z 轴	(3.4)λ_1,λ_2 异号, $d\neq 0$, 双曲柱面
(3.5)λ_1,λ_2 异号, $d=0$, 相交于 z 轴的两个平面	
(4)$\lambda_1 z_1^2+pz_2+qz_3=0$	
(4.1)$q=0,p\neq 0$, 抛物柱面	(4.2)$p=0,q\neq 0$, 抛物柱面
(4.3)$p\neq 0,q\neq 0$, 令 $u_1=z_1,u_2=\dfrac{pz_2+qz_3}{\sqrt{p^2+q^2}},u_3=\dfrac{-qz_2+pz_3}{\sqrt{p^2+q^2}}$, 得 $\lambda_1 u_1^2+\sqrt{p^2+q^2}u_2=0$, 抛物柱面	
(5)$\lambda_1 z_1^2=d$	
(5.1)$d\neq 0,\lambda_1,d$ 同号, 两个平行平面	(5.2)$d\neq 0,\lambda_1,d$, 异号, 两个虚平行平面
(5.3)$d=0$, 新坐标系的平面 yOz	

5.2 疑难解析

*5.2.1 如何用 MATLAB 求正交变换矩阵

MATLAB 常用 [V, D] = eig(A) 求对称矩阵 $\boldsymbol{A}$ 的特征值和特征向量, 其中 $\boldsymbol{D}$ 是特征值构成的对角矩阵, $\boldsymbol{V}$ 是对应特征向量构成的正交矩阵, 满足 $\boldsymbol{AV}=\boldsymbol{VD}$.

若矩阵 $\boldsymbol{A}$ 为 (半) 正定矩阵, 则还可以用 [V,D] =svd(A).

*5.2.2 如何用 MATLAB 作二次曲面图

MATLAB 的作图命令有: plot, plot3, semilogx, semilogy, scatter, scatter3, meshgrid, mesh, surf, patch, fill.

图形属性设置函数包括: title(′ 标题 ′)、legend(′ 曲线注释 ′)、xlabel(′x 坐标名 ′)、axis(坐标范围)、text(′ 定点注释 ′)、view(视角)、axis on/off 控制坐标轴、grid on/off 控制网格线、hold on/off 控制多曲线图形.

另外, 用 set(gcf,..) 控制 ′color′ 颜色 ′FontSize′ 字号 ′xtick′ 刻度、′Position′ 位置大小、′linewidth′ 线宽、′LineStyle′ 线型等信息.

MATLAB 图形主要有 4 种:

(1) 平面图: 用 plot 或者 scatter 绘制平面图, 可以用 semilogx 或者 semilogy 作平面对数图.

(2) 空间点图: 用 scatter3 或者 plot3 绘制点分布图, 点分布图有透视效果, 故不会相互遮挡.

(3) 空间曲面图: 空间点图缺乏连贯性和光滑性, 可用 meshgrid 生成平面网格, 然后用 griddata 对数据插值, 再用 mesh 或者 surf 绘制光滑的插值图.

(4) 带菱角的空间图: 用 patch 和 fill 填充每个分块面, 可以用“FaceAlpha”调整透明度.

表 5.4 和程序 5.1 刻画了 MATLAB 作图的四个典型例子.

表 5.4　四个典型 MATLAB 作图例子

(1) 直线–平面	(2) 马鞍面
$x+y+z=1$ $x=y=z$ 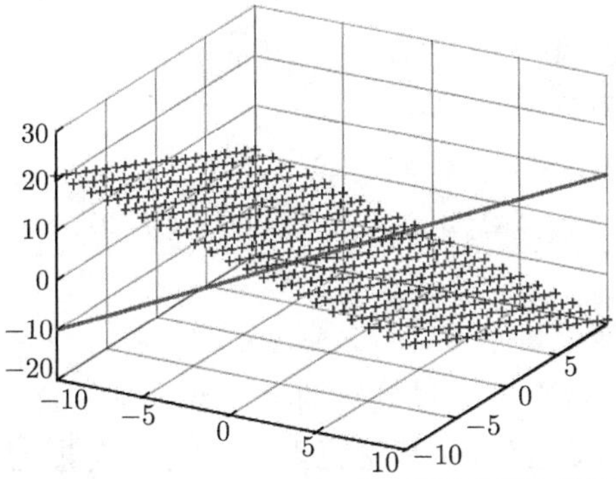	$z=\dfrac{x^2}{4}-\dfrac{y^2}{9}$ 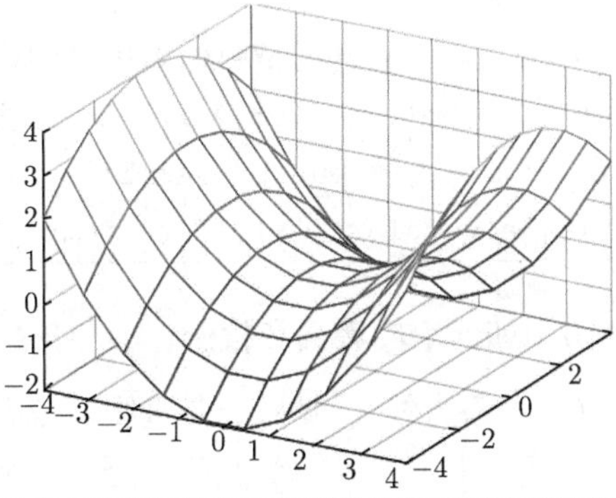
(3) 海岭	**(4) 三棱锥**
海岭插值图 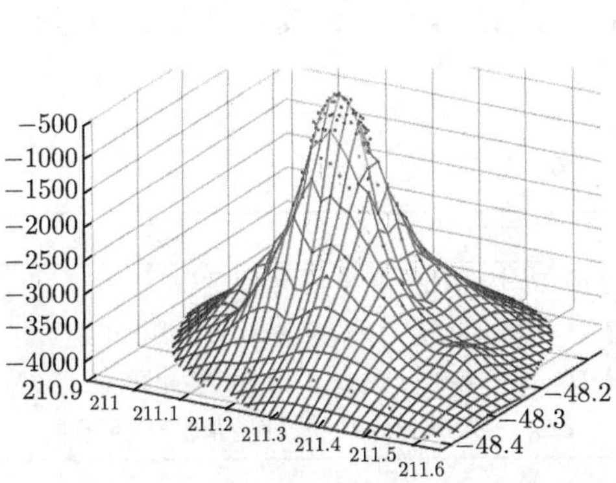	$2x+3y+6z=6$ $x=0, y=0, z=0$ 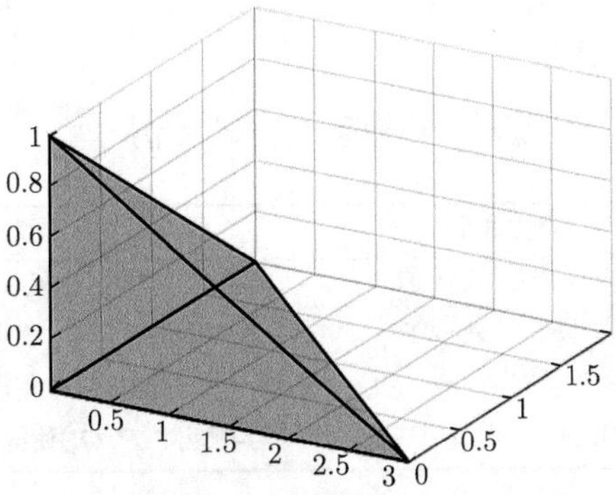

MATLAB 程序 5.1

```
(1)直线-平面
x = -9:1:9;y = x;[XX,YY]= meshgrid(x,y);ZZ = 1 - XX -YY;
scatter3(XX(:),YY(:),ZZ(:),'+');view(30,30)%平面
y=x;z=x;hold on,plot3(x,y,z,'r-','linewidth',2),%直线
(2)马鞍面
x=linspace(-4,4,20);y=x;[x1,y1]=meshgrid(x,y);
z=(x1.^2)/4-(y1.^2)/8;mesh(x1,y1,z);view(30,15);
(3)海岭
load seamount
[X,Y]=meshgrid(linspace(min(x),max(x)),linspace(min(y),max(y)));
Z=griddata(x,y,z,X,Y,'v4');mesh(X,Y,Z);hold on,plot3(x,y,z,'r.')
(4)三棱锥
O=[0,0,0];X=[3,0,0];Y=[0,2,0];Z=[0,0,1];V=[O;X;Y;Z];%顶点
Face=[1,2,3;1,2,4;1,3,4;2,3,4]; %侧平面
for i = 1:4,h = patch('vertices',V,'faces',Face(i,:));
set(h,'edgecolor','k','linewidth',2,'FaceAlpha',0.1),end,view(30,30)
```

*5.2.3　如何求旋转面和投影

(1) 一条直线 l_1 绕另一条直线 l_2 旋转, 若平面 π 过旋转面上一点 $P(x,y,z)$ 且垂直于 l_2, 且 π 交 l_2 于 Q, 交 l_1 于 R, 则 $\overrightarrow{PQ}$ 和 $\overrightarrow{RQ}$ 都垂直于 l_2 的方向向量, 且 $\overrightarrow{PQ}$ 和 $\overrightarrow{RQ}$ 长度相等. 利用上述两个条件和直线的参数方程可求旋转面.

(2) 曲线 $Q(f(t),g(t),h(t))$ 在平面 π 上的投影为 $P(x,y,z)$, 则 $\overrightarrow{PQ}$ 与 π 的法向量平行, 且 $P(x,y,z)$ 在平面 π 上. 利用上述两个条件和曲线的参数方程可求投影曲线.

5.2.4　等价、相似和合同的反例

概念和记号	定义	实质
矩阵等价, $\boldsymbol{A}\cong\boldsymbol{B}$	存在可逆矩阵 $\boldsymbol{P},\boldsymbol{Q}$, 使得 $\boldsymbol{B}=\boldsymbol{PAQ}$	秩相同
方阵相似, $\boldsymbol{A}\sim\boldsymbol{B}$	存在可逆矩阵 $\boldsymbol{P}$, 使得 $\boldsymbol{B}=\boldsymbol{P}^{-1}\boldsymbol{AP}$	特征多项式相同
方阵合同, $\boldsymbol{A}\simeq\boldsymbol{B}$	存在可逆矩阵 $\boldsymbol{P}$, 使得 $\boldsymbol{B}=\boldsymbol{P}^{\mathrm{T}}\boldsymbol{AP}$	惯性指数相同
(矩阵列) 向量组等价	存在矩阵 $\boldsymbol{P},\boldsymbol{Q}$, 使得 $\boldsymbol{B}=\boldsymbol{AP},\boldsymbol{A}=\boldsymbol{BQ}$	(列) 张成子空间相同

备注　(1) 若两个矩阵同型且秩相同, 则它们**必然**等价.

(2) 若两个方阵同阶且惯性指数相同, 则它们**必然**合同.

(3) 若两个方阵同行数且列张成子空间相同, 则它们**必然**列向量组等价.

(4) 若两个方阵同阶且特征多项式相同, 则它们**未必**相似, 反例: $\boldsymbol{A}=\begin{bmatrix}1&0\\0&1\end{bmatrix}$, $\boldsymbol{B}=\begin{bmatrix}1&1\\0&1\end{bmatrix}$. 其实, 方阵相似的本质是: **Jordan 标准形**或者**初等因子**相同, 这两个知识点都是选修内容.

对于矩阵等价、矩阵相似、矩阵合同和向量组等价四个概念, 以下命题成立:

(1) 四个概念都满足自反性、对称性、传递性.

(2) 矩阵相似**必然**矩阵等价.

(3) 矩阵合同**必然**矩阵等价.

(4) 向量组等价**必然**矩阵等价.

(5) 两个实对称矩阵, 矩阵相似**必然**矩阵合同.

(6) 矩阵等价**未必**(列) 向量组等价, 反例: $\boldsymbol{A}=\begin{bmatrix}1&0\\0&0\end{bmatrix}, \boldsymbol{B}=\begin{bmatrix}0&0\\1&0\end{bmatrix}$.

(7) 矩阵等价**未必**矩阵相似, 反例: $\boldsymbol{A}=\begin{bmatrix}1&0\\0&0\end{bmatrix}, \boldsymbol{B}=\begin{bmatrix}2&0\\0&0\end{bmatrix}$.

(8) 矩阵等价**未必**矩阵合同, 反例: $\boldsymbol{A}=\begin{bmatrix}1&0\\0&1\end{bmatrix}, \boldsymbol{B}=\begin{bmatrix}1&0\\0&-1\end{bmatrix}$.

(9) 矩阵合同**未必**矩阵相似, 反例: $\boldsymbol{A}=\begin{bmatrix}1&0\\0&1\end{bmatrix}, \boldsymbol{B}=\begin{bmatrix}1&0\\0&4\end{bmatrix}$.

(10) 矩阵相似**未必**矩阵合同, 反例: $\boldsymbol{A}=\begin{bmatrix}1&1\\0&1\end{bmatrix}, \boldsymbol{B}=\begin{bmatrix}1&2\\0&1\end{bmatrix}$.

注意区别 (5) 和 (10). 只证明命题 (10).

反证法. 令 $\boldsymbol{P}=\begin{bmatrix}\dfrac{\sqrt{2}}{2}&0\\0&\sqrt{2}\end{bmatrix}$, 则 $\boldsymbol{B}=\boldsymbol{P}^{-1}\boldsymbol{A}\boldsymbol{P}$, 故 $\boldsymbol{A}$ 与 $\boldsymbol{B}$ 相似. 反设它们合同, 则存在可逆矩阵 $\boldsymbol{Q}=\begin{bmatrix}a&b\\c&d\end{bmatrix}$, 使得 $\boldsymbol{B}=\boldsymbol{Q}^{\mathrm{T}}\boldsymbol{A}\boldsymbol{Q}$, 则 $|\boldsymbol{Q}|=ad-bc=\pm1$.

但由 $\boldsymbol{B}=\boldsymbol{Q}^{\mathrm{T}}\boldsymbol{A}\boldsymbol{Q}$ 知

$$\boldsymbol{B}=\begin{bmatrix}1&2\\0&1\end{bmatrix}=\boldsymbol{Q}^{\mathrm{T}}\boldsymbol{A}\boldsymbol{Q}=\begin{bmatrix}a&c\\b&d\end{bmatrix}\begin{bmatrix}1&1\\0&1\end{bmatrix}\begin{bmatrix}a&b\\c&d\end{bmatrix}$$
$$=\begin{bmatrix}a^2+ac+c^2&ab+ad+cd\\ab+bc+cd&b^2+bd+d^2\end{bmatrix}.$$

相同矩阵对应元素相等, 故 $2-0=(ab+ad+cd)-(ab+bc+cd)=ad-bc=|\boldsymbol{Q}|$. 这与 $|\boldsymbol{Q}|=\pm1$ 矛盾.

5.2.5　正定矩阵、半正定矩阵、对称矩阵和方阵有何联系

(1) 正定矩阵**必然**是半正定矩阵. 反之**未必**成立, 反例: $\begin{bmatrix}0&0\\0&1\end{bmatrix}$, 该矩阵是半正定的, 但非正定的.

(2) 半正定矩阵**必然**是对称矩阵. 反之**未必**成立, 反例: $\begin{bmatrix}0&0\\0&-1\end{bmatrix}$, 该矩阵对称, 但非半正定的.

(3) 对称矩阵**必然**是方阵. 反之**未必**成立, 反例: $\begin{bmatrix}0&1\\0&0\end{bmatrix}$, 该矩阵是方阵, 但非对称.

5.2.6　正定二次型和半正定二次型的子式有何差异

(1) 实二次型 $f(\boldsymbol{x})=\boldsymbol{x}^{\mathrm{T}}\boldsymbol{A}\boldsymbol{x}$ 正定的充分必要条件是 $\boldsymbol{A}$ 的所有**顺序主子式**全为正数.

(2) 实二次型 $f(\boldsymbol{x})=\boldsymbol{x}^{\mathrm{T}}\boldsymbol{A}\boldsymbol{x}$ 半正定的充分必要条件是 $\boldsymbol{A}$ 的所有**主子式**全为非负数.

备注　半正定矩阵的顺序主子式可能等于 0, 所以顺序主子式全为非负数不能保证半正定性, 反例: $\begin{bmatrix}0&0\\0&-1\end{bmatrix}$, 该矩阵是半负定的, 但是顺序主子式等于 0(非负数).

5.3　典 型 例 题

5.3.1　惯性定理

1. 若实对称矩阵 $\begin{bmatrix}6&a\\a&3\end{bmatrix}$ 可经合同变换化为 $\begin{bmatrix}4&0\\0&-1\end{bmatrix}$, 则参数 a 满足的条件是__________.

提示 合同变换保持惯性指数不变.

解 答案: $a^2 < 18$.

因合同变换保持惯性指数不变, 故保持行列式的符号不变, 即 $\begin{vmatrix} 6 & a \\ a & 3 \end{vmatrix} = 18 - a^2 < 0$, 即 $a^2 < 18$.

MATLAB 程序 5.2

```
syms a,A=[6,a;a,3],det(A)
```

2. 实二次型 $f(x_1, x_2, x_3) = 2x_1x_2 + 2x_1x_3 + 2x_2x_3$ 的秩为________.

提示 合同变换保持秩不变.

解 答案: 3.

因合同变换保持秩不变, 且经过初等行变换 $\begin{bmatrix} 0 & 1 & 1 \\ 1 & 0 & 1 \\ 1 & 1 & 0 \end{bmatrix} \to \begin{bmatrix} 1 & 1 & 0 \\ 0 & -1 & 1 \\ 0 & 0 & 2 \end{bmatrix}$, 故秩等于 3.

MATLAB 程序 5.3

```
A=[0,1,1;1,0,1;1,1,0],rank(A)
```

3. 设 $\boldsymbol{A}$ 是正负惯性指数均为 1 的三阶实对称矩阵, 且满足 $|\boldsymbol{E}+\boldsymbol{A}|=|\boldsymbol{E}-\boldsymbol{A}|=0$, 则行列式 $|2\boldsymbol{E}+3\boldsymbol{A}| =$________.

提示 特征值的隐含定义、惯性定理. 特征值与行列式的关系.

解 答案: -10.

由题意可知 $\boldsymbol{A}$ 的三个特征值分别为 0, -1 和 1, 故 $2\boldsymbol{E}+3\boldsymbol{A}$ 的三个特征值分别为 2, -1, 5, 故 $|2\boldsymbol{E}+3\boldsymbol{A}| = 2 \times (-1) \times 5 = -10$.

MATLAB 程序 5.4

```
A=diag([0,-1,1]),det(2*eye(3)-3*A)
```

5.3.2 合同标准形

1. 设二次型 $f(x_1, x_2, x_3) = \boldsymbol{x}^{\mathrm{T}}\boldsymbol{A}\boldsymbol{x}$ 的负惯性指数为 1, 且矩阵 $\boldsymbol{A}$ 满足 $\boldsymbol{A}^2 - \boldsymbol{A} = 6\boldsymbol{E}$, 其中 $\boldsymbol{E}$ 为三阶单位矩阵, 则该二次型在正交变换 $\boldsymbol{x} = \boldsymbol{Q}\boldsymbol{y}$ 下的标准形为 $f(x_1, x_2, x_3) =$________.

提示 特征值的隐含定义、惯性定理、二次型的正交变换标准形.

解 答案: $3y_1^2 + 3y_2^2 - 2y_3^2$.

设 $\boldsymbol{A}=\boldsymbol{Q}\mathrm{diag}(\lambda_1,\lambda_2,\lambda_3)\boldsymbol{Q}^{\mathrm{T}}$, 其中 $\mathrm{diag}(\lambda_1,\lambda_2,\lambda_3)$ 表示以特征值 $\lambda_1,\lambda_2,\lambda_3$ 为对角元的对角矩阵, 由 $\boldsymbol{A}^2-\boldsymbol{A}=6\boldsymbol{E}$ 得 $(\boldsymbol{A}-3\boldsymbol{E})(\boldsymbol{A}+2\boldsymbol{E})=\boldsymbol{O}$, 等式两边同时左乘 $\boldsymbol{Q}^{\mathrm{T}}$ 右乘 $\boldsymbol{Q}$ 得 $(\lambda_i-3)(\lambda_i+2)=0, i=1,2,3$, 又因二次型的负惯性指数为 1, 故 $\lambda_1=\lambda_2=3, \lambda_3=-2$, 故标准形为 $3y_1^2+3y_2^2-2y_3^2$.

2. 设二次型 $f(x_1,x_2,x_3)=\boldsymbol{x}^{\mathrm{T}}\boldsymbol{A}\boldsymbol{x}$ 的秩为 1, 且矩阵 $\boldsymbol{A}$ 的每一行的元素之和均为 3, 则二次型 $f(x_1,x_2,x_3)=\boldsymbol{x}^{\mathrm{T}}\boldsymbol{A}\boldsymbol{x}$ 在正交变换 $\boldsymbol{x}=\boldsymbol{Q}\boldsymbol{y}$ 下的标准形为__________.

提示 特征值的隐含定义、惯性定理、特征值与迹的关系、二次型的正交变换标准形.

解 答案: $3y_1^2$.

因矩阵 $\boldsymbol{A}$ 的每一行的元素之和均为 3, 且秩为 1, 故 $\boldsymbol{A}$ 的三个特征值为 3,0,0, 故标准形为 $3y_1^2$.

3. 求一可逆线性变换 $\boldsymbol{x}=\boldsymbol{P}\boldsymbol{y}$, 将二次型 f 化成二次型 g, 其中 $f=2x_1^2+9x_2^2+3x_3^2+8x_1x_2-4x_1x_3-10x_2x_3, g=2y_1^2+3y_2^2+6y_3^2-4y_1y_2-4y_1y_3+8y_2y_3$.

提示 初等变换法计算合同变换矩阵.

解 设 $\boldsymbol{A}=\begin{bmatrix}2&4&-2\\4&9&-5\\-2&-5&3\end{bmatrix}, \boldsymbol{B}=\begin{bmatrix}2&-2&-2\\-2&3&4\\-2&4&6\end{bmatrix}$, 则 $f=\boldsymbol{x}^{\mathrm{T}}\boldsymbol{A}\boldsymbol{x}, g=\boldsymbol{y}^{\mathrm{T}}\boldsymbol{B}\boldsymbol{y}$.

因初等变换 $\begin{bmatrix}\boldsymbol{A}\\\boldsymbol{E}\end{bmatrix}=\begin{bmatrix}2&4&-2\\4&9&-5\\-2&-5&3\\1&0&0\\0&1&0\\0&0&1\end{bmatrix}\to\begin{bmatrix}2&0&0\\0&1&-1\\0&-1&1\\1&-2&1\\0&1&0\\0&0&1\end{bmatrix}\to\begin{bmatrix}2&0&0\\0&1&0\\0&0&0\\1&-2&-1\\0&1&1\\0&0&1\end{bmatrix}$,

故经可逆线性变换 $\boldsymbol{x}=\boldsymbol{C}_1\boldsymbol{z}$, 其中 $\boldsymbol{C}_1=\begin{bmatrix}1&-2&-1\\0&1&1\\0&0&1\end{bmatrix}$, 二次型化为 $f=2z_1^2+z_2^2$.

因初等变换 $\begin{bmatrix}\boldsymbol{B}\\\boldsymbol{E}\end{bmatrix}=\begin{bmatrix}2&-2&-2\\-2&3&4\\-2&4&6\\1&0&0\\0&1&0\\0&0&1\end{bmatrix}\to\begin{bmatrix}2&0&0\\0&1&2\\0&2&4\\1&1&1\\0&1&0\\0&0&1\end{bmatrix}\to\begin{bmatrix}2&0&0\\0&1&0\\0&0&0\\1&1&-1\\0&1&-2\\0&0&1\end{bmatrix}$, 故经

可逆线性变换 $\boldsymbol{y}=\boldsymbol{C}_2\boldsymbol{z}$, 其中 $\boldsymbol{C}_2=\begin{bmatrix}1&1&-1\\0&1&-2\\0&0&1\end{bmatrix}$, 二次型化为 $g=2z_1^2+z_2^2$.

经可逆线性变换 $\boldsymbol{x}=\boldsymbol{C}_1\boldsymbol{z}=\boldsymbol{C}_1\boldsymbol{C}_2^{-1}\boldsymbol{y}$, f 变换为 g, 其中

$$\boldsymbol{P}=\boldsymbol{C}_1\boldsymbol{C}_2^{-1}=\begin{bmatrix}1&-2&-1\\0&1&1\\0&0&1\end{bmatrix}\begin{bmatrix}1&1&-1\\0&1&-2\\0&0&1\end{bmatrix}^{-1}=\begin{bmatrix}1&-3&-6\\0&1&3\\0&0&1\end{bmatrix}.$$

MATLAB 程序 5.5

```
A=[2,4,-2;4,9,-5;-2,-5,3],B=[2,-2,-2;-2,3,4,;-2,4,6],
[C1,D1]=eig(sym(A)),[C2,D2]=eig(sym(B)),
C1=[1,-2,-1;0,1,1;0,0,1],C2=[1,1,-1;0,1,-2;0,0,1],P=C1*inv(C2)
```

备注 MATLAB 计算结果与手算结果不同, 说明合同变换矩阵不是唯一的.

5.3.3 正定矩阵的判别

1. 设 $\boldsymbol{D}=\begin{bmatrix}\boldsymbol{A}&\boldsymbol{C}\\\boldsymbol{C}^{\mathrm{T}}&\boldsymbol{B}\end{bmatrix}$ 为正定矩阵, 其中 $\boldsymbol{A},\boldsymbol{B}$ 分别为 m,n 阶对称矩阵, $\boldsymbol{C}$ 为 $m\times n$ 矩阵.

(1) 计算 $\boldsymbol{P}^{\mathrm{T}}\boldsymbol{D}\boldsymbol{P}$, 其中 $\boldsymbol{P}=\begin{bmatrix}\boldsymbol{E}_m&-\boldsymbol{A}^{-1}\boldsymbol{C}\\\boldsymbol{O}&\boldsymbol{E}_n\end{bmatrix}$.

(2) 利用 (1) 的结果, 判断 $\boldsymbol{B}-\boldsymbol{C}^{\mathrm{T}}\boldsymbol{A}^{-1}\boldsymbol{C}$ 是否为正定矩阵, 并证明你的结论.

提示 分块矩阵的转置、正定矩阵的定义和性质.

解 (1)

$$\boldsymbol{P}^{\mathrm{T}}\boldsymbol{D}\boldsymbol{P}=\begin{bmatrix}\boldsymbol{E}_m&\boldsymbol{O}\\-\boldsymbol{C}^{\mathrm{T}}\boldsymbol{A}^{-1}&\boldsymbol{E}_n\end{bmatrix}\begin{bmatrix}\boldsymbol{A}&\boldsymbol{C}\\\boldsymbol{C}^{\mathrm{T}}&\boldsymbol{B}\end{bmatrix}\begin{bmatrix}\boldsymbol{E}_m&-\boldsymbol{A}^{-1}\boldsymbol{C}\\\boldsymbol{O}&\boldsymbol{E}_n\end{bmatrix}$$

$$=\begin{bmatrix}\boldsymbol{A}&\boldsymbol{O}\\\boldsymbol{O}&\boldsymbol{B}-\boldsymbol{C}^{\mathrm{T}}\boldsymbol{A}^{-1}\boldsymbol{C}\end{bmatrix}.$$

(2)$\boldsymbol{B}-\boldsymbol{C}^{\mathrm{T}}\boldsymbol{A}^{-1}\boldsymbol{C}$ 为正定矩阵. 实际上, 因 $\boldsymbol{D}$ 为正定矩阵且 $\boldsymbol{P}$ 是实可逆矩阵, 故 $\boldsymbol{P}^{\mathrm{T}}\boldsymbol{D}\boldsymbol{P}$ 为正定矩阵, 故对任意 $\boldsymbol{x}\in\mathbb{R}^n,\boldsymbol{x}\neq\boldsymbol{0}$, 有 $\boldsymbol{y}=\begin{bmatrix}\boldsymbol{0}\\\boldsymbol{x}\end{bmatrix}\in\mathbb{R}^{m+n},\boldsymbol{y}\neq\boldsymbol{0}$, 则 $\boldsymbol{x}^{\mathrm{T}}\left(\boldsymbol{B}-\boldsymbol{C}^{\mathrm{T}}\boldsymbol{A}^{-1}\boldsymbol{C}\right)\boldsymbol{x}=\boldsymbol{y}^{\mathrm{T}}\left(\boldsymbol{P}^{\mathrm{T}}\boldsymbol{D}\boldsymbol{P}\right)\boldsymbol{y}>0$, 故命题成立.

2. 设 $\boldsymbol{A}$ 为实对称矩阵, λ_1,λ_n 为 $\boldsymbol{A}$ 的最小和最大特征值.

(1) 证明对任意 $\boldsymbol{x}=(x_1,x_2,\cdots,x_n)^{\mathrm{T}}\in\mathbb{R}^n$, 均有 $\lambda_1\boldsymbol{x}^{\mathrm{T}}\boldsymbol{x}\leqslant\boldsymbol{x}^{\mathrm{T}}\boldsymbol{A}\boldsymbol{x}\leqslant\lambda_n\boldsymbol{x}^{\mathrm{T}}\boldsymbol{x}$.

(2) 若 $|\boldsymbol{A}|<0$, 则存在 $\boldsymbol{x}_0\in\mathbb{R}^n$, 使得 $\boldsymbol{x}_0^{\mathrm{T}}\boldsymbol{A}\boldsymbol{x}_0<0$.

提示 正交变换保持长度不变, 对称矩阵的正交相似对角化, 半正定矩阵的主子式全为非负的.

解 (1) 因 $\boldsymbol{A}$ 为实对称阵, 故存在正交矩阵 $\boldsymbol{P}$, 使 $\boldsymbol{P}^{\mathrm{T}}\boldsymbol{A}\boldsymbol{P}=\boldsymbol{D}=\mathrm{diag}(\lambda_1,\cdots,\lambda_i,\cdots,\lambda_n)$, 其中特征值满足 $\lambda_1\leqslant\cdots\leqslant\lambda_i\leqslant\cdots\leqslant\lambda_n$. 若记 $\boldsymbol{y}=\boldsymbol{P}^{\mathrm{T}}\boldsymbol{x}$, 则

$$\lambda_1\boldsymbol{x}^{\mathrm{T}}\boldsymbol{x}=\lambda_1\sum_{i=1}^{n}y_i^2\leqslant\sum_{i=1}^{n}\lambda_i y_i^2\leqslant\lambda_n\sum_{i=1}^{n}y_i^2=\lambda_n\boldsymbol{x}^{\mathrm{T}}\boldsymbol{x}.$$

(2) 反证法. 若 $\forall\boldsymbol{x}\neq\boldsymbol{0}$, 都有 $\boldsymbol{x}^{\mathrm{T}}\boldsymbol{A}\boldsymbol{x}\geqslant 0$, 则 $\boldsymbol{A}$ 为半正定矩阵, 则 $\boldsymbol{A}$ 的主子式全为非负的, 故 $|\boldsymbol{A}|\geqslant 0$, 这与条件 $|\boldsymbol{A}|<0$ 矛盾.

5.3.4 带参数的二次型

1. 已知二次型 $f(x_1,x_2,x_3)=ax_1^2+3x_2^2+3x_3^2+2bx_2x_3$ 可通过正交变换化成标准形 $f=y_1^2+2y_2^2+5y_3^2$, 则 $ab^2=$ ____________.

提示 特征值的相似不变性. 特征值、迹与行列式的关系.

解 答案: 8.

二次型的矩阵为 $\boldsymbol{A}=\begin{bmatrix}a&0&0\\0&3&b\\0&b&3\end{bmatrix}$, 故 $|\boldsymbol{A}|=a\left(9-b^2\right)=1\times2\times5,\mathrm{tr}\boldsymbol{A}=6+a=1+2+5$, 从而 $a=2,b^2=4,ab^2=8$.

MATLAB 程序 5.6

```
syms a b,A=[a,0,0;0,3,b;0,b,3],B=diag([1,2,5]),
[a0,b0]=solve(det(A)== det(B),trace(A)== trace(B))
```

2. 设 $\boldsymbol{A}=\begin{bmatrix}1&-2&2\\-2&4&a\\2&a&4\end{bmatrix}$, 二次型 $f=\boldsymbol{x}^{\mathrm{T}}\boldsymbol{A}\boldsymbol{x}$ 经正交变换 $\boldsymbol{x}=\boldsymbol{P}\boldsymbol{y}$ 化成标准形 $f=9y_3^2$, 求所作的正交变换.

提示 正交相似变换不改变特征值. 特征值与行列式的关系.

解 $\boldsymbol{A}$ 的特征值为 $\lambda_1=\lambda_2=0,\lambda_3=9$. 因二次型的秩等于 1, 故 $|\boldsymbol{A}|=-(a+4)^2=0$, 从而 $a=-4$.

若 $\lambda_1=\lambda_2=0$, $0\boldsymbol{E}-\boldsymbol{A}=\begin{bmatrix}-1&2&-2\\2&-4&4\\-2&4&-4\end{bmatrix}\to\begin{bmatrix}1&-2&2\\0&0&0\\0&0&0\end{bmatrix}$, 于是可得两

个正交的特征向量 $\boldsymbol{\xi}_1=(2,2,1)^{\mathrm{T}},\boldsymbol{\xi}_2=(-2,1,2)^{\mathrm{T}}$.

若 $\lambda_3=9$, 由于对称矩阵不同特征值的特征向量相互正交, 解方程 $[\boldsymbol{\xi}_1,\boldsymbol{\xi}_2]^{\mathrm{T}}\boldsymbol{\xi}_3=0$, 得 $\boldsymbol{A}$ 的一个特征向量为 $\boldsymbol{\xi}_3=(1,-2,2)^{\mathrm{T}}$.

将特征向量单位化得 $\boldsymbol{P}=\dfrac{1}{3}\begin{bmatrix}2&-2&1\\2&1&-2\\1&2&2\end{bmatrix}$, $\boldsymbol{P}$ 就是要求的正交变换矩阵.

MATLAB 程序 5.7

```
syms a, A=[1,-2,2;-2,4,a;2,a,4],solve(det(A)),A=subs(A,a,-4),
[V,D]= eig(sym(A)),GramSchmidt(V)
```

备注 MATLAB 计算结果与手算结果不同, 说明正交变换矩阵不是唯一的, 标准形也不是唯一的, 尽管规范形是唯一的.

5.4 上机解题

*5.4.1 习题 5.1

1. 求下列球面的中心与半径.

(1) $x^2+y^2+z^2+2x-4y-4z-16=0$.

(2) $2x^2+2y^2+2z^2-y+3z=0$.

解 (1) 因 $(x+1)^2+(y-2)^2+(z-2)^2=25$, 故球心和半径分别为 $O=(-1,2,2),r=5$.

(2) 因 $x^2+\left(y-\dfrac{1}{4}\right)^2+\left(z+\dfrac{3}{4}\right)^2=\dfrac{5}{8}$, 故球心和半径分别为 $O=\left(0,\dfrac{1}{4},-\dfrac{3}{4}\right)$, $r=\dfrac{\sqrt{10}}{4}$.

2. 求过四点 $A(4,0,0),B(1,0,2),C(1,-3,5),D(2,-1,4)$ 的球面方程, 并求出球心和半径.

解 设球面方程为 $x^2+y^2+z^2+ux+vy+wz+d=0$, 将 A,B,C,D 代入方程得 $(u,v,w,d)=\left(-\dfrac{23}{5},\dfrac{43}{5},-\dfrac{7}{5},\dfrac{12}{5}\right)$, 化简得 $\left(x-\dfrac{23}{10}\right)^2+\left(y+\dfrac{43}{10}\right)^2+\left(z-\dfrac{7}{10}\right)^2=\dfrac{23^2+43^2+7^2}{100}-\dfrac{12}{5}$, 故球心和半径分别为 $O=\left(\dfrac{23}{10},-\dfrac{43}{10},\dfrac{7}{10}\right)$, $r=\dfrac{27\sqrt{3}}{10}$.

MATLAB 程序 5.8

```
syms x y z u v w d r,f=x^2+y^2+z^2+u*x+v*y+w*z+d,
```

```
A=[4,0,0;1,0,2;1,-3,5;2,-1,4];
f1=subs(f,[x,y,z],A(1,:)),f2=subs(f,[x,y,z],A(2,:)),
f3=subs(f,[x,y,z],A(3,:)),f4=subs(f,[x,y,z],A(4,:)),
[u,v,w,d]=solve(f1,f2,f3,f4,[u,v,w,d])
r=sym(sqrt((23^2+43^2+7^2)/100-12/5))%防止出现小数
```

3. 求过点 $(1,2,5)$ 且与三个坐标平面相切的球面方程.

解 设半径为 r, 则球心为 (r,r,r), 其过点 $(1,2,5)$ 得

$$(r-1)^2+(r-2)^2+(r-5)^2=r^2.$$

解得 $r=3$ 或 $r=5$, 故该球面方程为 $(x-3)^2+(y-3)^2+(z-3)^2=9$ 或 $(x-5)^2+(y-5)^2+(z-5)^2=25$.

MATLAB 程序 5.9

```
syms r,P=[r,r,r],Q=[1,2,5],PQ=Q-P,solve(sum(PQ.*PQ)-r^2)
```

4. 质点 P 到点 $A(1,0,0)$ 的距离是到点 $B(-3,0,0)$ 的距离的一半. 求 P 点轨迹的方程.

解 设 $P=(x,y,z)$, 则 $(x-1)^2+y^2+z^2=\dfrac{1}{4}((x+3)^2+y^2+z^2)$, 化简得 $3x^2+3y^2+3z^2-14x-5=0$.

MATLAB 程序 5.10

```
syms x y z,P=[x,y,z],A=[1,0,0],B=[-3,0,0],PA=A-P,PB=B-P,
 4*sum(PA.*PA)-sum(PB.*PB)
```

5. 质点 P 到点 $A(-a,0,0)$ 与到点 $B(a,0,0)$ 的距离的平方和等于 $4a^2$. 求 P 点的轨迹方程.

解 设 $P=[x,y,z]$, 则 $(x+a)^2+y^2+z^2+(x-a)^2+y^2+z^2=4a^2$, 化简得 $x^2+y^2+z^2=a^2$.

MATLAB 程序 5.11

```
syms x y z a
expand(sum(([x,y,z]-[-a,0,0]).^2)+sum(([x,y,z]-[a,0,0]).^2)-4*a^2)
```

6. 下列方程在空间中各表示什么曲面? 并给出具体图示.

(1) $x^2+y^2+2x=0$;　(2) $x^2=2y$;　(3) $x^2+4z^2=1$;

(4) $z^2=4$;　(5) $x^2+y^2+z^2-2x+1=0$;　(6) $x^2-y^2=1$.

解　答案: 见表 5.5.

表 5.5　题 6 的 MATLAB 图示

(1) 圆柱面	(2) 抛物柱面	(3) 椭圆柱面
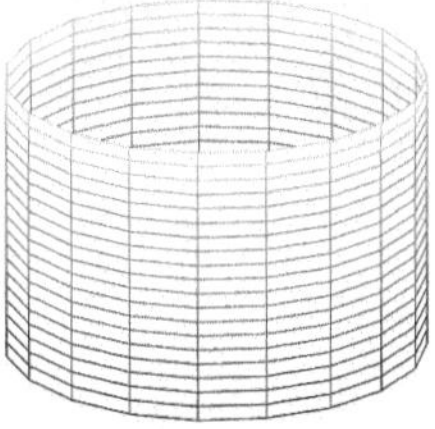	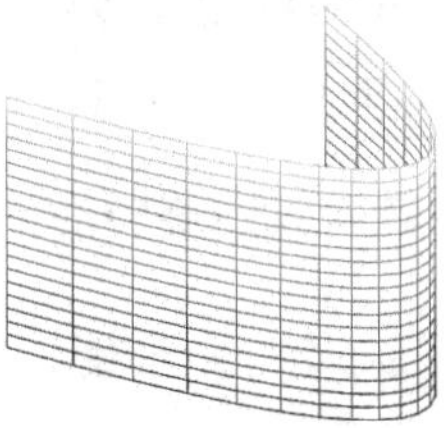	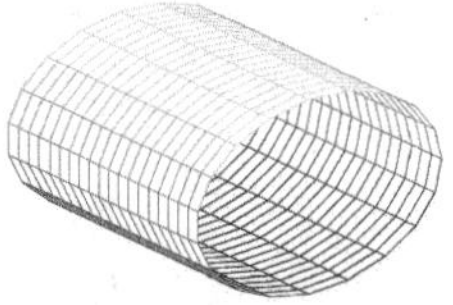
(4) 平面 $z=2$ 和 $z=-2$	(5) 点 $(1,0,0)$	(6) 双曲柱面
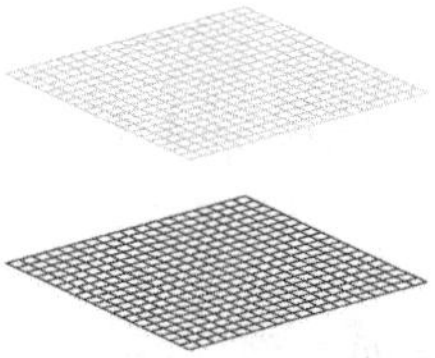	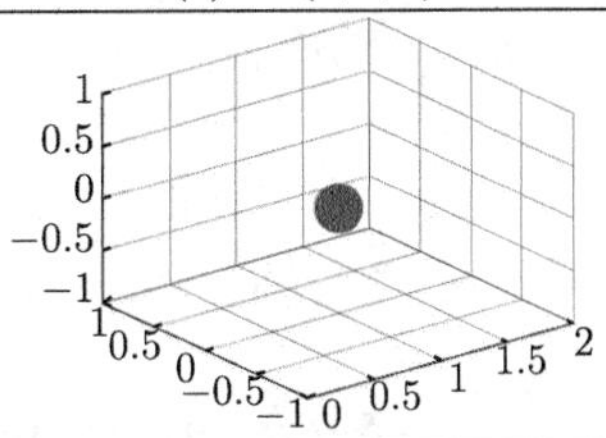	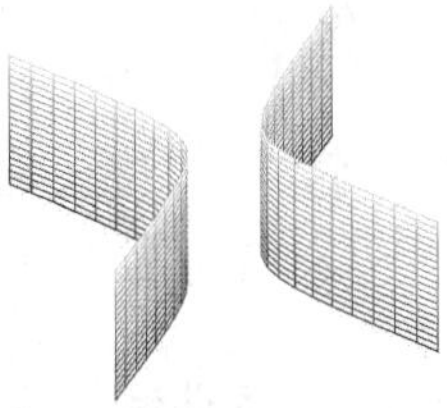

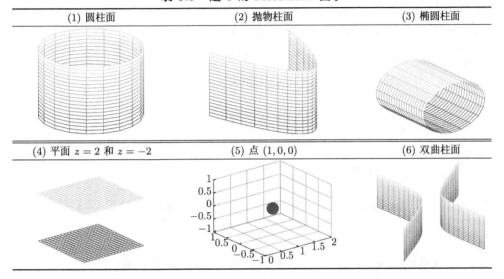

7. 求半径为 4, 对称轴为直线 $l:\dfrac{x}{1}=\dfrac{y-1}{2}=\dfrac{z-1}{3}$ 的圆柱面方程.

解　圆柱面上的点为 $P(x,y,z)$, 直线方向向量为 $\boldsymbol{n}(1,2,3)$, 设 P 在 l 上投影为 $Q(t,2t+1,3t+1)$, 则由 $\overrightarrow{PQ}\cdot\boldsymbol{n}=0$ 得 $t=\dfrac{x+2y+3z-5}{14}$, 再由 $\left|\overrightarrow{PQ}\right|^2-4^2=0$, 得

$$13x^2+10y^2+5z^2-4xy-6xz-12yz+10x-8y+2z-221=0.$$

MATLAB 程序 5.12

```
syms x y z t,n=[1,2,3],P=[x,y,z],Q=[t,2*t+1,3*t+1],PQ=Q-P,
t0=solve(sum(PQ.*n),t),expand(subs(sum(PQ.^2)-16,t,t0))*14
```

8. 求顶点在原点, 准线按如下方式给出的锥面方程:

(1) 准线为 $\begin{cases}\dfrac{x^2}{a^2}+\dfrac{y^2}{b^2}=1,\\ z=k.\end{cases}$　(2) 准线为 $\begin{cases}x^2+y^2+z^2-16=0,\\ x^2+z^2=9.\end{cases}$

解　(1) 锥面上的点为 $P(x,y,z)$,OP 交准线于 $Q(\tilde{x},\tilde{y},\tilde{z})$, 则存在 l 使得 $\tilde{x}=x/l,\tilde{y}=y/l,\tilde{z}=z/l$, 注意到 $z=k$, 于是 $\tilde{x}=kx/z,\tilde{y}=ky/z,\tilde{z}=k$, 代入准线方程

得 $\dfrac{k^2x^2}{a^2}+\dfrac{k^2y^2}{b^2}=z^2$.

(2) 锥面上的点为 $P(x,y,z)$, OP 交准线于 $Q(\tilde{x},\tilde{y},\tilde{z})$, 则存在 l 使得 $\tilde{x}=x/l,\tilde{y}=y/l,\tilde{z}=z/l$, 注意到 $\tilde{y}=\sqrt{7}$, 于是 $\tilde{x}=\sqrt{7}x/y,\tilde{y}=\sqrt{7},\tilde{z}=\sqrt{7}z/y$, 代入准线方程的第一个公式得 $7x^2-9y^2+7z^2=0$.

MATLAB 程序 5.13

```
(1)syms x y z k a b,l=z/k,subs(x^2/a^2+y^2/b^2-1,[x,y],[x/l,y/l])
(2)l=y/sqrt(sym(7)),subs(x^2+y^2+z^2-16,[x,y,z],[x/l,y/l,z/l])
```

9. 求下列曲线绕指定轴旋转而成的旋转面的方程.

(1) $\begin{cases} x^2+4z^2=1, \\ y=0 \end{cases}$ 分别绕 x 轴、z 轴旋转.

(2) $\begin{cases} z=\sqrt{y}, \\ x=0 \end{cases}$ 分别绕 y 轴、z 轴旋转.

解　(1) 绕 x 轴旋转: $x^2+4y^2+4z^2=1$, 绕 z 轴旋转: $x^2+y^2+4z^2=1$.
(2) 绕 y 轴旋转: $x^2+z^2=y$, 绕 z 轴旋转: $z=\sqrt[4]{x^2+y^2}$.

10. 求曲线 $l:\begin{cases} f(x,y)=0, \\ z=0 \end{cases}$ 绕 x 轴旋转而成的旋转曲面方程.

解　曲面方程为 $f(x,\pm\sqrt{y^2+z^2})=0$.

11. 讨论下列方程各表示什么曲面.

(1) $4z^2-6x^2+2y^2=3$.　(2) $z=(y-1)^2+x^2$.　(3) $4x^2+y^2-3z^2=0$.

(4) $x=(y+1)^2+\dfrac{z^2}{4}$.　(5) $z=\sqrt{x^2+y^2}$.　(6) $9x^2-25y^2=0$.

(7) $z-x^2=0$.　(8) $z=xy$.

解　(1) 旋转单叶双曲面. (2) 旋转抛物面. (3) 锥面. (4) 椭圆抛物面. (5) 锥面. (6) 两个平面. (7) 抛物柱面. (8) 双曲抛物面.

12. 讨论下列方程各表示什么空间曲线.

(1) $\begin{cases} x^2+\dfrac{y^2}{4}=1, \\ z=1. \end{cases}$　(2) $\begin{cases} x^2+y^2+z^2-16=0, \\ x^2+y^2=9. \end{cases}$

(3) $\begin{cases} (x-1)^2+(y+2)^2+(z-1)^2=25, \\ x^2+y^2+z^2=36. \end{cases}$　(4) $\begin{cases} x=\cos\varphi, \\ y=\sin\varphi,\quad \varphi \text{ 为参数}. \\ z=-1, \end{cases}$

解　(1) 椭圆. (2) 两个圆. (3) 圆. (4) 圆.

13. 画出下列各组曲面所围成空间体的简图.

(1) $2x+3y+6z=6, x=0, y=0, z=0$.　(2) $z=\sqrt{1-x^2-y^2}, z=0$.

(3) $x^2+y^2-z+1=0, z=3$.　(4) $y=x^2, y=2, z=0, z=2$.

解　答案: 见表 5.6.

表 5.6　题 13 的 MATLAB 图示

(1) 三棱锥

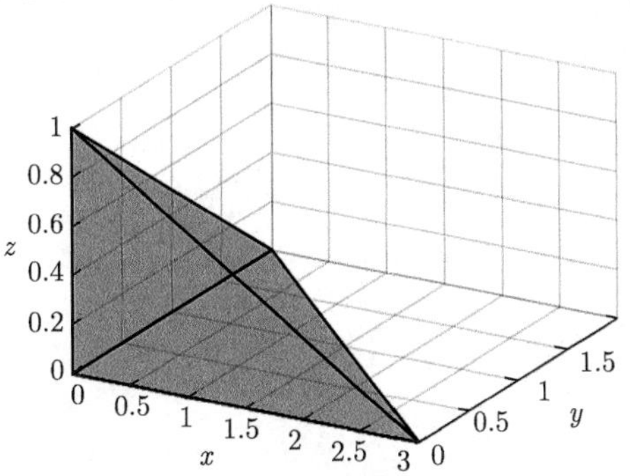

(2) 半球

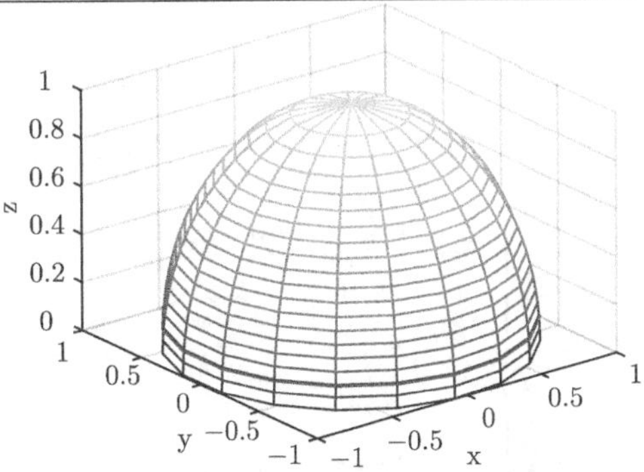

(3) 抛物旋转体

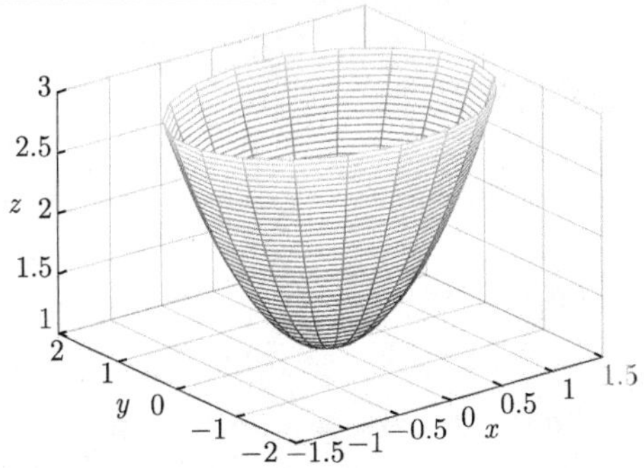

(4) 抛物柱体

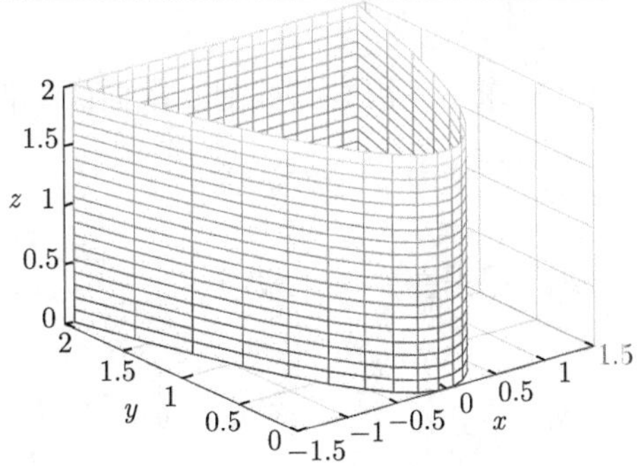

14. 求下述图形的参数方程.

(1) 以直线 $\begin{cases} x=\lambda t, \\ y=mt, \quad t\in\mathbb{R} \\ z=nt, \end{cases}$ 为轴, 以 r 为半径的圆柱面.

(2) 以原点为顶点, 以 $\begin{cases} \dfrac{(x-x_0)^2}{a^2}+\dfrac{(y-y_0)^2}{b^2}=1, \\ z=-z_0, \quad z_0>0 \end{cases}$ 为准线的锥面.

(3) 直线 $\begin{cases} x = a, \\ y = t, \\ z = bt, \end{cases}$ $t \in \mathbb{R}$ 绕 z 轴旋转所形成的旋转面.

解　(1) $\begin{bmatrix} x \\ y \\ z \end{bmatrix} = \dfrac{r}{v}\boldsymbol{Q}\begin{bmatrix} \cos\theta \\ \sin\theta \\ t \end{bmatrix}$, 其中 $\boldsymbol{Q} = \begin{bmatrix} \dfrac{m}{u} & \dfrac{n\lambda}{uv} & \dfrac{\lambda}{v} \\ \dfrac{-\lambda}{u} & \dfrac{mn}{uv} & \dfrac{m}{v} \\ 0 & \dfrac{-m^2-\lambda^2}{uv} & \dfrac{n}{v} \end{bmatrix}$,

$$\begin{cases} u = \sqrt{\lambda^2 + m^2}, \\ v = \sqrt{\lambda^2 + m^2 + n^2}. \end{cases}$$

(2) $\begin{cases} x = (x_0 + a\cos\theta)t, \\ y = (y_0 + a\sin\theta)t, \\ z = -z_0 t. \end{cases}$

(3) $\begin{cases} x = \sqrt{a^2+t^2}\cos\theta, \\ y = \sqrt{a^2+t^2}\sin\theta, \\ z = bt. \end{cases}$

15. 求下列用平面截割二次曲面所得的截线的方程.

(1) 用平面 $y = k$ 截割 $\dfrac{x^2}{a^2} - \dfrac{y^2}{b^2} - \dfrac{z^2}{c^2} = 1$.

(2) 用平面 $x = k$ 截割 $z = \dfrac{x^2}{a^2} + \dfrac{y^2}{b^2}$.

解　(1) $\begin{cases} \dfrac{x^2}{a^2} - \dfrac{z^2}{c^2} = \dfrac{k^2+b^2}{b^2}, \\ y = k. \end{cases}$ (2) $\begin{cases} z = \dfrac{k^2}{a^2} + \dfrac{y^2}{b^2}, \\ x = k. \end{cases}$

16. 求直线 $l_1: x = 1 + t, y = 2t, z = 2t$ 绕直线 $l_2: x = y = z$ 旋转一周所成曲面的方程.

解　旋转面的点为 $P(x, y, z)$, P 在 l_2 上的垂足为 $Q(t, t, t)$, 过 P 垂直于 l_2 的平面交 l_1 于 $R(1 + s, 2s, 2s)$. l_1, l_2 的方向向量分别记为 $\boldsymbol{n}_1, \boldsymbol{n}_2$, 于是 $\overrightarrow{PQ} \cdot \boldsymbol{n}_2 = 0$, 得 $t = x/3 + y/3 + z/3$. 另外, $\overrightarrow{PR} \cdot \boldsymbol{n}_2 = 0$, 得 $s = x/5 + y/5 + z/5 - 1/5$. 最后, 将 s, t 代入 $\left\|\overrightarrow{PQ}\right\|^2 = \left\|\overrightarrow{QR}\right\|^2$ 得

$$8(x^2 + y^2 + z^2) - 9(xy + yz + xz) + 4(x + y + z) - 12 = 0.$$

MATLAB 程序 5.14

```
syms t s x y z,P=[x,y,z],Q=[t,t,t],R=[1+s,2*s,2*s],n2=[1,1,1],
PQ=Q-P,PR=R-P,QR=R-Q,t0=solve(sum(PQ.*n2),t),s0=solve(sum(PR.*n2),s)
subs(sum(PQ.*PQ)-sum(QR.* QR),[t,s],[t0,s0]),expand(ans*25/2)
```

17. 求直线 $l:\dfrac{x}{a}=\dfrac{y-b}{0}=\dfrac{z}{1}$ 绕 z 轴旋转一周所成曲面的方程, 并指出其为什么曲面, 其中 a,b 为常数.

解 与题 16 类似, 可得旋转曲面的方程为 $x^2+y^2-a^2z^2=b^2$. 若 $a=0$, 则该曲面为圆柱面. 若 $a\neq 0$, 则该曲面为旋转单叶双曲面.

MATLAB 程序 5.15

```
syms t s a b x y z,P=[x,y,z],Q=[0,0,t],R=[a*s,b,s],n2=[0,0,1],
PQ=Q-P,PR=R-P,QR=R-Q,t0=solve(sum(PQ.*n2),t),s0=solve(sum(PR.*n2),s)
subs(sum(PQ.*PQ)-sum(QR.* QR),[t,s],[t0,s0]),expand(ans)
```

18. 一平面过直线 $\begin{cases} x+28y-2z+17=0, \\ 5x+8y-z+1=0, \end{cases}$ 且与球面 $x^2+y^2+z^2=1$ 相切, 求其方程.

解 设该平面为 $Ax+By+Cz+1=0$, 直线的参数表达式为 $\left(x=t, y=\dfrac{3t}{4}-\dfrac{5}{4}, z=11t-9\right)$, 直线上两点为 $\left(0,-\dfrac{5}{4},-9\right)$ 和 $\left(1,-\dfrac{2}{4},2\right)$, 又圆心到平面距离等于 1, 由上述 3 个条件得平面方程为 $3x-4y-5=0$ 或 $387x-164y-24z-421=0$.

MATLAB 程序 5.16

```
syms A B C x y z,s=solve(x+28*y-2*z+17,5*x+8*y-z+1,[y,z]),s.y,s.z
P0=subs([x,s.y,s.z],0),P1=subs([x,s.y,s.z],1),f=A*x+B*y+C*z+1,
s=solve(subs(f,[x,y,z],P0),subs(f,[x,y,z],P1),A^2+B^2+C^2-1),
s.A,s.B,s.C
```

19. 求下列曲线在指定平面上的投影.

(1) $\begin{cases} x^2+y^2+z^2=4, \\ y=x \end{cases}$ 在各坐标平面上的投影.

(2) $\begin{cases} x^2+(y-1)^2+z^2=1, \\ y+z=2 \end{cases}$ 在平面 $z=2$ 上的投影.

解　(1) 设原曲线的参数方程为 $P\left(\sqrt{2}\cos\theta,\sqrt{2}\cos\theta,2\sin\theta\right)$, xOy 平面法向量为 $\boldsymbol{n}=(0,0,1)$, 其上投影为 $Q(x,y,z)$, 则 $\overrightarrow{PQ}//\boldsymbol{n}$ 且 $Q(x,y,z)$ 在 xOy 平面上, 故 $\begin{cases} x=y,|x|\leqslant\sqrt{2}, \\ z=0. \end{cases}$

同理可得 yOz 平面上投影: $\begin{cases} 2y^2+z^2=4, \\ x=0. \end{cases}$ xOz 平面上投影: $\begin{cases} 2x^2+z^2=4, \\ y=0. \end{cases}$

(2) 与 (1) 类似, 可得 $\begin{cases} x^2+2y^2-6y+4=0, \\ z=2. \end{cases}$

20. 求直线 $L:\begin{cases} x+y-z-1=0, \\ x-y+z+1=0 \end{cases}$ 在平面 $\pi: x+2y-z=0$ 上的投影直线的方程, 并求投影直线绕 z 轴旋转所得旋转曲面的方程.

解　(1) 直线 L 的参数方程为 $P(0,1+t,t)$, P 在平面 π 上的投影 $Q(x,y,z)$ 满足平面方程, 且 $\overrightarrow{PQ}$ 与平面 π 的法向量平行, 故 $\begin{cases} \dfrac{x-0}{1}=\dfrac{y-(t+1)}{2}=\dfrac{z-t}{-1}, \\ x+2y-z=0, \end{cases}$

解得 $(x,y,z)=\left(-\dfrac{1}{3}-\dfrac{1}{6}t,\dfrac{1}{3}+\dfrac{2}{3}t,\dfrac{1}{3}+\dfrac{7}{6}t\right)$.

(2) 与题 16 类似, 可得投影直线绕 z 轴旋转所得曲面: $x^2+y^2=\dfrac{1}{49}(17z^2+12z+5)$.

MATLAB 程序 5.17

```
(1)syms x y z t,s=solve(x+y-t-1,x-y+t+1,[x,y]),%注意x==0
P=[s.x,s.y,t],Q=[x,y,z],PQ=Q-P,n=[1,2,-1],
solve(dot(n,Q),PQ(1)*n(2)-PQ(2)*n(1),PQ(3)*n(2)-PQ(2)*n(3),[x,y,z])
(2)syms x y z t s,P=[x,y,z],Q=[0,0,t],R=[-1/3-s/6,1/3+2*s/3,1/3+...
7*s/6],n2=[0,0,1],
PQ=Q-P,PR=R-P,QR=R-Q,t0=solve(sum(PQ.*n2),t),s0=solve(sum(PR.*n2),s),
subs(sum(PQ.*PQ)-sum(QR.* QR),[t,s],[t0,s0])
```

21. 求直线 $l: x=1+t, y=-2+2t, z=1+t$ 分别在 xOy 平面上和在平面 $x-y+z=2$ 上的投影方程.

解　与题 19 和 题 20 类似, 解得两个投影方程分别为 $(x,y,z)=(t+1,2t-2,0)$ 和 $(x,y,z)=\left(t+\dfrac{1}{3},2t-\dfrac{4}{3},t+\dfrac{1}{3}\right)$.

MATLAB 程序 5.18

```
(1)syms x y z t,
P=[1+t,-2+2*t,1+t],Q=[x,y,z],PQ=Q-P,n=[0,0,1],[x,y,z]=...
solve(z,PQ(1)*n(3)-PQ(3)*n(1),PQ(3)*n(2)-PQ(2)*n(3),[x,y,z])
(2)syms x y z t,
P=[1+t,-2+2*t,1+t],Q=[x,y,z],PQ=Q-P,n=[1,-1,1],
[x,y,z]=solve...
(dot(n,Q)-2,PQ(1)*n(3)-PQ(3)*n(1),PQ(3)*n(2)-PQ(2)*n(3),[x,y,z])
```

22. 有一束平行于直线 $l: x=y=-z$ 的平行光束照射不透明球面 $S: x^2+y^2+z^2=2z$, 求球面在 xOy 平面上留下的阴影部分的边界曲线方程.

解 设 $P(x_0,y_0,0)$ 为边界曲线上的一点, 则过 P 平行于直线 l 的直线 $\tilde{l}$ 方程为 $\dfrac{x-x_0}{1}=\dfrac{y-y_0}{1}=\dfrac{z}{-1}$, $\tilde{l}$ 到点 $(0,0,1)$ 的距离为 1, 故 $(x_0+y_0+1)^2=3$, 故所求边界曲线方程为 $\begin{cases}(x_0+y_0+1)^2=3,\\ z=0.\end{cases}$

23. 设直线 l 在 yOz 平面上的投影为 $\begin{cases}2y-3z=1,\\ x=0,\end{cases}$ 在 xOz 平面上的投影为 $\begin{cases}x+z=2,\\ y=0,\end{cases}$ 求直线 l 在 xOy 平面上的投影方程.

解 设直线 l 的方程为 $x=x_0+at, y=y_0+bt, z=z_0+ct$, 则由其在 yOz 平面上的投影方程知 $2(y_0+bt)-3(z_0+ct)=1$, 于是有 $\begin{cases}2y_0-3z_0=1,\\ 2b-3c=0.\end{cases}$ 同理 $\begin{cases}x_0+z_0=2,\\ a+c=0,\end{cases}$ 令 $c=2, z_0=0$, 解得 $x_0=2, y_0=\dfrac{1}{2}, a=-2, b=3$, 于是直线在 xOy 平面上的投影方程为 $\begin{cases}3x+2y=7,\\ z=0.\end{cases}$

24. 求球面 $x^2+y^2+z^2=9$ 与平面 $x+z=1$ 的交线在 xOy 平面上的投影方程.

解 投影方程为 $\begin{cases}x^2+y^2+(1-x)^2=9,\\ z=0,\end{cases}$ 化简得 $\begin{cases}2x^2-2x+y^2-8=0,\\ z=0.\end{cases}$

25. 一个立体由 $z=\sqrt{4-x^2-y^2}$ 和 $z=\sqrt{3(x^2+y^2)}$ 所围成, 求此立体在 xOy 平面上的投影方程.

解 该立体在 xOy 平面上的投影方程为 $\begin{cases}x^2+y^2\leqslant 1,\\ z=0.\end{cases}$

26. 求由曲线 $\begin{cases} y^2 = 2z, \\ x = 0 \end{cases}$ 绕 z 轴旋转一周而成的曲面被两平面 $z = 2$ 与 $z = 8$ 所截得的曲面主部分 S 在 xOy 平面上的投影区域 D, 并绘出图形.

解　旋转面方程为 $x^2 + y^2 = 2z$, 被平面 $z = 2$ 与 $z = 8$ 所截曲面在 xOy 平面上的投影方程为 $\begin{cases} 4 \leqslant x^2 + y^2 \leqslant 16, \\ z = 0, \end{cases}$ 该区域为一个环面. MATLAB 作图如图 5.2 所示.

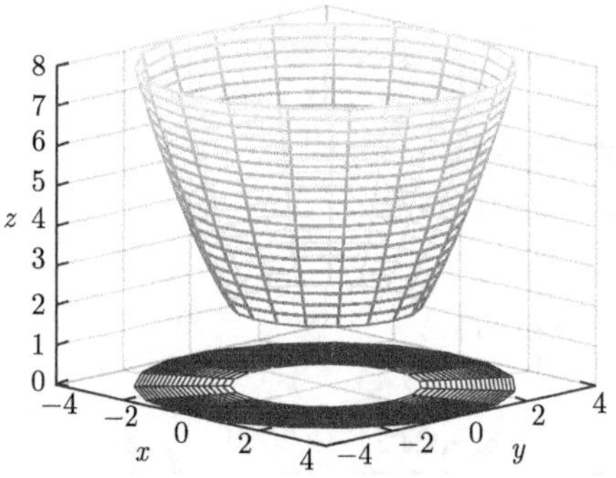

图 5.2

MATLAB 程序 5.19

```
N=20,a=2;b=3;c=4;z=linspace(2,8,N);t=linspace(0,2*pi,N);
[z1,t1]=meshgrid(z,t);x=sqrt(2*z1).*cos(t1);y=sqrt(2*z1).*sin(t1);
h=mesh(x,y,z1);set(h,'FaceAlpha',0.9);xlabel('x'),ylabel('y'),...
zlabel('z'),hold on,z=zeros(size(z1));h=mesh(x,y,z);
```

5.4.2　习题 5.2

1. 设 $f(x,y) = [x,y]\begin{bmatrix} 1 & 3 \\ 5 & 2 \end{bmatrix}\begin{bmatrix} x \\ y \end{bmatrix}$, 写出二次型 $f(x,y)$ 对应的实对称矩阵.

解　因 $f(x,y) = [x,y]\begin{bmatrix} 1 & 3 \\ 5 & 2 \end{bmatrix}\begin{bmatrix} x \\ y \end{bmatrix} = x^2+8xy+2y^2 = [x,y]\begin{bmatrix} 1 & 4 \\ 4 & 2 \end{bmatrix}\begin{bmatrix} x \\ y \end{bmatrix}$, 故该二次型对应的实对称矩阵为 $\boldsymbol{A} = \begin{bmatrix} 1 & 4 \\ 4 & 2 \end{bmatrix}$.

2. 写出两个同阶方阵等价、相似和合同的联系与区别.

解　对于四个概念, 以下命题成立:

(1) 四个概念都满足自反性、对称性、传递性.

(2) 矩阵相似**必然**矩阵等价.

(3) 矩阵合同**必然**矩阵等价.

(4) 向量组等价**必然**矩阵等价.

(5) 两个实对称矩阵, 矩阵相似**必然**矩阵合同.

(6) 矩阵等价**未必**(列) 向量组等价, 反例: $\boldsymbol{A} = \begin{bmatrix} 1 & 0 \\ 0 & 0 \end{bmatrix}, \boldsymbol{B} = \begin{bmatrix} 0 & 0 \\ 1 & 0 \end{bmatrix}$.

(7) 矩阵等价**未必**矩阵相似, 反例: $\boldsymbol{A}=\begin{bmatrix}1&0\\0&0\end{bmatrix},\boldsymbol{B}=\begin{bmatrix}2&0\\0&0\end{bmatrix}$.

(8) 矩阵等价**未必**矩阵合同, 反例: $\boldsymbol{A}=\begin{bmatrix}1&0\\0&1\end{bmatrix},\boldsymbol{B}=\begin{bmatrix}1&0\\0&-1\end{bmatrix}$.

(9) 矩阵合同**未必**矩阵相似, 反例: $\boldsymbol{A}=\begin{bmatrix}1&0\\0&1\end{bmatrix},\boldsymbol{B}=\begin{bmatrix}1&0\\0&4\end{bmatrix}$.

(10) 矩阵相似**未必**矩阵合同, 反例: $\boldsymbol{A}=\begin{bmatrix}1&1\\0&1\end{bmatrix},\boldsymbol{B}=\begin{bmatrix}1&2\\0&1\end{bmatrix}$.

只证明命题 (10).

反证法. 实际上令 $\boldsymbol{P}=\begin{bmatrix}\sqrt{2}/2&0\\0&\sqrt{2}\end{bmatrix}$, 则 $\boldsymbol{B}=\boldsymbol{P}^{-1}\boldsymbol{A}\boldsymbol{P}$, 故 $\boldsymbol{A}$ 与 $\boldsymbol{B}$ 相似. 反设它们合同, 则存在可逆矩阵 $\boldsymbol{Q}=\begin{bmatrix}a&b\\c&d\end{bmatrix}$, 使得 $\boldsymbol{B}=\boldsymbol{Q}^{\mathrm{T}}\boldsymbol{A}\boldsymbol{Q}$, 则 $|\boldsymbol{Q}|=ad-bc=\pm1$. 但由 $\boldsymbol{B}=\boldsymbol{Q}^{\mathrm{T}}\boldsymbol{A}\boldsymbol{Q}$ 知 $\boldsymbol{B}=\begin{bmatrix}1&2\\0&1\end{bmatrix}=\boldsymbol{Q}^{\mathrm{T}}\boldsymbol{A}\boldsymbol{Q}=\begin{bmatrix}a&c\\b&d\end{bmatrix}\begin{bmatrix}1&1\\0&1\end{bmatrix}\begin{bmatrix}a&b\\c&d\end{bmatrix}=\begin{bmatrix}a^2+ac+c^2&ab+ad+cd\\ab+bc+cd&b^2+bd+d^2\end{bmatrix}$, 相同矩阵对应元素相等, 故 $2-0=(ab+ad+cd)-(ab+bc+cd)=ad-bc=|\boldsymbol{Q}|$. 这与 $|\boldsymbol{Q}|=\pm1$ 矛盾.

3. 证明矩阵的合同关系满足对称性.

证 设 $\boldsymbol{A},\boldsymbol{B}$ 合同, 即存在可逆矩阵 $\boldsymbol{P}$, 使得 $\boldsymbol{P}^{\mathrm{T}}\boldsymbol{A}\boldsymbol{P}=\boldsymbol{B}$, 故 $\boldsymbol{A}=(\boldsymbol{P}^{-1})^{\mathrm{T}}\boldsymbol{B}\boldsymbol{P}^{-1}$, 因 $\boldsymbol{P}^{-1}$ 为可逆矩阵, 故 $\boldsymbol{B},\boldsymbol{A}$ 合同.

4. 求下列二次型的矩阵.

(1)$f(x_1,x_2,x_3)=2x_1^2-2x_2^2+2x_1x_2$.

(2)$f(x_1,x_2)=2x_1^2-2x_2^2+2x_1x_2$.

(3)$f(x_1,x_2,\cdots,x_n)=\sum\limits_{i=1}^{n-1}x_ix_{i+1}$.

(4)$f(x_1,x_2,\cdots,x_n)=\sum\limits_{i=1}^{n-1}x_i^2+\sum\limits_{1\leqslant i<j\leqslant n}x_ix_j$.

解 求得对应的矩阵分别为

(1) $\begin{bmatrix} 2 & 1 & 0 \\ 1 & -2 & 0 \\ 0 & 0 & 0 \end{bmatrix}$.　　(2) $\begin{bmatrix} 2 & 1 \\ 1 & -2 \end{bmatrix}$.

(3) $\begin{bmatrix} 0 & \frac{1}{2} & & \\ \frac{1}{2} & 0 & \ddots & \\ & \ddots & \ddots & \frac{1}{2} \\ & & \frac{1}{2} & 0 \end{bmatrix}$.　(4) $\begin{bmatrix} 1 & \frac{1}{2} & \cdots & \frac{1}{2} \\ \frac{1}{2} & 1 & \ddots & \vdots \\ \vdots & \ddots & \ddots & \frac{1}{2} \\ \frac{1}{2} & \cdots & \frac{1}{2} & 0 \end{bmatrix}$.

5. 用配方法化下列二次型为标准形, 并求出非退化线性变换.

(1) $4x_1x_2 - 2x_1x_3 + 4x_2x_3$.　　(2) $2x_1^2 + x_2^2 + 4x_3^2 + 2x_1x_2 + 2x_2x_3$.

解　(1)令 $\begin{cases} x_1 = y_1 - y_2, \\ x_2 = y_1 + y_2, \\ x_3 = y_3, \end{cases}$ 则原二次型化为 $4(y_1^2 - y_2^2) - 2(y_1 - y_2)y_3 + 4(y_1 + y_2)y_3 = 4\left(y_1 + \frac{1}{4}y_3\right)^2 - 4\left(y_2 - \frac{3}{4}y_3\right)^2 + 2y_3^2$.

再作非退化线性变换 $\begin{cases} z_1 = y_1 + y_3/4, \\ z_2 = y_2 - 3y_3/4, \\ z_3 = y_3, \end{cases}$ 即 $\begin{cases} y_1 = z_1 - z_3/4, \\ y_2 = z_2 + 3z_3/4, \\ y_3 = z_3. \end{cases}$ 故通过非退化线性变换 $\begin{bmatrix} x_1 \\ x_2 \\ x_3 \end{bmatrix} = \begin{bmatrix} 1 & -1 & 0 \\ 1 & 1 & 0 \\ 0 & 0 & 1 \end{bmatrix} \begin{bmatrix} y_1 \\ y_2 \\ y_3 \end{bmatrix} = \begin{bmatrix} 1 & -1 & -1 \\ 1 & 1 & \frac{1}{2} \\ 0 & 0 & 1 \end{bmatrix} \begin{bmatrix} z_1 \\ z_2 \\ z_3 \end{bmatrix}$, 可以把原二次型化为标准形 $4z_1^2 - 4z_2^2 + 2z_3^2$.

(2)$2x_1^2 + x_2^2 + 4x_3^2 + 2x_1x_2 + 2x_2x_3 = (x_2 + x_1 + x_3)^2 + (x_1 - x_3)^2 + 2x_3^2$, 非退化线性变换 $\begin{cases} y_1 = x_1 - x_3, \\ y_2 = x_1 + x_2 + x_3, \\ y_3 = x_3, \end{cases}$ 即 $\begin{cases} x_1 = y_1 + y_3, \\ x_2 = -y_1 + y_2 - 2y_3, \\ x_3 = y_3 \end{cases}$ 化原二次型为标准形 $y_1^2 + y_2^2 + 2y_3^2$.

6. 用合同变换把上题的二次型化为标准形, 并给出非退化线性变换.

解 (1) 因 $\begin{bmatrix} \boldsymbol{A} \\ \boldsymbol{E} \end{bmatrix} = \begin{bmatrix} 0 & 2 & -1 \\ 2 & 0 & 2 \\ -1 & 2 & 0 \\ 1 & 0 & 0 \\ 0 & 1 & 0 \\ 0 & 0 & 1 \end{bmatrix} \to \begin{bmatrix} 4 & 2 & 1 \\ 2 & 0 & 2 \\ 1 & 2 & 0 \\ 1 & 0 & 0 \\ 1 & 1 & 0 \\ 0 & 0 & 1 \end{bmatrix} \to \begin{bmatrix} 4 & 0 & 0 \\ 0 & -1 & 0 \\ 0 & 0 & 2 \\ 1 & -\frac{1}{2} & -1 \\ 1 & \frac{1}{2} & \frac{1}{2} \\ 0 & 0 & 1 \end{bmatrix}$,

故非退化线性变换为 $\boldsymbol{x} = \boldsymbol{C}\boldsymbol{y}$, 其中 $\boldsymbol{C} = \begin{bmatrix} 1 & -\frac{1}{2} & -1 \\ 1 & \frac{1}{2} & \frac{1}{2} \\ 0 & 0 & 1 \end{bmatrix}$ 把原二次型化为标准形 $4y_1^2 - y_2^2 + 2y_3^2$.

(2) $\begin{bmatrix} \boldsymbol{A} \\ \boldsymbol{E} \end{bmatrix} = \begin{bmatrix} 2 & 1 & 0 \\ 1 & 1 & 1 \\ 0 & 1 & 4 \\ 1 & 0 & 0 \\ 0 & 1 & 0 \\ 0 & 0 & 1 \end{bmatrix} \to \begin{bmatrix} 2 & 0 & 0 \\ 0 & \frac{1}{2} & 1 \\ 0 & 1 & 4 \\ 1 & -\frac{1}{2} & 0 \\ 0 & 1 & 0 \\ 0 & 0 & 1 \end{bmatrix} \to \begin{bmatrix} 2 & 0 & 0 \\ 0 & \frac{1}{2} & 0 \\ 0 & 0 & 2 \\ 1 & -\frac{1}{2} & 1 \\ 0 & 1 & -2 \\ 0 & 0 & 1 \end{bmatrix}$, 非退化线性变换为 $\boldsymbol{x} = \boldsymbol{C}\boldsymbol{y}$, 其中 $\boldsymbol{C} = \begin{bmatrix} 1 & -\frac{1}{2} & -1 \\ 0 & 1 & -2 \\ 0 & 0 & 1 \end{bmatrix}$, 把原二次型化为标准形 $2y_1^2 + \frac{1}{2}y_2^2 + 2y_3^2$.

7. 求下列实二次型的规范形.

(1) $2x_1x_2 - 4x_1x_3 + 2x_2x_3$.

(2) $x_1^2 + x_2^2 + x_3^2 + x_4^2 + 2x_1x_2 + 2x_2x_3 + 2x_3x_4$.

(3) $2x_1^2 + x_2^2 + x_3^2 + 2x_1x_2 + 4x_1x_4 + 4x_2x_3$.

解 (1) 令 $\begin{cases} x_1 = y_1 - y_2, \\ x_2 = y_1 + y_2, \\ x_3 = y_3, \end{cases}$ 则原二次型化为 $2(y_1^2 - y_2^2) - 4(y_1 - y_2)y_3 + 2(y_1 +$

$y_2)y_3 = 2\left(y_1 - \frac{1}{2}y_3\right)^2 - 2\left(y_2 - \frac{3}{2}y_3\right)^2 + 4y_3^2$, 故原二次型的规范形为 $z_1^2 + z_2^2 - z_3^2$.

(2) 原二次型可以化为 $f = (x_1 + x_2)^2 + (x_3 + x_4)^2 + 2x_2x_3$, 作非退化线性变换

$$\begin{cases} y_1 = x_1 + x_2, \\ y_2 = x_2 + x_3, \\ y_3 = \dfrac{1}{\sqrt{2}}(x_2 - x_3), \\ y_4 = \dfrac{1}{\sqrt{2}}(x_3 + x_4), \end{cases}$$ 将原二次型的规范形化为 $y_1^2 + y_2^2 + y_3^2 - y_4^2$.

(3) 原二次型可以化为 $f = (x_2 + x_1 + 2x_3)^2 + (x_1 - 2x_3 + 2x_4)^2 - 4(x_3 - x_4)^2 - 3x_3^2$, 作非退化线性变换 $$\begin{cases} y_1 = x_1 - 2x_3 + 2x_4, \\ y_2 = x_1 + x_2 + 2x_3, \\ y_3 = \sqrt{3}x_3, \\ y_4 = 2(x_3 - x_4), \end{cases}$$ 将原二次型的规范形化为 $y_1^2 + y_2^2 - y_3^2 - y_4^2$.

MATLAB 程序 5.20

```
(1)A1=[0,1,-2;1,0,1;-2,1,0];[V1,D1]=eig(sym(A1))
(2)A2=[1,1,0,0;1,1,1,0;0,1,1,1;0,0,1,1],[V2,D2]=eig(sym(A2))
(3)A3=[2,1,0,2;1,1,2,0;0,2,1,0;2,0,0,0],[V3,D3]=eig(sym(A3))
```

8. 用正交变换 $\boldsymbol{x} = \boldsymbol{Q}\boldsymbol{y}$ 化下列二次型为标准形, 并求出正交矩阵 $\boldsymbol{Q}$.

(1) $2x_1^2 + 3x_2^2 + 3x_3^2 + 4x_2x_3$.

(2) $x_1^2 + x_2^2 + x_3^2 + x_4^2 + 2x_1x_2 + 2x_1x_4 - 2x_2x_3 - 2x_3x_4$.

(3) $2x_1x_4 + 2x_2x_3$.

解　(1) 二次型的矩阵为 $\boldsymbol{A} = \begin{bmatrix} 2 & 0 & 0 \\ 0 & 3 & 2 \\ 0 & 2 & 3 \end{bmatrix}$, 由 $|\boldsymbol{A} - \lambda\boldsymbol{E}| = (2-\lambda)(5-\lambda)(1-\lambda)$ 得 $\boldsymbol{A}$ 的特征值为 $\lambda_1 = 2, \lambda_2 = 5, \lambda_3 = 1$.

若 $\lambda_1 = 2$, $\boldsymbol{A} - 2\boldsymbol{E} = \begin{bmatrix} 0 & 0 & 0 \\ 0 & 1 & 2 \\ 0 & 2 & 1 \end{bmatrix} \to \begin{bmatrix} 0 & 1 & 0 \\ 0 & 0 & 1 \\ 0 & 0 & 0 \end{bmatrix}$, 得特征向量 $\boldsymbol{q}_1 = (1, 0, 0)^{\mathrm{T}}$.

若 $\lambda_2 = 5$, $\boldsymbol{A} - 5\boldsymbol{E} = \begin{bmatrix} -3 & 0 & 0 \\ 0 & -2 & 2 \\ 0 & 2 & -2 \end{bmatrix} \to \begin{bmatrix} 1 & 0 & 0 \\ 0 & 1 & -1 \\ 0 & 0 & 0 \end{bmatrix}$, 得特征向量 $\begin{bmatrix} 0 \\ 1 \\ 1 \end{bmatrix}$,

单位化后得 $\boldsymbol{q}_2=\left(0,\dfrac{1}{\sqrt{2}},\dfrac{1}{\sqrt{2}}\right)^{\mathrm{T}}$.

若 $\lambda_3=1$, $\boldsymbol{A}-\boldsymbol{E}=\begin{bmatrix}1&0&0\\0&2&2\\0&2&2\end{bmatrix}\to\begin{bmatrix}1&0&0\\0&1&1\\0&0&0\end{bmatrix}$, 得特征向量 $\begin{bmatrix}0\\-1\\1\end{bmatrix}$, 单位化后得 $\boldsymbol{q}_3=\left(0,-\dfrac{1}{\sqrt{2}},\dfrac{1}{\sqrt{2}}\right)^{\mathrm{T}}$, 于是正交矩阵为 $\boldsymbol{Q}=[\boldsymbol{q}_1,\boldsymbol{q}_2,\boldsymbol{q}_3]$, 标准形为 $f=2y_1^2+5y_2^2+y_3^2$.

(2) 二次型的矩阵为 $\boldsymbol{A}=\begin{bmatrix}1&1&0&1\\1&1&-1&0\\0&-1&1&-1\\1&0&-1&1\end{bmatrix}$, 由 $|\boldsymbol{A}-\lambda\boldsymbol{E}|=(\lambda-3)(\lambda-1)^2(\lambda+1)$, 得 $\boldsymbol{A}$ 的特征值为 $\lambda_1=3,\lambda_2=\lambda_3=1,\lambda_4=-1$.

若 $\lambda_1=3$, 可得特征向量 $(1,1,-1,1)^{\mathrm{T}}$, 单位化得 $\boldsymbol{q}_1=\dfrac{1}{2}(1,1,-1,1)^{\mathrm{T}}$.

若 $\lambda_2=\lambda_3=1$, 可得特征向量 $(0,-1,0,1)^{\mathrm{T}},(1,0,1,0)^{\mathrm{T}}$, 正交化得 $\boldsymbol{q}_2=\dfrac{1}{\sqrt{2}}(0,-1,0,1)^{\mathrm{T}},\boldsymbol{q}_3=\dfrac{1}{\sqrt{2}}(1,0,1,0)^{\mathrm{T}}$.

若 $\lambda_4=-1$, 可得特征向量 $(-1,1,1,1)^{\mathrm{T}}$, 单位化得 $\boldsymbol{q}_4=\dfrac{1}{2}(-1,1,1,1)^{\mathrm{T}}$.

于是正交矩阵为 $\boldsymbol{Q}=[\boldsymbol{q}_1,\boldsymbol{q}_2,\boldsymbol{q}_3,\boldsymbol{q}_4]$, 标准形为 $f=3y_1^2+y_2^2+y_3^2-y_4^2$.

(3) 二次型的矩阵为 $\boldsymbol{A}=\begin{bmatrix}0&0&0&1\\0&0&1&0\\0&1&0&0\\1&0&0&0\end{bmatrix}$, 由 $|\boldsymbol{A}-\lambda\boldsymbol{E}|=(\lambda+1)^2(\lambda-1)^2$, 得 $\boldsymbol{A}$ 的特征值为 $\lambda_1=\lambda_2=1,\lambda_3=\lambda_4=-1$.

若 $\lambda_1=\lambda_2=1$, 可得两个正交的单位特征向量 $\boldsymbol{q}_1=\left(\dfrac{1}{\sqrt{2}},0,0,\dfrac{1}{\sqrt{2}}\right)^{\mathrm{T}},\boldsymbol{q}_2=\left(0,\dfrac{1}{\sqrt{2}},\dfrac{1}{\sqrt{2}},0\right)^{\mathrm{T}}$.

若 $\lambda_3=\lambda_4=-1$, 可得两个正交的单位特征向量 $\boldsymbol{q}_3=\left(\dfrac{1}{\sqrt{2}},0,0,\dfrac{-1}{\sqrt{2}}\right)^{\mathrm{T}},\boldsymbol{q}_4=\left(0,\dfrac{1}{\sqrt{2}},\dfrac{-1}{\sqrt{2}},0\right)^{\mathrm{T}}$.

于是正交矩阵为 $\boldsymbol{Q}=[\boldsymbol{q}_1,\boldsymbol{q}_2,\boldsymbol{q}_3,\boldsymbol{q}_4]$, 标准形为 $f=y_1^2+y_2^2-y_3^2-y_4^2$.

MATLAB 程序 5.21

```
(1)A1=[2,0,0;0,3,2;0,2,3];[V1,D1]=eig(sym(A1)),GramSchmidt(V1)
(2)A2=[1,1,0,1;1,1,-1,0;0,-1,1,-1;1,0,-1,1],[V2,D2]=eig(sym(A2)),...
GramSchmidt(V2)
(3)A3=[0,0,0,1;0,0,1,0;0,1,0,0;1,0,0,0],[V3,D3]=eig(sym(A3)),...
GramSchmidt(V2)
```

9. 求出二次型 $f=(-2x_1+x_2+x_3)^2+(x_1-2x_2+x_3)^2+(x_1+x_2-2x_3)^2$ 的标准形及相应的非退化线性变换.

解　$f=6x_1^2+6x_2^2+6x_3^2-6x_1x_2-6x_1x_3-6x_2x_3=6\left(x_1-\dfrac{1}{2}x_2-\dfrac{1}{2}x_3\right)^2+\dfrac{9}{2}(x_2-x_3)^2$, 故取非退化线性变换 $\begin{cases} y_1=x_1-\dfrac{1}{2}x_2-\dfrac{1}{2}x_3, \\ y_2=x_2-x_3, \\ y_3=x_3, \end{cases}$ 得该二次型的标准形为 $f=6y_1^2+\dfrac{9}{2}y_2^2$.

MATLAB 程序 5.22

```
A=[6,-3,-3;-3,6,-3;-3,-3,6],[V,D]=eig(sym(A))
```

10. 设二次型 $f(x_1,x_2,x_3)=\boldsymbol{x}^{\mathrm{T}}\boldsymbol{A}\boldsymbol{x}=ax_1^2+2x_2^2-2x_3^2+2bx_1x_3(b>0)$, 其中 $\boldsymbol{A}$ 的特征值之和为 1, 特征值之积为 -12.

(1) 求 a,b 的值.

(2) 利用正交变换将二次型 f 化为标准形, 并写出所用的正交变换和对应的正交矩阵.

解　(1) 因 $a+2-2=1$ 故 $a=1$. 因 $\begin{vmatrix} 1 & 0 & b \\ 0 & 2 & 0 \\ b & 0 & -2 \end{vmatrix}=-12$, 故 $b^2=4$, 再由 $b>0$ 知 $b=2$.

(2) 因 $b=2$, 设 $|\lambda\boldsymbol{E}-\boldsymbol{A}|=(\lambda+3)(\lambda-2)^2=0$, 得 $\boldsymbol{A}$ 的三个特征值为 $\lambda_1=\lambda_2=2,\lambda_3=-3$.

若 $\lambda_1=2$, 得特征向量 $\boldsymbol{\alpha}_1=(2,0,1)^{\mathrm{T}},\boldsymbol{\alpha}_2=(0,1,0)^{\mathrm{T}}$, 标准正交化得 $\boldsymbol{\varepsilon}_1=\left(\dfrac{2}{\sqrt{5}},0,\dfrac{1}{\sqrt{5}}\right)^{\mathrm{T}}$, $\boldsymbol{\varepsilon}_2=(0,1,0)^{\mathrm{T}}$.

若 $\lambda_3=-3$, 得特征向量 $\boldsymbol{\alpha}_3=(1,0,-2)^{\mathrm{T}}$, 标准正交化得 $\boldsymbol{\varepsilon}_3=\left(\dfrac{1}{\sqrt{5}},0,\dfrac{-2}{\sqrt{5}}\right)^{\mathrm{T}}$.

令 $\boldsymbol{C}=[\varepsilon_1,\varepsilon_2,\varepsilon_3]$, 则 $\boldsymbol{x}=\boldsymbol{Cy}$ 化原二次型为标准形 $2y_1^2+2y_2^2-3y_3^2$, $\boldsymbol{C}$ 即为对应的正交变换矩阵.

MATLAB 程序 5.23

```
syms a b,A=[a,0,b;0,2,0;b,0,-2],solve(trace(A)+12),
A=subs(A,[a,b],[1,2]),[V,D]=eig(sym(A)),GramSchmidt(V)
```

11. 已知二次型 $f(x_1,x_2,x_3)=(1-a)x_1^2+(1-a)x_2^2+2x_3^2+2(1+a)x_1x_2$ 秩为 2.

(1) 求 a 的值.

(2) 求正交变换 $\boldsymbol{x}=\boldsymbol{Qy}$, 把 $f(x_1,x_2,x_3)$ 化成标准形.

(3) 求方程 $f(x_1,x_2,x_3)=0$ 的解.

解 (1) 由 $\begin{vmatrix}1-a & 1+a & 0\\ 1+a & 1-a & 0\\ 0 & 0 & 2\end{vmatrix}=0$ 得 $a=0$. 故 $\boldsymbol{A}=\begin{bmatrix}1&1&0\\1&1&0\\0&0&2\end{bmatrix}$.

(2) 由 $|\lambda\boldsymbol{E}-\boldsymbol{A}|=\begin{vmatrix}\lambda-1 & -1 & 0\\ -1 & \lambda-1 & 0\\ 0 & 0 & \lambda-2\end{vmatrix}=\lambda(\lambda-2)^2=0$, 可知矩阵 $\boldsymbol{A}$ 的特征值为 $\lambda_1=\lambda_2=2,\lambda_3=0$, 对应的正交特征向量构成的矩阵为 $\boldsymbol{C}=[\varepsilon_1,\varepsilon_2,\varepsilon_3]=\begin{bmatrix}\frac{1}{\sqrt{2}} & 0 & \frac{1}{\sqrt{2}}\\ \frac{1}{\sqrt{2}} & 0 & -\frac{1}{\sqrt{2}}\\ 0 & 1 & 0\end{bmatrix}$, 则正交变换 $\boldsymbol{x}=\boldsymbol{Cy}$ 化原二次型为标准形 $f(x_1,x_2,x_3)=2y_1^2+2y_2^2$.

(3) 解集为 $\{(a,-a,0)^{\mathrm{T}},a\in\mathbb{R}\}$.

MATLAB 程序 5.24

```
syms a,A=[1-a,1+a,0;1+a,1-a,0;0,0,2],det(A),solve(det(A)),
A=subs(A,a,0),[V,D]=eig(sym(A)),GramSchmidt(V)
```

12. 已知二次型 $f(x_1,x_2,x_3)=5x_1^2+5x_2^2+cx_3^2-2x_1x_2+6x_1x_3-6x_2x_3$ 的秩为 2.

(1) 求参数 c 及 f 对应矩阵的特征值.

(2) 指出方程 $f=1$ 表示何种二次曲面.

解 (1) 因 $|\boldsymbol{A}| = \begin{vmatrix} 5 & -1 & 3 \\ -1 & 5 & -3 \\ 3 & -3 & c \end{vmatrix} = 24c - 72 = 0$, 故 $c = 3$. 因 $|\lambda \boldsymbol{E} - \boldsymbol{A}| = \lambda(\lambda-4)(\lambda-9) = 0$, 故 $\boldsymbol{A}$ 的特征值为 $\lambda_1 = 9, \lambda_2 = 4, \lambda_3 = 0$.

(2) 由 (1) 的结论可知 f 的标准形为 $f(x_1, x_2, x_3) = 9y_1^2 + 4y_2^2$. 故 $f = 1$ 表示的是椭圆柱面.

MATLAB 程序 5.25

```
syms c,A=[5,-1,3;-1,5,-3;3,-3,c],det(A),solve(det(A)),
A=subs(A,c,3),[V,D]=eig(sym(A))
```

13. 设 $\boldsymbol{A}$ 为三阶矩阵, 将 $\boldsymbol{A}$ 的第 2 行加到第 1 行得 $\boldsymbol{B}$, 再将 $\boldsymbol{B}$ 的第 1 列的 -1 倍加到第 2 列得 $\boldsymbol{C}$, 记 $\boldsymbol{P} = \begin{bmatrix} 1 & 1 & 0 \\ 0 & 1 & 0 \\ 0 & 0 & 1 \end{bmatrix}$, 则 ( ).

(A) $\boldsymbol{C} = \boldsymbol{P}^{-1}\boldsymbol{A}\boldsymbol{P}$.　　(B) $\boldsymbol{C} = \boldsymbol{P}\boldsymbol{A}\boldsymbol{P}^{-1}$.

(C) $\boldsymbol{C} = \boldsymbol{P}^{\mathrm{T}}\boldsymbol{A}\boldsymbol{P}$.　　(D) $\boldsymbol{C} = \boldsymbol{P}\boldsymbol{A}\boldsymbol{P}^{\mathrm{T}}$.

解 选 (B).

14. 证明二次型 $f(x_1, x_2, \cdots, x_n) = \sum\limits_{i=1}^{s} (a_{i1}x_1 + a_{i2}x_2 + \cdots + a_{in}x_n)^2$ 的矩阵为 $\boldsymbol{A}^{\mathrm{T}}\boldsymbol{A}$, 其中 $\boldsymbol{A} = \begin{bmatrix} a_{11} & \cdots & a_{1n} \\ \vdots & & \vdots \\ a_{s1} & \cdots & a_{sn} \end{bmatrix}_{s\times n}$.

证 设 $\boldsymbol{y} = \boldsymbol{A}\boldsymbol{x}$, 则 $f(x_1, x_2, \cdots, x_n) = \boldsymbol{y}^{\mathrm{T}}\boldsymbol{y} = \boldsymbol{x}\boldsymbol{A}^{\mathrm{T}}\boldsymbol{A}\boldsymbol{x}$, 故命题成立.

5.4.3 习题 5.3

1. 设 $\boldsymbol{A}, \boldsymbol{B}$ 为 n 阶方阵, $\boldsymbol{P}$ 为 n 阶可逆矩阵, $\boldsymbol{B} = \boldsymbol{P}^{\mathrm{T}}\boldsymbol{A}\boldsymbol{P}$, 证明:

(1) $\boldsymbol{B}$ 为对称矩阵当且仅当 $\boldsymbol{A}$ 为对称矩阵.

(2) $\boldsymbol{B}$ 为正定矩阵当且仅当 $\boldsymbol{A}$ 为正定矩阵.

(3) $\boldsymbol{B}$ 为半正定矩阵当且仅 $\boldsymbol{A}$ 为半正定矩阵.

证 (1) 若 $\boldsymbol{A}$ 是对称的, 则 $\boldsymbol{B} = \boldsymbol{P}^{\mathrm{T}}\boldsymbol{A}\boldsymbol{P} = (\boldsymbol{P}^{\mathrm{T}}\boldsymbol{A}\boldsymbol{P})^{\mathrm{T}} = \boldsymbol{B}^{\mathrm{T}}$, 故 $\boldsymbol{B}$ 是对称的. 同理可证若 $\boldsymbol{B}$ 是对称的, 则 $\boldsymbol{A}$ 是对称的.

(2) 若 $\boldsymbol{A}$ 是正定的, 则对任意的 $\boldsymbol{x} \in \mathbb{R}^n, \boldsymbol{x} \neq \boldsymbol{0}$, 因 $\boldsymbol{P}$ 可逆, 故 $\boldsymbol{P}\boldsymbol{x} \neq \boldsymbol{0}$, 故 $\boldsymbol{x}^{\mathrm{T}}\boldsymbol{B}\boldsymbol{x} = \left(\boldsymbol{x}^{\mathrm{T}}\boldsymbol{P}^{\mathrm{T}}\right)\boldsymbol{A}(\boldsymbol{P}\boldsymbol{x}) > 0$, 故 $\boldsymbol{B}$ 是正定的. 同理可证若 $\boldsymbol{B}$ 是正定的, 则 $\boldsymbol{A}$ 是正定的.

(3) 若 $\boldsymbol{A}$ 是半正定的, 则对任意的 $\boldsymbol{x} \in \mathbb{R}^n, \boldsymbol{x}^{\mathrm{T}}\boldsymbol{B}x = (\boldsymbol{x}^{\mathrm{T}}\boldsymbol{P}^{\mathrm{T}})\boldsymbol{A}(\boldsymbol{P}\boldsymbol{x}) \geqslant 0$, 于是

$\boldsymbol{B}$ 是半正定的. 同理可证若 $\boldsymbol{B}$ 是半正定的, 则 $\boldsymbol{A}$ 是半正定的.

2. 设 $\boldsymbol{A}$ 为 n 阶实方阵, 证明:

(1) $\boldsymbol{A}^{\mathrm{T}}\boldsymbol{A}$ 是半正定矩阵.

(2) 若 $\boldsymbol{A}$ 是可逆矩阵, $\boldsymbol{A}^{\mathrm{T}}\boldsymbol{A}$ 是正定矩阵.

证 (1) 对任意的 $\boldsymbol{x}\in\mathbb{R}^n, \boldsymbol{x}^{\mathrm{T}}\left(\boldsymbol{A}^{\mathrm{T}}\boldsymbol{A}\right)\boldsymbol{x}=(\boldsymbol{A}\boldsymbol{x})^{\mathrm{T}}(\boldsymbol{A}\boldsymbol{x})\geqslant 0$, 故 $\boldsymbol{A}^{\mathrm{T}}\boldsymbol{A}$ 是半正定的.

(2) 若 $\boldsymbol{A}$ 是可逆矩阵, 则 $\boldsymbol{A}\boldsymbol{x}=\mathbf{0}$ 当且仅当 $\boldsymbol{x}=\mathbf{0}$, 由 (1) 可知 $\boldsymbol{A}^{\mathrm{T}}\boldsymbol{A}$ 是正定的.

3. 证明: n 元实二次型的规范形 $y_1^2+\cdots+y_p^2-y_{p+1}^2-\cdots-y_r^2$ 是正定的当且仅当 $p=n$.

证 设非退化线性变换 $\boldsymbol{x}=\boldsymbol{C}\boldsymbol{y}$ 化二次型 $f(\boldsymbol{x})$ 为规范形 $g(\boldsymbol{y})=y_1^2+\cdots+y_p^2-y_{p+1}^2-\cdots-y_r^2$.

先证充分性, 若 $p=n$, 则对任意的 $\boldsymbol{x}\neq\mathbf{0}$, 因 $\boldsymbol{C}$ 是非退化, 故 $\boldsymbol{y}=\boldsymbol{C}^{-1}\boldsymbol{x}\neq\mathbf{0}$, 故 $f(\boldsymbol{x})=g(\boldsymbol{y})>0$, 故 $f(\boldsymbol{x})$ 是正定的.

再证必要性, 反设 $p<n$, 取 $\boldsymbol{y}=(\underbrace{0,\cdots,0}_{p},1,\cdots,1)^{\mathrm{T}}=\boldsymbol{C}^{-1}x$, 因 $\boldsymbol{C}$ 是非退化, 故 $\boldsymbol{x}\neq\mathbf{0}$ 且 $f(\boldsymbol{x})=g(\boldsymbol{y})<0$, 故 $f(\boldsymbol{x})$ 不是正定的, 矛盾, 故 $p=n$.

综上, 命题得证.

4. 若 $\boldsymbol{A}$ 是正定矩阵, 证明 $\boldsymbol{A}^{-1}$ 也是正定矩阵.

证 设 $\boldsymbol{A}$ 是正定的, 则 $\boldsymbol{A}$ 的特征值 $\lambda_1,\cdots,\lambda_n$ 均为正数, 故 $\boldsymbol{A}^{-1}$ 也是对称的, 且特征值 $1/\lambda_1,\cdots,1/\lambda_n$ 均为正数, 故 $\boldsymbol{A}^{-1}$ 为正定矩阵.

5. 设 $\boldsymbol{A},\boldsymbol{B}$ 均为 n 阶正定矩阵,k,l 为正实数. 证明:$k\boldsymbol{A}+l\boldsymbol{B}$ 也是正定矩阵.

证 显然 $k\boldsymbol{A}+l\boldsymbol{B}$ 也是实对称矩阵. 对任意的 $\boldsymbol{x}\neq\mathbf{0}$, 由 $\boldsymbol{A},\boldsymbol{B}$ 是正定矩阵知 $\boldsymbol{x}^{\mathrm{T}}\boldsymbol{A}\boldsymbol{x}>0, \boldsymbol{x}^{\mathrm{T}}\boldsymbol{B}\boldsymbol{x}>0$, 故 $\boldsymbol{x}^{\mathrm{T}}(k\boldsymbol{A}+l\boldsymbol{B})\boldsymbol{x}=k\boldsymbol{x}^{\mathrm{T}}\boldsymbol{A}\boldsymbol{x}+l\boldsymbol{x}^{\mathrm{T}}\boldsymbol{B}\boldsymbol{x}>0$, 故 $k\boldsymbol{A}+l\boldsymbol{B}$ 是正定矩阵.

6. 证明: 正定矩阵对角线上元素一定都是正数.

证 设 $\boldsymbol{A}=[a_{ij}]_{n\times n}$ 为 n 阶正定矩阵, 对任意 $1\leqslant i\leqslant n$, 令 $\boldsymbol{e}_i$ 为第 i 个基础向量, 则由 $\boldsymbol{A}$ 是正定的知 $a_{ii}=\boldsymbol{e}_i^{\mathrm{T}}\boldsymbol{A}\boldsymbol{e}_i>0$.

7. 当 t 取什么值时, 下列二次型是正定的

(1) $x_1^2+4x_2^2+x_3^2+2tx_1x_2+10x_1x_3+6x_2x_3$. (2) $2x_1^2+x_2^2+x_3^2+2tx_1x_2+2x_1x_3$.

解 (1) 设 $\boldsymbol{A}=\begin{bmatrix}1&t&5\\t&4&3\\5&3&1\end{bmatrix}$, 若 $\boldsymbol{A}$ 是正定的, 则 $\begin{vmatrix}1&t\\t&4\end{vmatrix}>0, \begin{vmatrix}1&t&5\\t&4&3\\5&3&1\end{vmatrix}>0$, 即 $-2<t<2$ 且 $15-2\sqrt{30}<t<15+2\sqrt{30}$, 因 $2<15-2\sqrt{36}<15-2\sqrt{30}$, 故 $\boldsymbol{A}$ 不可能为正定矩阵.

(2) 设 $\boldsymbol{A}=\begin{bmatrix}2&t&1\\t&1&0\\1&0&1\end{bmatrix}$, 若 $\boldsymbol{A}$ 是正定的, 则 $\begin{vmatrix}2&t\\t&1\end{vmatrix}>0,\begin{vmatrix}2&t&1\\t&1&0\\1&0&1\end{vmatrix}>0$, 即 $-\sqrt{2}<t<\sqrt{2}$ 且 $-1<t<1$, 即当 $-1<t<1$ 时, 该矩阵为正定矩阵.

MATLAB 程序 5.26

```
(1)syms t,A=[1,t,5;t,4,3;5,3,1],det(A(1:2,1:2)),factor(det(A))
(1)syms t,A=[2,t,1;t,1,0;1,0,1],det(A(1:2,1:2)),factor(det(A))
```

8. t 为何值时, 二次型 $f(x_1,x_2,x_3,x_4)=t\left(x_1^2+x_2^2+x_3^2\right)+x_4^2+2x_1x_2-2x_2x_3+2x_1x_3$ 是正定的? 并求出 $t=3$ 时二次型在正交变换下的标准形.

解　设 $\boldsymbol{A}=\begin{bmatrix}t&1&1&0\\1&t&-1&0\\1&-1&t&0\\0&0&0&1\end{bmatrix}$, 若 $\boldsymbol{A}$ 是正定的, 则 $\begin{vmatrix}t&1\\1&t\end{vmatrix}>0,\begin{vmatrix}t&1&1\\1&t&-1\\1&-1&t\end{vmatrix}>0,|\boldsymbol{A}|>0$, 得 $t>2$. 当 $t=3$ 时, 矩阵 $\boldsymbol{A}$ 的特征值为 $\lambda_1=\lambda_2=4,\lambda_3=\lambda_4=1$, 故该二次型在正交变换下的标准形为 $4y_1^2+4y_2^2+y_3^2+y_4^2$.

MATLAB 程序 5.27

```
syms t,A=[ t,1,1,0;1,t,-1,0;1,-1,t,0;0,0,0,1],factor(det(A(1:2,1:2))),
factor(det(A(1:3,1:3))),factor(det(A)),A=subs(A,t,3),...
[U,D]=eig(sym(A)),GramSchmidt(U)
```

9. 设有 n 元实二次型 $\boldsymbol{x}^{\mathrm{T}}\boldsymbol{A}\boldsymbol{x}=\sum\limits_{i=1}^{n}x_i^2+\sum\limits_{1\leqslant i<j\leqslant n}x_ix_j$.

(1) 用非退化线性变换化二次型为标准形, 并求出线性变换矩阵.

(2) 求二次型在正交变换下的标准形, 并判断它是否为正定的.

解　(1) 该二次型对应的矩阵为 $\boldsymbol{A}=\begin{bmatrix}1&\frac{1}{2}&\cdots&\frac{1}{2}\\\frac{1}{2}&1&\ddots&\vdots\\\vdots&\ddots&\ddots&\frac{1}{2}\\\frac{1}{2}&\cdots&\frac{1}{2}&1\end{bmatrix}$, 设 $\boldsymbol{C}=$

$\begin{bmatrix} 1 & \frac{-1}{2} & \frac{-1}{2} & \cdots & \frac{-1}{2} \\ & 1 & \frac{-1}{3} & \cdots & \frac{-1}{3} \\ & & 1 & \ddots & \vdots \\ & & & \ddots & \frac{-1}{n} \\ & & & & 1 \end{bmatrix}$. 则经初等列变换 $\begin{bmatrix} \boldsymbol{A} \\ \boldsymbol{E} \end{bmatrix} \to \begin{bmatrix} \boldsymbol{D} \\ \boldsymbol{C} \end{bmatrix}$, 其中 $\boldsymbol{D} =$ $\mathrm{diag}\left(\frac{1+1}{2\times 1}, \frac{1+2}{2\times 2}, \frac{1+3}{2\times 3}, \cdots, \frac{1+n}{2\times n}\right)$, 非退化线性变换 $\boldsymbol{x} = \boldsymbol{C}\boldsymbol{y}$ 把原二次型化为标准形 $y_1^2 + \frac{3}{4}y_2^2 + \cdots + \frac{n}{2(n-1)}y_{n-1}^2 + \frac{n+1}{2n}y_n^2$.

(2) 由 $|\lambda\boldsymbol{E} - \boldsymbol{A}| = 0$ 解得 $\lambda_1 = \cdots = \lambda_{n-1} = \frac{1}{2}, \lambda_n = \frac{n+1}{2}$, 故该二次型在正交变换下的标准形为 $\frac{1}{2}y_1^2 + \frac{1}{2}y_2^2 + \cdots + \frac{1}{2}y_{n-1}^2 + \frac{n+1}{2}y_n^2$. 该二次型为正定二次型.

MATLAB 程序 5.28

```
for n=4:10,A=eye(n)/2+ones(n)/2;[~,D]=eig(sym(A)),end
```

10. 对于半负定矩阵, 写出类似于定理 5.9 的结论.

解 对于实二次型 $f(x_1, x_2, \cdots, x_n) = \boldsymbol{x}^{\mathrm{T}}\boldsymbol{A}\boldsymbol{x}$, 下列条件等价:

(1) $f(x_1, x_2, \cdots, x_n)$ 是半负定的.

(2) f 的负惯性指数与秩相等, 即 $f(x_1, x_2, \cdots, x_n)$ 的规范形为 $-y_1^2-y_2^2-\cdots-y_r^2$.

(3) $\boldsymbol{A}$ 的所有特征值非正.

(4) 有 n 阶可逆矩阵 $\boldsymbol{C}$, 使得 $\boldsymbol{C}^{\mathrm{T}}\boldsymbol{A}\boldsymbol{C} = \begin{bmatrix} -\boldsymbol{E}_r & \boldsymbol{O} \\ \boldsymbol{O} & \boldsymbol{O} \end{bmatrix}, \mathrm{rank}\boldsymbol{A} = r$.

(5) 有 n 阶矩阵 $\boldsymbol{C}$, 使得 $\boldsymbol{A} = -\boldsymbol{C}^{\mathrm{T}}\boldsymbol{C}$.

(6) $\boldsymbol{A}$ 的所有奇数阶主子式非正, 偶数阶主子式非负.

11. 证明定理 5.8 中的 (1) 与 (5) 是等价的.

证 (1) 若存在可逆矩阵 $\boldsymbol{C}$ 使得 $\boldsymbol{A} = \boldsymbol{C}^{\mathrm{T}}\boldsymbol{C}$, 则对任意 $\boldsymbol{x} \neq \boldsymbol{0}, \boldsymbol{x}^{\mathrm{T}}\boldsymbol{A}\boldsymbol{x} = (\boldsymbol{C}\boldsymbol{x})^{\mathrm{T}}(\boldsymbol{C}\boldsymbol{x}) > 0$, 故 $\boldsymbol{A}$ 是正定的.

(2) 若 $\boldsymbol{A}$ 是正定的, 则存在正交矩阵 $\boldsymbol{P}$ 使得 $\boldsymbol{P}^{\mathrm{T}}\boldsymbol{A}\boldsymbol{P} = \mathrm{diag}(\lambda_1, \lambda_2, \cdots, \lambda_n)$, 其中 $\lambda_1, \lambda_2, \cdots, \lambda_n$ 为 $\boldsymbol{A}$ 的特征值且均为正实数. 设 $\boldsymbol{D} = \mathrm{diag}(\sqrt{\lambda_1}, \sqrt{\lambda_2}, \cdots, \sqrt{\lambda_n})$, 则 $\boldsymbol{A} = (\boldsymbol{D}\boldsymbol{P}^{-1})^{\mathrm{T}}\boldsymbol{D}\boldsymbol{P}^{-1} = \boldsymbol{C}^{\mathrm{T}}\boldsymbol{C}$, 其中 $\boldsymbol{C} = \boldsymbol{D}\boldsymbol{P}^{-1}$ 为可逆矩阵.

12. 证明 n 元二次型 $n\sum\limits_{i=1}^{n} x_i^2 - \left(\sum\limits_{i=1}^{n} x_i\right)^2$ 是半正定的, 且当且仅当 $x_1 = x_2 = \cdots = x_n$ 时, 其值才为零.

证　因 $n\sum\limits_{i=1}^{n}x_i^2-\left(\sum\limits_{i=1}^{n}x_i\right)^2=(n-1)\sum\limits_{i=1}^{n}x_i^2-2\sum\limits_{1\leqslant i<j\leqslant n}x_ix_j=\sum\limits_{1\leqslant i<j\leqslant n}(x_i-x_j)^2\geqslant 0$, 故该二次型为半正定的, 并且当且仅当 $x_1=x_2=\cdots=x_n$, 其值才为零.

13. 设 $\boldsymbol{A}$ 是一个实对称矩阵, 且 $|\boldsymbol{A}|<0$, 证明: 必有 n 维实向量 $\boldsymbol{x}$, 使得 $\boldsymbol{x}^{\mathrm{T}}\boldsymbol{A}\boldsymbol{x}<0$.

证　反证法. 假设对任意的 $x\in\mathbb{R}^n$, 有 $\boldsymbol{x}^{\mathrm{T}}\boldsymbol{A}\boldsymbol{x}\geqslant 0$, 则 $\boldsymbol{A}$ 为半正定矩阵, 从而 $\boldsymbol{A}$ 的主子式为非负实数, 于是 $|\boldsymbol{A}|\geqslant 0$, 矛盾! 从而命题得证.

14. 设 n 元实二次型是不定的, 即有 n 维实向量 $\boldsymbol{x}_1$ 和 $\boldsymbol{x}_2$, 使得 $\boldsymbol{x}_1^{\mathrm{T}}\boldsymbol{A}\boldsymbol{x}_1>0, \boldsymbol{x}_2^{\mathrm{T}}\boldsymbol{A}\boldsymbol{x}_2<0$. 证明: 存在 n 维实向量 $\boldsymbol{x}_0$, 使得 $\boldsymbol{x}_0^{\mathrm{T}}\boldsymbol{A}\boldsymbol{x}_0=0$.

证　设正交变换 $\boldsymbol{x}=\boldsymbol{C}\boldsymbol{y}$ 把 $\boldsymbol{A}$ 化为标准形 $\lambda_1y_1^2+\cdots+\lambda_ny_n^2$, 其中 $\lambda_1\geqslant\cdots\geqslant\lambda_n$ 为 $\boldsymbol{A}$ 的特征值, 则有 $\lambda_1>0>\lambda_n$. 取 $\boldsymbol{y}_0=(1,0,\cdots,0,\sqrt{-\lambda_1/\lambda_n})$, 令 $\boldsymbol{x}_0=\boldsymbol{C}\boldsymbol{y}_0$, 则 $\boldsymbol{x}_0\neq\boldsymbol{0}$ 且 $\boldsymbol{x}_0^{\mathrm{T}}\boldsymbol{A}\boldsymbol{x}_0=0$.

15. 设 n 阶实对称矩阵 $\boldsymbol{A}$ 是正定的. $b_1,b_2,\cdots,b_n$ 是任意的 n 个非零数. 证明: 矩阵 $\boldsymbol{B}=[b_ib_ja_{ij}]$ 也是正定的.

证　因 $\boldsymbol{A}$ 是正定矩阵, 故 $\boldsymbol{A}$ 是对称矩阵, 即 $a_{ij}=a_{ji}$, 故 $a_{ij}b_ib_j=a_{ji}b_jb_i$, 故 $\boldsymbol{B}$ 是对称矩阵. 又因 $\boldsymbol{B}=\begin{bmatrix}b_1&\cdots&0\\\vdots&&\vdots\\0&\cdots&b_n\end{bmatrix}\begin{bmatrix}a_{11}&\cdots&a_{1n}\\\vdots&&\vdots\\a_{n1}&\cdots&a_{nn}\end{bmatrix}\begin{bmatrix}b_1&\cdots&0\\\vdots&&\vdots\\0&\cdots&b_n\end{bmatrix}$, 对非零 n 维向量 $\boldsymbol{x}=\begin{bmatrix}x_1\\\vdots\\x_n\end{bmatrix}$ 有 $\boldsymbol{d}=[b_1x_1,\cdots,b_nx_n]^{\mathrm{T}}\neq\boldsymbol{0}$, 故 $\boldsymbol{x}^{\mathrm{T}}\boldsymbol{B}\boldsymbol{x}=\boldsymbol{d}^{\mathrm{T}}\boldsymbol{A}\boldsymbol{d}>0$, 即 $\boldsymbol{B}$ 是正定矩阵.

16. 设有 n 元实二次型 $f(x_1,x_2,\cdots,x_n)=(x_1+a_1x_2)^2+(x_2+a_2x_3)^2+\cdots+(x_{n-1}+a_{n-1}x_n)^2+(x_n+a_nx_1)^2$, 其中 $a_i(i=1,2,\cdots,n)$ 为实数, 试问: 当 $a_1,a_2,\cdots,a_n$ 满足何种条件时, 二次型 f 为正定二次型.

解　设变换 $\boldsymbol{y}=\begin{bmatrix}y_1\\y_2\\\vdots\\y_n\end{bmatrix}=\begin{bmatrix}1&a_1&&\\&1&\ddots&\\&&\ddots&a_{n-1}\\a_n&&&1\end{bmatrix}\begin{bmatrix}x_1\\x_2\\\vdots\\x_n\end{bmatrix}=\boldsymbol{A}\boldsymbol{x}$, 则二次型 f 是正定的当且仅当该变换为非退化线性变换, 也就是当且仅当 $|\boldsymbol{A}|=1+(-1)^{n+1}a_1a_2\cdots a_n\neq 0$, 即 $a_1a_2\cdots a_n\neq(-1)^n$.

MATLAB 程序 5.29

```
syms a1 a2 a3 a4 a5,A=eye(5)+[zeros(4,1),diag([a1,a2,a3,a4]);...
```

```
a5,zeros(1,4)],det(A)
```

17. 证明 n 元实二次型 $f(x_1,x_2,\cdots,x_n)=\boldsymbol{x}^{\mathrm{T}}\boldsymbol{A}\boldsymbol{x}(\boldsymbol{A}^{\mathrm{T}}=\boldsymbol{A})$ 在 $\|\boldsymbol{x}\|=1$ 条件下最大 (小) 值等于 $\boldsymbol{A}$ 的最大 (小) 特征值.

证 设正交变换 $\boldsymbol{x}=\boldsymbol{C}\boldsymbol{y}$ 把 f 化为标准形 $\lambda_1y_1^2+\lambda_2y_2^2+\cdots+\lambda_ny_n^2$, 其中 $\lambda_1\geqslant\cdots\geqslant\lambda_n$ 为 $\boldsymbol{A}$ 的特征值. 因 $\|\boldsymbol{x}\|=\|\boldsymbol{y}\|$, 故 $\max\limits_{\|\boldsymbol{x}\|=1}f(x_1,\cdots,x_n)=\max\limits_{\|\boldsymbol{y}\|=1}\{\lambda_1y_1^2+\cdots+\lambda_ny_n^2\}=\lambda_1$, $\min\limits_{\|\boldsymbol{x}\|=1}f(x_1,\cdots,x_n)=\min\limits_{\|\boldsymbol{y}\|=1}\{\lambda_1y_1^2+\cdots+\lambda_ny_n^2\}=\lambda_n$.

18. 设 $\boldsymbol{A},\boldsymbol{B}$ 均为 n 阶正定矩阵, 证明 $|x\boldsymbol{A}-\boldsymbol{B}|=0$ 的根全大于 0.

证 因 $\boldsymbol{A}$ 是正定的, 故存在可逆矩阵 $\boldsymbol{C}$, 使得 $\boldsymbol{A}=\boldsymbol{C}^{\mathrm{T}}\boldsymbol{C}$, 故 $|x\boldsymbol{A}-\boldsymbol{B}|=|\boldsymbol{C}|^2\left|x\boldsymbol{E}-(\boldsymbol{C}^{-1})^{\mathrm{T}}\boldsymbol{B}\boldsymbol{C}^{-1}\right|$. 若 $|x\boldsymbol{A}-\boldsymbol{B}|=0$ 的根为 x, 则 x 为 $(\boldsymbol{C}^{-1})^{\mathrm{T}}\boldsymbol{B}\boldsymbol{C}^{-1}$ 的特征值, 由 $\boldsymbol{B}$ 是正定的可知 $(\boldsymbol{C}^{-1})^{\mathrm{T}}\boldsymbol{B}\boldsymbol{C}^{-1}$ 也是正定的, 从而其特征值 x 都大于零, 故 $|x\boldsymbol{A}-\boldsymbol{B}|=0$ 的根全大于 0.

第6章 解题技巧

本章概括了线性代数解题时常用的命题. 熟练掌握这些命题和对应的反例, 可以显著提高解题的效率.

6.1 行列式和迹

6.1.1 行列式

若矩阵有很多元素等于 0, 则常用定义法求解其行列式, 即

$$\boldsymbol{D}=\sum_{i_1 i_2\cdots i_n}(-1)^{\tau[i_1 i_2\cdots i_n]}a_{1i_1}a_{2i_2}\cdots a_{ni_n}=\sum_{j_1 j_2\cdots j_n}(-1)^{\tau[j_1 j_2\cdots j_n]}a_{j_1 1}a_{j_2 2}\cdots a_{j_n n}.$$

如上三角矩阵、下三角矩阵和对角矩阵的行列式为

$$\begin{vmatrix} a_{11} & \cdots & a_{1n} \\ & \ddots & \vdots \\ & & a_{nn} \end{vmatrix}=\begin{vmatrix} a_{11} & & \\ \vdots & \ddots & \\ a_{n1} & \cdots & a_{nn} \end{vmatrix}=\begin{vmatrix} a_{11} & & \\ & \ddots & \\ & & a_{nn} \end{vmatrix}=a_{11}a_{22}\cdots a_{nn}.$$

又如斜对角矩阵的行列式为

$$\begin{vmatrix} a_{11} & \cdots & a_{1n} \\ \vdots & \iddots & \\ a_{n1} & & \end{vmatrix}=\begin{vmatrix} & & a_{1n} \\ & \iddots & \vdots \\ a_{n1} & \cdots & a_{nn} \end{vmatrix}=\begin{vmatrix} & & a_{1n} \\ & \iddots & \\ a_{n1} & & \end{vmatrix}$$

$$=(-1)^{\frac{n(n-1)}{2}}a_{1n}a_{2,n-1}\cdots a_{n1}.$$

注意, 上式中的逆序数容易遗忘.

下面是一些需要熟练掌握的与行列式相关的命题.

1. 转置矩阵的行列式

$$\left|\boldsymbol{A}^{\mathrm{T}}\right|=|\boldsymbol{A}|.$$

2. 逆矩阵的行列式

$$\left|\boldsymbol{A}^{-1}\right|=|\boldsymbol{A}|^{-1}.$$

3. 数乘 n 阶矩阵的行列式

$$|k\boldsymbol{A}| = k^n |\boldsymbol{A}|.$$

4. 伴随矩阵的行列式

$$|\boldsymbol{A}^*| = |\boldsymbol{A}|^{n-1}.$$

5. 初等矩阵的行列式

$$|\boldsymbol{P}(i,j)| = -1, \quad |\boldsymbol{P}(j(k))| = k, \quad |\boldsymbol{P}(i,j(k))| = 1.$$

6. 分块初等矩阵的行列式

$$\begin{vmatrix} & \boldsymbol{E}_t \\ \boldsymbol{E}_s & \end{vmatrix} = (-1)^{st}, \quad \begin{vmatrix} \boldsymbol{P}_1 & \\ & \boldsymbol{E}_t \end{vmatrix} = |\boldsymbol{P}_1|, \quad \begin{vmatrix} \boldsymbol{E}_s & \\ \boldsymbol{P}_3 & \boldsymbol{E}_t \end{vmatrix} = 1.$$

7. 行列式的交换律

$$|\boldsymbol{A}||\boldsymbol{B}| = |\boldsymbol{B}||\boldsymbol{A}| = |\boldsymbol{AB}| = \begin{vmatrix} \boldsymbol{A} & * \\ & \boldsymbol{B} \end{vmatrix} = \begin{vmatrix} \boldsymbol{B} & * \\ & \boldsymbol{A} \end{vmatrix}.$$

8. 特征值与行列式的关系

$$|\boldsymbol{A}| = \lambda_1\lambda_2\cdots\lambda_n.$$

9. 正定矩阵 $\boldsymbol{A}$ 的行列式

$$|\boldsymbol{A}| > 0.$$

10. 半正定矩阵 $\boldsymbol{A}$ 的行列式

$$|\boldsymbol{A}| \geqslant 0.$$

11. 可逆 (非奇异/满秩) 矩阵 $\boldsymbol{A}$ 的行列式

$$|\boldsymbol{A}| \neq 0.$$

12. 正交矩阵 $\boldsymbol{A}$ 的行列式

$$|\boldsymbol{A}| = \pm 1.$$

13. 相似矩阵的行列式

$$\left|\boldsymbol{P}^{-1}\boldsymbol{AP}\right| = |\boldsymbol{A}|.$$

14. 准对角矩阵和分块矩阵的行列式.

(1) 若 $\boldsymbol{A}_i(i=1,\cdots,n)$ 为方阵, 则

$$\begin{vmatrix} \boldsymbol{A}_1 & \cdots & * \\ & \ddots & \vdots \\ & & \boldsymbol{A}_n \end{vmatrix} = \begin{vmatrix} \boldsymbol{A}_1 & & \\ \vdots & \ddots & \\ * & \cdots & \boldsymbol{A}_n \end{vmatrix} = \begin{vmatrix} \boldsymbol{A}_1 & & \\ & \ddots & \\ & & \boldsymbol{A}_n \end{vmatrix} = |\boldsymbol{A}_1|\cdots|\boldsymbol{A}_n|.$$

(2) 若 $\boldsymbol{A},\boldsymbol{B}$ 分别是 m,n 阶方阵, 则

$$\begin{vmatrix} & \boldsymbol{A} \\ \boldsymbol{B} & * \end{vmatrix} = (-1)^{mn}|\boldsymbol{A}||\boldsymbol{B}|.$$

(3) 若 $\boldsymbol{A}$ 是可逆方阵, 则

$$\begin{vmatrix} \boldsymbol{A} & \boldsymbol{B} \\ \boldsymbol{C} & \boldsymbol{D} \end{vmatrix} = |\boldsymbol{A}|\left|\boldsymbol{D}-\boldsymbol{C}\boldsymbol{A}^{-1}\boldsymbol{B}\right|.$$

15. 范德蒙德行列式

$$V_n = \begin{vmatrix} x_1^0 & x_2^0 & \cdots & x_n^0 \\ x_1^1 & x_2^1 & \cdots & x_n^1 \\ \vdots & \vdots & & \vdots \\ x_1^{n-1} & x_2^{n-1} & \cdots & x_n^{n-1} \end{vmatrix} = \prod_{1\leqslant j<i\leqslant n}(x_i-x_j).$$

16. n 阶抽象行列式的计算方法包括: 降阶法、加边法、拆分法、累加法、范德蒙德行列式、递归法和归纳法. 行列式计算的第一步非常关键, 其中加边法的出现频率最高. 各种方法都有各自的“解题信号”, 见表 1.3.

6.1.2 迹

1. 转置矩阵的迹

$$\mathrm{tr}\boldsymbol{A}^{\mathrm{T}} = \mathrm{tr}\boldsymbol{A}.$$

2. 数乘 n 阶矩阵的行列式

$$\mathrm{tr}\,(k\boldsymbol{A}) = k\mathrm{tr}\boldsymbol{A}.$$

3. 特征值与迹的关系

$$\mathrm{tr}\boldsymbol{A} = \sum_{i=1}^{n}\lambda_i.$$

4. 迹的交换律

$$\mathrm{tr}\,(\boldsymbol{A}\boldsymbol{B}) = \mathrm{tr}\,(\boldsymbol{B}\boldsymbol{A}).$$

5. 相似矩阵的迹

$$\mathrm{tr}\left(\boldsymbol{P}^{-1}\boldsymbol{A}\boldsymbol{P}\right) = \mathrm{tr}\boldsymbol{A}.$$

6.2 秩

1. 矩阵 $\boldsymbol{A}$ 存在一个 r 阶子式不等于零的充分必要条件是

$$\mathrm{rank}\boldsymbol{A} \geqslant r.$$

特别地, 矩阵 $\boldsymbol{A} \neq \boldsymbol{O}$ 充分必要条件是

$$\mathrm{rank}\boldsymbol{A} \geqslant 1.$$

2. 矩阵 $\boldsymbol{A}$ 的任意 $r+1$ 阶子式等于零的充分必要条件是

$$\mathrm{rank}\boldsymbol{A} \leqslant r.$$

3. 矩阵加法 $\boldsymbol{A}+\boldsymbol{B}$ 的秩

$$\mathrm{rank}\,(\boldsymbol{A}+\boldsymbol{B}) \leqslant \mathrm{rank}[\boldsymbol{A},\boldsymbol{B}].$$

4. 矩阵乘法 $\boldsymbol{AB}$ 的秩

$$\mathrm{rank}(\boldsymbol{AB}) \leqslant \min\{\mathrm{rank}\boldsymbol{A}, \mathrm{rank}\boldsymbol{B}\},$$

$$\mathrm{rank}\boldsymbol{A} + \mathrm{rank}\boldsymbol{B} - n \leqslant \mathrm{rank}\boldsymbol{AB}.$$

特别地, 若 $\boldsymbol{AB}=\boldsymbol{O}$, 则

$$\mathrm{rank}\boldsymbol{A} + \mathrm{rank}\boldsymbol{B} \leqslant n.$$

5. 分块矩阵 $[\boldsymbol{A},\boldsymbol{B}]$ 的秩

$$\max\{\mathrm{rank}\boldsymbol{A}, \mathrm{rank}\boldsymbol{B}\} \leqslant \mathrm{rank}[\boldsymbol{A},\boldsymbol{B}].$$

$$\mathrm{rank}\begin{bmatrix} \boldsymbol{A} & \\ & \boldsymbol{B} \end{bmatrix} = \mathrm{rank}\boldsymbol{A} + \mathrm{rank}\boldsymbol{B}.$$

6. 实矩阵转置后的秩

$$\mathrm{rank}\boldsymbol{A}^{\mathrm{T}}\boldsymbol{A} = \mathrm{rank}\boldsymbol{A} = \mathrm{rank}\boldsymbol{A}^{\mathrm{T}}.$$

7. n 阶可逆矩阵 $\boldsymbol{A}$ 的秩

$$\mathrm{rank}\boldsymbol{A} = n.$$

8. n 阶正交矩阵 $\boldsymbol{A}$ 的秩

$$\mathrm{rank}\boldsymbol{A} = n.$$

9. n 阶正定矩阵 $\boldsymbol{A}$ 的秩

$$\mathrm{rank}\boldsymbol{A}=n.$$

10. 具有 n 个未知数的齐次方程 $\boldsymbol{Ax}=\boldsymbol{0}$, 系数矩阵 $\boldsymbol{A}$ 的秩与解空间的维数 $\dim N(\boldsymbol{A})$ 满足

$$\dim N(\boldsymbol{A})=n-\mathrm{rank}\boldsymbol{A}.$$

11. n 阶矩阵 $\boldsymbol{A}$ 的伴随矩阵 $\boldsymbol{A}^*$ 的秩

$$\mathrm{rank}\boldsymbol{A}^*=\begin{cases}n, & \mathrm{rank}\boldsymbol{A}=n,\\ 1, & \mathrm{rank}\boldsymbol{A}=n-1,\\ 0, & \mathrm{rank}\boldsymbol{A}\leqslant n-2.\end{cases}$$

12. 若 $\boldsymbol{P},\boldsymbol{Q}$ 可逆, 则

$$\mathrm{rank}\,(\boldsymbol{PAQ})=\mathrm{rank}\boldsymbol{A}.$$

特别地, 等价变换、相似变换、合同变换、正交变换都不改变矩阵的秩.

13. $\boldsymbol{A}^2=\boldsymbol{E}_n$ 的充要条件是

$$\mathrm{rank}(\boldsymbol{A}+\boldsymbol{E}_n)+\mathrm{rank}(\boldsymbol{A}-\boldsymbol{E}_n)=n.$$

14. 若 $a\neq b$, 则 $(\boldsymbol{A}-a\boldsymbol{E}_n)(\boldsymbol{A}-b\boldsymbol{E}_n)=\boldsymbol{O}$ 的充要条件是

$$\mathrm{rank}(\boldsymbol{A}-a\boldsymbol{E}_n)+\mathrm{rank}(\boldsymbol{A}-b\boldsymbol{E}_n)=n.$$

6.3 特征值、特征向量和对角化

6.3.1 特征值

(1) 若 $\boldsymbol{A}$ 有特征值 λ, 则矩阵多项式 $f(\boldsymbol{A})=\sum\limits_{k=0}^{p}a_k\boldsymbol{A}^k$ 有特征值 $f(\lambda)$.

(2) 若 $\boldsymbol{A}$ 可逆且 $\boldsymbol{A}$ 有特征值 λ, 则逆矩阵 $\boldsymbol{A}^{-1}$ 有特征值 $\dfrac{1}{\lambda}$.

(3) 若 $\boldsymbol{A}$ 可逆且有特征值 λ, 则伴随矩阵 $\boldsymbol{A}^*$ 有特征值 $\dfrac{|\boldsymbol{A}|}{\lambda}$.

(4) 若两个矩阵相似, 则它们的特征值相同.

(5) 正定矩阵的特征值都大于 0.

(6) 半正定矩阵的特征值都不小于 0.

6.3.2 特征向量

(1) 不同特征值对应的特征向量线性无关.

(2) 对称矩阵不同特征值对应的特征向量正交.

(3) 矩阵 $\boldsymbol{A}$ 的两个不同特征值对应的特征向量之和必定不是 $\boldsymbol{A}$ 的特征向量.

6.3.3 对角化

(1) 矩阵 $\boldsymbol{A}$ 相似于对角矩阵当且仅当 $\boldsymbol{A}$ 有 n 个线性无关的特征向量.

(2) 矩阵 $\boldsymbol{A}$ 相似于对角阵当且仅当 $\boldsymbol{A}$ 的每个特征值的代数重数与几何重数相等.

(3) 若矩阵 $\boldsymbol{A}$ 有 n 个相异的特征值, 则 $\boldsymbol{A}$ 相似于对角矩阵.

(4) 对称矩阵必定可以正交相似对角化.

(5) 对称矩阵 $\boldsymbol{A}$ 是正定矩阵的充分必要条件是 $\boldsymbol{A}$ 的特征值都大于 0 或者顺序主子式都大于 0.

(6) 对称矩阵 $\boldsymbol{A}$ 是半正定矩阵的充分必要条件是 $\boldsymbol{A}$ 的特征值都不小于 0 或者主子式都不小于 0.

6.4 隐 含 定 义

很多考题的解题信息往往不会直接告知答题者, 而是需要答题者认真分析题目, 才能获取对解题有用的信息. 下面是一些需要了解的隐含定义命题.

6.4.1 特征值的隐含定义

(1) 若矩阵 $\boldsymbol{A}$ 不可逆, 则 0 必然是特征值.

(2) 若 $\boldsymbol{Ax}=\boldsymbol{0}$ 有非零解, 则 0 必然是特征值, 且基础解系是线性无关特征向量集合.

(3) 若 $|\boldsymbol{E}_n+\boldsymbol{A}|=|\boldsymbol{E}_n-\boldsymbol{A}|=0$, 则 ±1 都是特征值.

(4) 若 $(\boldsymbol{A}-a\boldsymbol{E}_n)(\boldsymbol{A}-b\boldsymbol{E}_n)=\boldsymbol{O}$, 则特征值要么是 a, 要么是 b.

(5) 若每一行元素之和都等于常数 a, 则 a 是特征值, 且对应的特征向量为 $(1,\cdots,1)^{\mathrm{T}}$.

6.4.2 秩的隐含定义

(1) 若 $\operatorname{rank}(\boldsymbol{E}_n-\boldsymbol{A})+\operatorname{rank}(\boldsymbol{E}_n+\boldsymbol{A})=n$, 则

$$\operatorname{rank}\boldsymbol{A}=n.$$

(2) 若 $ab\neq0, a\neq b, \operatorname{rank}(a\boldsymbol{E}_n-\boldsymbol{A})+\operatorname{rank}(b\boldsymbol{E}_n-\boldsymbol{A})=n$, 则

$$\operatorname{rank}\boldsymbol{A}=n.$$

(3) 若 $ab\neq0, a\neq b, (a\boldsymbol{E}_n-\boldsymbol{A})(b\boldsymbol{E}_n-\boldsymbol{A})=\boldsymbol{O}$, 则

$$\operatorname{rank}\boldsymbol{A}=n.$$

(4) 若 $\boldsymbol{A}^2+\boldsymbol{A}+\boldsymbol{E}_n=\boldsymbol{O}$, 则

$$\operatorname{rank}(\boldsymbol{A}-\boldsymbol{E}_n)=\operatorname{rank}(\boldsymbol{A}+2\boldsymbol{E}_n)=n.$$

(5) 若 $\boldsymbol{A}^2+a\boldsymbol{A}+b\boldsymbol{E}_n=\boldsymbol{O}$, 且 $c^2-ac+b\neq 0$, 则

$$\operatorname{rank}(\boldsymbol{A}+c\boldsymbol{E}_n)=\operatorname{rank}(\boldsymbol{A}+(a-c)\boldsymbol{E}_n)=n.$$

(6) 若 $\boldsymbol{A}_{m\times n}\boldsymbol{B}_{n\times m}=\boldsymbol{E}_m$, 则

$$\operatorname{rank}(\boldsymbol{A})=\operatorname{rank}(\boldsymbol{B})=m.$$

(7)$\boldsymbol{A}$ 是 n 阶方阵, 若 $\boldsymbol{AB}=\boldsymbol{O}$, 且 $\boldsymbol{B}\neq\boldsymbol{O}$, 则

$$\operatorname{rank}\boldsymbol{A}\leqslant n-1.$$

(8)$\boldsymbol{A}$ 是 n 阶方阵, 若 $\boldsymbol{AB}=\boldsymbol{O}$, 且 $\boldsymbol{B}=[\boldsymbol{\beta}_1,\cdots,\boldsymbol{\beta}_m]$ 列满秩, 则

$$\operatorname{rank}\boldsymbol{A}\leqslant n-m.$$

6.4.3　方程解的隐含定义

(1) 若 $\boldsymbol{AB}=\boldsymbol{O}$, 则 $\boldsymbol{B}$ 的每一列都是 $\boldsymbol{Ax}=\boldsymbol{0}$ 的解.

(2) 若 $\boldsymbol{A}$ 任意一行的所有元素之和都等于 0, 则 $(1,\cdots,1)^{\mathrm{T}}$ 是 $\boldsymbol{Ax}=\boldsymbol{0}$ 的一个非零解.

(3) 若 $\boldsymbol{\alpha}$ 是 $\boldsymbol{Ax}=\boldsymbol{0}$ 的解, $\boldsymbol{\beta}$ 是 $\boldsymbol{Ax}=\boldsymbol{b}$ 的解, 则 $\boldsymbol{\alpha}+\boldsymbol{\beta}$ 也是 $\boldsymbol{Ax}=\boldsymbol{b}$ 的一个解.

(4) 若 $\boldsymbol{\beta}_1,\boldsymbol{\beta}_2$ 是方程 $\boldsymbol{Ax}=\boldsymbol{b}$ 的两个解, 则 $\dfrac{\boldsymbol{\beta}_1+\boldsymbol{\beta}_2}{2}$ 也是 $\boldsymbol{Ax}=\boldsymbol{b}$ 的解, 且 $\boldsymbol{\beta}_1-\boldsymbol{\beta}_2$ 是 $\boldsymbol{Ax}=\boldsymbol{0}$ 的解.

(5) 若 $\boldsymbol{\beta}_1,\boldsymbol{\beta}_2,\cdots,\boldsymbol{\beta}_t$ 是方程 $\boldsymbol{Ax}=\boldsymbol{b}$ 的 t 个解, 且 $\sum\limits_{i=1}^{t}a_i=0,\sum\limits_{i=1}^{t}b_i=1$, 则 $\sum\limits_{i=1}^{t}b_i\boldsymbol{\beta}_i$ 也是 $\boldsymbol{Ax}=\boldsymbol{b}$ 的解, 且 $\sum\limits_{i=1}^{t}a_i\boldsymbol{\beta}_i$ 是 $\boldsymbol{Ax}=\boldsymbol{0}$ 的解.

6.5　不变性和交换律

6.5.1　不变性

(1) 矩阵的秩具有等价不变性.

(2) 向量组的秩和线性表示关系具有等价不变性.

(3) 特征多项式具有相似不变性.

(4) 惯性指数具有合同不变性.

6.5.2 交换律

乘法不满足交换律, 但是下面命题成立:

(1) $(k\boldsymbol{E})\boldsymbol{A}=\boldsymbol{A}(k\boldsymbol{E})$.

(2) $(\boldsymbol{A}+\boldsymbol{E})(\boldsymbol{A}-\boldsymbol{E})=(\boldsymbol{A}-\boldsymbol{E})(\boldsymbol{A}+\boldsymbol{E})=\boldsymbol{A}^2-\boldsymbol{E}$.

(3) $\boldsymbol{A}^m\boldsymbol{A}^n=\boldsymbol{A}^n\boldsymbol{A}^m$.

(4) $f(\boldsymbol{A})g(\boldsymbol{A})=g(\boldsymbol{A})f(\boldsymbol{A})$, 其中 f,g 是多项式.

(5) $|\boldsymbol{AB}|=|\boldsymbol{BA}|$.

(6) $\operatorname{tr}\boldsymbol{AB}=\operatorname{tr}\boldsymbol{BA}$.

(7) $\boldsymbol{AB}=\boldsymbol{BA}$ 的充要条件是 $(\boldsymbol{A}+\boldsymbol{B})^2=\boldsymbol{A}^2+2\boldsymbol{AB}+\boldsymbol{B}^2$.

6.6 规 范 解 题

6.6.1 Gauss 消元法解方程的解题过程

(1) 消元: 通过初等行变换化增广矩阵 $[\boldsymbol{A},\boldsymbol{b}]$ 为最简行阶梯形. 讨论未知参数, 依据 $r=\operatorname{rank}\boldsymbol{A}$ 和 $\operatorname{rank}[\boldsymbol{A},\boldsymbol{b}]$ 判断方程解的情况.

(2) 回代: 用自由变量表示非自由变量, 先写自由变量, 后写非自由变量.

(3) 写解: 令所有自由变量等于 0, 得到特解 $\boldsymbol{\eta}_0$. 自由变量的个数等于基础解系 $\boldsymbol{\xi}_i, i=1,\cdots,n-r$ 的向量数. 通解为 $\boldsymbol{\eta}=\boldsymbol{\eta}_0+\sum\limits_{i=1}^{n-r}k_i\boldsymbol{\xi}_i$.

6.6.2 矩阵对角化的解题过程

(1) 求特征值: 通过 $|\lambda\boldsymbol{E}-\boldsymbol{A}|=0$ 求特征值 λ_i 和它的代数重数.

(2) 求特征向量: 通过 $(\lambda_i\boldsymbol{E}-\boldsymbol{A})\boldsymbol{x}=\boldsymbol{0}$ 求特征向量 $\boldsymbol{\xi}_i$, 若几何重数小于代数重数, 则 $\boldsymbol{A}$ 不能对角化, 否则继续.

(3) 写变换矩阵: 令 $\boldsymbol{P}=[\boldsymbol{\xi}_1,\cdots,\boldsymbol{\xi}_n]$, 则有 $\boldsymbol{A}=\boldsymbol{P}\begin{bmatrix}\lambda_1 & & \\ & \ddots & \\ & & \lambda_n\end{bmatrix}\boldsymbol{P}^{-1}$.

(4) 正交化: 对称矩阵可以正交对角化, 需要对 $\boldsymbol{P}$ 进行 Gram-Schmidt 正交化.

6.6.3 求对称矩阵的解题过程

大多题型, 一般只有两个不同特征值, 且已知一个特征值 λ_1和对应的特征向量 $\boldsymbol{\xi}_1$.

(1) 求特征值: 利用 $\sum\limits_{i=1}^{n}\lambda_i=\operatorname{tr}\boldsymbol{A}$ 或者 $\prod\limits_{i=1}^{n}\lambda_i=|\boldsymbol{A}|$ 求得另一个特征值.

(2) 求特征向量: 利用特征向量的正交性求另一个特征值对应的特征向量.

(3) 求矩阵 $\boldsymbol{A}$: 令 $\boldsymbol{P}=[\boldsymbol{\xi}_1,\cdots,\boldsymbol{\xi}_n]$, 则 $\boldsymbol{A}=\boldsymbol{P}\begin{bmatrix}\lambda_1 & & \\ & \ddots & \\ & & \lambda_n\end{bmatrix}\boldsymbol{P}^{-1}$.

6.7 常用反例

6.7.1 矩阵乘法

1. 矩阵乘法不满足交换律

(1) 矩阵交换未必有意义, 反例: $\boldsymbol{A}=\begin{bmatrix}1 & 0\\ 1 & 1\end{bmatrix},\boldsymbol{B}=\begin{bmatrix}1\\ 0\end{bmatrix}$.

(2) 矩阵交换未必同型, 反例: $\boldsymbol{A}=\begin{bmatrix}0 & 1\end{bmatrix},\boldsymbol{B}=\begin{bmatrix}1\\ 0\end{bmatrix}$.

(3) 矩阵交换未必相等, 反例: $\boldsymbol{A}=\begin{bmatrix}1 & 0\\ 1 & 1\end{bmatrix},\boldsymbol{B}=\begin{bmatrix}0 & 1\\ 0 & 0\end{bmatrix}$.

2. 矩阵乘法不满足消去律

(1) 若 $\boldsymbol{AB}=\boldsymbol{O}$, 未必 $\boldsymbol{A}=\boldsymbol{O}$ 或者 $\boldsymbol{B}=\boldsymbol{O}$, 反例: $\boldsymbol{A}=[1,0],\boldsymbol{B}=\begin{bmatrix}0\\ 1\end{bmatrix}$.

(2) 若 $\boldsymbol{A}^2=\boldsymbol{O}$, 未必 $\boldsymbol{A}=\boldsymbol{O}$, 反例: $\boldsymbol{A}=\begin{bmatrix}0 & 1\\ 0 & 0\end{bmatrix}$.

6.7.2 方程的解

(1) 方程数等于变量数, 方程未必有解, 反例: $\begin{bmatrix}0 & 1\\ 0 & 0\end{bmatrix}\begin{bmatrix}x_1\\ x_2\end{bmatrix}=\begin{bmatrix}0\\ 1\end{bmatrix}$.

(2) 方程数等于变量数, 方程的解未必唯一, 反例: $\begin{bmatrix}0 & 1\\ 0 & 0\end{bmatrix}\begin{bmatrix}x_1\\ x_2\end{bmatrix}=\begin{bmatrix}1\\ 0\end{bmatrix}$.

6.7.3 秩、重数、特征值和特征向量

(1) 特征值相同的两个矩阵未必相似, 反例: $\boldsymbol{A}=\begin{bmatrix}0 & 1\\ 0 & 0\end{bmatrix},\boldsymbol{B}=\begin{bmatrix}0 & 0\\ 0 & 0\end{bmatrix}$.

(2) 代数重数未必等于几何重数, 方阵未必可以相似对角化, 反例: $\boldsymbol{A}=\begin{bmatrix}0 & 1\\ 0 & 0\end{bmatrix}$.

(3) 对于复矩阵, $\operatorname{rank}\boldsymbol{A}^{\mathrm{T}}\boldsymbol{A}=\operatorname{rank}\boldsymbol{A}$ 未必成立, 反例: $\boldsymbol{A}=\begin{bmatrix}1 & -\mathrm{i}\\ \mathrm{i} & 1\end{bmatrix}$.

(4) 仅通过初等行变换, 未必可以把矩阵化为标准形, 反例: $\boldsymbol{A}=[0,1]$.

6.7.4 正交矩阵和半正定矩阵

(1) 对于复正交矩阵, 特征值的模未必等于 1, 反例: $\boldsymbol{A}=\begin{bmatrix} \mathrm{i} & \sqrt{2} \\ -\sqrt{2} & \mathrm{i} \end{bmatrix}$.

(2) 顺序主子式全为非负数的对称矩阵未必是半正定的, 反例: $\begin{bmatrix} 0 & 0 \\ 0 & -1 \end{bmatrix}$.

6.7.5 两个矩阵的关系

(1) 矩阵等价未必列向量组等价, 反例: $\boldsymbol{A}=\begin{bmatrix} 1 & 0 \\ 0 & 0 \end{bmatrix}, \boldsymbol{B}=\begin{bmatrix} 0 & 0 \\ 1 & 0 \end{bmatrix}$.

(2) 矩阵等价未必矩阵相似, 反例: $\boldsymbol{A}=\begin{bmatrix} 1 & 0 \\ 0 & 0 \end{bmatrix}, \boldsymbol{B}=\begin{bmatrix} 2 & 0 \\ 0 & 0 \end{bmatrix}$.

(3) 矩阵等价未必矩阵合同, 反例: $\boldsymbol{A}=\begin{bmatrix} 1 & 0 \\ 0 & 1 \end{bmatrix}, \boldsymbol{B}=\begin{bmatrix} 1 & 0 \\ 0 & -1 \end{bmatrix}$.

(4) 矩阵合同未必矩阵相似, 反例: $\boldsymbol{A}=\begin{bmatrix} 1 & 0 \\ 0 & 1 \end{bmatrix}, \boldsymbol{B}=\begin{bmatrix} 1 & 0 \\ 0 & 4 \end{bmatrix}$.

(5) 矩阵相似未必矩阵合同, 反例: $\boldsymbol{A}=\begin{bmatrix} 1 & 1 \\ 0 & 1 \end{bmatrix}, \boldsymbol{B}=\begin{bmatrix} 1 & 2 \\ 0 & 1 \end{bmatrix}$.

参 考 文 献

[1] 冯良贵, 戴清平, 李超, 等. 线性代数与解析几何 [M]. 北京: 科学出版社, 2008.

[2] 张贤达. 矩阵分析与应用 [M]. 2 版. 北京: 清华大学出版社, 2013.

[3] Meyer C D. Matrix Analysis and Applied Linear Algebra [M]. Philadelphia, PA: Society for Industrial and Applied Mathematics, 2000.

[4] 谢政. 线性代数 [M]. 北京: 高等教育出版社, 2012.

[5] 王萼芳, 石生明. 高等代数 [M]. 北京: 高等教育出版社, 2003.

[6] 王曹芳, 王萼芳. 高等代数题解 [M]. 北京: 北京大学出版社, 1983.

[7] 王亮, 冯国臣, 王兵团. 基于 MATLAB 的线性代数实用教程 [M]. 北京: 科学出版社, 2008.

[8] 胡崇慧. 代数中的反例 [M]. 西安: 陕西科学技术出版社, 1983.